KB047167

文化財保存科學槪說

澤田正昭 著

金聖範/鄭光龍 共譯

서경문화사

일 러 두 기

◎ 이 책을 出版하기에 앞서 다음과 같은 原則을 가지고 飜譯作業을 하였는데,

* 原文의 내용을 가능한 한 直譯으로, 우리 글로 표현했을 때 어색한 부분만 意譯하고,

  - 原書의 題目은 『文化財保存科學ノート(노트)』이나, 우리 글 표현과 전반적인 내용을 감안하여 『文化財保存科學概說』로 하였다.

* 原文에 充實하되 우리나라 독자를 대상으로 한 飜譯書인 점을 감안, 불필요한 용어(예 : 年號에 의한 年度 表記 등)는 이해를 돕도록 고쳤으며,

* 譯者에 의한 註는 【 】로 처리하였다.

◎ 索引은 原書의 내용을 전부 싣고, 우리나라 讀者들의 便宜를 위하여 조금 더 追加하였다.

◎ 이 책에 실린 寫眞은, 著者인 澤田 博士께서 日本語版에서 사용한 原版寫眞을 모두 송부, 轉載하도록 配慮하여 주셨는데, 편집과정에서 책머리 사진의 말미에 우리나라의 보존과학적 처리과정 등의 사진을 追加로 挿入하였음을 밝혀둔다.

사진 1. 板甲 (김해 양동리 78호, 높이 59.6cm, 동의대) ≪한국고대국가의 형성≫에서 인용

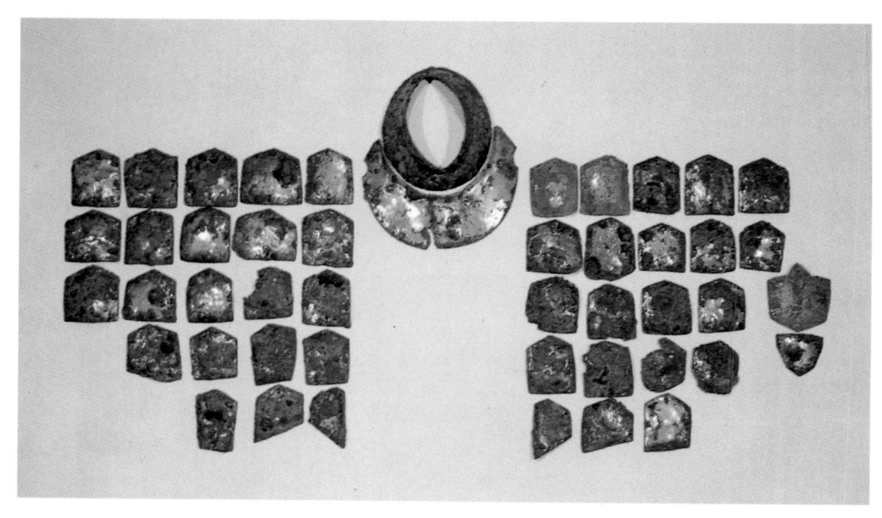

사진 2. 금동투구 (전 부여, 길이 최대 6.8㎝, 한남대)

금동투구의 세부

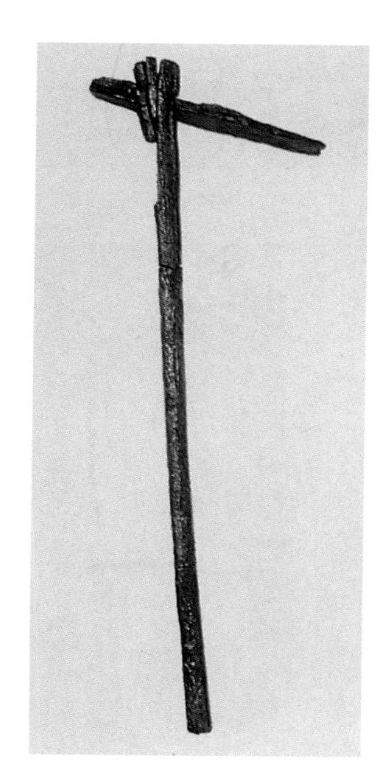

a

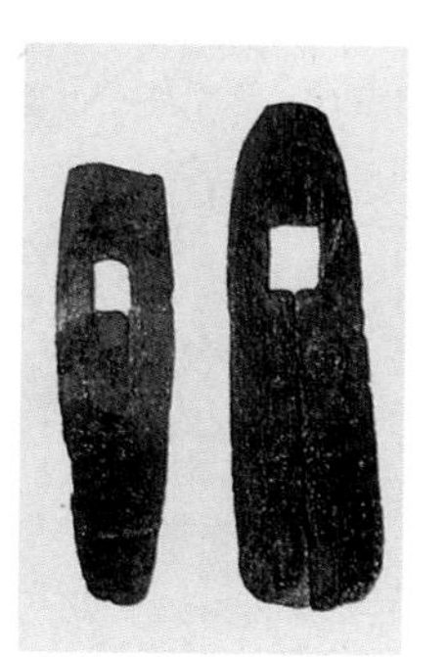

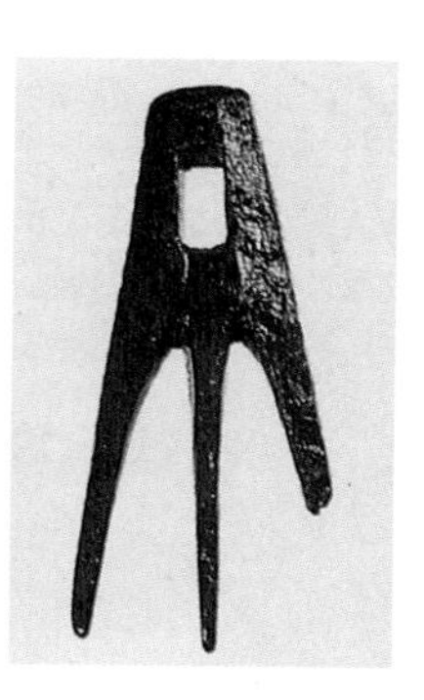

b

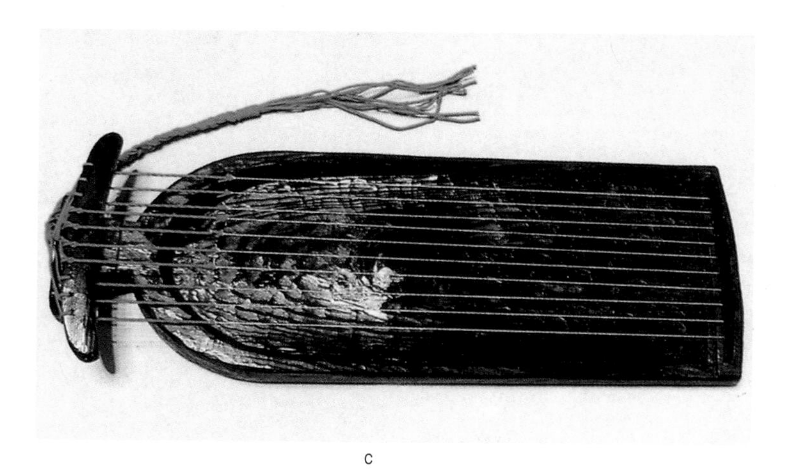

c

사진 3. 목기(광주 신창동, 국립광주박물관) ≪한국고대국가의 형성≫에서 인용
a. 목기 출토상태　b.보존처리후　c. 현악기 보존처리후

사진 4-1 철제은입사 환두대도(천안 용원리, 전장 82.5cm, 공주대)
a. 환두부분 보존처리전
b. 은입사 노출상태(보존처리후)
c. X-선 사진

a

b

c

사진 4-2 X-선 촬영실

a

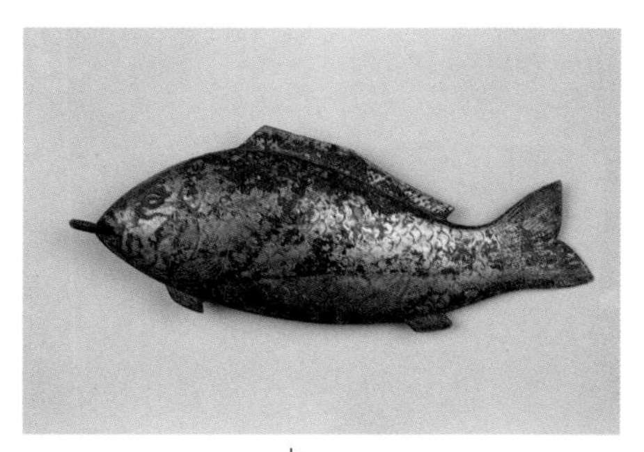

b

d

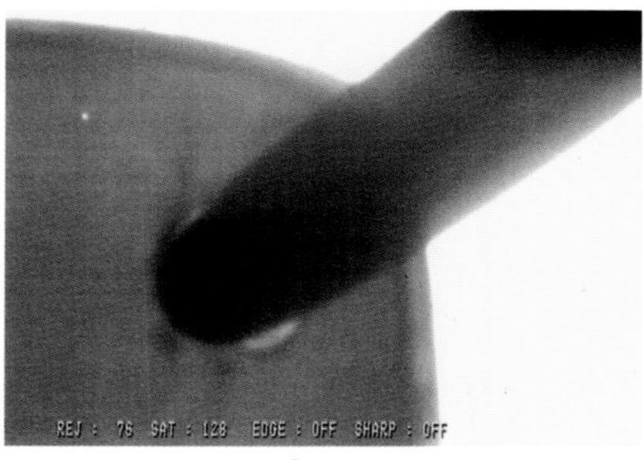

c

사진 5. 은제물고기(15세기, 고령 김씨 분묘, 길이 15.9cm, 대전광역시 향토사료관)

a. 보존처리전
b. 보존처리후
c. 고리연결모양 X-선 사진
d. 세부문양 실체현미경 사진

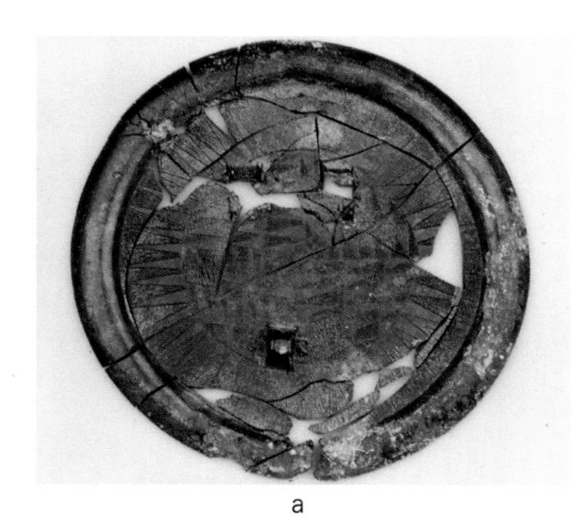

a

b

c

사진 6. 세문경(장수 남양리 4호, 직경 9.7cm, 전북대)
a. 보존처리전 b. 보존처리후 c. 세부문양

a

b

사진 7. 미늘쇠(울산 다운동, 16.1cm, 창원대)
a. 보존처리전 b. 보존처리후

a

b

사진 8-1 북방다문천왕상 (경남 양산, 신흥사 대광전 벽화)
a. 머리부분 보통사진 b. 머리부분 적외선TV사진

사진 8-2 인물상 적외선 필름사진
(파주 서곡리, 고려벽화 1호묘)

사진 9-1 목간 출토상태(부여 궁남지)
≪백제≫ 특별전 도록에서 인용

a

b

사진 9-2 "중부"명 목간 (부여 관북리, 길이 20.6cm)
a. 보통사진 b. 적외선사진 ≪백제≫ 특별전 도록에서 인용

사진 10. 문화재 자료의 손상요인

a. 하등식물에 의한 석조물 피해
b. 곤충, 미생물에 의한 종이 피해
c. 나무좀, 흰개미에 의한 목재 피해
d. 흰개미 유시충
e. 미생물에 의한 섬유 피해
f. 실체 현미경조사

사진① a 室生村大野寺 석불

사진① b 적외선 온도 분포

사진② a,b,c 나라(奈良)현 후지노키고분 출토 철검의 X선 像과 강조화상
a. 철검의 부식상태
b. X선 사진
c. 強調화상으로 본 동검의 상태

a b c

사진③ a,b,c 上淀廢寺의 벽화
a,b: 神將의 처리전, 복원상태 c: 적외선 사진

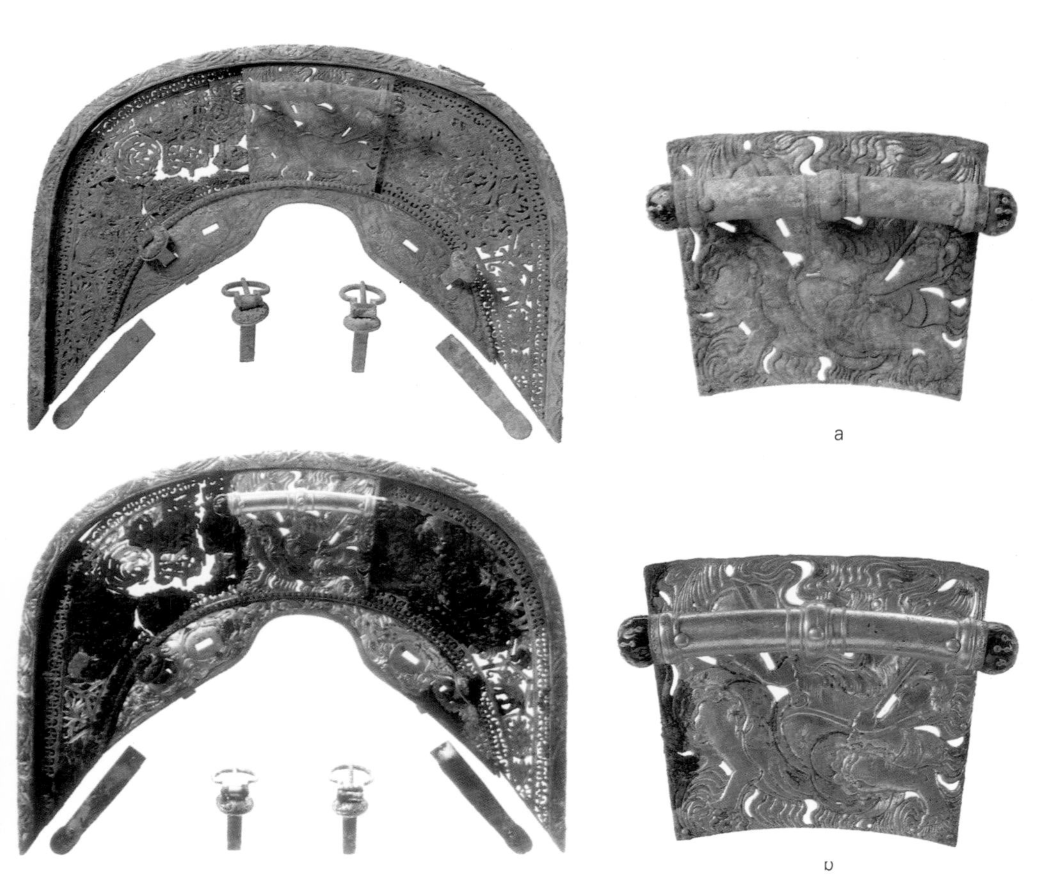

a

b

사진④ 奈良縣 후지노키고분출토 金具後輪
a. 손잡이(把手)부분 처리전 b. 손잡이(把手)부분 처리후

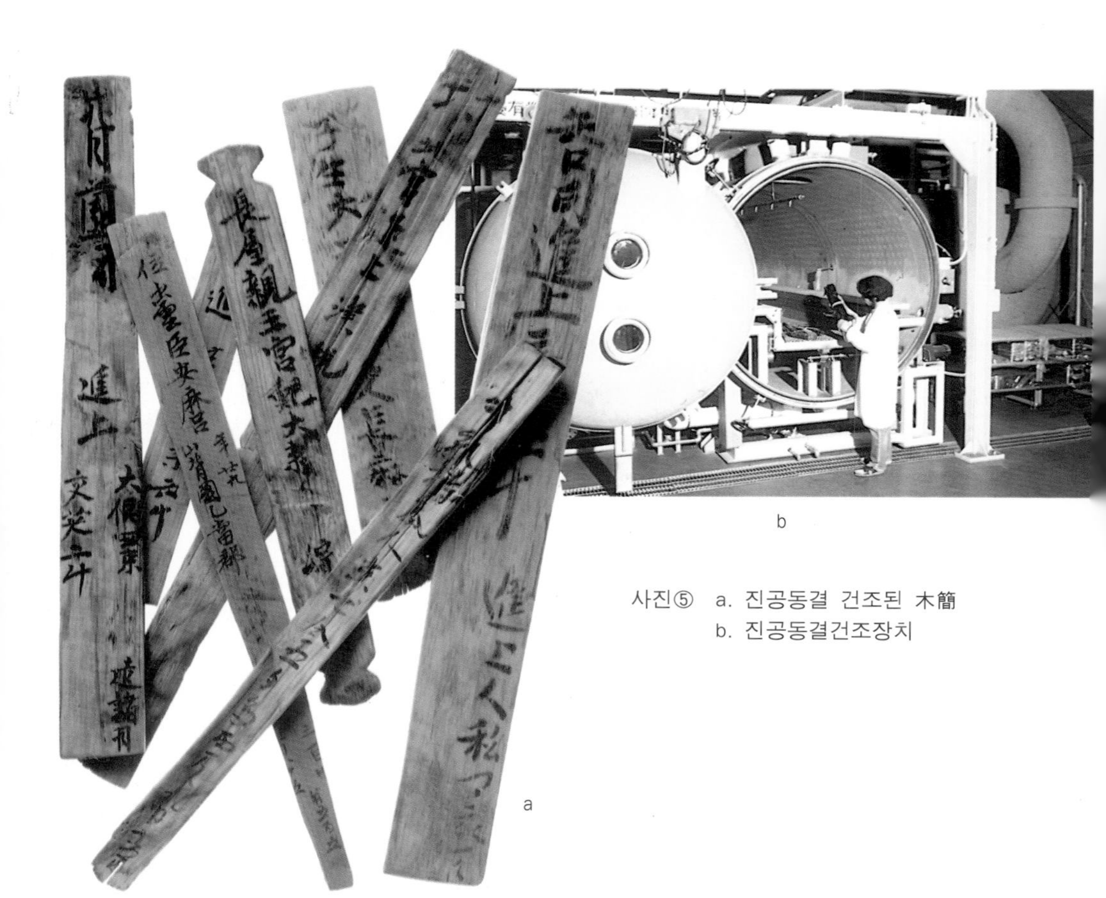

사진⑤ a. 진공동결 건조된 木簡
b. 진공동결건조장치

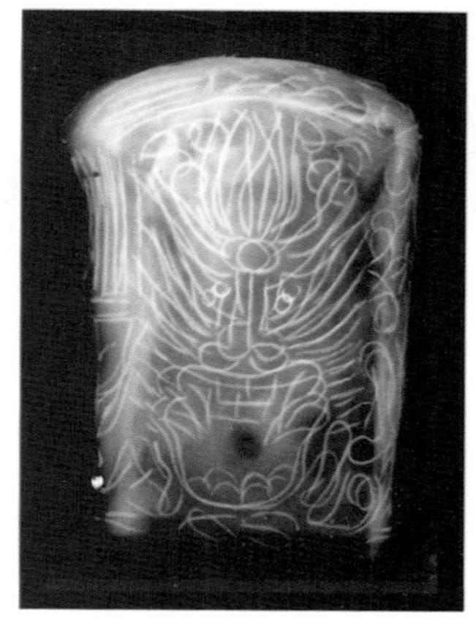

사진⑥ 鬼面文樣 금은상감의 柄頭

韓國語版에 붙이는 著者의 인사말

처음으로 韓國을 방문하게 된 것은 1976년의 일입니다. 마침 그때는 全羅南道 新安앞바다 海底遺物船에 대한 發掘調査가 이뤄지고 있었습니다. 부러울 정도의 근사한 陶磁器가 잇달아 발견되었던 것이었습니다. 1981년 그 船體를 保存하기 위하여 海洋遺物保存處理所가 木浦에 설치되었고, 급기야 1994년, 그 선체를 전시하기 위한 海洋博物館인 木浦海洋遺物展示館이 開館하기에 이르렀습니다.

世紀的 發見, 海底船體의 大發掘, 그리고 그것을 보존하고 公開·活用하려는 일련의 사업계획에 대한 韓國 政府의 대응은 참으로 멋지고 참신한 것이었습니다. 그 즈음 韓國에는 保存科學 專門家가 극히 소수였습니다만, 현재는 國立文化財硏究所를 비롯, 博物館이나 大學 등의 기관에 다수의 보존과학 전문가가 배속되어 있습니다. 세계 각지에 유학하여 국제적 수준의 정보를 취득한 新進氣銳의 젊은 연구자도 많다고 듣고 있습니다. 韓國의 保存科學이 마침내는 國際 舞臺에 당당히 서서 어깨를 나란히 할 수 있게된 것을 참으로 경사스럽게 생각하면서 韓國팬의 한 사람으로서 기뻐할 뿐입니다.

이러한 상황 속에서 國立慶州文化財硏究所 學藝硏究室長인 金聖範 先生이 筆者의 小著를 韓國語版으로 出版하게 되었습니다. 더할 나위 없는 榮譽라 생각하고 기쁨을 금할 수 없습니다. 내용적으로는 未盡한 부분이 많이 있습니다만 讀者諸位께서 敎示를 주시면 다시 한번 校閱하여 보다 충실한 내용으로 補正해 보고 싶습니다. 여러분의 叱正과 많은 가르침을 바라마지 않겠습니다. 다시 한번 金聖範 先生을 비롯, 鄭光龍 敎授 등 韓國語版 『文化財保存科學노트』를 出刊하는데 수고해 주신 관계자 여러분께 진심으로 감사의 말씀을 드립니다.

2000년 10월

著 者 澤 田 正 昭

序

처음으로 奈良의 平城宮遺蹟에서 木簡을 발굴한 것은 1961年 1月 이었다. 출토된 木簡을 어떻게 보존할 것인가? 아무렇게나 빨리 건조시키면 틀림없이 쓸모 없게 되고 만다. 그러나, 永久的인 保存法이 아직 확립되지 않았기 때문에 임시적인 보존법을 취할 수밖에 없었다. 사진현상용 容器[vat] 내에 포르말린을 가득 섞은 물에 침적시킨 탈지면을 겹겹으로 깔고 그 사이에 목간을 넣은 것을 전기 냉장고 안에 우선 넣어두었다. 그때 함께 들어있는 식료품을 꺼내기 위해 냉장고의 문을 열면, 강한 포르말린의 냄새가 났던 일을 지금도 기억하고 있다.

녹으로 단단해진 철제품이 출토되면 천천히 工具[pinchers]를 사용하여 녹을 탁탁 쳐서 억지로 녹을 떼냈다. 때로는 熱湯에 넣고 끓여 녹이 쉽게 떨어질 수 있도록 시험한 적도 있었다. 이렇게 무리하게 녹제거를 한 후에 기껏해야 방습지로 싸서 건조제를 넣어 수납 할 뿐이었다.

그 당시 保存科學의 전문가는 東京國立文化財硏究所에 몇 사람이 있었지만, 이러한 종류의 유적에서 출토된 유물의 보존처리에 관한 적절한 방법의 지도는 받을 수 없었다. 平城宮遺蹟을 시작으로 발굴조사와 보존처리 방법을 강구해야 하는 귀중한 유물의 출토가 계속되었으나 어쩔 수 없이 自力更生 외에는 달리 할 수 있는 방법이 없었다.

1969年 奈良國立文化財硏究所는 이 같은 상황에 처해 있었다. 그러한 이곳 연구소에 최초의 保存科學 硏究者로서 澤田正昭씨가 등장하였다. 澤田씨는 그 당시 保存科學의 유일한 교육기관이었던 東京藝術大學大學院 美術硏究科 保存科學 專攻을 막 수료한 신참으로 아직 햇병아리 수준에 있는 연구자였다.

다음해인 1970年 3月, 보존과학의 선진국인 덴마크 국립박물관으로부터 Brorson Christensen씨를 초빙하고 의견을 교환하였다. 그의 가르침도 있어, 澤田씨는 1972年부터 이듬해에 걸쳐서 덴마크와 미국에 건너가 보존과학의 現狀을 조사하여 견문을 넓혔으며 많은 知人들을 알게되고 귀국하였다.

귀국 후, 澤田씨는 大地에 관련되는 문화재, 大地가 가져다 준 문화재에 대한 보존과학적 조사와 연구, 아울러 그 실천으로의 길을 개척하면서, 전력으로 질주하기 시작하였다. 그것은 또한 奈良國立文化財硏究所 保存科學 분야가 걸어 온 길이기도 했다. 그리고 보존과학에 대한 이 개설서를 澤田씨가 정리한 지금에는 연구소 내외에서 그가 개척하여 시작한 길을 수많은 연구자가 좇아가고 있다.

保存科學은 지금 한층 성장기에 있는 새로운 연구분야이다. 거기에는 정밀기기를 구사하여 材質을 分析하는 연구가 있는가 하면 발굴조사 현장에서 플라스틱통 안에서 조합한 약제를 사용하여 유구를 보존하는 방법을 개발하는 연구도 있으며, 또한 유구와 유물의 보존을 위하여 적절한 조건을 해명하는 기초적인 조사 등 실험실과 공장의 기능을 겸비한 시설이나 설비 속에서 理學的인 방법과 工學的인 방법을 적당하게 병행하면서 여러 가지의 조사와 연구가 진행되고 있다. 또한 거기에는 문화재에 관한 人文科學이나 社會科學的인 기초지식이 꼭 필요하다는 것은 두말할 필요도 없다. 이와 같은 연구를 둘러 싼 환경은 保存科學이 기존의 연구분야와는 다른 독특한 색조를 부여하고 있다.

이 새로운 연구분야의 조사 연구와 현재의 상태를 澤田씨가 이번에 정리 해 주었다. 이제 독자 여러분은 지금까지 이 분야에 관한 축적을 이해할 수 있으리라 생각한다. 덧붙여, 앞으로 밝은 展望을 기대하고 있다.

1997年 9月

田中 琢
(奈良國立文化財硏究所長)

目次

第 1 章

保存科學의 黎明

일본 미술의 裝潢作業 (岡墨光堂 提供)

裝潢[장황, 책이나 서화첩을 꾸며 만드는 일: 表具] 기술에 사용하는 古糊(오래된 풀)와 종이는 여러 갈래에 이른다. 사진은 회화의 표면이 대단히 얇은 특수한 和紙(일본 종이)를 붙이는 작업을 하고 있다. 이러한 전통적인 종이를 만드는 기술자도 점점 줄어들고 있다. 최근에는 수리기술자뿐만 아니라 保存修復에 사용하는 보존재료 역시 存亡의 위기에 처해 있다.

1-1 文化財와 保存科學

1868年(明治 元年)의 神佛 分離로 일어났던 불교배척운동으로 절, 불상을 부수고 寺院·佛具·佛經 등의 파괴운동이 일어나고, 明治維新의 문명개화 격동 속에서 전통적인 것을 파기하는 풍조가 높아져 미술품·건조물 등의 보존이 위기에 처했다. 일본정부는 1871年 古器 舊物 보존방법의 太政官〔중앙·지방의 여러 관청을 총괄하고 나라의 정치를 통리〕 포고를 했다. 일본 최초의 文化財保護 制度였다.

1950年 5月 「文化財保護法」이 공포되고 같은 해 8月 29日부터 시행되었는데 그것은 1949年 1月 26日의 法隆寺[호우류지] 금당의 화재가 계기가 되었다는 사실은 잘 알려져 있다. 그때 처음으로 문화라는 포괄적인 개념에서 「文化財」라는 말이 사용되었다. 그때까지는 1897年에 制定된 「古社寺保存法」에서 보듯이 지정 대상은 신사와 사찰의 문화재나 건조물에 제한되어 있었지만, 1929年 「國寶保存法」이 制定됨에 따라 그 대상이 신사와 사찰뿐만 아니라 민간의 물건에까지 확대되어 文化財의 범주가 넓어졌다[1].

文化財라는 말이 언제부터 사용되었는지 확실하지는 않지만 文化財保護法의 制定에 관계했던 문부성에서 적어도 1939年頃에 사용하고 있었던 것 같다. 당시 物質財라고 하는 말이 있었는데 이것은 경제적인 용어로서의 재산이다. 이 물질적 재산에 대해서 정신문화적인 뜻으로 文化財라고 하는 말이 생긴 것 같다[1]. 한편 그 당시 구미에서 사용되고 있었던 'Cultural Properties'의 譯語라고 하는 견해도 있는 등 용어에 대한 견해는 미묘하게 차이가 나고 있다. 영어는 영어로 일본어는 일본어로 따로 따로 사용되고 있었던 것이 우연히 일치했다고 하는 견해가 있으며 그 외 몇 개의 설이 있다.

文化財保護法에서는 우선 (a) 有形文化財 (b) 無形文化財로 나누고, 전자에는 「① 건조물·회화·조각·공예품·書籍·典籍·고문서·그 외의 유형의 문화적 소산으로 일본에 있어서 역사적 또는 예술적 가치가 높은 것(이러한 것과 일체가 되어 그 가치를 형성하고 있는 토지, 그 외의 물건을 포함) ② 考古 자료 ③ 상기 ①, ② 이외의 것으로 학술상 가치가 높은 역사자료」로 정하고 있다. 후자에는 「연극·음악·공예기술 그 외의 무형의 문화적 소산으로 일본에 있어서 역사적 또는 예술적 가치가 높은 것」으로 하고 있다.

그 외에 (c) 민속문화재에는 「① 의식주, 생업, 신앙, 연중행사 등에 관한 풍속관습 및 민속예능 ② 상기 ①에 사용되는 의복, 기구, 가옥 그 외의 물건으로 일본인의 생활변화를 위해 필수 불가결한 것」 (d) 기념물은 「① 패총, 고분, 都城遺蹟, 城遺蹟, 옛집, 그 외의 유적으로 일본에 있어서 역사적 또는 학술적으로 가치가 높은 것 ② 정원, 교량, 협곡, 해변, 산악 그 외의 명승지로서 일본에 있어서 예술적 또는 감상적 가치가 높은 것 ③ 동물(생식지, 번식지 및 도래지를 포함), 식물(자생지를 포함) 및 지질광물 (특이한 자연현상이 발생하고 있는 토지를 포함) 일본에 있어서 학술적으로 가치가 높은 것」 (e) 전통적 건조물 군으로는 「주위의 환경과 일체되어 역사적 정취를 형성하고 있는 전통적인 건조물 군으로 가치가 높은 것」이라고 정하고 있다.

文化財는 先祖가 만들어 현재에 전해진 文化的인 遺産이고 과거에서 현재로, 현재에서 미래로 남기고 전해야할 귀중한 인류의 메시지이다. 그것은 단순히 선조의 생활을 알기 위한 것만이 아니라 인류의 미래를 창조하는 지침이 되어야 하는 것이다. 문화재를 보존하고 이것을 넓게 활용하는 것은 바로 새로운 문화 창조의 힘을 키우는 것이다. 그리고 이것을 지원하는 행위가 문화재의 保存이고 修理이다. 문화재의 보존수리는 기본적으로 처음에 만들어 졌을 때와 같은 재질의 재료를 사용하고, 게다가 같은 기술과 방법을 적용하는 것이 가장 바람직하다. 그러나 현대사회 속에서 뒤쳐지게 되고 잊혀져 가고 있는 기술이나 재료도 많고, 충실히 전통을 지키려 해도 그것만으로는 생계유지가 어려운 실정이다. 또한 傳統的인 技術이나 技能을 보유하고 있는 사람의 수가 급격히 감소하고 있으며 그 後繼者 또한 줄어들고 있는 실정이다. 따라서 수리에 사용하는 보존재료가 점점 생산되지 않고 있다.

문화재 보존의 修理技術은 종래 無形文化財 분야로 미술공예품의 模寫·模造 등의 기술과 같이 취급되어 왔다. 그 때문에 그것이 역사적으로나 예술적으로 가치가 높은 工藝技術로 여겨진 것만이 보호 대상이 되었다. 그러나 전통기술의 후계자가 감소하고, 보존재료의 생산이 어려워져 1975年에 法 改正을 할 때 이러한 위기를 구제하기 위해 문화재의 보존기술 보호에 관한 제도가 신설되었다. 다시 말하면, 문화재의 보존을 위해 없어서는 안되는 전통적인 기술 또는 기능으로, 보존의 조치를 강구할 필요가 있는 것을 「選定保存技術」로 선정했다(법 제83조의 7 제1항). 選定保存技術로서 인정되어 있는 기술에는 木造 彫刻의 修理, 칠기 공예품의 수리, 맹장지(襖)·족자의 수리(표구), 표구용 일본종이의 제작, 건조물의 수리, 지붕이기, 옥강광철(玉鋼)의 제조, 일본산 칠기 생산 등의 기술 또는 각종 수리·제조 등에 사용하는 용구의 제작기술 등이 있다[2].

保存修復을 할 때에 이러한 여러 가지 전통적인 기술이나 보존재료 없이는 문화재를 지킬 수 없기 때문이지만 이러한 전통기술과 함께 문화재 자료와 보존재료의 상태를 조사하고 자료의 열화구조 해명 등 전통적인 기술이나 재료와 함께 現代科學 材料도 크게 응용되어야 하며 그렇게 되는 것이 오히려 자연스럽다고 할 것이다. 다만 이것은 부족한 전통재료와 기술을 대신하여 과학기술과 現代科學 材料로써 임시적으로 사용하는 것이 아니고 전통적인 재료에 없는 장점을 현대재료에서 구하여 최고의 보존수리를 시행한다는 의미이다. 양자의 장점을 끌어내어 이것을 응용하는 연구 분야 즉, 문화재의 조사와 수리를 위해 自然科學的 방법을 응용하는 연구 분야를 「保存科學」이라고 부르고 있다. 이것은 문화재의 보존과 수리를 위해서 만들어진 자연과학의 영역이며[3] 실제로 그것은 自然科學과 人文·社會科學과의 공동작업이 중심이 된다고 하는 점에서 서로 다른 전문분야 간의 연구이다.

保存科學이라는 말이 일본에서 처음으로 사용된 것은 文化廳 소속의 東京國立文化財硏究所에 保存科學部가 설치되었던 1952年의 일이다. 초대부장 關野克선생(前 東京國立文化財硏究所 所長)이 이름을 지었고 동시에 英譯도 고려되어 'Conservation Science'라고 번역되었는데 이것은 우리들이 해외에서 이 단어를 듣게 되기 훨씬 이전의 일이다. 保存科學의 영어명 'Conservation Science'도 일본에서 시작되었다. 만약 1952年 이전에 해외에서 이 단어가 존재하고 있었다 하더라도 그것은 따로 따로 사용되어온 것이다. 동 연구소에 보존과학부를 설치하고 나서 10여년이 경과한 1964年에 硏究紀要 「保存科學」을 발행했지만 紀要의 영어명은 'Conservation Science'였다. 그러나 東京國立文化財硏究所의 조직명에는 Department of Conservation Science로 사용되었다. 關野선생이 이 영어명을 검토하였을 때에 참석한 西川 杏太郎씨(前 東京國立文化財硏究所 所長)에 의하면 Conservation에는 과학적인 연구의 의미도 포함되어 있지만 일본어로 할 경우에 그 내용이 쉽게 전해지도록 Science를 추가시켰다고 한다.

필자가 미국의 스미소니언 연구기구(Smithsonian Institution)의 Freer Gallery of Art / Arthur M.Sackler Gallery의 보존과학부에 소속한 知人인 Jhon Winter씨에게 물어 본 바에 의하면 스미소니언 연구기구에서 보존과학(Conservation Science)이라고 하는 말이 사용된 것은 1970年代 중반경인 듯하다. 스미소니언 연구기관의 직원이

'Conservation Science'라고 하는 명칭을 처음으로 부여한 것이 1976年의 일이기 때문이다. 부연하자면, Conservation Scientist라고 하는 말이 사용되고 있어도 保存科學이라는 개념을 나타내는 Conservation Science라고 하는 단어까지의 사용여부는 알 수 없다. 역시 세계에서 처음으로 이 말을 만들어 사용한 것은 일본(關野克)인 것 같다. 馬淵 久夫선생(前 東京國立文化財硏究所 保存科學部長)은 이것에 관하여 일본에서 구미로 수출되었을 가능성도 있다고 기술하고 있다[4]. 사실 東京國立文化財硏究所는 1977年부터 매년 국제회의를 개최하고 있고 해외의 연구자가 빈번히 출입하게 되었다. 후에 ICCROM(학회・연구단체의 항 참조)이 연수코스의 하나로 Conservation Science라는 단어를 사용하게 되었다는 사실로 봐서 일본에서 세계를 향하여 발신된 것이라고 해도 좋다고 西川씨에게서 教示를 받았다. 예전에 「영어권에서도 保存科學(Conservation Science)이라고 하는 말이 사용케 되었다.」라고 關野선생으로부터 들은 일이 있다. 선생께 그 어원에 대해서 여쭈어 보니 보존과학의 어원은 공학・이학・지구환경학과 같은 자연과학분야에서 도입한 말로서, 단순히 문화재 뿐만 아니라 지구규모의 광범위한 의미로 보존과학을 생각하고 있다고 말씀하셨다.

미술사학・역사학・고고학・건축사학・민속학 등의 입장에서, 문화재 자료를 연구하는 분야를 文化財學이라고 한다면 자연과학 입장에서의 연구분야와는 공통의 과제를 갖고 있을 것이며, 그것은 文化財科學・保存科學・考古科學 등으로 표현하고 文化財와 自然科學과의 관계 속에서 서로 다른 전문분야의 한부분을 차지하고 있다.

문화재의 自然科學的 연구에 관심을 가진 연구자는 자신의 전문분야와 비교해 보고 해당분야를 文化財科學・考古科學・考古計測學 등으로 표현한다. 그 연구내용은 미묘하게 다른 듯 하지만 대개 문화재를 대상으로 하는 자연과학적 연구라고 하는 점에서 같은 뜻의 의미를 가지고 있다. 이 분야에서는 여러 갈래에 이르는 연구테마의 전개를 보인다. 考古學과 自然科學이 만나는 곳에는 다음과 같은 연구과제가 이미 제기되고 진행중이다. 즉, (1) 문화재자료의 제작 연대를 측정하는 자연과학적인 방법에 의한 연구로는 방사성탄소연대측정법, 나이테연대측정법 · 휫션트랙측정법(Fission Track Method) · 열발광연대측정법 · 흑요석의 水和層에 의한 연대측정법 · 고고지자기에 의한 연대측정법, 그리고 ESR/전자스핀공명측정법과 아미노산의 라세미화반응을 측정하는 연대측정법 등이 있다. 지질연대의 연구분야와 비교해보면 문화재 분야의 연대는 비교적 현대적이기 때문에 측정오차에 관해서도 보다 세밀하고 엄격한 결과가 요구된다. 나이테연대측정법에서 고고 자료를 대상으로 하여 다수의 중요한 연구성과를 가져오고 있다. (2) 문화재 자료의 재질을 알고 그 제작 기법을 해명하는 것도 중요한 과제로 문화재의 보존수복을 위해서는 불가결한 연구분야라고 할 수 있다. 그것은 문화재 자료가 제작된 지역, 재료나 제품의 산지를 추정하는 연구에도 도움을 주고 있다. 또, (3) 옛 환경의 복원적인 연구를 들 수 있다. 고고학분야에서는 동식물유기체의 연구와 花粉 · 화산재의 분석 등에서 고대인의 생활환경을 복원하고 연구한다. 고대의 식생활, 벼농사의 기원, 더 나아가서는 고대에 있어서의 기후 변동에 관한 연구 등도 있다. (4) 레이더(전파)탐사 · 전기탐사 · 자기탐사 등에 의한 유적의 분포조사 또는 새로운 탐사법의 개발연구가 있다. 한편, 고분을 시작으로 하는 각종 유적들에 관한 계측 데이터와 그것을 해석한 성과를 컴퓨터그래픽에 의해 기록하고 복원한다. 그리고 (5) 문화재의 보존과 수복을 위한 보존과학적 연구가 있다.

문화재의 보존과학분야에서는 연구를 위한 방법론을 다음의 4항목으로 나누어서 전개할 수 있다. 材質調査, 육안으로 볼 수 없는 內部構造 調査, 문화재 자료를 후세에 전하기 위한 保存環境의

研究, 그리고 保存修復을 위한 保存科學과 保存技術의 研究開發이다. 이것은 일본 고대의 전통을 존중하면서 최신의 하이테크기술을 도입하는 연구를 의미한다. 즉, 文化財로서의 자료적 가치 판단을 위해서 재질과 구조를 조사하여 문화재 자료의 현황을 유지하는 것을 목적으로 한 보존관리와 보존수복을 위해 보존환경을 검토하고, 修復材料와 기술의 개발을 위해 자연과학적 방법을 응용하는 연구분야이다.

引/用/文/獻

1) 仲野浩・兒玉幸多：文化財保護の實務, 柏書房, pp.12～44, 1979.
2) 和田勝彦：文化財の保護技術, 文化財保護の實務, 柏書房, p.236, 1979.
3) 仲野浩・兒玉幸多：文化財保護の實務, 柏書房, p.38, 1979.
4) 馬淵久夫：文化財と保存科學, 科學の目で見る文化財, 國立歷史民族博物館編, p.72, 1993.

1－2 金堂壁畵와 保存科學

문화재의 조사연구와 보존수복을 위해 自然科學的 방법이 응용된 것은 일본에서는 法隆寺 벽화의 보존조사가 행해진 때가 처음이라고 하는데 이것은 明治時代의 미술평론가 岡倉天心(1862～1913)의 제창에 의한 것이었다. 天心은 미술사가・사상가로서의 활동 외에 미술교육제도와 고미술보호제도의 확립에도 큰 공적을 세웠고 미술조사위원으로서 구미의 미술현황조사에도 참가하였다. 1898年 3月 28日에는 동경미술학교장을 그만두고 같은 해 7月 1日 「일본미술원」 창설 취지를 공표하고, 10月 15日에 개원식을 거행하였다. 1906年에는 회화부문을 제1부로 東京에, 조각부문을 제2부로

奈良에 설치하였다.

天心은 그 당시 미국의 보스톤미술관에도 적을 두어 일본과 미국사이를 왕복하는 생활을 보내고 있었다. 1913年 4月 건강이 좋지 않은 상태로 보스톤에서 귀국한 天心은 8月 文部省의 古社寺〔옛 신사와 사찰〕 보존회 회의에 참석하고 「法隆寺 金堂壁畵 保存計劃에 관한 建議案」을 제출했다. 그러나 다음달 2日에 他界하고 말았다. 天心의 사후 3年이 경과한 1916年 4月 문부성은 「法隆寺 벽화보존방법 조사위원회」를 설치하고, 1920年 3月 法隆寺 벽화보존방법 조사보고서를 완성했다. 거기에는 벽화 및 벽화면의 조사 · 응급적보존법 · 근본적 보존법 · 기본적 보존법의 시험 등에 대해 보고하고 있다[5]. 게다가 벽체 硬化를 위한 수지에 관해서 상세한 조사결과도 보고되고 있다. 그 내용은 오늘날 생각할 수 있는 거의 모든 항목이 망라되어 있으며 대단히 수준 높은 조사보고서이다.

1934年에는 法隆寺 伽藍의 大修理가 시작되었다. 文部省 내에 法隆寺 국보보존사업부를 조직할 정도로 범국가적인 대수리 사업이었다. 金堂의 해체수리에 즈음해서는 훼손이 심한 벽화를 어떻게 처리할 것인지가 문제가 되었다. 해체하려면 우선 벽화를 떼어내야 했기 때문이다. 그러나 金堂壁畵는 균열이 가 있었으며, 벽화안료의 박락도 심하였다. 금당에 들어 있는 벽화는 12面인데 그 중에는 벽체가 이미 파손되어 있거나, 안료 접착제의 아교가 劣化되어 벽화면을 향해 입김을 내뿜는 것만으로도 안료가 떨어질 것 같은 것 등 해체수리에 앞서 문제가 발생했다. 그래서 1939年(昭和 14年) 자연과학분야의 연구자를 포함한 法隆寺 벽화보존조사회가 조직되었다. 당시 東京大學의 櫻井 高景선생이 벽화의 박락방지를 위한 합성수지 개발연구를 담당했다. 이에 앞서 1919年(大正 8年) 京都大學의 近重 眞澄선생이 천연수지를 사용한 벽체경화법의 실험을 보고하였다[5].

櫻井선생은 무색투명으로 벽화표면에 광택을 남기지 않고, 접착

사진 1-1 法隆寺金堂
(아사히신문사 編
「법륭사금당벽화」에서 전재)

력도 강한 합성수지를 개발하기 위해 힘썼다. 당시 독일에서 수입한 비행기용의 투명도가 높은 합성수지로 제조한 유리창에서 힌트를 얻어, 아크릴수지(폴리메틸크릴레이트, Polymethylcrylate)를 박락방지 접착제로 제안했다[6·7]. 그러나 전분으로 만든 풀과 청각채(布海苔)로 만든 풀 등 일본에서 예로부터 사용되어 오던 접착재료를 지지하는 일본화가도 많아서 보존재료에 관한 열띤 논의가 전개되었다. 그 즈음 금당벽화의 모사가 시작되었으나, 안료의 박락이 심하여 작업성이 좋은 아크릴수지를 사용한 응급처치도 부분적으로 실시되었다.

금당의 해체자체가 문제가 되었을 정도였기 때문에 벽체를 떼어낼때 많은 논의가 전개되었다고 한다. 그러나 전쟁말기인 1945年, 공습이 심해짐에 따라 집중된 문화재를 분산시키고자 하는 여론이 높아져 격론의 결과를 기다릴 사이도 없이 해체와 벽화를 떼어내는 작업이 진행되었다. 실제로는 金堂의 첫 段(初重)을 떼어 내기 시작했을 때 終戰을 맞았다.

사진 1-2
金堂壁畵 1號壁(아사히신문사 編 「法隆寺金堂壁畵」에서 전재)

한편 이것은 후에 더없는 귀중한 자료가 되는데 전쟁 중에도 벽화의 실물크기 사진촬영과 모사가 이루어졌다. 여러 가지 어려운 문제를 내포한 대수리에는 1939年에 法隆寺 벽화보존조사위원회가 설치되어 제1선의 일본화가들에 의해 벽화의 모사가 이루어졌으나 벽화안료의 박락이 심해서 응급처리가 검토되었다. 그래서 결국 아크릴수지에 의한 수리를 하기로 결정하였다. 그러나 1949年 1月 26日 작업 도중에 금당벽화는 화재를 입었다. 사진 1-1은 화재가 있은 후 복원된 法隆寺 金堂이다. 사진 1-2는 화재 후의 금당벽화 1호벽 釋迦淨土圖이다.

金堂의 화재를 계기로 문화재의 보호체제가 강화되어 1950年에 文化財保護法이 制定되었다. 金堂을 서둘러 보존수리 하게 된 것은 말할 필요도 없다. 화재를 입은 벽화는 측면에서 나무틀을 대어 고정하고 신중히 운반되었다. 벽화의 강화제로는 아크릴계수지와 요소수지가 사용되었다. 금당의 화재에 의해 손상된 부재는 따로 건설된 수장고내에 옮겨 다시 조립되었다. 벽화는 스테인레스제의 틀에 넣고 본래 위치에 되돌려 놓았다(사진 1-2). 금당자체는 이것을 덮은 수장시설 안에 넣어 보존되고 있다.

1934年에 시작한 法隆寺의 大修理는 22年間에 걸쳐 실시되었고, 이 大修理를 통하여 문화재의 보존기술이 비약적으로 향상되었음은 말할 나위도 없다. 그래서 自然科學分野의 연구자를 포함한 벽

화의 보존사업이 일본에 있어서 保存科學 탄생의 계기가 되었으며, 保存科學의 黎明은 이 法隆寺 벽화보존 사업부터라고 생각하고 있는 연구자가 많다.

(法隆寺 大修理 年譜)

- ○1897年 古社寺保存法 施行
- ○1913年 岡倉天心 작고
- ○1916年 문부성, 法隆寺 壁畵 보존방법조사위원회를 설치(4月)
- ○1919年 천연수지에 의한 박락방지 실험
- ○1920年 法隆寺 壁畵 보존방법 조사보고를 완성 발행(3月)
- ○1932年 三經院西室의 해체수리
- ○1934年 法隆寺 伽藍 대수리
- ○1939年 法隆寺壁畵保存調査會
- ○1942年 오층탑 해체수리
- ○1942年 벽화 박락방지용 아크릴수지(폴리메칠메타크릴레이트, Polynethyl-methacrylate)의 개발연구
- ○1945年 금당 해체
- ○1949年 금당 화재 (1月 26日)
- ○1950年 文化財保護法 制定
- ○1992年 세계문화유산 등록

引/用/文/獻

5) 法隆寺壁畵保存方法調査委員會：法隆寺壁畵保存方法調査報告 (文部省發行), 1920.

6) 櫻井高景：合成樹脂による文化財の保存に就いて, 古文化財之科學(第1号壁), 古文化財資料自然科學研究會, pp.25～26, 1951.

7) 櫻井高景・西村公朝・岩岐友吉・通口清治・關野克：座談會・文化財とポリマー, ポリマーの友, 大成社, p.602, 1969.

1－3 傳統材料와 現代科學

문화재의 보존수리에 있어서 傳統的 保存材料와 現代科學 材料를 어떻게 적절히 사용하면 좋을 것인지, 現代科學 材料는 사용해서는 안된다는 등의 논의를 자주 들을 수 있다. 일반적 경향으로서, 전통적인 보존재료는 대체로 생산능률은 낮으며 그것을 만드는 기술자도 부족하여 손에 넣기가 어려워지고 있다. 그것에 반해서 現代科學 材料는 취급이 간편하고 생산량도 풍부한 것이 많다. 그러나 이것을 잘 사용하려면 재료의 화학적 성질을 잘 이해할 수 있는 기술자의 협력이 필요하다. 동시에 수리의 대상이 되는 문화재 자료의 재질과 物性도 분석하고, 잘 파악해 두는 것이 중요하다. 본래는 傳統的인 保存材料에 의한 修理를 실시해야 하지만 부족한 것을 보완하기 위해 현대과학 재료를 사용한다. 문화재의 보존수리에서는 보존재료의 부족뿐만이 아니라, 그 전통적인 재료를 정확하게 다루는 修理技術者도 줄어들었다. 기술자의 경험과 직감력이 만들어내고 발전시킨 傳統技術은 보다 효과적인 것을 추구하여 개선 개량되고, 도태하면서 傳承되어온 것이다.

日本畵는 일본 재래의 기법에 의한 회화로서 주로 無機顔料를 사용하여 비단(絹)이나 종이 등에 그린다[8]. 아교를 사용하여 안료를 접착하지만 이것이 劣化하면 안료의 접착력이 저하되어 숨을 내쉬는 것만으로도 떼어지고 허물어진다. 이렇게 안료가 떨어지는 것을 방지하는 修復(기술)을 박락방지라고 부르고 있다. 안료의 박락방지에는 주로 아교가 사용되고 있다. 고착력을 증가시키기 위해 아교와 청각채를 혼합해서 사용하는 일도 있고, 밀가루 녹말풀(沈糊)을 사용하여 안료를 고정하는 것도 있다. 沈糊는 밀가루를 물에 풀어서 침전한 것을 사용한 풀이다. 그것은 물에 담그면 쉽게 처음상태로 되돌릴 수가 있다. 沈糊는 건조했을 때의 수축률도 작고 색의 변화도 적어 표구에 사용하는 전통적인 보존재료이다. 1942年 奈良縣 靈山寺 三層塔 板繪의 박락방지에는 전통적인 접착제도 사용되었지만 처음으로 합성수지(아크릴수지)에 의한 조치가 시도되었다[9]. 문화재분야에서도 새로운 합성수지가 사용된 것이다. 다음해에는 京都市 二條城 襖繪의 안료 박락방지에 폴리비닐알코올(PVA)과 아크릴수지가 사용되었다.

岡倉天心이 창설한 日本美術院은 조각부문을 제2부로서 奈良에 설치하고 문화재의 수리를 하였다. 당초 東大寺의 勸學院에 사무소를 두고 重要文化財級의 불상수리를 담당하고 있었는데 현재의 「美術院 國寶修理所」로 발전하고, 후에 京都國立博物館 文化財修理所에 그 공방을 두었다. 현재는 사무소를 독립시키고 공방 하나를 京都國立博物館에 두고 있다.

1898年 日本美術院(제2부)이 처음으로 수리한 것은 和歌山縣 速玉(하야타마)神社의 신위 위패로, 충해가 심한 木像이었다. 당시의 방법은 석고에 옻(칠)을 혼합해서 벌레 먹은 구멍에 주입하는 것이었다. 석고는 明治時代에 서양식의 조소 재료로 유럽에서 들어온 것이다. 문화재 수리에 새로운 것을 적극적으로 도입해 실험하고 적용했다고 하는 사실은, 여러 가지 점에서 서양식의 것을 받아들였다고 하는 明治時代의 풍조가 드러나는 현상이라고 西川杏太郎 씨는 지적하고 있다[10].

日本美術院이 문화재보수를 위해 합성수지를 처음으로 사용하기 시작한 것은, 1945年 東大寺 三月堂에 있는 脫乾漆의 金剛力士像을 수리할 때이다. 상의 내부는 빈 공간으로 되어 있었지만 乾漆〔奈良時代에 당나라에서 전래한 칠공기술. 삼베를 옻으로 배접하여 붙인 위에 옻칠을 한 것으로 불상이나, 기구 등에 사용하였다.〕삼베가 열화되어 가고 있어 이것을 아크릴수지로 강화하는 것을 시도하였다. 그러나 이때에는 잘 되지 않아 최종적으로는 역시 옻칠을 주체로 해서 수리가 행해졌다. 1954年에는 藥師寺의 月光菩薩의 수리에 당시 일본에서는 공업용으로 거의 쓸모가 없었던 에폭시수지가 사용되었다. 또한 1959年에는 鎌倉의 大佛이 에폭시수지로 수리되었고 균열이 생긴 목(首) 주위를 강화플라스틱(FRP)으로 안쪽부터 강화하였다. FRP는 에폭시수지 및 불포화 폴리에스테르수지로 유리섬유를 겹쳐 쌓아 붙인, 매우 단단한 보강제로 사용되고 있다[11].

일본의 文化財補修에 사용된 합성수지의 주된 용도는 회화・벽화와 병풍그림 그리고 건조물 채색 등의 박락방지였다. 광물안료를 소량의 아교로 고정한 회화는 원래 떨어지기 쉬운 것이다. 게다가 시간이 경과하여 아교의 열화가 진행되면, 안료의 고착능력이 떨어지고 안료의 붕괴가 한층 더 심해져 안료가 가루상태로 박락할 경우와 안료가 층을 이룬채로 밑바탕에서 박리하여 떨어지는 경우가 있다. 안료가 가루상태로 된 前者의 수리에는 청각채를 사용하는 것이 효과적이다. 후자에는 다소 접착강도가 강한 수용성의 아크릴수지 등도 유효하다. 이렇게 해서 회화 한 장에 대해서도 보존상태에 맞추어 부분마다 적절한 보존재료를 선택하여 보존조치를 강구한다. 傳統的 保存材料와 現代科學 材料를 적절하게 사용하는 것이야말로 문화재의 수리에 있어서 하나의 이상적인 상태로 평가할 수 있다.

일본 미술의 전통기술은, 회화에만 수복의 시선이 향하고 있는 것은 아니다. 조각의 수리에도 전통기술과 현대과학기술이 잘 조정되어 함께 사용되었음이 분명하다. 日本美術院이 회화의 박락방지와 木彫像의 충해구멍의 충전(充塡)작업 등에 본격적으로 합성수지를 사용하도록 한 것은 1955年頃부터이다.

1971年경부터는, 목조건물의 수리에도 합성수지가 사용되게 된다. 썩거나 충해가 있는 목재 그대로는 다시 사용할 수 없을 정도로 약해진 것을 합성수지로 강화했다. 板材나 床柱〔벽에는 족자를 걸고, 바닥에는 꽃이나 장식물을 꾸며 놓은 일본식 방의 윗자리에

바닥을 한층 높게 만든 곳의 장식기둥]의 표피 등 겉부분의 보강에서 기둥·도리 등의 대형의 構築部材에 이르기까지 합성수지에 의한 강화처리가 행해지고 동시에 실험과 연구를 되풀이하면서 개량되어 왔다.

引/用/文/獻

8) 和英對照日本美術用語辭典, 東京美術, p.489, 1990.
9) 樋口清治：科學的材料技術の應用, 美術工藝品の保存と對策, フジ・テクノシステム, p.261, 1993.
10) 西川杏太郎氏로부터 직접 이야기를 들을 수 있었다.
11) 文部省科學硏究費特定硏究「古文化財」總括班：古文化財に關する保存科學と人文・自然科學總括報告書, 同朋舍出版, pp.50～56, 1984.

1-4 保存科學의 國際交流

1972年 유네스코 총회에서 세계유산조약이 채택되었다. 일본은 1992年에 이것을 受諾하였다. 이 조약의 목적은 세계적으로 가치가 높은 文化遺産과 自然遺産은 인류공유의 재산이라는 인식에서 그것이 파괴와 滅失의 위기에 있을 때 各國이 협력하여 그 보존을 도모하고자 하는 것이다.

1995年 12月 현재로 세계의 文化遺産 및 自然遺産保護에 관한 조약을 체결하고 있는 국가·지역은 143개 국가·지역에 달하며 세계유산 일람표에 기재되어 있는 유산은 문화유산 349건, 자연유산 103건, 복합유산(문화유산과 자연유산의 양쪽의 가치를 포함하고 있는 유산) 17건, 총계 469건으로 되어 있다. 세계유산으로 등록되어 있는 일본의 대표적인 유산에는 法隆寺, 白川鄕과 五箇山의 合掌造民家 [부재에 못을 사용하지 않고 합각으로 어긋매는 건축양

식], 姬路城 그리고 자연유산으로는 屋久島 등이 있다.

세계유산등록의 자격 등에 관해서는 전문적인 관점에서의 기준이 있는 것은 당연한 것이지만, 각 나라에 따라서는 문화유산보호에 대한 사고방식의 차이가 있기도 하고, 보존수복의 기준이나 규칙에 차이가 있다. 그러한 현실 속에서 국제교류를 진행해 나가기 위해서는 우선, 인적인 교류를 하는 것, 상호신뢰 관계를 구축하는 것이 제1단계이고, 그것이 달성되면 그 이후에는 용이하게 해결되는 것이 많다고 한다.

유럽에서의 석조건축과 그 수복기준, 일본에서의 목조건축의 보존수복, 이들 양쪽에는 서로 받아들일 수 없는 보존수복의 철학이 존재한다. 일본건축의 수리에서는 구조적으로 도움이 되지 않거나 해충으로 약해진 목재는 새로운 것으로 교체할 수 있다. 물론, 건축부재로서의 樣式 또는 樣式美만은 원래의 것(오리지널)을 답습하여 전승하고 있다. 해외에서는 비록 일부분이라도 부재가 교체되어 그것이 오리지널의 부재가 아니면 문화재적인 가치를 찾으려 하지 않는다.

日本 獨自의 미술공예품 수복의 국제교류라면 獨自의 전통적 보존재료와 전문적인 수리기술자를 파견하면 되는 것이지만 현실적으로는 그렇지 않다. 방대한 경비를 필요로 하기 때문이다. 예를 들면, 歐美에서 옻칠 제품을 수리할 때마다 옻칠 원료와 옻칠의 전문기술자를 보내는 일 등은 불가능한 일이다. 보존재료를 보내고 수리는 해당지역에서 하라고 말하는 것에도 무리가 있다. 옻칠 제품의 수리에는 일본 독자의 오랜 세월에 걸쳐서 배양해 온 기준과 규칙이 있다. 구미의 기술자에게는 옻칠은 특이한 존재이고, 보고 느끼는 방법도 다르다. 다시 말하면 保存修理에 대해서 다른 識見을 갖는 경우가 있다. 그렇기 때문에 保存科學·保存 修理技術者 차원의 국제적 기술교류가 요구된다. 기술교류를 통해 이러한 일본 독자의 미술품에 대한 修理基準을 전하는 것이 가능하다면, 만일

옻칠이 아니라 합성수지를 사용한 칠 제품의 보존수리라도 귀중한 문화재를 엉망이 되게 하는 것과 같은 수리가 행해질 리는 없다. 국제교류 목적의 하나로 이러한 일본의 문화재보존 수리기준을 알아두는 것이 대단히 중요하게 된다.

국제교류의 목적과 의의는 고고 유물의 보존과학적 문제에 대해서도 같은 말을 할 수 있다. 일본에서 출토 된 木製品에 대한 보존과학적인 처리가 아직 본격화하지 않았을 때, 덴마크 국립박물관에서는 세계 최초로 첨단기술을 도입하였다. 해저에서 인양된 바이킹 선체의 보존처리에 眞空凍結乾燥法을 응용한 것이다. 선체만이 아니라 고고 자료 대형목제품이 진공동결건조법이라고 하는 최신의 보존기술로 처리되고 있었다[12]. 거기에서는 목제품의 형상을 유지하는 것이 중요하고, 마무리의 색조는 그다지 중요시하지 않았던 것으로 생각된다. 그러나, 일본에서는 木簡이 대량으로 출토되고 있어 보존처리시 墨書를 판독하기 쉽게 하기 위하여 목재의 색조를 밝게 하는 것이 木簡의 형상을 유지하는 것 이상으로 중요하다.

동일한 문제는 考古 有機質遺物 保存 전문가들의 국제회의에서도 화제가 된 적이 있다. 세계 각국의 20개 機關이 참가하여 같은 목재자료를 대상으로 각자가 자신 있는 방법으로 보존처리를 행하고, 완성된 결과를 비교 검토한 것이다. 당연하지만 처리후의 완성상태는 똑같지 않았다. 검은 것, 흰 것, 약간 금이 가 있는 것 등 가지 각색이었다. 그러나 전체의 길이만 변화하지 않았다면 색조가 검게되어도 괜찮다고 하는 사고방식, 古材로서의 質感과 色調를 중요시해야 한다는 사고방식 등이 뒤섞였다. 일반적으로는 古材다운 色調, 다시 말해서 약간 거무스름해진 古色을 나타내고 있는 것이 당연하고, 밝은 色調로 완성된 것은 그다지 좋아하지 않는 것 같다. 또한 보존처리를 실시함에 따라 유물이 수축하기도 하고 새로운 균열이 발생하기도 하는 것은 어느 나라에서도 받아들여질 수 없지만, 유럽에서는 길이의 변화이상으로 유물 전체로서의 형상변화를 더욱 문제시 하는 것 같다.

보존과학 기술의 국제교류에서는 경제적인 사정이 가장 심각하고 무시할 수 없는 요소이다.[13] 보다 효과적인 처리 방법이 있으면서 경제적인 이유로 그 방법을 철회하지 않으면 안되는 경우도 있다. 1993年 워싱턴 D.C.에서 개최된 보존과학 국제회의에서도 보다 저렴한 방법의 개발은 심각한 문제로 인식, 앞으로의 중요과제가 되었다.

기술교류 중에서 또 하나 고려하지 않으면 안되는 문제는, 유적보존에 직접적인 관계가 있는 기상조건의 극단적인 차이이다. 예를 들면 남아시아지역의 우기에는 양동이로 물을 뿌리듯 비가 연일 계속된다. 사막지대에서는 낮과 밤의 기온 차가 60℃까지도 달하는 곳이 있다. 이러한 지역에 대해서는 가혹한 기상조건에 대처할 수 있는 保存材料와 保存工法이 요구된다. 그것은 반드시 현대재료로, 소위 하이테크기술일 필요는 없다. 오히려 그것에 대한 보존사업이 유적소재 지역주민의 생활에 영합되는 것인지 아닌지가 문제이다.

모헨죠다로유적에서는 保存修復을 위해 벽돌을 굽고 있는 것은 마을의 주민이고, 유적수복용 벽돌제작이 생활의 일부가 되어 있다. 유적의 조사연구를 충실히 하여 保存修復 사업을 확대하려면 먼저 유적주변을 활성화시키는 것이다. 유적이 관광자원으로서 자리를 잡고 자금을 도입해 가는 것도 하나의 방책일 것이다. 최근에는 유적의 공개 활용을 관광사업의 일환으로써 조직한 경우도 많다. 그리고 그것은 당연한 것으로 받아들여지게 되었다.

修理基準이 다르고 保存哲學이 정리되어 있지 않는 상황에서는 오랜 시간이 걸리더라도 상호 이해하는 노력을 해야 한다. 그리고 경제적인 이유에서 최선의 기술을 버리고, 어쩔수 없이 제2, 제3후보의 보존처리 방법을 선택하게 되는 등 기술적인 점에서 타협하지 않으면 안되는 것도 있다. 또한 상상도 할 수 없는 가혹한 기상조건 하에서 행해지는 유적의 保存整備事業, 지역주민과의 관계 속에서의 유적보존 등 유의하지 않으면 안되는 문제점이 너무나도 많다.

사진 1-3
우코크 고원에 넓게 펼쳐져
자리한 파지리크 고분

사진 1 - 3은 러시아 과학 아카데미 시베리아지부와의 공동연구로 알타이지구의 파지리크고분을 발굴조사한 것이다. 사진 1 - 4 (a)는 동결상태의 木棺과 미이라를 발견하여 수거한 상황을, (b)는 수거한 목관을 PEG함침법과 眞空凍結乾燥法을 병용하여 보존처리하고 있는 작업과정을 나타낸다. 이 공동연구에서는 木棺의 화학처리에 관해서 일본이 가진 보존기술이 이해되어 순순히 받아들여졌다. 반대로, 대량으로 출토되고 있는 펠트(felt)製의 말 장식 등 일본에서는 경험할 수 없는 소재의 보존에 관해서는 유효한 敎示를 받았다. 이러한 기술교환 또한 국제교류에 있어 뜻깊은 것이다.

引/用/文/獻

12) Brorson Christensen : "Conservation of Waterlogged Wood in the National Museum of Denmark", National Museum of Denmark, Copenhagen, 1970.
13) 澤田正昭 : 保存科學と國際交流, 發掘を科學する, 岩波新書, pp.211~213, 1994.

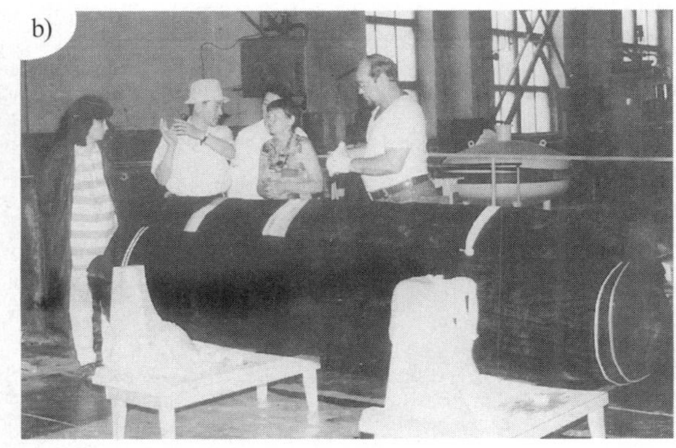

사진 1-4 파지리크 고분 발굴조사 공동연구
a) 凍結한 목곽
b) 목관 보존의 공동연구

1-5 研究組織

고미술품에 대한 자연과학적 방법에 의한 연구는 18세기말 영국·프랑스·독일의 화학자들에 의해서 그리스·이탈리아 로마의 고대 화폐분석이 시행되어진 것으로부터 시작되었다고 한다[14]. 일본에서는 19세기말에 시작된 것 같다. 1872年부터 北海道 개척사로 근무하고, 1875年부터 1876年까지 東京大學의 전신인 開成學校의 지질학·금석학의 교수를 역임한 미국인 H.S. 먼로 씨가 일본에서는 처음으로 銅鐸의 분석을 행하였다[15]. 동탁 뿐만 아니라 일본 原始古代의 청동제품에 관한 화학분석이었다. 분석 그 자체는 開成學校의 학생에 의한 것이고, 1877年에 먼로씨는 이 분석결과를 뉴욕에서 발표하였다.

이러한 自然科學的인 연구를 시행하는 연구기관과 실험실은, 미국에서는 1920年代에 만들어진 하바드대학부속 포그미술관이 최초이다. 당시의 포브스관장은 기술자를 초빙해 보존부분을 개설했다. 뒤이어 보스톤미술관, 뉴욕의 메트로폴리탄미술관 등에서 이러한 종류의 실험실을 설치하고 있다. 일본에서 보존수복에 관련한 국립연구조직이 처음으로 생긴 것은, 1947年 東京國立博物館 保存修理課 保存技術研究室이었다. 그것은 1952年 현재의 東京國立文化財研究所 保存科學部로 발전하였다.

(국외의 연구조직)

- ○1853年 London, Royal Institute
- ○1888年 Berlin State Museum
- ○1921年 London, British Museum
- ○1930年 Boston Museum of Fine Art
- ○1931年 New York, The Metropolitan Museum of Art
- ○1931年 Paris, The Louvre Museum, 루브르美術館研究所
- ○1934年 London, National Galley 科學部
- ○1935年 Brusseles, Royal Instiute, 벨기에美術館中央研究所
- ○1958年 Rome Centre for Restoration Institute (ICCROM)

(일본의 국립연구조직)

- ○1947年 東京國立博物館 保存修復課 保存技術研究室(東京文化財研究所 保存科學部의 前身)
- ○1952年 東京國立文化財研究所 保存科學部
- ○1969年 奈良國立文化財研究所 保存科學實驗室
- ○1973年 東京國立文化財研究所 修復技術部
- ○1974年 國立民族學博物館
- ○1981年 國立歷史民俗博物館 情報資料研究部

引/用/文/獻

14) 山崎一雄・秋山光和：海外に於ける研究の沿革と現狀, 東京國立文化財研究所光學研究班・光學的方法による古美術の研究, 吉川弘文館, pp.1～2,

1955.

15) 佐原眞：銅鐸研究史の資料若干，歷史學と考古學 - 高井悌三郎先生 喜壽記念論集，1988.

1-6 學會・硏究團體

문화재 보존에 관한 국제수준의 연구조직에는 보존수복의 활동을 추진하는 유네스코 산하의 비정부단체로서, 1946年 발족한 국제박물관협의회(ICOM)와 1965年 발족한 국제기념물유적회의(ICOMOS)가 있다. 또한 국제적인 학회조직으로는 1950年 발족한 국제문화재보존과학학회(IIC)가 있고, 기관지 「Studies in Conservation」과 논문초록집 「Art and Archaeology-Technical Abstracts」를 간행하고 있다. 同학회는 1991年에 일본지부(IIC-Japan)를 설립한 바 있다. 그밖에 이탈리아에는 유네스코가 1958年에 창설한 속칭 로마센터(ICCROM)가 있어, 보존과학에 관한 정보를 광범위하게 수집하고 보존수복의 국제연수도 실시하고 있다. 일본에서는 1952年에 ICOM, 1974年에는 ICOMOS의 일본국내위원회를 설립하였다. 1933年에 발족한 고미술보존연구회의 後身인 문화재보존수복학회는 학회지 「古文化財의 科學」을 발행하고 있다. 또한 1976年부터 1982年에 걸쳐서 실시된 文部省科學硏究費 特定硏究의 硏究者 그룹이 중심이 되어 1982年 日本 文化財科學會를 설립하고, 학회지 「考古學과 自然科學」을 발행하고 있다.

○ 1933年　古文化財科學硏究會(現 文化財保存修復學會)
○ 1946年　國際博物館協議會(ICOM, International Council of Museum)
○ 1950年　國際文化財保存學會(IIC, International Institute for Conservation of Historic and Artistic Works)

○1952年 ICOM 日本國內委員會

○1958年 國際文化財保存修復硏究센터(International Centre for the Study of the Preservation and the Restoration of Cultural Property, ICCROM)

○1965年 國際記念物遺蹟會議(ICOMOS, International Council of Monuments and Sites)

○1974年 ICOMOS 日本國內委員會

○1982年 日本文化財科學會

○1991年 IIC 日本支部(IIC-Japan)

1－7 日本의 教育機關

日本의 文化財學 관련 또는 保存修復 관련의 교육기관(大學)은 조금씩 증가하고 있다. 1965年에 설치한 東京藝術大學 美術硏究科(現在의 文化財保存科學 專攻)가 최초의 교육기관이다. 일본에서 보존과학 관련 학과와 강좌를 개설한 대학은 1997年 4月 현재, 아래의 10개교가 있다. 그 중 대학원에만 개설하고 있는 곳은, 京都大學과 東京藝術大學의 2개교이지만 학부와 대학원을 병설하고 있는 대학은 5개교에 달한다. 또한 學部에만 개설하고 있는 대학은 3개교이지만 대학원을 설치하는 것은 시간문제일 것이다.

문화재 관련 대학교육이 계속 확대되고 있는 현황은 관계자로서는 기쁜 일이지만, 동시에 시급히 해결해야만 할 문제점도 있다. 「文化財學」은 이른바 이론뿐만 아니라 실천이 따르는 분야인 만큼 수업에는 실천의 학문을 어떻게 진행하고 技術習得은 어느 수준까지 시행하는가 하는 검토 과제가 많다. 또 하나의 문제는 이 분야를 전공한 학생의 활약 무대이다. 현재 일본 文化廳에 소속된 박물관·미술관은 약 700기관에 이른다. 그 대부분은 보존 관련 담당자가 없다. 보존수복의 실험실과 작업실도 설치되어 있지 않다. 각각의 미술관이나 박물관에서 이 분야를 조직화하려는 생각과 文化廳으로부터의 행정지도를 얻을 수 있을지가 중요하고도 시급한 문제이다.

(대학)

- ○1979年 奈良大學 文學部 文化財學科
- ○1988年 東京學藝大學 教育學部 情報環境科學課程 文化財科學 專攻
- ○1991年 京都造形藝術大學 藝術學部 藝術學科 文化財科學 코스
- ○1992年 東北藝術工科大學 藝術學部 藝術學科 文化財保存科學 코스
- ○1992年 昭和女子大學 文學部 日本文化史學科
- ○1995年 奈良教育大學 教育學部 綜合文化科學課程 環境科學코스 古文化財科學 專修
- ○1997年 別府大學 文學部 文化財學科
- ○1997年 京都橘女子大學 文學部 文化財學科

(대학원)

- ○1965年 東京藝術大學大學院 美術研究科 保存修復研究專攻・保存科學專攻(現 文化財保存學 專攻)
- ○1992年 東京學藝大學 大學院 理科 教育專攻 文化財科學 講座
- ○1993年 奈良大學 大學院 文學研究科 文化財史料學 專攻
- ○1993年 昭和女子大學 大學院 生活機構研究科 生活文化 專攻
- ○1994年 京都大學 大學院 人間・環境學研究科 文化・地域環境學專攻 環境保全發展論 講座
- ○1996年 京都造形藝術大學 大學院 藝術學科 藝術 專攻
- ○1996年 東北藝術工科大學 大學院 藝術文化 專攻 保存修復 코스

대학 공동이용기관(國立歷史民俗博物館・國立民族學博物館)은 대학의 요청에 따라서 대학원에 대한 교육, 기타 그 대학에 대한 교육에 협력, 아래와 같은 교육을 실시하고 있다.

1986年 國立歷史民俗博物館(文化財科學과 관련하여 情報資料研究部 안에 博物館資料研究部門, 修復技術研究部門, 情報시스템研究部門, 展示科學研究部門이 있다.)

1989年 國立民俗學博物館(文化科學研究科 地域文化學, 比較文化學 전공 등 두개의 영역을 설치하고 있다.)

第 2 章

保存科學의 研究方法

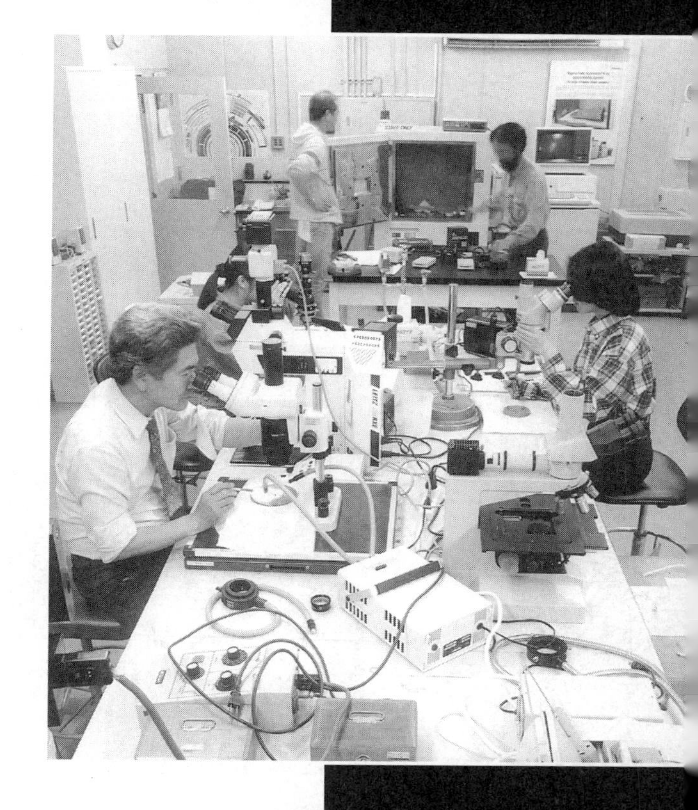

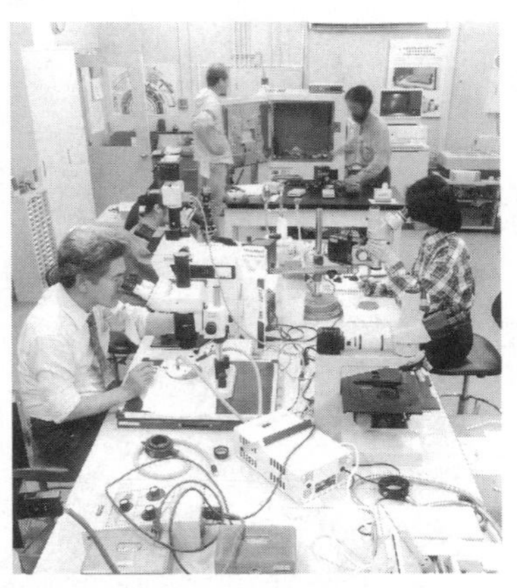

保存科學 實驗室(奈良國立文化財研究所)

문화재의 保存修復에는, 일본 고대로부터 내려오는 전통적인 기술과 재료가 꼭 필요한 동시에 문화재자료의 劣化機構를 해명하거나 보존재료의 상태를 조사하는 것도 중요하다. 그것은 自然科學的인 방법에 의한 연구가 필수적인 理學·工學·醫學·農學 등의 학술분야의 영역인 것이다.

2-1 材質 把握

문화재의 보존수리와 조사연구를 위해서는 우선 문화재의 材質을 파악하는 것이 필요하다. 단, 귀중한 문화재자료를 다루는 이상 자료를 損傷하지 않는 것이 원칙이다. 그렇게 하기 위해서라도 무턱대고 化學分析만을 서두르지 않는 것이다. 상세한 육안관찰만으로 그 材質을 판정할 수 있는 것이 많다.

예를 들면, 고대의 적색안료에는 鐵丹[Bengala, 辨柄, 주성분이 Fe_2O_3, 황토를 구워서 만든 적색안료], 鉛丹(Pb_3O_4), 朱(HgS) 등이 있다. 이러한 안료를 同定하려면, 예를 들어 철(Fe)성분이 함유되어 있다면, 그것은 鐵丹으로 同定할 수 있다. 수은(Hg)이 검출되면 그것이 朱라는 것을 알 수 있다. 그러나 화가는 이러한 안료를 보기만 해도 朱와 鐵丹을 구별할 수 있다. 특별히 分析機器를 사용하지 않아도 되는 것이다. 複數의 안료가 혼재하여 있거나 열화되어 변색되었다면 육안 관찰만으로는 同定이 어렵게 된다. 自然科學의 分析方法은 이와 같은 사태가 되었을 때 시행하는 것이 좋다.

문화재 분야에서는 최소한의 시료량을 간편한 방법으로 분석하여, 귀중한 자료를 손상하지 않도록 유의해야 한다. 원래 문화재 자료의 분석은 분석정밀도와 분석기술의 향상만이 가장 중요한 목적은 아닐 것이다. 따라서 고급 기기에만 의지할 필요는 없다. 실체현미경이나 전자현미경 등에 의한 光學的인 觀察만으로 충분히 재질을 파악하는 것이 가능한 것도 있다. 분석기술이 進步하고 있는 오늘날 자연히 분석정밀도도 향상되고 있다. 또한 분석시료가 극히 미량이더라도 소정의 정보를 끌어낼 수 있는 것도 많아졌다.

화학분석에는 定性分析과 定量分析이 있고, 미소량시료의 定性·定量分析法에는 원자흡광분광분석법·고주파유도결합 플라즈마발광분광분석법·放射化分析法 등이 있다. 有機物試料를 분석하는 데는 적외분광분석법, 자외·가시흡수스팩트럼법, 형광스팩트럼법 등이 있다. 섬유와 염료의 분석에는 현미적외분석법(FT-IR)·가스크로마토그래피·고속액체크로마토그래피·薄層크로마토그래피 등이 이용된다. 최근에는 전자공학과 컴퓨터 기술이 고도화되고 있고 자동분석이 가능한 기기가 대두되고 있다. 또한 분석자료의 수를 증가시켜 통계학적 방법에 의한 측정을 하고, 문화재 자료에서 최대한의 정보를 이끌어 내는 시도가 시행되고 있다. 분석기술의 자동화, 디지털화, 컴퓨터처리의 진전이 非破壞的 方法에 의한 분석, 微少量試料의 분석에서도 다양한 정보의 유출이 점차 가능하게 되었다.

2-2 非破壞分析

물질에 X-선을 照射하면 투과·흡수·산란 등을 일으켜서 물질을 구성하는 원소고유의 X-선을 이차적으로 발생한다. 이 고유 X-선을 형광X-선이라고 하고, 그 X-선의 종류를 조사하여 원소를 同定하고 함유량을 계측할 수 있다. 이 분석방법을 형광X-선분석법이라 한다. X-선분석법은 비파괴측정이 가능하고 물질의 화학조성과 그 化合狀態를 알 수 있기 때문에 박물관과 미술관의 자료, 그리고 출토 유물에 적응할 수 있는 중요한 材質調査法이다. 보통의 형광X-선 분석 장치로는 분석할 수 있는 시료의 크기에 한계가 있다. 문화재분야에서는

사진 2-1 全試料型의 형광X-선 분석장치

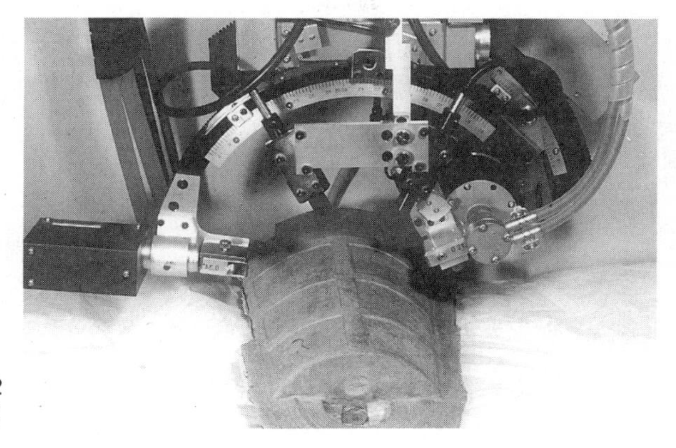

사진 2-2
X - 선회절분석장치

동전크기의 작은 것에서부터 刀劍 등의 큰 것까지 非破壞로 분석할 수 있는 특별한 구조의 장치를 사용한다. 사진 2 - 1은 여러가지의 형태, 어떠한 크기의 자료에도 대응할 수 있도록 특별히 제작한 모든 시료형의 형광X-선분석장치이다. 시료실을 크게 하는 것은 물론, 칼 등 가늘고 긴 자료에도 非破壞分析이 가능하도록 시료실의 양쪽을 필요에 따라서 박스를 붙여 사용할 수 있도록 하고 있다.

結晶性의 물질에 X-선을 조사하면 散亂線이 서로 간섭하여 回折現象을 일으킨다. 이것을 이용한 분석방법이 X-선회절분석법이다. X-선을 결정으로 회절시키기 때문에 시료중 원자 배열에 관한 정보, 結晶構造와 化合物을 同定할 수 있다. 그 외 非結晶質·액체시료, 有機質의 생물·목재·섬유, 그리고 DNA의 구조해석에도 이용된다. 사진 2 - 2는 문화재자료의 분석을 위해서 만들어진 특별구조의 X-선회절분석장치이다. 사진에서 보는 것처럼 X-선관·검출기부분이 가동할 수 있는 상태로 되어 있고, 어떠한 형상, 어떠한 크기의 것이라도 非破壞로 分析할 수 있다.

非破壞測定이 가능한 방법은 형광X-선분석 이외에 열중성자를 照射한 후 발생하는 γ-선을 측정하여 원소의 종류와 함유량에 관한 정보를 얻는 열중성자방사화분석이 있다. 그러나 이 방법은 분석대상으로 하는 유물이 방사화되어지므로 실제로는 미소량의 시료를 채취할 필요가 있다. 문화재의 분야에서 비파괴분석법으로 주목되고 있는 방법에 픽시분석(PIXE : Particle Induced X-ray Emission)이 있다. 1970年頃부터 加速器가 있는 연구시설로, 荷電粒子勵起 X-선발광분광분석이라고 불리는 방법이다. 가속한 荷電粒子를 분석시료에 조사하여 시료에서 발생한 특성 X-선을 반도체검출기를 이용하여 분광하고, 많은 원소를 동시에 분석할 수 있다. 多元素를 동시에 측정할 수 있는 점에서는 형광X-선분석과 같지만, PIXE분석은 아주 미량의 시료에 대해서도 고감도로 분석할 수 있는 이점을 가진다.

문화재의 재질연구는 그 조사연구와 보존수복을 위해서만 필요한 것은 아니다. 때로는 眞僞의 鑑定에도 이용된다. 이때에 대부분의 경우는 非破壞的인 방법에 의하지 않으면 안된다. 형광X-선분석법이 문화재의 분야에 등장한 것은 眞僞問題(永仁의 壺 사건)가 일어난 1960年의 일이었다[1),2)]. 중요문화재로 지정된 古瀨戶의 壺에 대한 위작여부를 다양한 자연과학적인 분석방법을 이용하여 수수께끼를 푼 사건이다. 결정적인 해답을 준 것은 형광X-선분석법이었다. 古瀨戶의 壺와 현대의 壺에 관하여 분석하여 유약에 함유된 스트론튬(Sr)과 루비듐(Rb)의 함유량에 차이가 있는 것을 지적했다. 그것은 문화재 분야에서 비파괴적인 분석방법으로서 형광X-선분석이 평가받은 사건이기도 했다.

비파괴분석은 시료의 표면을 분석하게 된다. 한편, 문화재 자료의 대부분은 긴 세월동안에 열화하고 상태변화를 일으키고 있다. 금속제품이라면 녹이 발생하여 표면을 덮고 있다. 비파괴분석으로는 표면의 녹을 분석하게 된다. 분석화학이라고 하는 통상의 개념에서 보면, 녹의 분석에서는 유효한 분석수치를 얻을 수 없을 뿐만 아니라 분석 그 자체가 무의미하다고 생각하게 되기 쉽다.

유물은 표면이 열화하고 녹슬어 있다고 하는 제약하에서, 신뢰할 수 있는 분석결과를 얻기 위한 개발연구 또한 중요한 과제이다. 형광X-선분석, X-선회절분석의 어느 쪽이든 비파괴분석을 보다 확실하게 달성하기 위해서는 다음 3가지의 목적에 맞는 분석장치를 갖추는 것이 이상적이다. 첫째, 어떠한 형상의 시료에도 대응할 수 있도록 시료실이 큰 장치를 만든다. 작은 시료는 동전크기의 것에서부터 큰 시료는 도검과 갑옷·투구까지 분석할 수 있다면 이상적이다. 둘째, 극히 작은 시료와 미소부분의 분석을 목적으로 X-선 분석장치를 필요로 한다. 셋째, 미량성분과 불순물 등의 분석에는 높은 에너지형의 X-선분석장치가 유효하다.

문화재자료의 비파괴분석에는 다음과 같은 사항을 검토한 후에 분석법과 분석장치를 선정한다.

① 시료채취의 가부를 확인할 것. 조건에 따라서는 시료쪽이 아니라 분석장치쪽을 대이동 시키는 일도 있을 수 있다.
② 시료상태가 고체·액체·기체중의 어느 것이냐에 따라 분석법과 그에 따른 시료의 處理前 방법이 다르다.
③ 무기·유기물질에 따라 분석법과 시료의 處理前 방법이 다르다.
④ 분석시료가 결정질이냐, 비결정질인지는 큰 차이가 있다.
⑤ 분석의 목적을 명확히 할 것. 그것에 의해 微小部分의 분석이 적당한지, 巨視的인 부분의 분석이 필요한지는 큰 문제이다.
⑥ 채취 가능한 시료량의 대소에 따라서 분석의 방법이 달라진다.
⑦ 시료조건에 문제가 있어도 예를 들어, 시료표면의 상태가 다르더라도 분석 가능한 시료수가 충분한 경우는 분석데이터의 統計處理에 의해서 보충할 수 있다.

引/用/文/獻

1) 江本義理：古文化財の材質研究, 化學教育20, pp.403～407, 1972.
2) 東村武信：考古學と物理化學, 學生社, pp.159～161, 1978.

2-3 X-線分析

최근 형광X-선분석의 기술이 진보하여 사전에 組織成分을 알고 있는 標準試料만 있다면 비교적 간단히 定量分析이 가능하게 되었다. 그러나 시료표면의 상태와 형상이 일정하지 않은 문화재자료를 측정할 경우와 측정결과의 해석에 있어서는 많은 주의사항이 필요하다.

형광X-선장치에는 파장분산형형광X-선분석장치(WDX)와 에너지분산형형광X-선분석장치(EDX)가 있는데 X-선照射의 방법으로서는 양자에 큰 차가 없다. 다시 말해서 일반적으로는 X-선관을 사용하지만(구조적으로 2~3종류가 있다) 2차 타겟방식을 채용하여 X-선勵起效率과 백그라운드의 저감을 측정하도록 고안한 장치도 있다. 양자의 기본적인 차이는 2차 X-선의 검출방법에 있다. 파장분산형은, 분광결정(EDDT, LiF, PET 등)을 이용하여 2차 X-선을 분광하여 연속적으로 파장의 측정과 X-선 강도를 신틸레이션카운터(Scintillation counter, 방사선 계측기의 일종)와 가스크로마토(gas chromato)형 검출기를 사용하여 측정한다. 에너지분산형은 2차 X-선을 동시에 받아들여 X-선에너지의 분포를 반도체검출기로 측정한다.

검출감도는 에너지분산형 쪽이 뛰어나고 1차 X-선의 강도는 작게 해결된다. 단, 각 원소를 勵起하기 위해서 필요한 X-선관 전압은, 양쪽의 장치가 같고 전류치를 조정하면 된다.

分析試料(문화재자료)에 미치는 X-선의 영향은 파장분산형과 비교해보면 에너지분산형 쪽은 거의 무시할 수 있다. 파장분산형은 X-선 통로가 매우 길게 되므로 강도가 큰 1차 X-선이 필요하게 되고, 유물에 미치는 영향은 무시할 수 없는 경우도 있다. 예를 들어 청동에 나타난 녹으로 朱錫의 산화물과 銅의 탄산염 또는 非晶質

의 혼합물 등이 평평하고 미끄럽게 담녹색을 띠는 부분에서는 X-선 照射에 의해서 그 표면의 색이 변화하는 일이 있다. 또한 유리제품과 施釉도자기의 경우에는 그것이 가진 색조가 진하고 거므스름하게 변화하는 일이 있다. 한편 파장분산형은 에너지분산형에 비하여 分解能이 뛰어나다. 그러나, 금도금 분석에서 반드시 검출되는 수은과 금은 그 스펙트럼을 정확히 분리할 수 있지만, 에너지분산형으로는 그러한 함유량이 적은 경우에는 양자를 분리하여 확인할 수 없는 경우가 있어 각기 一長一短이 있다.

작은 유물과 유물의 微少部分에는 검출감도를 고려하면 에너지분산형이 효과적이고 귀중한 유물에 손상을 미치는 일도 없다. 한편 복잡한 금속성분으로 된 유물의 定性分析과 定量分析에는 分解能이 뛰어난 파장분산형이 유리하다. 즉 형광X-선분석의 특징과 분석의 목적을 대조하여 분석장치를 선정한다. 형광X-선분석법은, 非破壞測定이 가능하다는 점에서 문화재자료에 최적의 분석장치인 것은 틀림없다.

풍화에 의한 화학조성의 변동은, 금속제품이나 유리제품 등에 대해서 연구가 행해지고 있다. 풍화된 유물의 표면에서 유물 본래의 定性的인 材質을 해명하는 것은 곤란하여 결국 추정의 단계를 넘지 않는다. 青銅鏡(三角緣神獸鏡)의 非破壞測定, 다시 말하면 녹의 분석에서 주석성분이 많은 형과 납성분이 다소 많고 주석성분이 적은 형의 青銅鏡 재질을 판별한 예가 있다[3]. 그러나 완전히 녹슬어 있거나 풍화된 유리로는 결국 유물 본래의 재질을 정확하게 파악할 수 없다. 예를 들면 납유리의 풍화부분은 산화납(PbO)이 97%까지 달하는 것이 있다. 이것으로 본래의 소재가 금속 납이었는지 또는 납유리였는지를 판별하는 것은 어렵다. 이와 같은 경우에는 오히려 유물의 형태적 특징 등의 관찰 특히, 고고학적인 관점으로부터의 정보를 기본으로 하여 분석결과를 검토 수정하는 것도 유효하다.

사진 2 - 3은 青銅鏡에 나타난 녹의 구조를 가리킨다. 사진의 상단(左)는 鏡面을 녹청녹이 피복하고 있는 상태의 단면도이다. (中), (右)의 사진은 피복한 녹의 X-선분석을 시행했을 때 동·주석성분의 X-선상을 나타낸다. 또한 사진(下)는 피복 녹이 없는 청동거울의 단면사진과, 상단과 마찬가지로 동성분과 주석성분의 X-선상을 나타낸다. X-선상은 흰 반점이 많을수록 그 원소성분의 함유율이 높은 것을 나타내고 있다. 상단의 X-선상을 보면, 피복 녹에는 동성분이 다량으로 함유되어 있지만 주석성분은 거의 함유되지 않았다. 엄밀하게 말하면 주석과 납을 함유한 청동제품인데도 이런 종류의 피복 녹을 분석하면 동만을 검출하게 되어 비파괴분석으로는 단순히 동제품이라고 판정해 버릴 우려가 있다. 한편 하단의 피복 녹이 없는 거울의 표면부분의 동성분은 희박하지만 주석성분은 풍부하다. 이것은 청동거울에서 용출하는 성분이 주로 동이고, 주석성분의 용출이 극히 적다는 것을 말하고 있다. 따라서 분석할때에는 동·주석성분을 함유한 녹, 즉 피복 녹이 없는 부분을 분석의 대상으로 한다면 녹이 슨 유물의 분석으로부터 어느 정도의 定量的인 분석이 가능하게 된다.

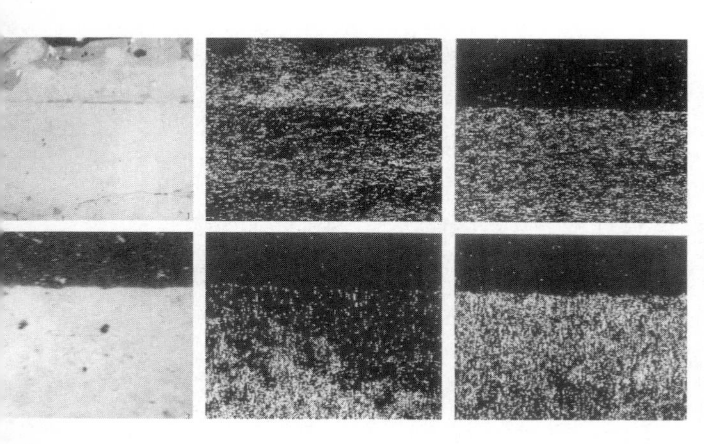

사진 2-3
青銅鏡에 나타나는 녹의 構造
상단: (左) 鏡面을 녹이 피복
(中) 銅성분의 X-선像
(右) 주석성분의 X-선像
하단: (左) 피복 녹이 없는 鏡面
(中) 銅성분의 X-선像
(右) 주석성분의 X-선像

非破壞法으로 定量分析할 경우, 시료표면의 상태가 중요하게 된다. 형광X-선분석에서는 원칙적으로 한없이 두꺼운 시료(bulk형상의 시료)를 想定하여 定量計算을 한다. 다시말해서 시료의 내부에서 勵起된 각 에너지의 2차 X-선이 시료표면의 어느 정도의 깊이로부터 나오고 있는지가 문제가 된다. 에너지가 적은 X-선은, 시료내부에 흡수되므로 비교적 표층의 정보만을 검출하는 것이 되고, 반대로 에너지가 큰 X-선은 시료 내부로 흡수되는 것은 적고 비교적 깊은 곳의 시료 내부의 정보를 檢知하고 있다. 즉, 시료 내부로의 깊이방향이 다른 각 원소의 정보가 일괄하여 섞여 있다. 定量分析에 관해서는, 이러한 불확실한 현상에 근거하여 定量化하고 있는 것을 잘 이해해 두지 않으면 안된다.

引/用/文/獻

3) 澤田正昭：青銅遺物の組成とサビ, 文化財論叢 - 奈良國立文化財研究所創立30周年記念論文集, pp.1221～1232, 1983.

2-4 內部構造 觀察

불상의 내부구조, 회화의 밑그림 관찰 등 문화재의 보이지 않는 부분을 투시하는데는 적외선·가시광선·자외선·X-선·γ-선 등의 전자파를 이용하는 광학적 방법이 유력하다[4].

X-선은 가시광선보다도 훨씬 에너지가 큰 전자파로 파장은 대략 0.01～100Å(angstrom)이다. 그 중에서도 파장이 짧은 X-선을 硬X-선, 파장이 긴 X-선을 軟X-선이라고 한다. 적외선과 자외선은 可視領域으로는 포착할 수 없는 표면부분의 정보를 끌어내 준다. 아울러 내부의 構造를 조사하기 위해서는 투과력이 큰 X-선과 γ-선에

의한 투시가 필요하다.

문화재의 構造調査에 관한 기술 중 가장 잘 알려진 것은 X-선 라디오그래피이다. 최근에는 X-선화상처리나 컴퓨터처리에 의한 X-선단층사진촬영(CT 스캐너) 등의 방법도 응용되고 있다. 같은 X-선 투과촬영에도 두꺼운 벽에 그려진 회화에 X-선을 투과하여 조사하려면 광전자촬영방법이 유효하다. 적외선 사진의 미술품에의 응용 연구는 1932年頃부터 미술연구소(現 東京國立文化財硏究所 美術部)에서 예비실험이 행해졌다. 적외선사진이 실제로 이용된 것은 法隆寺 壁畵의 문양 해명을 위해 촬영된 것이 처음(1936年)이었다. 또한 1937年 大分縣 富貴寺大堂의 벽화에 1939年 奈良縣 當麻寺의 當麻曼陀羅의 촬영에 응용되었다. 그 주된 목적은 안료가 박락하거나 열화하여 육안으로 보기 어려운 벽화의 그림을 해명하는 것이었다. 또한 미술연구의 분야로 1954年 금동불상의 구조조사를 위해서 코발트(Co^{60})에 의한 γ-선 투시촬영을 행하였다. 이러한 광학적 방법에 의해 고미술품의 조사연구는 1955年 발간의 「光學的 方法에 의한 古美術品의 硏究」에 상세히 나타나 있다. 그것은 광학적인 방법에 의해 회화 · 조각 · 미술공예술품 등의 構造 · 材質的인 연구를 일본에서 최초로 실행한 것이다.

引/用/文/獻

4) 東京國立文化財硏究所 光學硏究班 : 光學的方法による古美術の硏究, 吉川弘文館, pp.13～14, 1955.

2-5 X-선 라디오그래피

X-선의 응용은 해외에서는 유화의 밑그림 조사에 이용되고 있

다. X-선은 1859年 독일의 뢴트겐(Rontgen)에 의해 발견된 것으로 당시부터 뢴트겐 자신도 이미 유화 조사를 위해 이용하고 있었다. X-선투과법이 처음으로 문화재에 이용된 것은 일본에서는 1935年의 大阪府 阿武山古墳出土의 玉枕 등에 대해서였다[5]. 이 고분은 당시 京都大學의 지진관측소(大阪部 高槻市 所在)의 건설 중에 발견되었다. 물리학자인 志田 順 所長이 島津製作所의 기술협력을 얻어 뚜껑이 덮인 채로 棺의 X-선사진을 촬영했다. 옻칠과 麻布를 번갈아 붙여 겹겹이 쌓은 夾苧棺의 투시였다. 관안에서 수습된 유리제의 옥침과 금실, 은실의 자수로 장식된 관모 등이 인골과 함께 확인되었다. X-선이 발견되고부터 불과 40年후의 사건이었다. 다음으로 X-선촬영에 의한 연구성과를 얻은 것은 當麻曼陀羅의 기둥에 그려진 벽면이었다.

고고 유물을 대상으로 한 방사선 사진술에 의해 구조조사가 본격화 한 것은, 유물의 보존과학적인 처리기술이 정착한 1970年代부터이다. 鐵劍의 鐵地에 홈을 파고 거기에 金線이나 銀線을 끼워 넣은 상감의 명문·문양 등은 일반적으로 철녹으로 피복되어 있어 육안으로는 확인 할 수 없는 것이었다. X-선투과 사진은 그 대상이 되는 자료가 木材이기도 하고 金屬이기도 하다. 금속이라도 종류가 다른 경우가 있기 때문에 그 물질이 가진 減弱係數에 의해서 X-선의 투과와 흡수정도가 다르다. 물질의 차이는 그 재질의 密度에 따라서 필름 면에 흑백의 濃淡으로 표시되기 때문에 이것을 기본으로 판단해야 한다. 콘트라스트(Contrast) 차가 현저한 차이가 없는 경우와 선명하지 않은 X-선상에 대해서는 畵像을 강조하는 장치를 이용하여 수정할 수 있다.

최근에는 X-선화상처리와 컴퓨터처리에 의한 X-선단층사진촬영(CT 스캐너) 등의 방법도 응용되고 있다. 사진 2-4는 CT 스캐너의 컴퓨터부분과 X-선발생장치와 검출기 및 시료를 놓는 탁자의 부분 사진이다. 사진 2-5는 古墳時代[日本 考古學에서의 時代區分上

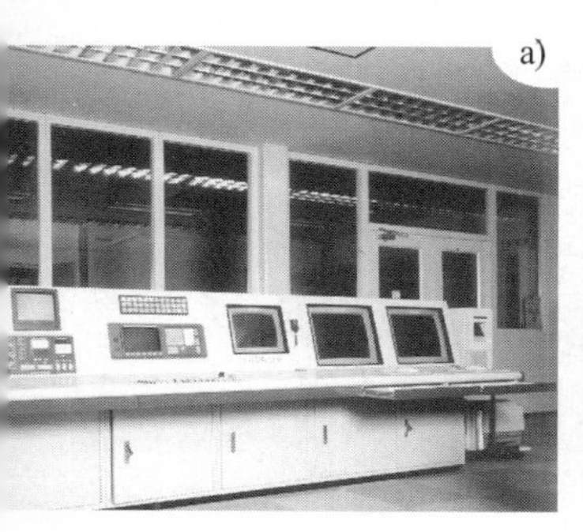

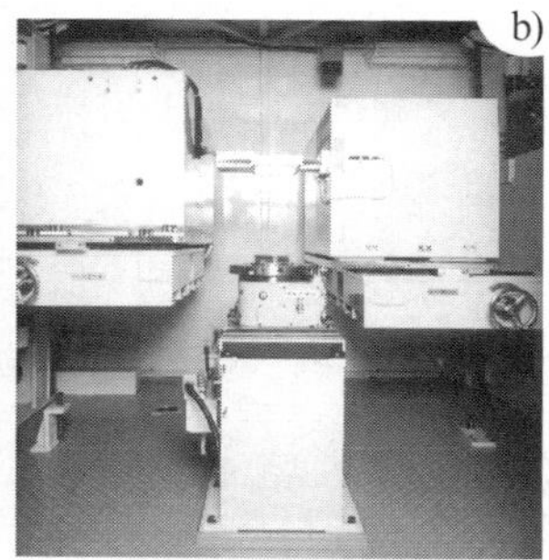

사진 2-4
X-선 CT 스캐너
(a) 컴퓨터 제어부
(b) X-선투과장치

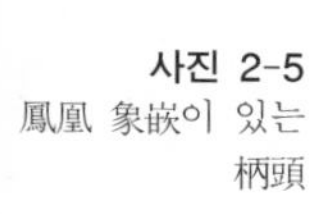

사진 2-5
鳳凰 象嵌이 있는
柄頭

a)

b)

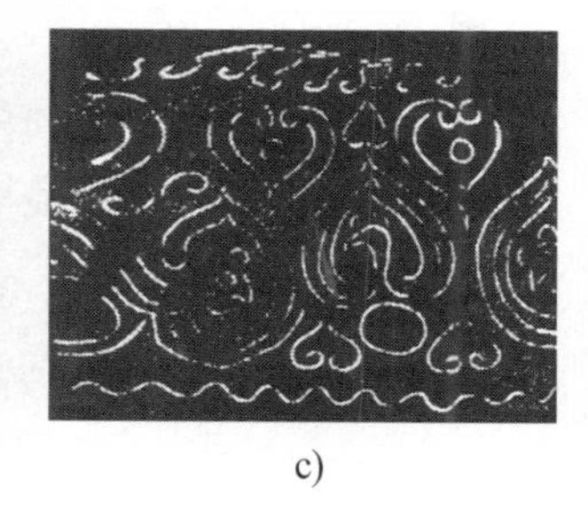

c)

3C 후반 ~ 7C 후반의 시기] 칼의 손잡이 머리에 새겨진 鳳凰의 은 상감을 CT 스캐너로 촬영한 것이다. 사진 (a)에서는 녹으로 덮여져 있기 때문에 상감이 보이지 않는다. 사진 (b)는 보통의 X-선사진이므로 앞뒤의 상감문양이 겹쳐 보이기 때문에 문양의 식별이 어렵다. 사진 (c)는 CT 스캐너를 이용한 상감문양의 전개도이다. 또한, 책 첫머리의 사진 ⑥은 香川縣 母神山古墳출토의 도깨비 얼굴 문양의 금·은상감을 입힌 칼의 손잡이 머리부분을 나타낸다.

사진 (a)는 철녹 때문에 금·은의 상감을 볼 수가 없지만 사진 (b)의 X-선투과 사진에서는 양면에 도깨비얼굴이 새겨져 있는 것을 확인할 수 있다. 그리고 X-선사진을 근거로 주의깊게 녹을 없애면 사진 (c)처럼 분명한 모양의 金·銀의 象嵌文樣이 드러나게 된다.

引/用/文/獻

5) 飛鳥資料館 : 古墳を科學する, 奈良國立文化財研究所, pp.11~14, 1988.

2-6 光電子 撮影法

X-선투과법에 의한 문화재자료의 관찰은 단순히 보이지 않는 곳을 보는 것뿐만 아니라, 예를 들어 그것이 회화라면 안료의 材質的 문제와 描寫技法의 조사연구를 위해 이용할 수 있다. X-선투과법에는 X-선管球와 필름 사이에 자료를 놓고 X-선을 투과한다. 병원에서 뢴트겐사진촬영과 같은 원리이다. 캔버스에 그린 유화, 和紙[우리나라의 한지와 같은 일본종이]나 絹에 그린 회화의 밑그림과 회화의 구조를 알기 위해서는 가장 적합한 조사방법이다. 그러나 法隆寺 金堂의 벽화처럼 건조물의 두꺼운 벽에 그림이 그려져 있는 것 같은 경우에는 이 벽을 투과하여 회화의 X-선상을 얻는 것은 쉽지 않다. 결국 화면의 뒤에 X-선필름을 쬐고 벽체를 투과하는 것, 또 벽화의 X-선상을 얻는 것은 불가능에 가깝다.

광전자촬영법[6)]은 피사체의 앞쪽에 사진 필름을 두고 촬영한다. 사진 필름은 낮은 에너지의 X-선에 대한 감도는 높지만 높은 에너지의 X-선은 사진필름을 대부분 感光시키는 일 없이 투과 해 버린다. 그래서 높은 에너지의 X-선을 발생할 수 있도록 관전압 200kV 이상의 공업용 X-선발생장치를 이용하고, 주석(두께 3mm)과 銅(두께 10mm)의 필터를 사용하여 높은 에너지의 X-선만을 피사체의 벽화에 照射한다. 물론 벽화의 앞쪽에 둔 사진필름은 높은 에너지의 X-선에는 거의 감광하지 않는다. 벽화의 한쪽면에 乳劑를 바른 시트필름(sheet film)은 안료 등에서 발생한 2차전자(광전자)에 의해서 감광하여 X-선상을 만든다. 예를 들면, 납(鉛)과 水銀처럼 무거운 원소는 2차전자를 많이 방출하기 때문에 이들 원소를 함유한 안료로 그려진 부분(납이라면 鉛白과 鉛丹, 수은이라면 주홍색의 안료에 해당)은 필름에서 강하게 감광하여 진하게 찍히므로 도안 등을 확인하거나, 경우에 따라서는 안료의 성분도 추정할 수가 있다. 또한 X-선투과법에서는 자료의 내부도 포함한 모든 정보를 얻을 수 있지만 광전자촬영법으로는 表面의 情報만을 얻을 수 있다는 장점이 있다. 따라서 寺院壁畵 등에서는 벽체가 아니고 벽화면만의 정보를 얻어낼 수 있다.

引/用/文/獻

6) 三補定俊・石川陸郎：最近の赤外線テレビカメラの利用, 保存科學(第19号), pp.21～27, 1980.

2-7 中性子 라디오그래피

뢴트겐이 X-선을 발견하고, 동시에 아연판에 X-선사진을 촬영하였다. 이 방법이 古美術品의 투과촬영에 응용되기까지 그다지 오랜 시간이 걸리지 않았다. 그러나 工業用으로써 X-선 라디오그래피가 응용된 것은, 확실하고 안전하게 신뢰할 수 있는 X-線源을 얻게되는 1910年代 중반의 일이라고 전해지고 있다. 1932年 중성자는 Chadwick에 의해서 발견되었다. 그러나 X-선 경우와 같이 즉시 라디오그래피로서 실험되는 일은 없었다. 본격적으로 연구가 진행된 것은 1960年이 되어서 부터이다[7].

중성자 라디오그래피는 金屬製容器등에 담겨져 있어 보통은 보이지 않는 나무・종이・직물 등으로 된 有機質遺物을 투시하는 데에 적합하다. 자료에 熱中性子束을 照射하면 각각의 함유원소에 따라서 다른 중성자의 吸收와 散亂이 발생하고 투과량에 차가 생기므로 X-선과 같이 필름면에 畵像을 만든다. 철・동・은・주석・납・금 등의 금속은 X-선의 質量減弱係數(質量吸收係數)가 이 순서

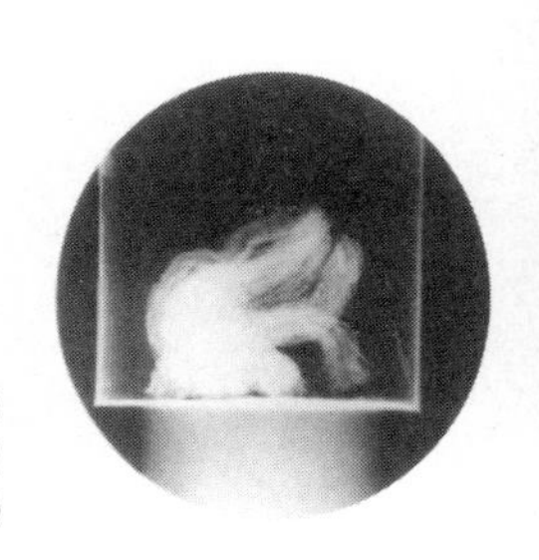
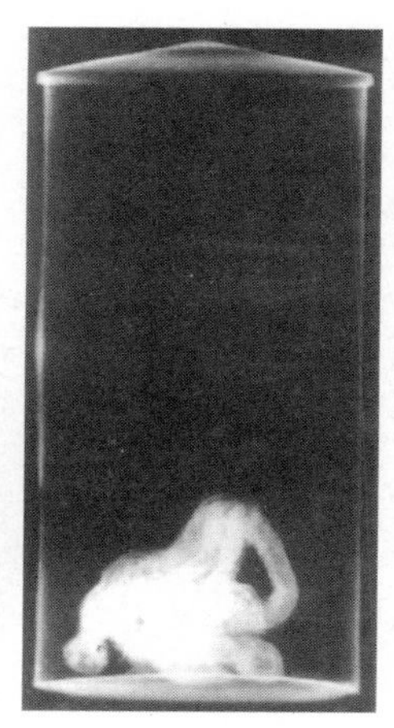
사진 2-6
經卷 · 經筒의 중성자라디오그래피
(元興寺文化財硏究所 제공)

로 커지고 有機質遺物을 구성하는 수소 · 탄소 · 질소 · 산소보다도 크다.

有機質遺物을 포함한 금속제품에 X-선을 투과하면 유기물 부분에 조사된 X-선은 대부분의 경우 사라져 버려 비치지 않는다. 반대로 열중성자속을 조사한 경우 수소 · 탄소 · 질소의 중성자선의 질량감약계수는 이런 금속보다도 크기 때문에 有機質遺物이 금속과 겹쳐져 있어도, 또한 금속용기의 내부에 들어 있어도 상을 촬영해 낸다. 이 원리를 이용하여 예를 들면 金屬製의 용기에 들어가 있는 經卷[경문을 적은 두루마리] 등을 투시하는 것이 가능하다[8]. 더구나 중성자 라디오그래피로 얻을 수 있는 정보는 X-선 라디오그래피에 의해서 얻어진 정보와 상호보완 관계에 있기 때문에 유효한 사용구분이 필요하다. 사진 2-6은 중성자 라디오그래피의 일례를 나타낸다. 헤이안시대[平安時代, 794년 이후 平安京에 정치 · 문화의 중심을 두었던 일본사의 시대구분의 하나로 8C 末 ~ 12C 末까지 400년간을 이름]의 經筒(직경12.1cm×높이 29.5cm)에 담겨진 經卷이 확인되었다. 여러 개의 經卷의 종이가 유착하고 꺾여져 경단모양의 둥근 덩어리로 되어있다(元興寺文化財硏究所 提供).

引/用/文/獻

7) 藤根成勳：中性子ラジオグラフィ－技術とその應用の國內外の現狀, 中性子ラジオグラフィ－技術とその應用・專門委員會報告, 京都大學原子爐實驗所, pp.2～3, 1991.
8) 增澤文武：考古遺物への中性子ラジオグラフィの應用, plus E., pp.84～92, 1993. 9

2－8 赤外線・紫外線

적외선사진이 최초로 이용된 것은 1936年 法隆寺 金堂壁畵의 도안(무늬) 解明을 위해 사용되어진 때이다. 최근에는 적외선비디오카메라가 木簡과 古文書 등의 鮮明하지 않은 墨書를 판독하거나 벽화와 회화의 관찰에 이용되고 있다. 또한 木簡寫眞 등의 판독을 위해서도 이용되고 있다. 그것은 적외선사진과 비교해서 뛰어난 鮮明度를 기대할 수 있다. 게다가 디지털기술의 進步에 의해 화상처리가 가능하다.

보통의 적외선용 필름으로는 0.9μm 부근의 적외영역까지만 감도가 미친다. 그것에 비해서 적외선비디오카메라에 사용하는 적외선용 비디콘(Vidicon)의 감도는 2.2～2.4μm 부근까지 감도를 가지고 있고 필름과 비교하면 훨씬 긴 적외선 파장영역에까지 이르고 있다. 그러므로 사진필름과 비교하면 감도는 매우 높고 정보의 검출능력도 크다. 이것은 종종 회화의 조사에 이용되어 구도가 다른 밑그림 등이 발견되고 있다. 단, 카메라 헤드에 내장되어 있는 적외선용 비디콘은 0.38～0.78μm의 가시광선 영역에 대한 감도도 양호하기 때문에 0.8μm이하의 빛을 차단하는 필터를 적외선램프와 카메라렌즈의 사이에 부착하고 있다. 사진 2－7은 적외선램프와 카메라를 짜 맞춘 장치의 한 예를 나타낸다.

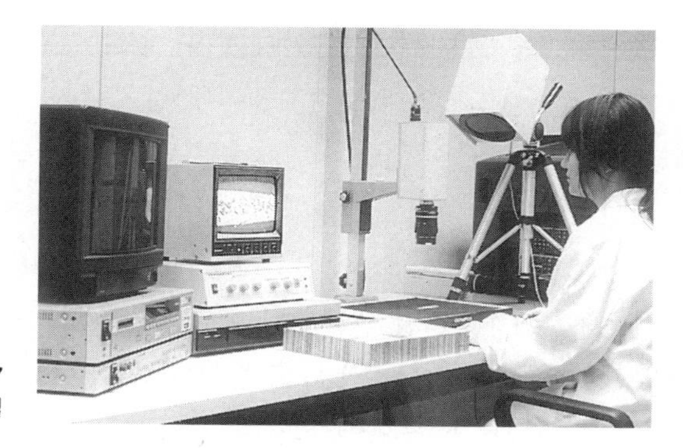

사진 2-7
적외선 비디오카메라 시스템

선명하지 않은 X-선투과사진은 그 화상을 강조하는 방법으로써 보다 선명하게 비추는 것이 가능한데, 필름 면의 濃淡을 식별하는 능력이 현격히 높은 TV카메라 撮像管과 아날로그 화상처리 시스템을 짜맞춘 장치를 사용한다[9)·10)]. 책 첫머리 사진 ②는 후지노끼 고분출토의 칼에 관한 뢴트겐사진을 슈퍼아이로 화상 처리한 것이다(奈良縣立橿原考古學硏究所 提供). 실물은 녹으로 덮여있어 그 실태를 육안으로 관찰할 수 있는 상황이 아니지만 X-선투과사진을 기본으로 강조화상을 만들면 실태를 보다 상세하게 볼 수 있다. 고고학 분야에서는 漆紙文書, 다시 말하면 문서로서 이용되었던 和紙를 옻칠 용기의 뚜껑 등으로 대용한 것이 폐기된 후 옻칠이 침투한 상태로 경화하여, 현상태로는 和紙에 문자가 기록되어 있다 하

a)

b)

사진 2-8
적외선 비디오카메라에 의한 漆紙文書
(a) 옻칠로 인해 문서는 보이지 않는다
(b) 赤外線像

더라도 육안으로 문자를 판독할 수 없는 상태의 문서류 또는 木札에 문자를 기록한 木簡의 文字判讀을 위해 이용되고 있다. 漆紙文書는 宮城縣·多賀城跡·平城宮跡 등에서 다수 출토되고 있고, 적외선비디오카메라의 응용에 의해서 많은 연구성과를 올리고있다[11]. 사진 2-8은 平城宮跡에서 출토된 漆紙文書의 적외선비디오카메라에 의한 관찰결과를 나타낸다. 사진 (b)에 보이는 것처럼 적외선비디오카메라는 문자를 선명하게 촬영할 수 있다. 또한 적외선을 이용하여 고건축의 벽과 마애불의 표면온도 분포상태를 측정해서 벽체와 암반에 생긴 균열을 모색하거나 내부구조를 관찰할 수도 있다. 구조나 재질이 다르다면 온도분포도 같지 않은 것을 이용한 것으로서 유럽에서는 자주 이용되어 실적을 올리고 있다(제6장 6-2 참조).

紫外線을 문화재자료에 이용하는 연구도 1932年頃부터 시행되기 시작하였다. 이것은 자외선 照射에 의한 형광현상 등을 이용하여 회화 등에 있어서 채색부분, 보수부분의 판별, 직물(布)의 재질과 염료 종류판정의 보조수단으로 이용된다. 적외선과 자외선은 가시광영역으로는 포착할 수 없는 정보를 전해 주지만 이것은 모두 자료의 미세표면으로부터의 정보이고, 보다 내부의 구조를 조사하려면 투과력이 큰 X-선과 γ-선투시가 필요하다.

자외선을 물질에 照射하면 전자파의 일부는 물질을 구성하는 분자에 흡수되지만 그 외는 표면으로 반사된다. 흡수된 자외선은, 물질의 분자를 勵起한다. 여기된 분자는 흡수한 잉여의 에너지를 진동에너지나 두번째 전자파로서 방출하고 원래의 안정된 분자상태로 돌아가려고 한다. 이 전자파의 방출현상을 螢光이라고 부르고 螢光의 세기와 파장은 물질에 따라 달라진다. 따라서 물질이 다르면 발생하는 螢光의 스펙트럼과 강도도 다르기 때문에 물질의 차이를 판별할 수가 있다.

자외선램프는 회화의 조사, 특히 修理部分의 검출에 예전부터 이용되고 있다. 유사한 광학적 특성을 가진 것이더라도 재질이 다르면 자외선 照射에 의해서 발생하는 螢光에 차가 생기기 때문에 수리에 사용된 재료와 補修部分을 쉽게 판별할 수 있다. 또한 도자기 補修部分의 觀察, 鑛物과 有機物質의 同定에도 이용된다. 한편, 자외선을 이용한 문화재의 재질조사가 본격화된 것은 1950年 이후의 일이다.

引/用/文/獻

9) 神庭信幸 : X-線・紫外線・赤外線の繪畫への應用, plus E., pp.93~99, 1993. 9
10) 今津節生 : 考古學へのX-線畫像の應用, plus E., pp.93~99, 1993. 9
11) 村上隆 : 文化財不可視情報の可視化, 新しい研究法は考古學に何をもたらしたか, (株)クバプロ, p.142, 1995.

2-9 保存環境

문화재자료의 保存環境을 설정하려면 그것이 놓여져 있던 종전의 保管環境을 조사하고, 埋藏文化財라면 흙속에서 어떠한 조건하에 매장되어 있었는가를 분석, 그것을 근거로 하여 환경조건을 설정한다. 그러나 과거의 환경을 알기 위해서는 현재 있는 자료에서 이것을 추정하지 않으면 안된다.

인간이 만들어 사용한 문화재자료는 오랜 세월이 경과하는 동안 변화되고 분해된다. 그 요인으로는 물・공기・빛・공기중의 오염물질・해충・세균 등을 생각할 수 있다. 게다가 실내라 할지라도 바깥 공기가 침입하는 일도 있어 완전하게 오염인자로부터 벗어나는 것은 어렵다. 많은 경우 複數의 因子가 영향을 미치고 있는데, 실외에는 자외선・오존・탄산가스・질소산화물・유황산화물 그리고 매연 등의 영향이 있다. 예를 들면, 종이와 비단(絹)은 자외선이 원인으로 변색하고 열화한다. 안료도 민감하게 반응하고 퇴색한다. 한편 이러한 오염인자 중에서도 물과 오염공기, 곰팡이와 세균과 같이 상호작용에 의해 피해를 증가시키는 예도 많다.

保存環境의 연구과제는 환경의 保全을 꾀하는 것보다 나은 환경을 설정하는 일이다. 우선 열화의 요인을 찾아 제거하는 일부터 시작한다. 예를 들어, 박물관의 전시실과 수장고의 조명에 자외선과 열을 차단하는 필터를 부착하는 등의 조치를 취하고, 온·습도는 공조설비에 의지하면 된다. 문제는 전시실의 조건설정이다. 여기에서는 전시중에 일어날 수 있는 우발적인 사건을 예측하는 것이 중요하다. 사람이 없는 전시실의 空調制御는 용이하지만 불특정 다수의 견학자가 출입하는 전시실의 환경제어는 용이하지 않다. 그러나 실내의 제어는 어려워도 자료를 넣은 전시케이스내의 제어는 충분히 가능하다. 케이스내의 온도는 전시실의 온도에 따라서 변동하지만 습도는 바깥공기의 변화에 그다지 영향을 받지 않고 대체로 안정된 수치를 가리킨다.

空調設備가 완료된 수장고와 空調設備가 없는 전시실의 사이에는 온도차가 있고 양자의 환경조건의 낙차는 적지 않으므로 자료를 이 사이로 직접 왕복시키는 것은 바람직하지 않다. 예를 들면, 냉장고에 보관하고 있는 사진필름은 꺼내서 바로 사용하려하면 필름 면이 結露해 버린다. 보통은 냉장고에서 꺼낸 뒤 실온과 거의 같은 온도가 될 때까지 기다리고 나서 뚜껑을 연다. 온도가 비교적 높은 조건의 법당에 안치되어 있는 불상을 대여해서 미술관에 전시할 경우, 미술관내의 공조설비가 아무리 뛰어나더라도 사찰의 환경조건과 차이가 크다면 불상에 영향이 미치는 것은 필연적이다. 해외에서 전람회에 출품하는 미술품은 수송시의 環境條件에도 주의하지 않으면 안된다. 자료를 환경조건이 다른 곳으로 옮길 경우에는 충분한 시간을 들여서 새로운 환경에 적응하도록 하는 것(seasoning)이 중요하다.

사진 2-9 正倉院 校倉

正倉院으로 대표되는 校倉樣式(사진 2-9)은, 일본 고대로부터 천연의 습도조절이 가능한 건물구조로서 잘 알려져 있다. 校倉構造는 어느 정도로 습도조정이 가능한 것인지 실증된 예는 없는 것 같지만 목재의 건습에 따른 伸縮現象이 사실인 이상 어느 정도까지 습도 변화가 완화되고 있음은 틀림없다. 그런데 正倉院에서는 콘크리트로 만든 새로운 수장고를 건축했을 때에 공조설비를 완비해 습도는 조정하고 있지만 온도는 어느 정도 밖에 제어되지 않는다고 한다. 보물은 여러겹의 칸막이를 거쳐 겹겹의 수납케이스에 담겨져 있으므로 온도에 관해서는 실외의 영향이 거의 미치지 않는다. 다른 관점에서 생각해보면 바깥공기 온도와 수장고의 온도차가 적은 쪽이 結露의 문제도 생기지 않게 된다. 물론 바깥공기 온도가 이상하게 변화하는 경우에는 수장고내의 온도를 조정 가능하도록 되어 있는 것은 당연하다. 正倉院의 보물은 긴 세월 校倉樣式의 창고에 수장되어 왔다. 온도에 관해서는 자연의 흐름에 맡겨져 왔던 까닭에 보물에게는 오랫동안 익숙해져 온 正倉院이 환경조건인 것이다. 이것을 空調 등에 의해서 갑자기 바꾸는 것은 오히려 문제가 생길지도 모른다.

이론적으로 이상적인 보존환경의 조건이라 하더라도 경우에 따라서는 그것이 문화재자료를 위해서는 항상 적합한 조건이 된다고는 할 수 없다. 正倉院의 예도 그 하나이다. 문화재의 보존환경에 관해서는 국제박물관회의(ICOM)와 국제보존수복센타(ICCROM), 文化廳 또는 관계연구자들이 특정의 조건을 제시하고 있다. 예를 들면 회화 · 조각 등의 미술품은 일반적으로 습도 55% 전 · 후에, 또는 55±5%로 설정해야 한다고 한다.

국제박물관의회는 세계 각국의 박물관, 도서관에 대해서 전시실 · 수장고에 적당한 온도 · 습도에 관한 조사를 실시하고 있다. 10개국 33개 기관에 있어서의 보존환경 조건을 정리하면 표 2 - 1과 같다[12]. 지역에 따라서 상당한 차이가 있지만 대부분은 온도 15~20℃, 습도 50~60%의 범위내에 있다. 그 중에서 미국 오하이오주의 Memorial Art Museum에서는 온도 7~18.5℃, 습도 55%로 하고 있다. 패널(panel)과 목재를 저온에서 보존하고 있기 때문이다. 독일에서는 온도가 20℃이하, 습도는 60~70%로 하여 일본과 비슷하지만 습도는 다소 높게 설정하고 있는 것 같다. 또한 국제보존수복센타에서는 문화재자료를 材質別로 나누어 각각에 적당한 온 · 습도 조건(표 2 - 2 참조)을 제시하고 있다[13]. 무엇보다도 이것에는 주의서가 있어서 만일 부적당하다고 생각되어지는 환경조건하에 있다 하더라도 이미 장기간에 걸쳐서 익숙해진 환경에 놓여져 있고, 게다가 그런 대로 안정된 상태를 유지하고 있는 경우에는 그 범위에 들지 않는다고 한다.

1972年 奈良縣 高松塚古墳의 석실내부 발굴조사를 실시했을 때, 온 · 습도와 이산화탄소농도 · 산소농도를 측정하였다. 高松塚古墳의 조사에서 내외로 저명한 연구자가 찾아와 연달아 석실 안으로 들어갔다. 그때마다 옆에서 우선 측정을 하고 산소농도가 낮아지면 산소를 보급했다. 조사중 석실내의 습도가 떨어지면 가습기를 작동시켰는데, 당시 온도는 8℃, 습도가 98%였다. 이 습윤한 환경이 천수백년 동안에 벽화를 지켜왔다고도 생각할 수 있다. 엄밀하게 말

한다면 지하가 회반죽인 벽화에는 결코 어울리는 조건은 아니라고 생각되어지지만 오랜 세월에 걸쳐서 습윤으로 안정된 조건하에서 과잉하게 건조되는 일 없이 보존되어온 것으로 추정된다. 오랜 세월 동안에 그 환경에 익숙해지고 만 것이다. 그러나 그 고분의 문을 급히 열면 새로운 열화가 그 시점부터 시작하게 된다.

각종의 문화재자료는 각각 적절한 온·습도조건을 확실히 설정할 수 있지만, 그 과거를 조사하고 현재의 상황을 근거로 하여 비로소 미래를 향하여 환경조건을 설정할 수 있다. 그것이 문화재의 보존환경이라고 말할수 있다. 만약 가혹한 기상조건 하에 있더라도 그 변동폭이 작고 오랜 세월 동안 그것에 익숙해져 버리면 그것을 이제 와서 부적당한 환경조건이라고는 말할 수 없다.

표 2-1 세계각국 박물관의 온·습도 조건

대 상	온도(℃)	습도(%)
羊皮紙	15.5~23.5	55~60
종이	15.5	60
패널(panel)·나무(2건의 평균)	7~18.5	52.5
캔버스·직물(2건의 최소·최대)	4.5~15.5	50
박물관(27건의 최소·최대)	12~25	45~70
박물관수장고(2건의 평균)	16.1	59
도서관(4건의 최소·최대)	12~24	40~65
박물관실험실(1건)	16~21	45~60

(ICOM)

표 2-2 상대습도의 권장조건

수장품의 종류	절대습도
습윤지에서의 출토품(보존처리전의 것), 돌, 모자이크, 도자기, 목제품 등	100% 근접한 상태
나무, 종이, 상아, 피혁제품, 염직류, 양피지, 회화, 자연사 관계시료	50~65%
화석	45~55%
열화한 유리	42~45%
금속제품, 돌, 도자기(염류를 함유하는 것은 사전에 탈염처리가 필요)	45%이하

(G.De Guichen, 1984. 三浦定俊 譯)

문화재자료의 열화현상은 전시를 위한 온·습도와 조명에 기인하는 것이 크다. 한정된 기간 미술품을 전시하는 경우 온도 20℃·습도 55~60%라고 하는 조건이 타당하다고 登石健三은 지적한다[14]. 그리고 이 수치가 문화재의 평균적인 보존조건으로 널리 국내에 알려져 있다. 한편 곰팡이가 발생하는 조건을 고려하면 습도조건은 **60%이하**가 좋다. 또는 일반적인 견해로서 온도 20℃, 습도 50~60%의 범위가 좋다라는 생각도 있다. 게다가 표 2-2에서 나타난 것 처럼 국제보존수복센타에서는 금속제품·돌·도자기 등은 45%이하가 바람직하다고 하지만 현실적으로 수장고내를 습도 45% 이하로 유지하는 것은 용이하지 않다. 空調設備는 물론이고 수장고내의 칸막이 벽체의 재질과 機密性 등 건물의 구조부터 검토하지 않으면 안된다. 일반적으로 한정된 예산 속에서 전시실을 만들고 공조설비를 도입하는 것이지만, 빠듯한 예산의 대부분은 항상 전시실의 내장에 우선적으로 안배되어 버리는 것이 현실이다.

전시의 환경조건 설정에 관해서는 표 2-1, 2-2에 나타난 문화재자료의 재질별 기준을 따르면 좋겠지만 문화재자료가 예전부터 놓여졌던 환경의 추측, 게다가 보존처리된 자료일 경우에는 그 기술과 재료에 관한 정보도 또한 중요한 판단 기준이 된다.

建造物과 美術工藝品의 경우에는 그 재질과 물성을 완전히 바꿔버리는 것 같은 보존처리를 시행하는 경우는 거의 없고 대부분 경우에 오리지널의 소재와 동질의 보존재료를 이용하여 수리한다. 옻칠 제품에는 옻칠을 사용하여 보수, 銅製品에는 銅을 사용하여 보수한다. 그렇게 하면 材質別의 보관기준의 설정이 용이하다. 한편 출토품처럼 埋藏中에 이미 열화되고 본래의 物性을 잃어버린 유물에 대해서는 同質의 소재에 의한 수리가 아니라 現代科學의 우수함을 결집한 化學處理를 필요로 하는 것이 적지 않다. 그러므로 유물 본래의 재질에 맞는 修理基準을 답습하는 것이 아니고 보존처리한 후 유물의 物性을 확인한 다음 적합한 보존관리 조건을 설정한다(제3장, §3 - 11 참조).

결국 문화재자료의 保存環境을 설정한다고 해도 각종문화재의 保存修理와 化學的 保存處理 등에 관한 지식도 겸비하는 것이 중요하다.

또한, 전시환경 중에서 중요한 과제의 하나가 빛(光)의 문제이다. 빛은 전시품을 보기 쉽게하고 전시품의 정확한 색과 형을 보여준다. 光源에 따라서 전시품이 엉망이 되고 마는 것도 있다. 빛의 강도와 放熱은 전시품을 열화시키는 요인으로도 작동한다. 자연광은 색과 형을 있는 그대로 보여 주지만 열화요인이 되는 자외선을 지닌다. 창유리와 유리케이스 안에서도 완전히 자외선을 차단하는 것은 불가능하다. 자외선을 차단하는 필터를 유리에 붙일 수도 있지만 이것도 완전히 차단되지 않고, 또한 차단율이 높아진다면 그만큼 어두워지고 보기 어렵게 된다.

日本畵와 浮世繪 [우끼요에, 江戶時代(1603~1867)에 성행하던 遊女나 연극을 다룬 日本 풍속화] 등의 미술품은 자외선에 민감하다. 약간 어두운 전시실로 조명없이 전시하는 것도 하나의 보존방법이다. 미국의 미술관에서 浮世繪를 유리케이스 속에 넣고 그 위에 천을 두른 것을 본 일이 있다. 실내등은 켜지 않고 자연의 간접광만으로 견학자는 천을 걷어올리고 케이스내의 회화를 들여다본다. 이 방법에는 찬반양론이 있다고 생각하지만 견학자가 보지 않는 동안은 천이 덮여져 있으므로 光線에 의한 영향을 최소한으로 막을 수 있다.

人工光源에는 형광등, 백열등 또는 이들을 조합한 것이 있다[15]. 형광등에는 박물관 전시용으로, 자외선을 흡수재로 차단한 것이 있어 가장 자주 이용되고 있다. 형광등은 赤外放射가 적기 때문에 放熱은 백열등에 비해 훨씬 작다. 그러나 深赤色系의 색이 부족하게 보이기 때문에 백열등과 조합시켜서 이것을 보충하고 열을 放出하는 백열등의 사용은 자제한다.

문화재의 영구적인 보존관리 조건의 설정도 중요한 연구과제의 하나이다. 그것은 문화재의 보관과 전시를 위한 조건설정, 전시실의 공조설비와 수장고의 구조설계 등에도 활용된다. 곰팡이와 미생물, 충해예방의 연구도 保存環境에 관련된 연구분야의 하나이다.

引/用/文/獻

12) 登石健三：古美術品保存の知識, 第一法規出版, pp.74～75, 1970.
13) G.De Guichen : "Climate in Museum" pp.66～67, ICCROM, Rome, 1984.
14) 登石健三：展示における溫・濕度管理, 美術工藝品の保存と對策, フジ・テクノシステム, pp.298～305, 1993.
15) 登石健三：展示における溫・濕度管理, 美術工藝品の保存と對策, フジ・テクノシステム, pp.395～400, 1993.

2－10 保存修復

문화재자료의 재질을 알고 그 구조를 조사한 후 그것을 근거로 하여 修復과 조사연구를 진행한다. 그리고 그 보존환경의 측정에는 두개의 목적이 있다. 하나는, 과거의 保存環境을 해명함으로써 재질의 열화현상을 검증한다. 반대로 材質分析으로 이전의 保存環境을 알아내는 것도 가능하다. 이것에 의해 미래의 보존환경 설정조건을 검토한다. 다른 하나는 이미 열화한 유물의 본래 재질이 명확하지 않은 시료에 대해서는 그 유물에 대한 과거의 보존환경 측정부터 열화정도를 재차 구축하고, 유물의 열화기구 해명의 실마리로 사용한다. 그러한 의미에서 보존환경의 조사는 단순히 보존관리를 위한 정보를 얻는 것만이 아니라 열화한 유물의 材質分析에 반드시 고려해야 하는 문제이다. 이러한 사항의 조사결과를 토대로 해야만이 보다 확실한 保存修復이 가능하게 된다.

문화재의 保存修理에는 전통적인 재료와 기법이 활용되어 왔다. 특히 미술공예품과 건조물의 修復에 관해서는 전통적인 재료와 기술에 의지해야 하는 일이 많다. 칠기 공예품은 칠기 기술자의 손으로 수리한다. 맹장지에 그린 그림이나 족자 등의 古美術品은 書畵의 표구 기술(裝潢技術)을 되살린 表具師가 수리한다. 古代寺院의 보수공사는 전통적인 목수도구(大工道具)를 사용하고 소위 宮大工[신사·절·궁전 등의 건축을 전문으로 하는 목수]이라고 불리는 修理技術者에 의해서 행해진다.

고대벽화의 안료가 떨어지는 것을 방지하기 위해서 일본에서는 예로부터 박락방지에 아교나 청각채를 사용하는 修復技術이 있었다. 최근에는 아교나 청각채 대신 최신의 합성수지도 시판되고 있다. 양자를 병용한다는 것은 전통재료와 현대과학재료의 장점을 최대한으로 활용하고 있다는 것이다. 전에 法隆寺 金堂壁畵의 박락방지에 투명도가 높은 최신의 아크릴계 합성수지를 사용한다는 견해에 대해서 일본 古來의 전통재료를 사용해야 한다고 하는 강한 의견이 과반을 차지하여 벽화의 보존재료에 관한 열띤 논의가 전개되었다. 결과적으로 서로의 단점을 보충하도록 양자를 적절히 사용하는 방향으로 타결을 보았다. 그러나 考古 資料처럼 매몰 중에 이미 열화한 유물에 대해서는 전통적인 재료와 기술을 적용할 여유는 그다지 없어 현대과학재료·기술을 최대한으로 활용한 保存修理가 필요하게 된다. 더구나 保存修理에서는 外見에 구애되기 쉽지만 오히려 내부에 숨어있는 열화요인을 제거 또는 그 활성화를 억제하는 것을 우선으로 해야할 것이다. 또한 수리를 위한 보존재료는 보다 우수한 새로운 재료의 출현에 대비하여 이것을 해제하고 현상 회복이 가능한 성질의 소재를 채택하는 것이 바람직하다.

문화재의 保存修復으로는 열화요인을 제거하는 일, 열화되어 취약해진 대로 現狀의 形態를 維持하는 일, 그리고 이미 잃어버린 본래의 物性을 再現하는 일이 시행된다. 예를 들면, 종이의 열화는 加水分解와 산화작용의 결과로 발생한다. 종이가 노랗게 되거나 갈색의 반점이 생기기도 하는 변색(foxing)현상은 종이에 생기는 특징적인 열화현상이다. 劣化機構나 요인의 규명도 保存修復의 중요한 일이다. 습윤한 흙속에 매장되어있던 木製遺物은 화학적인 변화를 받아서 수분을 많이 함유한 해면상(海綿狀)으로 되어 있다. 이 형태를 유지하기 위해 여러 가지의 화학적 처리를 시행한다. 열화해서 기계적 강도가 떨어진 織物에 대해서 본래의 物性과 機能을 再現하는 것도 保存修復의 중요한 과제이다.

2-11 古代 壁畵의 顔料와 壁土

일본의 고대벽화라고 하면 우선 法隆寺 5층탑 金堂壁畵를 들 수 있다. 그 외 高松塚 古墳壁畵, 九州의 장식고분이 있다. 그리고 鳥取縣 上淀廢寺 出土의 벽화편이 있다. 사진 2-10은 法隆寺 金堂 제2호 벽(반가형 보살상), 사진 2-11은 高松塚 古墳壁畵를 나타낸다.

1934年, 法隆寺 伽藍의 大修理가 시작되었다. 金堂의 해체에 수반되는 벽화를 떼기 전에 模寫를 하게 되었다. 이때 안료의 분석조사도 실시하였고 안료분석을 담당한 山崎一雄은 金堂壁畵에는 백·적·황·녹·청·자·흑색의 7계통 11종류의 안료가 사용된 것을 확인하였다[16]. 白色系에는 白土(규산 알루미늄)·胡粉(탄산칼슘) 2종의 안료를 同定하고 있다. 이하 赤色系로는 朱(硫化水銀)·鉛丹(四三酸化鉛)·벵갈라(酸化鐵)의 3종, 黃色系로는 黃土(含水酸化鐵)·密陀僧(一酸化鉛)의 2종, 綠色系는 岩錄青(鹽基性炭酸銅), 青色系로는 岩群青(鹽基性炭酸銅), 紫色系로는 명백하지는 않지만 無

사진 2-10 法隆寺 金堂 제2호벽(半跏形 菩薩像 部分圖)　**사진 2-11** 高松塚 고분벽화(部分圖)

機顔料의 混合物이다. 黑色系로는 墨(탄소)이 사용되고 있는 것을 확인하였다.

法隆寺 金堂壁畵가 화재로 손실된 후 40年이 지난 1990年 鳥取縣 上淀廢寺에서 수천점에 이르는 불교 채색벽화(책 첫머리 사진 ③참조) 및 벽체가 출토되었다. 그때까지는 일본 고대 불교벽화의 유래는 法隆寺 金堂壁畵 밖에 없고 이것은 수가 적은 벽화자료로 발견이 되었다. 그러나 사원은 화재로 타버렸고 안료 대부분은 변색 또는 소실되었다.

분석결과 적색계의 안료가 칠해져 있던 부분에서는 鐵과 대단히 적은 납성분을 검출했기 때문에 이 부분에는 벵갈라(酸化鐵)와 鉛丹(四三酸化鉛)이 있었다고 생각되어 진다. 또 벽면의 여기저기에서 銅成分을 검출하였다. 이것은 綠靑(孔雀石)이나 群靑(藍銅鑛)의 어느쪽으로 채색하고 있었던 것을 의미한다. 化學分析의 결과만으로는 그것 이상의 결론은 나오지 않는다. 여기에 美術史的 견지에서 보강, 法隆寺의 壁畵와 高松塚古墳의 壁畵 등을 참고로 했다. 예를 들면, 草木에는 녹색과 청색을, 인물화의 치마에는 적색에 더하여 녹색과 청색을 사용하였다. 그 상황을 종합해 생각해보면 당초의 上淀廢寺의 벽화에는 백 · 적 · 황 · 녹 · 청 · 흑 등 6계통의 안료로 채색하고 있었던 상황을 復原할 수 있었다.

九州에서 장식고분의 안료에 대해서는 福岡縣 · 大分縣 · 佐賀縣 · 熊本縣에 所在한 장식고분 39기의 안료에 대한 조사결과, 사용된 안료는 적색계가 압도적으로 많고 그 외에 백 · 흑 · 녹 · 황 · 청의 5종류이다. 표 2 - 3은 山埼一雄[16]의 표에 上淀廢寺 출토 벽화안료의 분석결과를 추가한 것이다. 다만 上淀廢寺의 벽화의 경우 예를 들면 적색안료의 朱는 분석을 해서 확인한 것은 아니다. 사실은 열을 받아서 이미 휘발 분해되어, 朱는 육안으로는 확인되지 않았다. 흑색의 墨도 열 때문에 소실되어 버리고, 벽화에는 존재하고 있지 않다. 소실되어 버렸기 때문에 분석, 확인할 수도 없다. 이러한 경우에는 화가 · 미술사학자 · 역사학자 · 고고학자들에 의한 검토를 얻어 예를 들면 神將像의 입술부분에는 전혀 안료가 없고 여기는 붉은 것밖에 사용하지 않는 부분으로 화재 때문에 휘발분해한 것으로 밖에 생각할 수 없다고 하는 것까지 충분히 검토해서 최종 판단한다.

표 2 - 3 고대에 사용된 안료 일람

종류	九州裝飾古墳	高松塚	法隆寺	上淀廢寺
적	불순한 벵갈라	벵갈라 朱	벵갈라 朱 鉛丹	벵갈라 朱 鉛丹
황	황색점토	황토	황토 密蛇僧	황토 密蛇僧
녹	녹색암석분말	녹청	녹청	녹청
청	-	군청	군청	군청

백	백색점토	불명 바탕에 철을 머금고 있음.	백토	백토
금	-	금	-	-
은	-	은	-	-
자	-	-	혼합물?	-
흑	탄소 망간광물	墨	墨	墨

(山崎一雄의 표에 上淀廢寺 벽화안료를 추가)

고대벽화가 붕괴하는 일도 없이 오늘날까지 존속되어온 것은 무엇 때문일까? 그것은 壁土에 비밀이 숨겨져 있었다. 벽화를 그린 벽체의 구조는 上淀廢寺나 법륭사에서도 여러 층의 흙을 쌓아 올린 구조로 되어있다. 그 흙자체도 조금씩 다르다. 法隆寺 金堂壁畵의 경우, 최하층에는 짧게 자른 짚을 섞은 점토가 제1층으로 되어있다. 그 위에 약간의 사질 점토에도 왕겨와 麻纖維를 가늘게 자른 것을 섞은 벽토를 제2층으로 바르고 있다. 나아가 제3층으로서 종이와 섬유를 섞은 사질토를 바른다. 이러한 벽토는 제1층부터 차례로 荒(粗)土, 中土, 表土(마무리 흙)라고 불리고 서로 다른 흙의 3층 구조로 되어있다[17]. 上淀廢寺의 벽체에는 제2층의 中土에 해당 하는 부분이 없고, 2층 구조로 되어있다. 어느 경우에도 表土에 白土를 바르고 그 위에 그림을 그리고 있다.

이처럼 다른 흙을 사용한 層狀構造를 이룬 것으로 塑像(찰흙·석고 등으로 만든 상)이 있다. 塑像은 점토로 만들어진 상을 말하고 점토로 만드는 것을 塑造라 한다. 塑造기법은 불교와 함께 중앙아시아에서 중국으로 그리고 일본에 전파되었다고 한다. 그것이 일본에 전해진 것은 7세기 중엽이고, 8세기에는 塑像이 활발히 만들어졌다. 法隆寺 5층탑의 塑像群과 中門의 金剛力士立像, 東大寺 法華堂 執金剛神立像, 日光·月光菩薩立像 등 天平盛期[日本 奈良時

代 天平年間(729-749)을 중심으로 律令國家로서 번영하고 唐文化의 영향을 받아 고유한 귀족적 색채가 융합되어 독자적인 문화를 만들었다고 하는 시기]의 대표작이 있다. 上淀廢寺에서도 1,000점에 달하는 塑像片이 출토되고 있다.

日本古代의 塑像은 나무로 芯을 만들고 그 위에 荒土, 中土, 表土(마무리 흙)의 3종류의 다른 塑土로 造形하고 있다. 塑像을 만드는 원료 점토가 塑土이다. 제1층의 황토는 짚을 넣은 점토로 벽화 벽체의 제1층의 흙과 비슷하다. 제2층의 中土는 황토에 비해서 약간 사질토를 사용하고 왕겨나 麻纖維를 혼합하였다. 제3층이 되는 表土는 細砂質의 흙에 종이와 섬유를 다량으로 섞고 있어 벽체 겉칠(마무리칠 · 미장칠)의 壁土에 잘 어울린다.

벽화나 塑像이 오늘날까지 양호한 상태로 남아있는 이유는 이 층상구조에 있다. 그림 2 - 1은 塑像의 3층 구조 模式圖이다. 3종류

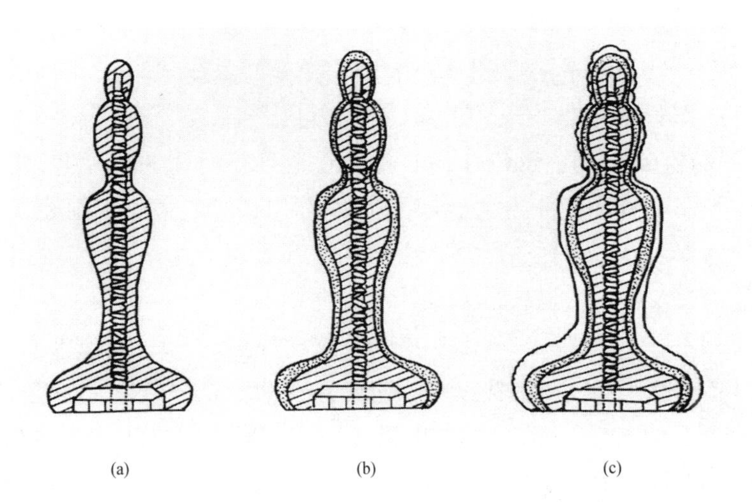

(a) (b) (c)

(a) 오래된 노송나무로 만든 중심기둥에 짚여물이 들어간 荒土를 붙여서 대강 만든다.
(b) 荒土로 대강 만든 것 위에 왕겨여물이 들어간 中土를 바른다.
(c) 잔모래에 종이 여물을 섞어 점토질의 흙(진토)으로 반죽한 表土에 형태를 완성하고, 그 위에 白土를 바르고 채색한다.

그림 2-1 天平 塑像의 構造模式圖(辻本干也씨에 의함)

의 塑土가 수분을 보유하는 능력은 제1층의 점토가 가장 크고 제2, 제3층과 같은 사질토일수록 保水能力은 작게 된다. 따라서 습도가 높은 환경에서 塑像表面에 다량의 수분이 흡착하여도 그것은 내부의 보수능력이 높은 점토질의 층으로 흡수되고 표면은 습한 상태에서 건조상태로 이행하려고 한다. 한편 어느 일정량의 수분을 흡수 또는 방출할때의 점토 신축율은 사질토(表土)일수록 낮고, 점토질의 흙(荒土)일수록 높다. 게다가 황토의 수축현상은 혼입하는 짚으로 흡수되어 전체로서의 길이는 그다지 변화하지 않는다. 또한 塑像의 표면상태를 보았을 경우 수분의 흡수가 과잉이라도 수분은 내부의 흙에 이행하고 습윤한 상태를 완화하는 방향으로 움직인다. 또한 다소의 수분을 흡수한 상태에 있어도 표면의 사질토는 팽창률이 최소이다. 결국, 土質은 항상 안정된 상태를 스스로 제어할 수 있는 구조로 되어있다[18]. 더구나 表土에는 종이의 섬유가 혼입하고 있어 흙덩이로서의 강도는 최대이다. 건조한 상태에서는 못을 박아 넣을 수 있을 정도의 강도를 갖고 있다.

스스로 이러한 환경변화에 따르는 영향을 완화하는 능력을 가진 塑造의 구조는 벽화를 지탱하는 벽체에도 나타난다. 다시 말하면 벽체도 塑像의 경우와 같이 재질이 다른 흙의 層狀構造로 되어있어 保存環境의 심한 변화에 따른 영향을 완화하는 능력을 갖추고 있다.

上淀廢寺의 벽화는 긴 세월동안 흙속에 매몰되어 있었기 때문에 그 벽화의 보존상태는 그다지 좋지 않았다. 본래 壁土에는 吸放濕性 즉 습기를 흡수하고 방출하는 성질이 있다. 이것을 안전하게 보관하기 위해서는 보존환경을 정비해야 하지만 한편으로는 주변의 보존환경이 급격하게 변화하여도 그 악조건을 완화하는 능력을 壁土에 부여하는 보존처리도 필요하다. 上淀廢寺 출토의 벽화에 관해서는, 乳化劑 含有變性 bisphenol A형 에폭시수지를 기본으로 한 것을 사용하여 壁土를 경화하였다[19].

이 합성수지는 흙자체의 물성, 다시말하면 吸放濕性을 유지한 채로 강화할 수 있다. 예를들어 眞砂土(고운모래 · 잔 모래흙)에 重量比로 3, 5, 8, 10%의 同樹脂를 혼합하여 경화했을 때의 압축강도, 구부러지는 강도 그리고 흡수율을 측정하면 수지농도는 증감하는 것에 의해 각각의 수치는 변동한다(표 2-4 참조). 시험체는 JIS규격 [Japanese Industrial Standard, 日本 工 · 鑛業제품의 국정 통일규격]에 준한 40×40×160㎜의 크기로 하고 시험체는 합성수지를 혼합해서 경화한 후 충분하게 시간을 들여서 건조한 것을 사용하고 이것을 40℃에서 24시간 건조 후 수중에서 1시간 담갔을 때의 흡수량을 중량비(%)로 나타낸 것이다.

측정결과에 의하면, 수지첨가량이 3%의 시료에서는 압축강도는 20~30kg/㎠, 구부러지는 강도는 10~15kg/㎠이었다. 강도는 수지의 첨가량이 증대함에 따라 크게 된다. 수지첨가량이 10%의 시료에서는 압축강도, 구부러지는 강도는 90~100kg/㎠, 60~70kg/㎠가 되었다. 즉, 수지농도를 조정하는 것에 의해 벽체의 영구보존에 필요한 소정의 강도를 부과하는 것이 가능하다. 또한, 수지첨가량이 3% 및 5%의 시료에서는 흡수율은 20~25%의 수치를 나타냈다. 수지첨가량이 10%의 시료에서는 흡수율은 15~16%로 약간 낮은 수치를 나타냈다. 수지첨가량을 증감하는 것에 의해서 흡수능력도 조정되는 것을 알 수 있다. 이것을 기준으로 하여 보존에 필요한 소정의 흡수능력을 부여한다.

수지농도를 약 2%부가한 벽체 시료를 습도 50%의 환경에 익숙하게 한 뒤 습도 95%의 환경으로 옮기고, 그 때 흡수한 수분량을 측정했다. 흡수량은 중량비로 약 2.5%이었고 많은 수분을 흡수하게 되었다. 그러나 그때의 팽창률은 0.3%이하였다. 이것은 전술한 것처럼 벽화가 놓인 보존환경이 다습상태로 변화하여도 벽토는 그다지 변화하는 일이 없고 오히려 안정된 상태가 유지된다. 따라서 벽화면도 또한 안정된 상태를 유지하게 된다.

표 2-4 경화를 마친 壁土의 강도와 흡수율

수지 첨가량	3%	5%	8%	10%
압축강도(kg/cm²)	20~30	50~60	70~80	90~100
곡성강도(kg/cm²)	10~15	20~25	40~45	60~70
흡수율(%)	20~25	20~22	18~20	15~16

(※) 시험방법 : 시험체(40×40×160㎜)를 40℃에서 24시간 건조 후, 수중에 1시간 담갔을 때의 흡수량을 중량비(%)로 나타낸 것

明治時代(1867~1912) 이후 일본회화와 벽화의 박락을 방지하기 위한 보존재료와 기술이 있어 왔다. 이러한 뛰어난 전통적인 기술을 활용하는 한편으로 아크릴계의 합성수지를 이용하는 일도 있다. 벽체의 강화에는 전술한 吸放濕性이 있는 변성에폭시수지를 이용한다. 전통적인 보존재료에 현대의 과학재료를 도입하여 각각의 장점을 발휘하면서 보다 합리적이고 효과적인 保存修復을 행한다.

引/用/文/獻

16) 山崎一雄：古文化財の科學, 思文閣出版, p.86, 1987.
17) 法隆寺國宝保存委員會編：國宝法隆寺五重塔修理工事報告書, 法隆寺國宝保存工事報告書(第十三冊), p.48, 1955.
18) 小口八郎・澤田正昭：天平塑像の科學的研究 - 塑像の構造と塑土の性質 -, 東京藝術大學美術學部紀要(第6号), 東京藝術大學美術學部, pp.39~74, 1970.
19) 澤田正昭：上淀廢寺出土壁畵の材質と保存, 「上淀廢寺」淀江町埋藏文化財調査報告書(第35集), 鳥取縣淀江町教育委員會, pp.148~154, 1995.

第 3 章

木製遺物의 保存處理

海底에서 引揚한 Wasa號(스톡홀름)

1628年 스톡홀롬항에 進水한 木造軍船 [바사號]는 돌풍을 만나서 그대로 항구내에 침몰하였다. 334年이 지나서 다시 그 웅장한 모습을 드러냈으나 선체는 긴 세월 동안에 노후하여 그대로 방치하면 部材에 영향을 주어 갈라지고 수축, 변형한다. 古木材의 형태를 안정화하기 위한 과학적인 연구가 여기서부터 시작되었다.

3-1 含水率

유기질유물에는 木製品, 竹製品, 植物質의 纖維 등으로 만든 새끼줄, 편물, 직물, 종이, 動植物遺體 또는 동물질의 비단(絹), 짐승털, 피혁 등이 있다. 이러한 것은 토기나 석기 등에 비해서 분해, 열화하기 쉽다. 특히 건조상태와 습윤상태가 반복되는 환경에서는 유기질유물은 남아 있기 어렵다.

乾濕狀態가 반복되는 환경에 비하여 늘 건조한 환경이나 습윤한 환경하에서의 유기질유물은 비교적 좋은 상태로 남아 있다. 유기질유물의 대부분이 습윤한 유적에서 발견되기 때문이다. 출토되는 유기질유물에는 木製品이 압도적으로 많다.

고고학 자료로서의 목재는 2종류로 나눌 수가 있다. 그것은 古建築의 部材 등으로 남아 있는 건조한 목재와 오랜 기간 습윤한 흙 속에 매몰되어 있었기 때문에 과다하게 물을 함유한 목재, 다시 말해서 水浸出土木材(water-logged wood)이다. 본 장에서는 水浸出土木材의 화학처리에 관해서 서술한다. 수침출토목재에는 건축부재, 기둥뿌리, 우물틀 등의 構築用材, 낫·송곳·손칼(刀子)·삽 등 공구의 자루, 나무 주발·젓가락·얇은 판자를 구부려 만든 그릇이나 용기 등의 생활용품, 빗·비녀 등의 복식용품, 그리고 木簡(책 첫머리 사진 ⑤)과 같이 墨書가 있는 것과 채색된 판화 등 역사적 사실을 나타낸 것이 있다. 이러한 것은 말하자면 물에 잠긴 상태에서 매몰되어 있었던 것으로 그 수지성분이나 셀룰로오스 성분의 대부분을 잃고 있어 목재로서의 강도도 손실되어 있다.

유기질유물의 보존처리에 관한 연구는, 출토 예가 압도적으로 많은 목재를 대상으로 시행되어 왔다. 그리고 그것이 목재 이외의 유기질유물의 보존에도 응용되어 왔다. 예를 들면 옻칠 제품의 바탕은 대부분이 목재여서 목재를 위해 개발된 보존처리법이 응용되고 있다. 목재의 보존처리법에는 動植物遺體에도 적용할 수 있는 방법이 많이 있다. 본 장에서는 木材의 化學處理를 중심으로 소개하고 적당히 목재 이외의 有機質遺物의 보존처리도 언급하고자 한다.

흙 속에는 환원적인 환경을 나타내는 것이 보통이다. 그 때문에 새로운 재료처럼 밝은 색조의 목재가 출토되는 일이 있다. 그러나 그것은 출토되어 공기에 노출되면 30分도 지나지 않아서 갈색의 枯木色으로 변해버리고 만다. 玉手箱[일본에 전하는 전설의 하나인 우라시마 타로우(浦島太郎) 전설에서, 어부인 우라시마 타로우가 거북이를 살려준 대가로 용궁에 초대되어 3年間 즐겁게 생활하다 고향에 돌아와 보니 벌써 700年이란 세월이 흘러 불안함에 용궁의 선녀와의 약속을 어기고 선물로 받은 玉手箱을 열었더니 보라색의 연기가 올라와 갑자기 노인이 되었다고 한다.]의 뚜껑을 연 것과 같은 현상은 나뭇잎에도 보인다. 흙 속에 있어 녹색의 색소가 아직 잔존하고 있었던 것이 발굴되어 공기에 노출되면 급격히 산화가 진행되기 때문이다.

현재 살아있는 목재의 함수율은 100% 내외 즉, 木質部의 1kg에 대해서 약 1kg의 수분을 함유한 상태이다. 이것에 비해서 水浸出土木材의 함수율은 침엽수에서는 100%부터 500%, 활엽수에서는 300%에서 800%이다. 함수율을 구하는 식은 다음과 같다.

$$Wm = \frac{Wn - Wo}{Wo} \times 100$$

Wm : 함수율 (%)
Wn : 목제품의 함수중량
Wo : 목제품의 全乾重量

※ 단, 全乾重量은 105℃에서 건조하고 함량에 달했을 때의 중량

(a) 건조전

(b) 건조후

사진 3-1 목재의 자연건조에 의한 변형

목재는 과다하게 함유한 수분에 의해서 겨우 그 원형을 유지하고 있다. 함수율이 높은 출토목재는 적절한 조치없이 방치하면 건조해서 갈라지고 수축 변형하여 머지 않아 본래의 형태를 잃어버리고 만다. 변형의 방법은 여러 가지로, 木芯을 가진 목재(통나무)의 단면은 부채꼴로 균열하여 벌어지고 심하게 수축한다. 곧은 나무결을 마름질 가공한 제품은 한결같이 심하게 수축하지만 본래의 형상은 비교적 알기 쉬운 채로 남는 일이 있다. 사진 3 - 1은 발굴직후의 출토목재와 이것을 아무런 조치 없이 자연 건조한 뒤의 상태를 나타내고 있다.

수축해서 변형해 버린 목제품의 본래 형태를 상정하는 것은 어렵지만, 일단 수축한 목재를 膨潤시켜서 復原을 시도한 연구가 있는데 수축의 정도와 나무종류에 따라서 거의 완전하게 본래의 형태를 회복시킬 수가 있다. 우선, 수축해버린 목재에 대해서 木材組織의 현미경관찰을 가능하게 할 때까지 회복하는 것이 제1의 과제이다. 수축한 목재를 過醋酸이나 亞鹽素酸水溶液에 담궈 목재를 膨潤시켜 목재조직을 관찰한 연구가 있다[1]. 제2의 과제는 매몰 또는 발굴된 후 어떠한 이유로 수축해 버린 목제품을 다시 본래의 형상으로 되돌려 제품을 되살리는 것이다. 독일 브레머하펜 국립해양박물관의 Dr. Per Hoffmann은 발굴한 후에 수축한 중세의 목제 고블릿(goblet, 굽이 높은 와인잔)의 형상복원과 그 보존처리에 관해서 보고하고 있다[2]. 일반적으로 목재는 90~180℃의 증기로 열을 가하면 유연하게 된다. 뜨거운 상태에서 구부린 후 열을 식히면 그대로 형상이 유지된다. 알칼리 용액, 예를 들면 1% 수산화나트륨수용액(NaOH)으로 끓이면 다시 팽윤시킬 수도 있다. 이것은 경질의 새로운 목재를 부드럽게 하고 나서 절단하여 아주 얇은 조각을 만들 때에 이용된다.

호프만은 이 방법으로 목제품을 팽윤시켜 우선 부드럽게 하였는데 이 단계에서는 고블릿의 형상을 거의 회복시킬 수가 있었다. 그러나 부주의하게 취급하면 본래의 형태가 더욱더 붕괴되어버릴 정도로 약해져 있다. 그 때문에 원래의 형상에 알맞게 형틀을 만들고 고블릿에 붙여서 지지하여 보강한다. 이 상태에서 제품에 함유된 수분을 전부 제3부틸알콜(tertiary butanol, $(CH_3)_3COH$)로 치환한다. 그 다음 제3부틸알콜에 용해시킨 폴리에틸렌글리콜(polyethylene glycol, 약칭 PEG)을 스며들게 한다. 처음에는 15% PEG - 400을 제3부틸알콜에 스며들게 하고, 그 다음에 PEG-4000의 40%용액을 스며들게 한다. 양자는 분자량의 크기가 다르고 성질이 따르기 때문에 이것을 적절하게 구분하여 사용한 보존처리이다. 폴리에틸렌글리콜의 성질 등에 대해서는 후술할 『폴리에틸렌글리콜(PEG)함침법』의 항에서 서술한다.

PEG-400, PEG-4000을 스며들게 한 시점에서는 일단 수축해 버린 고블릿은 팽윤해서 상태를 상당히 회복하고 있다. 이 시점에서 먼저 만든 형틀을 따라 형태를 정비하고 또한 파편도 제 위치에 찾아 넣어 고블릿으로서의 형상을 복원한 다음에 이것을 진공동결건조한다(3 - 6 참조). 또한 고블릿의 결손부에는 페놀수지제의 微小球體와 에폭시수지를 고루 섞이도록 개어서 퍼티(putty)상의 물질을 메워 넣어 정형했다. 微小球体(Micro balloon)라는 것은 공처럼 내부가 빈 공간으로 되어있는 미세한 분말이다. 에폭시수지를 혼합하면 경화 후에도 탄력성이 있어 마치 목재와 같은 질감을 나타내므로 인공목재로 이용되고 있다. 또한 목재를 톱으로 켰을 때의 톱밥을 혼입하면 더욱더 목재에 가까운 질감을 얻을 수가 있다. 사진 3-2는 수축 변형한 고블릿과 이것을 훌륭하게 복원한 처리후의 제품을 나타낸 것이다.

(a) 수축 변형된 고블릿

(b) 보존처리후 복원된 모습

사진 3-2 목제 고블릿의 보존처리

引/用/文/獻

1) Takatsugu Matsuda : 'On reproducing the shape of the tissues of the dried and shrunk waterlogged for the identification of its species', "Waterlogged Wood-study and conservation", ICOM Committee for Conservation. WOAM-Group, pp.55~56, Grenble August, 1984.

2) Per Hoffmann : 'Restoring Deformed Fine Medieval Turned Woodware', "10th Triennial Meeting Washington, D.C, USA" Preprints Volume 1, pp.257~261, August 22~27, 1993.

3-2 理學的 性質

1964年에 본격적인 발굴조사를 개시한 平城宮跡은 平安遷都 이후 곧 논으로 된 유적이다. 따라서 궁터에는 풍부한 물이 공급되어 지하수위는 계속 높게 유지되었다. 그 결과 유물의 포함층은 습윤한 상태가 유지되어 많은 유기질유물이 건조되지 않고 오늘날까지 남아 있다. 그러나 木製遺物의 잔존상태는 각각 다르다. 출토지점에 따라서 습윤의 정도가 다르고 나무종류가 다르면 잔존상태도 다르기 때문이다.

일시적으로 침수하는 곳 예를 들면, 약간 높은 언덕 위에 위치한 고분에는 일반적으로 배수상황이 양호해서 건조하지만 빗물이나 흙탕물의 침입에 의해서 석실내부는 건조와 습윤한 상태가 반복된다. 그 때문에 이런 종류의 고분에서는 목관이나 인골, 혹은 유기질의 유물은 잔존하기 어렵다. 사진 3-3은 愛媛縣 松山市 葉佐池 고분의 제1호 석실의 내부를 나타낸 것이다. 목관부재의 파편이 다수 어지럽게 널려 있다. 석실내부의 습도는 98%로 습윤한 상태가 유지되었기 때문에 목관은 일부만이 잔존한 것으로 추정하고 있다.

사진 3-3
乾濕을 반복한 고분 石室內의 木棺
(愛媛縣 葉佐池 古墳)

수침출토목재는 그 표면부분과 내부에도 유존상태 즉 腐朽의 정도가 다르다[3]. 平城宮跡 출토의 목재편에 관해서 표면부에서 내부까지 3개층으로 구분하여(그림 3 - 1참조) 각각의 시료에 함유된 全셀룰로오스양과 그 함수율의 관계를 검토하였다. 표 3 - 1에 의하면 목재의 외부(그림 속의 A시료)는 내부(그림 속의 C시료)에 비해서 全 셀룰로오스 양이 극단적으로 적고 반대로 함수율은 높게 되었다. 활엽수와 침엽수는 腐朽의 정도가 다르다. 표 3 - 2는 平城宮跡내의 동일지점으로부터 출토한 활엽수와 침엽수에 관해서 화학분석을 하고 그 분석결과를 정리한 것이다[4]. 出土木材의 셀룰로오스 양은 새로운 목재에 비해 극단적으로 낮게 나타난다. 더구나 침엽수에 비해서 활엽수가 출토재의 셀룰로오스 양은 적고 腐朽가 보다 심한 것을 알 수 있다. 그 외의 성분에서도 출토목재인 침엽수와 활엽수가 다르고 腐朽에 대해서는 대체로 침엽수쪽이 저항력이 크다. 따라서 활엽수의 함수율은 300~800%의 범위에 있다. 腐朽가 심한 활엽수에서는 1500%에 달하는 것도 있다. 이것은 목질부 1kg에 대해서 15kg의 물을 함유한 상태로 손으로 눌러 쉽게 망가질 수 있다.

표 3 - 1 동일 목재의 화학분석

유형	함수율(%)		잔류 셀룰로오스(%)	
	침엽수	활엽수	침엽수	활엽수
A	857	1140	14.2	2.9
B	824	809	17.1	6.9
C	438	744	22.8	11.6
평균	706	898	18.0	7.0

(단, A · B · C는 그림 3 - 1의 분할도에 의거함)

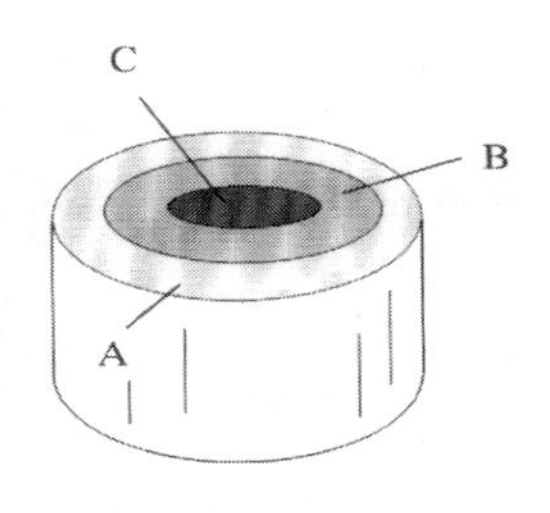

그림 3-1 동일 목재의 분할

① 腐朽가 심한 목재일수록 全 셀룰로오스의 양은 감소하고 있다. 반대로 함수율은 높아진다(표 3 - 1 참조).

② 일반적인 경향으로 활엽수에 비해서 침엽수쪽 함수율이 낮고 全 셀룰로오스의 함유량은 많다. 즉, 침엽수쪽이 잔존상태가 양호하다(표 3 - 2 참조).

표 3 - 2 平城宮跡 출토 목재의 화학분석 (重量 %)

		灰分	온수추출	Alochol · Benzene 추출	알칼리 추출	리그닌	全 셀룰로오즈
활엽수	平城宮跡 出土材	5.7	3.2	6.5	27.3	78.0	2.9
		5.2	3.6	11.2	39.8	74.8	2.6
		8.1	2.8	4.3	25.0	66.3	7.7
	新材 (졸참나무)	0.1 ~ 0.6	3.3 ~ 8.0	0.6 ~ 1.0	14.9 ~ 24.3	20.5 ~ 22.8	50.4 ~ 62.0
침엽수	平城宮跡 出土材	3.3	2.7	0.6	31.8	74.5	14.7
		3.5	1.7	3.1	20.9	58.1	15.0
		2.3	2.9	4.5	38.6	68.8	14.6
	新材 (杉木)	0.3 ~ 0.8	1.3 ~ 3.0	3.1 ~ 5.0	13.2 ~ 22.7	28.0 ~ 34.8	49.0 ~ 56.6

水浸出土木材를 자연적으로 건조시키면 본래의 형태를 알아볼 수 없을 정도로 수축하고 변형한다(사진 3 - 1 참조). 물체를 건조시키는 것은 그 물체에 함유된 액체를 물체의 표면으로부터 우선 증발시키는 것이다. 증발의 진행에 따라 물체에 있는 액체의 농도분포는 불균형이 된다. 농도균형을 잡기 위해 물체내부에서 액체의 확산이 일어난다. 물체의 건조는 이러한 표면증발과 내부확산의 반복이다. 건조과정에서는 액체의 내부확산에 따라서 그 표면장력(界面張力)이 물체에 작용한다. 액체의 표면장력은 물체의 건조에 따른 수축요인의 하나로 들 수 있다.

대부분의 水浸出土木材는 함유수분의 증발에 따라 수축한다. 다시 말해서 물의 표면장력(72dyne/cm)의 작용에 견딜수 없을 정도로 목재조직은 약해 있다. 그리고 함수율이 높은 목재일수록 자연건조했을 때의 수축율은 커진다. 함수율이 다른 4종류의 수침출토목재 시료(146%, 368%, 498%, 939%)에 관해서 자연건조했을 때의 수축율을 측정하였다. 그림 3-2는 다른 함수율을 가진 시료의 방치시간과 수축율의 관계를 나타내고 있다[5]. 함수율 146%의 비교적 보존상태가 좋은 시료의 경우, 건조후 9시간을 경과해도 수축율은 1%에도 미치지 않고 있다. 한편 함수율이 498%인 시료는 2시간 후에 수축율이 1%를 넘었다. 함수율이 939%인 시료는 건조후 1시간도 지나지 않아서 1%에 달했다. 함수율의 다소는 수축율과 크게 관련이 있음을 나타내고 있다. 즉 함수율이 높은 목재일수록 수축율이 크게 되는 경향이 있다. 따라서 함수율을 미리 측정하는 것은 화학처리를 위해서 알아두어야 하는 중요한 요소이다.

고고학적인 자료로서의 목제품은 永久的으로 보존되어야 하지만, 그것은 단지 형태나 크기뿐만 아니라 그 질감이나 색조 등도 포함한 종합적인 형태의 보존이 이상적이다. 그러나 화학조성이 변하고 강도를 소실한 목재를 영구적으로 보존처리하기 위해서는 적당한 강도를 가져오는 보존처리가 중요하다. 덧붙여서 말하면 고건축 등에 사용되고 있는 노송나무의 경우에는, 시간의 경과와 함께 단단하고 강해진다고 알려져 있다. 가장 압축강도가 커지는 것은 벌채후 수백 년까지로 그 이후는 끈기가 감소하여 약하고 갈라지기 쉽다[6]. 그러나 충해나 腐朽 등에 의해 열화한 오래된 목재를 제외하면, 일

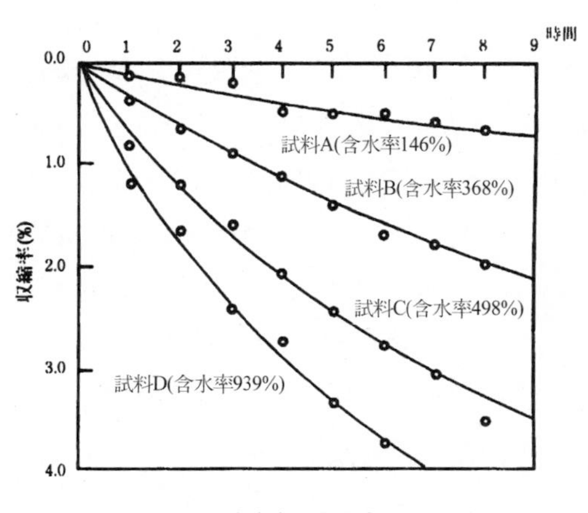

그림 3-2 방치시간과 수축률의 관계

반적으로는 흙속에 매몰되어 있던 수침출토목재만큼 약하지는 않다.

引/用/文/獻

3) 澤田正昭：遺物の保存とハイテク, 文化遺産の保護と環境/講座・文明と環境, 朝倉書店, pp.109, 1995.
4) 澤田正昭：考古資料保存の科學的研究(1) －木簡をはじめとする木製遺物の保存方法について－, 研究論集1・奈良文化財研究所學報(第21冊), p.5, 1972.
5) Masaaki Sawada : 'Some Problems of Setting of PEG 4000 Impregnated in Wood, Contraction of Impregnated PEG Solutions upon Setting and its Effects on Wood' "Waterlogged Wood-study and Conservation", ICOM Committee for Conservation, WOAM－Group, p.120, Grenoble August, 1984.
6) 日本木材加工技術協會・木材保存部會編：木材保存ハンドブック, pp.63～67, p.34, 1961.

3－3 發掘現場

습윤한 유적에서 출토된 水浸出土木材의 대부분은 외형은 완전한 형태를 하고 있어도 화학적·물리적으로는 이미 열화해서 약해져 있는 것이 많다. 발굴직후의 목재 중에는 처음 보았을 때 새 목재와 구별이 되지 않을 정도로 신선한 색을 나타내고 있는 것이 있다. 그러나 일단 자연건조하면 하루밤 사이에 본래의 형태를 알아볼 수 없을 정도로 수축하고 변형한다. 또한, 목재만이 아니라 금속제품을 방치하면 녹이 급격히 진행하여 곧 그 형상을 잃어버리는 것도 많다. 이러한 의미에서 발굴품 중에 목제품과 금속제품은 제일 급한 應急患者이다[7]. 이러한 것은 발굴조사 중에도 적절한 치료가 필요하다. 발굴 후에는 영구적인 보존처리의 방침을 결정하기 위해서 한시

사진 3-4
발굴조사중에도 물을 뿌림

라도 빨리 병원에 운반하여 예비진단을 하고 진단결과에 따라서 적절한 치료를 해야 한다.

출토목재가 그 형태를 유지하고 있는 것은 습한 흙 속에 매장되어 있었기 때문이다. 그러나 발굴 후 일단 건조시키면 그 원형을 잃어버려서 원상을 복구할 수 없다. 발굴조사중에도 건조가 진행되면 변형을 일으킨다. 현장에서는 젖은 천으로 목재를 덮거나 또는 물을 뿌려 건조되지 않도록 배려한다. 현지에 水源이 있는 경우에는 펌프를 사용해서 연속적으로 물을 뿌린다. 그 외에 폴리에틸렌글리콜(분자량이 낮은 PEG-1500등)을 바르고 또는 PEG수용액을 살포해서 목재의 건조를 막는다. PEG-1500은 습윤성이 크므로 목재를 항상 습한 상태로 유지하고 건조를 억제한다. 현장에서는 실측이나 사진 촬영할 때를 제외하고는 비닐시트를 덮어두면 더욱 효과적이다. 발굴현장에 있어서 유기질유물은 발굴조사중에도 건조하고 변형한다. 사진 3 - 4는 발굴현장에 물을 뿌려 건조를 막도록 배려하고 있는 모습이다.

大型木材의 경우, 발굴조사 중에도 건조되지 않도록 배려하는 것 외에 현장에서 수거할 때의 보호조치도 필요하다. 부주의하게 로프를 감아서 끌어올리면 로프는 약한 목재에 파고들어 상처를 입힌다. 현 위치에 놓아둔 채로 목재를 화학 처리하는 것이 이상적이지만 발굴현장에서는 보존처리설비도 없을 뿐만 아니라 작업일정에도 여유가 없을 때가 많다. 그러므로 우선 실내에 운반하여 충분한 시간을 들여서 본격적으로 보존처리를 실시한다. 유물의 수습에 관해서는 침목등의 보강재를 대지만 형태가 일정하지 않은 목제품에 관해서는 판을 대는 것만으로는 불안정하고 불충분하여 보강재와 함께 우레탄폼으로 포장한다. 통상적으로 원액용량의 30배 크기로 발포하는 타입의 우레탄수지(foam의 밀도는 약 0.033)를 이용한다. 경량이면서 유물을 포장하여 들어올리기에는 충분한 강도를 가진다.

안전하게 수거한 목재는 신속하게 영구적인 화학처리를 실시하는 것이 바람직하다. 그러나 일시적으로 임시 보존해야 하는 것은 물에 침적해서 건조하지 않도록 한다. 또한 대형목재의 경우에는 영구적인 보존처리를 하기까지 사이에 우레탄폼으로 포장한 채로 보관할 수도 있다. 단 우레탄을 포장하기 전에 방부제를 첨가하고 PEG-1500의 수용액을 충분히 뿌리거나 또는 이것을 배어들게 한 천으로 유물을 덮는다. 우레탄을 사용할 때는 균일하게 발포하도록 세심한 주의를 하고 바깥공기와 완전히 차단한다. 이렇게 하면 수년간 보관할 수 있다. 또한 우레탄폼 자체는 자외선에 매우 약하므로 실내에서 보관하거나, 시트 등을 걸쳐놓아 직사광선이 닿지 않도록 해 둔다.

炭火한 木材, 種子, 벼 등은 습한 상태에서 출토되었는지의 여부에 의해서 보존처리의 방법이 완전히 달라진다. 건조한 경우에는 용제타입의 합성수지를 직접 스며들게 하여 강화할 수 있지만 습한 경우에는 우선 유물을 건조시켜야 한다. 그러나 현장에서는 변형되지 않게 건조시키는 것이 쉬운 일이 아니다. 따라서 다음과 같은 차선책을 생각해 보았다.

우선 유물을 자연적으로 건조시킨다. 단 완전히 건조시키는 것이 아니라 건조에 따른 현저한 수축이 생기기 직전에 건조를 중지한다. 조금 건조시킨 곳에서 소량의 수지용액을 스며들게 하고 다시 건조시켜 소량의 수지용액을 스며들게 하는 방법을 반복하면서 최대한으로 수지용액을 스며들게 하여 경화하는 방법이다. 조금 건조시키는 한편 소량의 수지를 침투시키는 조작을 끈기 있게 계속 반복한다. 사용하는 합성수지는 수용성타입의 아크릴계합성수지가 합리적이다.

한편, 현장에서부터 실내로 들여올 수 있으면 應急處理를 필요로 하지 않는다. 바로 본격적인 화학처리를 할 수가 있다. 일례이지만 우선 탈수하고 수지용액을 함침한다. 탈수에는 無水알코올을 사용한다. 비교적 대형의 유물에 대한 알코올탈수는 천에 알코올을 충분히 스며들게 하여 유물을 덮고, 유물에 함유된 수분과 알코올을 치환한다. 현실적으로 결코 능률적인 방법이라고는 말할 수 없지만, 특별한 장치를 필요로 하지 않고 어디에서라도 손쉽게 실시할 수 있는 방법으로 평가된다. 대형의 용기에 알코올을 넣어서 유물을 담그는 것이 보다 능률적인 방법이지만 대량의 알코올을 다룰 때에는 消防法 등도 고려해야 하고, 많은 경비도 필요로 한다. 또한 유물의 보존상태에 따라서는 함유수분 전부를 제거할 필요가 없는 것이 있다. 말하자면 반건조한 상태에서 전술한 것 같은 아크릴계 등의 수지용액을 바르는 것과 자연건조를 교대로 반복하는 것에 의해서 상당히 경화할 수 있다.

引/用/文/獻

7) 澤田正昭：遺跡遺物の保存科學, 新版古代の日本・古代資料の研究法(第10卷), 角川書店, pp.192～208, 1992.

3-4 化學處理의 原理와 方法

출토되는 水浸出土木材는 적절한 처리를 하지 않으면 매우 불안정하다. 考古자료로서의 목제품의 상태를 안정화하고 아울러 제품으로서의 질감 및 색조 등을 영구적으로 보존하는 방법이 연구되어 왔다. 그 연구의 역사는 의외로 오래되어 1850年代까지 거슬러 올라간다[8].

덴마크의 후낸섬(Island of Funen)에서 대량의 水浸出土木材가 발견되었을 당시, 목재를 책상 위에 방치해두면 수축변형하고 하루밤 사이에 본래의 형태를 알 수 없게 되므로 그 취급에 관해서 국립박물관에 의뢰한 결과 칼륨 명반[$KAl(SO_4)_2 \cdot 12H_2O$]을 이용해서 경화하는 방법을 소개하고 있다. 명반은 상온에서 정팔면체의 結晶을 하고 있다. 結晶水를 잃어버리지 않을 정도로 가열해서 액상으로 유지하고 여기에 목재를 담궈 명반용액을 스며들게 한다. 그리고 상온으로 온도를 낮추면 명반은 목재 내부에서 결정화하고 목재의 형태를 안정화한다. 단 명반은 흡습·용해성이 크므로 습도를 조정할 수 있는 장소에서 보관한다. 덴마크에서는 편의상 린시드 오일(linseed oil)로 코팅해서 방습대책을 강구하였다.

이 방법은 화학처리 방법으로는 아마 세계에서 가장 오래된 예일 것이다. 오늘날에는 다른 방법으로 처리하여 그다지 이용되고 있지 않지만 북유럽의 박물관에서는 명반으로 보존 처리된 목제품을 볼 수 있다. 사진 3-5는 명반으로 화학처리된 썰매이다. 표면에는 방습대책으로 린시드 오일이 칠해져 있고 특별한 문제는 발생하지 않고 있다.

명반법이 개발되고부터 백년 남짓 경과해서 덴마크국립박물관의 크리스텐센(Borge Brorson Christensen, 서문참조)은 에테르(ether)

를 이용하는 방법을 고안했다. 에테르의 표면장력(17dyne/cm)이 물(72dyne/cm)의 4분의 1 이하인 것을 이용한 방법이다[8]. 즉, 목재에 함유된 수분을 사전에 에테르와 치환하고 나서 진공 건조한다. 에테르가 건조하는한 통상의 수침출토재의 대부분은 변형하는 일 없이 건조할 수 있다.

表面張力이 물의 약 5분의 2인 알코올(22.27dyne/cm (20℃))이나 크실렌(Xylen, 28dyne/cm (20℃)) 등의 유기용매를 이용하는 방법이 있다. 이 방법으로는 목재를 변형시키지 않고 건조할 수가 있더라도 약해진 목재조직은 약간의 강화장치가 필요하다. 예를 들면 용매와 치환할 때에 동시에 강화용의 수지를 녹여서 스며들게 한다. 이것에 사용하는 수지나 용매의 종류는 다수 소개되어 있다. 덴마크에서는 1951年 이래로 각종의 용매와 수지를 이용하는 방법을 개발해 왔다.

水浸出土木材는 변형시키지 않고 함유수분을 제거하더라도 여전히 약해서 강화제가 필요하다. 예를 들면 에틸에테르를 이용해서 건조시키는 것만이 아니라 거기에 강화제인 황색천연수지 샌더래크 [sandarac : 노송나무과의 상록교목으로 일명 사이프레스(cypress)라고도 함]의 일종인 수지로서 황색을 가진 덩어리 또는 분말을 에틸에테르에 녹여서 스며들게 한다. 또한 폴리메틸메타아크릴레이트의 벤젠용액

사진 3-5 명반으로 처리한 썰매

을 스며들게 하여 강화한다. 또한 방습대책으로써 용해도가 낮은 코펄(copal)수지나 그 외의 천연수지를 얇게 코팅하고, 또는 단머수지나 밀납 등을 분무한다[8].

천연수지를 아세톤으로 녹여서 목재에 스며들게 하는 방법, 아크릴계의 합성수지를 크실렌에 녹여서 이용하는 「알코올, 크실렌, B72(아크릴수지의 상품명)법」[9] 등도 에테르를 이용하는 방법과 유사하다. 이러한 것은 일본 독자의 수침출토 옻칠제품의 보존처리에도 적용할 수 있는 방법이다. 이러한 유기용매와 수지를 사용한 보존처리법을 총칭해서 편의상 「溶劑 · 樹脂法」이라고 부른다.

表面張力이 작은 유기용매를 이용하는 방법이나 상온에서는 고형을 나타내는 물질을 스며들게 하여 강화하는 등의 방법에 대해서 樟腦를 이용하여 목재의 함유수분을 강제적으로 제거하는 방법이 있다. 장뇌($C_{10}H_6O$)는 樟木(녹나무)으로부터 증류해서 얻어진 방충제 · 의약으로 향기가 있는 무색의 結晶이다. 우선 목재속의 수분을 메틸알콜과 치환한다. 거기에 장뇌의 메틸알콜용액을 스며들게 한다. 이것을 건조시키면 처음에 메틸알콜이 증발한다. 용매 · 수지법과 비슷한 방법으로 표면장력이 작은 메틸알콜이 증발하는 범위내에서 목재의 변형은 나타나지 않는다. 계속해서 목재내부에 잔류한 장뇌는 固形을 나타내고 있지만 서서히 승화해간다. 목재의 건조과정에서 액체의 내부확산에 따르는 수축을 피하는 독특한 건조방법이다.

水浸出土材 保存處理의 기본원리는 다음의 두 가지로 집약할 수 있다.

(a) 수분을 과다하게 포함한 목재는 자연 그대로 방치하면 건조하고 그 때에 목재에 변형을 초래한다. 목재를 변형시키지 않기 위해서, 방치하면 증발해 버리는 불안정한 수분을 다른 안정한 물질 즉 고형으로 증발하지 않는 물질로 치환함에 따라서 목재형태의

안정화를 꾀한다.

(b) 자연건조하면 수축 변형하므로 인위적인 수단으로 목재의 형상을 바꾸지 않고 강제적으로 불안정한 수분을 제거(건조)한다.

전술한 화학처리 중에 명반법은 (a)의 원리에, 알코올·에테르법은 (b)의 원리에, 그리고 장뇌법은 (a)의 원리를 거쳐서 (b)의 원리에 기초를 둔 처리방법이다. 현재보다 안전하고 다루기 쉬운 재료를 사용하는 방법이 실용화되고 있다. (a)의 원리에서는 고분자물질의 폴리에틸렌글리콜(PEG)을 이용하는 「PEG함침법」과 (b)의 원리에 기초를 둔 「眞空凍結乾燥法」이다.

한편, 竹製品이나 布製品, 식물성 섬유를 짜서 만든 용기나 새끼줄 등과 같이 유물 본래의 유연성과 그 質感을 재현하는 화학처리 방법으로 실리콘수지법을 들 수 있다. 또한 목제품에 금속 등의 이질의 소재가 부착된 제품으로 동시에 보존처리하지 않으면 안되는 경우에는 메틸알콜에 의한 탈수를 거쳐서 고급알코올(상온에서 고형을 나타내는 세틸알콜 등)을 액상으로 스며들게 하여 강화한다.

引/用/文/獻

8) Brorson Christensen : "Conservation of Waterlogged Wood in the National Museum of Denmark", National Museum of Denmark, Copenhagen, 1970.

9) Masaaki Sawada : "Zur Konservierung eines bemalten japanischen Lackgefaes", Arbeitesblatter", Heft 1, Gruppe 11, Lackarbeiten Seite 31, 1981.

3－5 PEG 含浸法

폴리에틸렌글리콜(PEG)은 環狀에틸렌옥사이드의 중합물인$(CH_2CH_2O-)_n$이고 그 重合度에 의해서 액상이나 페이스트(paste)모양 또는 固形을 나타낸다. 표 3-3은 중합도의 차이에 의한 PEG의 특성을 나타낸 것이다. 일본에서 제조 판매되고 있는 분자량은 약 200에서 20,000까지 있다. 상품은 분자량의 크기에 맞춰서 PEG-200, PEG-4000 등으로 적절하게 구별하여 사용하고 있다. 수침출토목재의 보존처리에는 주로 상온에서 고형을 나타낼 수 있는 「PEG-4000」을 이용한다. 필요에 따라 분자량이 작은 PEG-200, PEG-400, PEG-1500 등도 사용하는 일이 있다

표 3-3 PEG의 物性一覽

종류	평균분자량	융점℃	비중	수용성	외관
PEG-300	285~315	-15~-8	1.125	완전용해	약간점조(粘稠) 무색
PEG-400	380~420	4~10	1.125	완전용해	투명액체
PEG-600	570~630	20~25	1.126	완전용해	연고상
PEG-1000	950~1050	38~41	1.117	용해도 70	연고상
PEG-1500	500~600	37~41	1,200	70	연고상
PEG-1540	1300~1600	43~46	1,210	70	반고체
PEG-2000	1900~2100	50~53	1,210	62	반고체
PEG-4000	3000~3700	53~55	1,212	50	백색 박편상
PEG-6000	7800~9000	60~63	1,212	50	백색 박편상 약한 흡습성

PEG를 이용한 保存處理시 우선 20%수용액을 제조한다. 목제품을 PEG의 수용액에 침지(沈漬)시키고 충분히 시간을 두고 PEG수용액이 자연적으로 침투하는 것을 기다린다. 수용액의 침투를 촉진하기 위해서는 양이온계면활성제를 PEG수용액에 첨가해서 함침을 촉진하는 일도 있다[10·11]. PEG수용액의 농도를 서서히 상승시켜서 최종적으로는 목재 속의 수분을 전부 PEG로 치환한다.

사진 3-6 대형 PEG 含浸槽

사진 3-6은 대형의 PEG함침장치(길이 10m×폭 1m×깊이 0.8m)이다. 함침통은 항상 65℃ 전후로 보온할 수 있는 구조로 되어 있다. 보통은 PEG용액을 함침한 후 상온에서 바람을 쐬어 말려 마무리한다. 그리고 사진 3-6의 장치는 처리통 내의 PEG수용액을 배출하고 나서 건조한 냉풍을 통안으로 보내고 PEG수용액을 함유한 목재를 상압으로 냉풍 건조하는 기능을 부착하고 있다. 이 기능을 활용하면 PEG수용액은 낮은 농도의 것을 스며들게 하는 것만으로도 건조처리가 가능하게 된다. 60%정도의 PEG수용액을 스며들게 하기 때문에 처리시간을 크게 단축할 수 있다. PEG농도가 낮은 만큼 냉풍을 보내면서 시간을 두고 서서히 건조시킨다. 단, 이 상압냉풍건조법은 함수율이 비교적 낮은 것을 처리의 대상으로 하는 것이 바람직하다.

高濃度의 PEG수용액에 수침출토목재를 담갔을 경우 고농도의 PEG수용액은 粘度가 높게 되므로 목재에 침투하기 어렵고 반대로 목재속 수분은 PEG수용액에 침출하기 쉽다. 그 결과 목재는 수축한다. 목재조직이 閉塞상태가 되면 PEG용액의 침투는 더욱더 어렵게 된다. PEG함침법에서는 목재속 수분의 점도와 거의 같은 정도의 아주 낮은 PEG수용액을 최초로 사용하여 PEG농도는 단계적으로 서서히 높여가는 방식을 채용한다. PEG함침 공정에서는 PEG농도의 관리가 중요하다. PEG농도는 용액의 굴절률과 비중을 측정한 후 환산하여 계산할 수 있다. 특별한 장치나 기술을 필요로 하지 않으면서도 그 위에 정확하고 간편한 측정법은 약 20cc정도의 PEG수용액을 통 안에서 채취하여 유리비이커에 넣어 105℃ 아래에서 건조하는 방법이다. 수분이 증발한 뒤에 비이커 안에는 PEG만이 잔류한다. 건조전의 중량과 건조후의 중량비에서 PEG농도를 산출할 수 있다.

「PEG含浸法」의 구체적인 처리공정은 아래와 같다.

① PEG-4000의 20%수용액을 만들고 수침출토목재를 침지시킨다. 목재의 잔존상태에 따라서는 초기단계의 PEG농도를 20%보다도 낮게 설정하는 경우가 있다.

② PEG-4000의 농도를 서서히 높이고, 최종단계에서는 100%농도에 가깝게 한다. PEG에는 흡습성이 있으므로 실제로는 PEG농도는 97~98%정도가 된다. 또 모든 단계를 통해서 수용액의 온도는 약 65℃로 유지한다. 보통의 수침출토목재는 PEG용액을 충분히 침투시키는데 1~2年 이상이 소요된다.

③ 함침완료 後, 목재표면에 부착한 PEG용액을 닦아내거나 세척한 후 자연상태로 냉각한다. 이 단계에서는 목재의 色調가 약간 검은 빛을 띤다. 이것은 PEG가 목재표면을 전부 덮어서 심하게 물기에 젖은 것 같은 색을 나타내기 때문이다. 목재로서의 색조를 되돌리기 위해서는 목재내부의 PEG가 완전히 응고하는 것을 기다리고 나서 표면을 덮고 있는 막을 알코올 등으로 깨끗이 닦아 제거한다.

處理工程에 있어서 PEG수용액을 함침하는데 필요로 하는 시간(T)과 PEG농도(%)의 관계를 표준적으로 설정한 것이 그림 3-3이다. 보존처리에 필요한 소정기간(T)의 반기간(T/2)까지 PEG수용액의 농도를 60%에 도달하도록 관리한다. 그림에서는 처음에 설정한

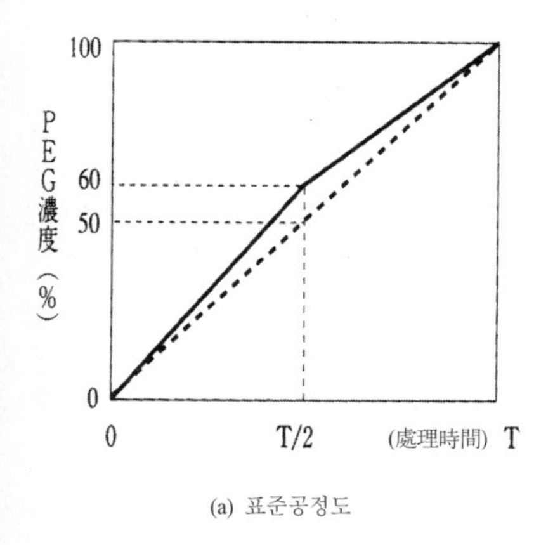

(a) 표준공정도

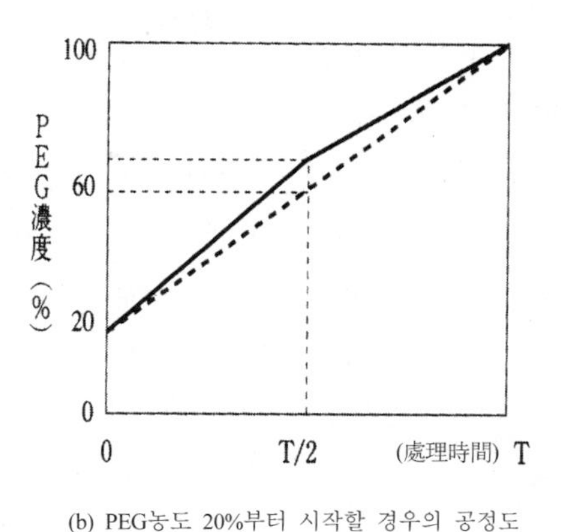

(b) PEG농도 20%부터 시작할 경우의 공정도

그림 3-3 PEG含浸 工程圖

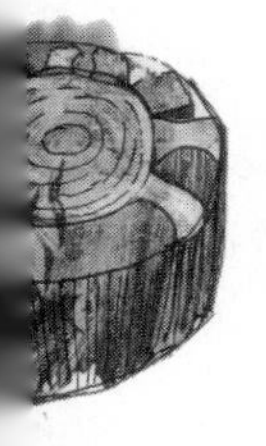

림 3-4
이 선명한
자연건조

PEG농도를 0%로 했지만 실제로는 수침출토목재의 나무종류나 그 보존상태, 즉 함수율 등을 고려하여 초기농도를 결정한다. 보통 PEG의 수용액농도는 20%부터 시작한다. 보존상태가 열악한 자료에 대해서는 5%정도의 저농도부터 시작하도록 하고 처리시간도 길게 설정한다. 해저로부터 인양된 선체 등에는 5~10年이나 들여서 보존처리를 하는 예가 많다. 설정하는 처리시간(T)이나 초기단계의 PEG농도(%)가 변해도 그림 3 - 3(a)를 기준으로 하여 그림 3 - 3(b)와 같이 환산하여 설정한다. 이론적인 뒷받침이 있는 것은 아니지만 처리 중에 변형을 초래한다고 하면, PEG농도가 30%를 넘어 60%에 달할 때까지의 사이에 그 제1단계의 징후가 나타난다. 따라서 함침에는 많은 시간을 들여서 처리한다.

목재는 多孔質의 물질이지만 액체의 침투기구는 목재의 조직구조, 액체의 종류나 농도 그리고 함침의 기술적인 조건 등이 미묘하게 영향을 준다. 水浸出土木材의 樹種이나 腐朽의 정도에 따라서도 PEG 함침법에 의한 처리기간 중에 수축이나 변형에 차이를 생기게 한다. PEG분자량이 클수록 치밀한 목재조직에는 침투하기 어렵다. 그림 3 - 4와 같이 내부는 신선하고 견고한 상태이면서 바깥둘레부분은 언두부처럼 부서지기 쉬운 水浸出土木材의 경우 자연건조하면 주변은 심하게 수축 변형하지만 내심부분은 거의 변화하지 않는다. 분자량이 큰 PEG용액은 이 신선한 상태의 내부에 침투하기 어렵다. 그 결과 내부에는 금이 가거나 뒤틀림이 발생하게 되고 그것이 목재표면에는 큰 균열로 나타난다. 특히 장목(楠, 녹나무), 밤나무, 떡갈나무의 활엽수에 이러한 현상이 나타나기 쉽다.

이런 종류의 木材組織에 분자량이 큰 PEG-4000의 용액은 내심부가 치밀한 목재조직에 침투하기 어렵다. 더구나 PEG용액에는 흡습성이 있기 때문에 목재속의 수분이 흡수되지만 목재로의 침투는 어렵다. 이것은 목재에 함유된 수분 침출량과 PEG수용액 목재의 침투량과의 평형상태가 무너지는 것을 의미하고 목재조직이 폐색되면 될수록 점점 침투가 어렵게 되고 그 결과 목재가 수축하고 변형하게 된다. 이러한 현상을 피하기 위해서 함침시간을 충분히 취하는 것 외에 치밀한 목재조직에도 침투하기 쉬운 분자량이 작은 것을 이용한다. 목재에 함유된 수분을 우선 저 분자량의 PEG로 치환한 후, 고분자량의 PEG를 스며들게 하는 2단계방식으로 처리한다[12].

예를 들면 PEG-200이나 PEG-400 등의 수용액을 스며들게 하고 나서, PEG-4000을 함침시킨다. 또는 PEG-300과 PEG-1540을 같은 양으로 혼합한 블렌드(blend)PEG를 이용한다[13]. 블렌드PEG의 평균 분자량은 500~600이 된다. 10%정도의 수용액에 목재를 침지시키는 것부터 시작한다. 최종단계에서는 용적비로 64%의 수용액을 스며들게 한다. 이 방법에서는 PEG-4000을 사용하는 것보다도 침투가 빠르고 효율적이며 목재표면의 상온에 있어서 감촉은 왁스와 같다. 그러나 저 분자량이기 때문에 안정되지 않고 내부의 PEG가 녹아 나오는 경향이 있다. 목재표면의 PEG는 염화메틸렌(dichloromethylene, CH_2Cl_2)으로 세척한 후 분자량이 큰 PEG-4000으로 코팅하여 마무리한다.

목재공업 분야에서는 저분자량의 PEG를 함침하여 건축용재의 치수안정화[14)]에 이용하고 있다. 일찍이 昭和천황[1926~1988]의 궁전 造營에 있어서, 노송나무에 저분자량의 PEG를 침투시켜서 거대한 노송나무 기둥의 치수안정화를 꾀한 바 있다.

引/用/文/獻

10) 澤田正昭：考古資料保存の科學的 研究(1) －木簡をはじめとする木製遺物の保存方法について－， 研究論集1・奈良國立文化財研究所學報(第21冊), p.16, 1972.
11) 植田直美・井上美知子・松田隆嗣・增澤文武：陽イオン界面活性劑を用いた出土木材の保存處理, 日本文化財科學會・第6回大會硏究發表要旨集, pp.29~30, 1989.
12) Per Hoffmann : 'On the stabilization of waterlogged oakwood with PEG. Destination two-step treatment for multiquality timbers', "Studies in Conservation", pp.103~113, 31, 1986.
13) David W.Grattan : 'A Practical Comparative Study of Several Treatments for Waterlogged Wood', " Studies in Conservation", IIC, pp.130~131, 1982.
14) 堀岡邦典・富永洋司・千葉保人：材質改良に關する研究(第21報)ポリエチレングリコールによる寸法安定化処理について(その2), 東京農工大農學部演習林報告7, pp.89~111, 1968.

3－6 眞空凍結乾燥法

눈(雪)에 파묻힐 것 같은 처마 밑에 얇게 자른 떡이 매달려 있는 광경을 본 적이 있는가. 이것은 떡을 강제적으로 건조시켜서 장기보존을 꾀한 수단인 것이다. 눈이 많이 오는 지방에서는 1~2月의 가장 추운 시기에 떡을 만들어 처마 밑에 매달아 단기간 동안에 건조시킨다. 수분을 함유한 떡은 寒風을 그대로 맞는 가운데 동결한다. 그것은 건조하고 차가운 바람이 세차게 불어 떡 속의 수분은 동결하고 서서히 승화해서 곧 건조한다. 완전히 건조한 떡은 곰팡이가 생기는 일도 없이 장기간 보존이 가능하다. 이것이 일종의 常壓동결건조이다. 眞空凍結乾燥法은 인스턴트식품이나 의약품 등의 제조에 폭넓게 이용되고 있다. 수용액 또는 수분을 함유한 물질을 급속냉각하여 동결하고 감압상태에서 승화시켜 물체를 건조시킨다.

과포화 상태의 수분을 함유한 수침출토목재의 건조와 보존을 위해서 眞空凍結乾燥法은 유효한 것 중의 하나이다. 단, 수침출토목재의 경우 함유수분을 강제적으로 변형하는 일없이 건조하면 그것으로 충분하다고 하는 성격의 것은 아니다. 표 3-1, 3-2에서 본 것처럼 목재의 주된 구성성분은 대부분이 붕괴, 유출되고 함유한 수분에 의해서 겨우 그 형태를 유지하고 있다. 변형되지 않게 건조할 수 있어도 목재는 약하므로 조금은 강화조치가 필요하게 된다. 따라서 사전에 PEG-4000 수용액을 스며들게 하고 진공동결건조하면 건조후의 목재조직에는 PEG가 잔류하여 목재를 보존, 강화할 수 있다. 진공동결건조의 전처리로써 PEG를 침투시키는 것은 건조후의 목재조직의 강화뿐만 아니라 건조도중에서 수축변형의 억제작용도 하고 있다.

목재에 수축변형을 주지 않고 건조처리하기 위해서는 건조 소요시간을 될 수 있는 한 단축함에 따라 과도한 건조에 의한 변형을 방지해야 한다. 예를 들면, 목편시료를 이등분해서 한쪽에 벤젠(C_6H_6, 융점 5.5℃, 비점 80.1℃)을 스며들게 하고 다른 한쪽은 수분을 함유한 채로 眞空凍結乾燥한다[15]. 3시간 후 벤젠을 함유한 시료는 건조를 마치지만 수분을 함유한 시료는 아직 건조중이고 둘 다 균열이나 수축은 나타나지 않았다. 그러나 3시간으로 건조를 마친 벤젠을 함유한 시료에 비해서 물을 함유한 시료는 8시간 후에는 금이 가기 시작하고 건조를 마친 12시간 후에는 시료표면에 다수의 균열과 수축이 일어났다. 이는 건조시간을 단축시키기도 하고, 한편으로는 보다 좋은 결과를 얻기 때문에 진공동결건조 조건이 되는 것을 나타내고 있다.

水浸出土木材의 처리에서도 건조시간을 단축하기 위해서 유기용매를 이용한다. 또한 건조도중 목재의 수축변형을 막기 위해 사전에 PEG-4000을 스며들게 한다. 그것은 처리후의 목재조직의 보강재이기도 하다. 유기용매에는 벤젠이 아닌 제3부틸알콜을 이용한다. 그것은 PEG를 용해한 결과, 융점은 25.3℃이기 때문에 건조전 예비 동결하는 과정에서 합리적인 용매이다. 따라서 수침출토목재의 처리에서는 진공동결건조의 전처리로 PEG-4000의 제3부틸알콜 용액을 스며들게 하고 나서 진공동결건조하는 것이 효과적이다. 물의 경우에 비해서 건조시간을 크게 단축할 수 있고 그 분자량은 PEG에 비해 훨씬 적고 건조후에는 PEG만이 목재내부에 잔류해서 목재를 강화한다. 또한 건조후의 색조도 밝게 된다.

제3부틸알코올을 전처리에 사용할 경우 목재에 함유되어 있는 수분・PEG・제3부틸알콜의 共融混合物로서의 共融点(共晶点)을 정확하게 측정해 파악함으로써 건조효율을 높이고 수축변형을 저지하는 조건을 설정할 수가 있다. 건조시의 온도를 제어하여 건조시간을 조정하고 건조효율을 높이는 것 외에 건조시간을 짧게 설정함으로써 수축변형을 피하는 것이 가능하게 된다. 기본적으로는 건조도중에 PEG-4000의 용액이 목재내부에서 융해하지 않도록 하는 것이 중요하다.

木材內部의 수분이 완전히 제3부틸알콜로 치환되었다고 가정하면, 그리고 용해하는 PEG농도가 8～95%의 범위에 있으면 공융점은 -10～-2℃가 되는 것이 실제의 측정에서 밝혀졌다. 그러나 함유수분이 완전히 제3부틸알콜로 치환되었는지 여부를 정확하게 아는 것은 어렵다. 또한 목재내부에서의 용액의 분산상태도 균일하지 않다. 그 때문에 실제의 처리에 있어서는 동결에 따른 결정을 가능한 한 작게 하는 목적도 있어 예비동결의 온도를 -40℃에 설정하고, 급속냉각을 하고 있다.

그렇지만, 前處理에 사용하는 유기용매는 인화성이 있어서 작업 시에 취급이나 설비의 정비가 필요하여 작업성이 반드시 좋은 것은 아니다. 때문에 용제가 아니라 수용액을 사용하는 방법이 예로부터 연구되고 있다. 1970年 Ambrose는 PEG-400 수용액을 스며들게 하는 前處理 方法을 보고하고 있다[16]. 眞空凍結乾燥 전에 PEG-400 10% 수용액을 충분히 스며들게 하는 방법이다. PEG수용액에 침지시키는 시간은 적어도 1個月을 필요로 하고 비교적 대형의 목재는 6個月 이상을 필요로 한다고 지적하고 있다.

그 외의 수용성의 前處理로서 슈크로스(sucrose)=사카로스(saccharose, 자당, $C_{12}H_{22}O_{11}$), 마니톨〔mannitol, $CH_2OH \cdot (CHOH)_4 \cdot CH_2OH$〕 등의 각종 당류가 소개되고 있다. Cook과 Grattan[17]에 의하면 슈크로스의 효용을 보고하고 있다. 또한 Murry[18]는 마니톨 15% 수용액을 사용하고 있다. 만니트(マンニット)라고도 하는 무색의 결정이다. 물에 가용으로 단맛을 가지고 식품의 제조나 眞空凍結乾燥法의 전처리제로서 예로부터 알려져 왔고, 현재에도 이용되고 있다. 그러나 고고 자료로서의 목제품 보존처리법으로는 만족스럽지 못했다. 그것은 여전히 제품의 표면에 균열이 생기거나 수축 · 변형이 일어나기 때문이다. 또한 완성된 색조에 관해서도 제품별로 차이가 있다고 해도 만족스럽지 않은 평가를 얻은 것 같다. 今津節生[19]은 마니톨과 PEG를 혼합한 수용액을 사용해 성과를 올리고 있으며, 또한 Morgos와 Imazu는 슈크로스보다 내후성이 좋은 락티톨과 PEG를 사용하는 방법을 시도하고 있다.

수용액이 아닌 유기용매를 사용하는 방법에서 건조처리 결과는 더욱 양호하고 處理後의 목제품의 수축률도 1% 이하로 억제하는 것이 가능하다. 유기용매에 혼합하는 PEG-4000의 농도는 중량비로 50~60% 정도이지만, 목재의 종류나 腐朽의 정도에 맞춰서 PEG의 농도를 조정한다. 건조 후는 분자량이 큰 PEG가 목재내부에 잔류하여 목재를 적당하게 강화한다. 또한 보존환경의 급격한 변화에 대한 목재의 영향도 목재내부에 분산해 있는 PEG에 의해서 완화된다. 한편 제3부틸알콜을 사용하는 전처리법은 덴마크국립박물관에서도 지금은 사용하고 있지 않다. 그러나 건조 후 목재의 색조가 밝게되므로 목간의 묵서가 보다 선명하게 된다고 하는 점에서 이 방법은 목간에 최적인 보존처리 방법으로 생각된다.

眞空凍結乾燥法에는 대규모의 건조장치 외에 전처리를 위한 특별한 양식의 장치가 필요하므로 선체 등의 대형유물의 보존처리에는 적합하지 않다. 대형목제품의 보존에 관해서는 이러한 진공 건조하는 방식이 아닌 상압냉풍건조법 등을 응용하는 편이 바람직하다. 냉장고에 장기간 야채를 넣어두면 얼마되지 않아 건조하는 현상과 비슷하다.

마르세유에서는 로만 王朝의 船體를 常壓冷風乾燥하고 있다[20]. 또한 스웨덴의 스톡홀름 항에 가라앉아 있던 목조군함 바사호는 해저에서 인양된 뒤 저농도의 PEG수용액을 살포하여 스며들게 하고 국부적이기는 하지만 냉풍 건조했다. 또한 영국의 포츠만 바다에 침몰해 있던 16세기 초의 선체 마리로즈호의 경우(사진 3-7), 초기에는 냉

사진 3-7 마리로즈호

수를 살포해서 습윤상태를 유지하였고 현재는 PEG-4000의 수용액을 살포중이다. 충분히 PEG가 침투한 단계에서 과거의 선례에 따라 冷風乾燥할 것인지 또는 새로운 방법을 개발할 것인지, 금후의 연구성과에 주목하고 싶다.

引/用/文/獻

15) 澤田正昭：考古資料保存の科學的研究(1) - 木簡をはじめとする木製遺物の保存方法について - ， 研究論集1， 奈良國立文化財研究所學報(第21冊), pp.26～27, 1972.
16) W.Ambrose : 'Freeze-drying of Swamp-degraded Wood', Conservation of Stone and Wooden Objects, p.55, IIC, New York, 1970.
17) Cook C. · Grattan D.W. : 'A practical comparative study of treatments for waterlogged wood-pretreatment solutions for freeze drying in water-logged wood', Study and Conservation, Proceedings of the 2nd ICOM Waterlogged Wood Working Group Conference Grenoble, pp.219～239, 1984.
18) Murry H. : 'The use of mannitol in freeze drying waterlogged organic materials', " The Conservator", No.9, pp.33～35, 1985.
19) 今津節生：マンニト-ル・ポリエチレングリコ-ルによる水浸出土木材の眞空凍結乾燥, 古文化財の科學, 33號, pp.55～62, 1988.
20) Daniel Drogourt · Myriame MOREL-DELEDALLE, : 'MARSEILLE, LYOPHILISATION A PRESSION ATMOSPHERIQUE D'UNE EPAVE DE BATEAU ROMAIN', "Waterlogged Wood-study and conservation", ICOM Committee for Conservation, WOAM-Group, pp.169～174, Grenoble August, 1984.

3-7 高級알콜法

잘 알고 있는 메탄올(CH_3OH)이라든가 에탄올(C_2H_5OH)은 저급알코올로 불린다. 이것에 대해서 탄소수가 많은 알코올류를 고급알코올이라고 부른다. 고급알코올은 일반적으로 고분자 지방족을 가리키는, 저분자량의 재료로 안정된 물질이다. 모두 軟膏의 基劑나 화장품 등에 사용되고 있다. PEG함침법에 사용하는 「PEG-4000」을 시작으로 대개의 합성수지에 비해서 분자량이 작고, 목재조직으로의 침투성이 뛰어나다. 따라서 함침기간을 대폭으로 단축하는 것도 가능하다. 탄소수가 많은 것은 왁스와 같이 固形을 나타내고 물에 녹지 않는다. 탄소수 16의 세틸알콜, 탄소수 18의 스테아릴알콜이 수침출토목재의 보존처리에 알맞다. 고급알코올의 물성을 표 3 - 4에 나타내었다.

표 3 - 4 고급알코올의 물성표

종류	분자량	비중	융점	비점
세틸알콜 $CH_3(CH_2)_{14}CH_2OH$	242.45	0.815	49.2℃	189.5℃
스테아릴알콜 $CH_3(CH_2)_{16}CH_2OH$	270.50	0.812	58.5℃	210.5℃

고급알콜법은 인화성의 유기용매를 사용하기 때문에 대형의 목재처리에는 적당하지 않다. 보존처리의 대상에는 비교적 얇은 목제품 외에 갈대류나 억새풀 등의 식물성 섬유를 가공한 바구니·편물용기 등 人骨, 骨角類, 魚骨, 種子, 나뭇잎 등 동식물의 遺體, 금속과 목재의 복합재료로 만든 각종유물 등의 보존처리에 적당하다. 고급알코올은 물에 녹지 않으므로 處理後의 유물은 습기를 받아들이지 않는다. 다시 말해서 흡습성의 PEG로 처리된 유물은 보존환경의 온도·습도에 대한 반응은 민감하지만 고급알코올은 습기에 대한 저항력이 훨씬 크다. 고급알코올로 처리한 유물의 질감은 비교적 연질상태이다. 세틸알콜에 비교하면 스테아릴알콜은 약간 딱딱한 질감을 나타내므로 유물의 종류나 재질, 그 보존상태에 맞춰

서 적절히 사용하면 좋다. 또한 함침할때 최종단계에서 고급알코올의 농도도 유물의 상태에 맞춰서 조정한다.

나아가 고급알코올에 의한 처리는 유기·무기 어떤 유물에도 적용할 수 있으므로 소재가 다른 복합제품의 보존처리에는 매우 유효하다. 또한 옻칠 제품에 대하여 지금으로서는 고급알콜법이 매우 유효한 방법이라 여겨지고 있다. 그러나 보존처리의 도중에 옻칠의 막이 밑바탕(옻칠 제품의 바탕이 목재로, 그 위에 밑바탕을 바르고 옻칠을 하고 있다.)에서 떨어져 뒤로 젖혀지거나 줄어들어 변형되는 경우가 있는데 그 원인은 아직 규명되지 않고 있다. 옻칠 막이 두꺼운 제품일수록 견고하여 손상될 확률이 적다고는 할 수 없다. 얇은 막의 옻칠 제품이라도 손상 없이 처리된 예도 많다. 따라서 옻칠 막의 두께와 보존처리의 결과와는 반드시 관련이 있는 것 같지 않다. 옻칠 막과 밑바탕 사이의 접합부분에 원인이 있는 것 같지만 명확하지 않다. 옻칠 제품에 관해서는 각종의 문제가 미해결인 채로 수침출토재의 보존처리법을 적용하고 있는 것이 현재의 상태이다.

고급알코올법의 保存處理 工程은 다음과 같다.

① 메틸알콜 40%수용액에 유물을 담근다. 경질의 유물이나 잔존상태가 비교적 양호한 유물은 메탄올 60~70% 수용액에 담그는 것부터 시작해도 좋다. 보통 알코올의 농도는 20%부터 시작해서 40%,

사진 3-8
고급알코올 함침장치

60%, 80%를 거쳐 100%까지 상승시킨다. 100%알코올을 사용하는 단계에서는 용액 안에 molecularsive(합성제오라이트의 상품명으로 무기다공성물질, 제습제, 폐수처리제 등 탈수제로 이용)를 이용해서 완전 탈수한다. 보통의 수침출토목재로 성냥갑 크기의 것을 완전 탈수하는데는 약 2주간을 요한다.

② 함유수분을 메틸알콜로 완전히 치환한 후 중량비로 40%의 세틸알콜을 메틸알콜에 녹인다. 유물에 충분히 스며들게 한 뒤 세틸알콜의 농도를 60, 80, 그리고 100%로 상승시킨다. 보통 최종적으로는 100%의 세틸알콜을 유물에 스며들게 하지만 유물의 재질이나 보존상태에 맞도록 또는 유물의 물성이나 특성을 고려해서 최종단계의 고급알코올농도를 설정한다. 변질되어 양갱과 같이 약해진 人骨은 40% 정도로, 보존상태가 좋지 않은 약한 목재는 80% 정도에서 멈추고 나서 眞空凍結乾燥한다. 섬유질가공품 등도 60% 정도의 용액을 스며들게 하여 건조한다. 각종의 용액은 50~60℃로 보온하지 않으면 안되지만 보통은 重湯을 이용하거나 또는 전용의 water bath를 이용한다. 사진 3 - 8은 고급알코올을 함침시키는 전용장치를 나타낸 것이다. 고급알코올법의 함침에 필요한 온도를 설정하고 이것을 미니컴퓨터에서 자동 제어한다. 또한 인화성의 유기용매를 사용하기 때문에 적량의 질소가스를 지속적으로 투입할 수 있는 시스템을 부착하고 있다. 중탕을 이용할 때에는 고급알코올용액에 수분이 혼입되지 않도록 세심한 주의가 필요하다.

③ 함침이 종료되면 자연 그대로 냉각한다. 이때에 표면에 부착한 고급알코올이 응고하기 전에 신속하게 닦아낸다. 응고한 경우에는 드라이어로 再溶解하면서 클리닝한다. 스테아릴알콜을 이용할 경우도 세틸알콜과 같이 다룬다.

3-8 실리콘 樹脂法

처리기간을 대폭 단축하는 것과 처리후의 유물에 적당한 유연성을 부여하는 것을 목적으로 실리콘 수지의 함침을 시도하였다. 실리콘은 유기규소화합물 重合體의 총칭으로 중합도의 크기(분자량 30만~60만)에 따라 오일상태를 나타내는 것, 윤활유, 고무상태를 나타내는 것등으로 나눌 수 있다. 수침출토목재 등 유기질유물에는 중합도가 비교적 큰 것을 사용한다. 이 수지는 발수성이 풍부하고 따라서 습기에 대한 저항력도 강하고 내후성도 뛰어나다.

전술한 PEG함침법·眞空凍結乾燥法 등 대부분의 화학처리법은 처리기간이 너무 긴 경향이 있었다. 게다가 유물내부에는 PEG가 충진되어 있기 때문에 처리후의 상태는 단단하면서 약하다. 한편 실리콘 수지법은 減壓加壓含浸의 반복에 의해서 처리기간을 큰 폭으로 단축할 수 있게 되었다. 또한 실리콘 수지에는 유연성이 있기 때문에 본래 유연성이 있는 유기질유물 즉 죽제품, 식물섬유질 가공품의 편물·바구니·새끼줄·직물·옻칠 제품 등의 보존처리에 적합하다. 단, 소재에 따라서는 처리 후에도 물에 젖은 색을 나타내는 것이 있으므로 유물의 재질과 형태를 잘 관찰하고 또한 작업성도 고려한 후에 최적의 처리방법을 선택할 필요가 있다.

실리콘수지법의 처리순서는 다음과 같다.

① 함유수분을 고급알코올법과 같은 방법으로 메틸알콜로 치환한다.

② 완전히 탈수한 후, 메틸알콜과 메틸렌클로라이드(염화메틸렌)의 혼합액(중량비로 같은 양)에 담근다. 유물에 충분히 침투하면 메틸렌클로라이드 70%, 알코올 30%의 용액을 만들고 유물을 담근다. 그 위에 메틸렌클로라이드의 농도를 90%로 한다. 최종적으로는 메틸알콜을 메틸렌클로라이드로 완전히 치환한다. 이 단계에서는

메틸렌클로라이드용액을 새로 준비하여 유물 내에 수분이나 알코올이 잔존하지 않도록 한다. 치환이 불완전한 경우에는 메틸렌클로라이드의 용액이 뿌옇게 흐려진다.

③ 메틸알콜이 완전히 메틸렌클로라이드로 치환된 단계에서 실리콘수지 용액을 스며들게 한다. 우선 50%농도의 수지용액에 유물을 1~2일간 담근다. 약한 유물일수록 저농도용액에서 시작한다.

④ 용액에서 묽지 않은 실리콘 수지를 스며들게 한다. 그 점도는 대단히 높아 침지만으로는 시간이 너무 걸린다. 게다가 실리콘 수지의 경화시간(pot life)은 며칠 이하로 한정되어 있기 때문에 상압인 채로 자연적으로 침투하는 것을 기다릴 여유는 없다. 보다 많은 수지용액을 스며들게 하기 위해서는 용액을 저온으로 유지하여 경화반응을 지연시킨다. 또한 용기 내를 減壓과 加壓狀態로 서로 반복함에 의해서 함침을 촉진한다.

사진 3-8에 나타난 고급알콜함침장치는 용액을 저온으로 유지하는 기능과 함께 加壓·減壓狀態를 반복하는 기능도 갖추고 있다. 수장고내의 온도와 압력을 자유자재로 조정할 수 있도록 하고 있다. 따라서 이 장치는 고급알콜법뿐만 아니고 각종의 보존용 수지용액의 함침 등에도 사용할 수가 있다. 실리콘수지법에서는 수장고 내를 5℃로 하여 실리콘 수지용액의 경화반응을 늦춘다. 또한 減壓(약 500mmHg)과 加壓(감압상태에서 상압으로 되돌림)을 반복한다. 미니컴퓨터를 사용해서 감압상태를 10분간 계속하면 50분간 상압으로 되돌리는 조작을 반복한다. 저온에서는 이 조작을 4~5일간 지속할 수가 있다.

⑤ 함침종료후에는 자연 건조하여 경화하는 것을 기다린다.

3-9 溶劑·樹脂法

고급알콜법, 실리콘수지법 등 함유수분을 表面張力이 작은 溶劑로 치환하여 건조하기 위해서는 에틸에테르가 많이 사용되고 있다. 이

밖에 에틸알코올(표면장력 : 22.3dyne/cm, 20℃)이나 크실렌(28dyne/cm, 20℃) 등도 이용된다. 이러한 용제를 이용하는 방법으로는 목재를 변형시키지 않고 건조할 수 있더라도 목재조직은 여전히 부서지기 쉽기 때문에 무엇인가의 강화처리가 필요하게 된다. 예를 들면 표면장력이 작은 유기용제와 이것에 녹는 수지를 이용해서 경화 처리한다. 각종의 천연・합성수지와 유기용매를 조합한 처리법이 많이 소개되고 있기 때문에 일반적으로 「溶劑・樹脂法」으로 부르기로 한다.

가장 많이 이용되는 용제・수지법에는 「알코올・에테르・수지법」이 있다[8]. 그 밖에 천연수지인 로진(rosin, 콜로호니움)을 아세톤에 녹여 목재에 스며들게 하는 「아세톤・로진법」이 있다[21]. 최근에는 실리콘수지를 침투시켜서 경화하는 등 각종 용제와 합성수지를 이용하는 방법이 많이 시도되고 있다.

로진은 황갈색의 약한 고체로 물에는 녹지 않으나 알코올, 에테르, 벤젠 등에 잘 녹는 성질을 가진다. 또한 아크릴계의 합성수지를 크실렌에 녹여서 사용하는 「알코올・크실렌・B72법」[9]이 옻칠제품을 위해서 고안되고 있다.

최근에는 이러한 방법이 거의 이용되고 있지 않은 것 같지만 처리를 위한 특별한 장치를 필요로 하지 않고 재료비도 그다지 고가가 아니므로, 비교적 소형의 유물에 유효하다. 유물에 함유된 수분에 비하여 표면장력이 작은 용제를 이용하는 간편한 방법으로 평가되지만, 용제를 대량으로 사용하기 때문에 취급이 용이하지 않고 가격면에서도 문제가 생긴다. 게다가 결정적인 문제는 대형유물의 보존에는 적당하지 않다는 것이다.

引/用/文/獻

21) McKerrell H.・Rogers E.・Varsanyi A. : 'The acetone/rosin method for conservation of waterlogged wood', "Studies Conservation", 17, pp.111～125, 1972.

3-10 木簡의 保存處理

木簡은 木札에 墨書를 채색한 것으로 고대의 공용문서나 물품의 가격표로 이용되었던 것이다. 현재 실시되고 있는 木簡의 보존방법은 출토 목재의 경우와 원리적으로 거의 같다. 다시 말하면 목재에 함유된 수분을 다른 안정된 물질로 치환하던가 목재의 형태를 변화시키지 않고 강제적으로 수분을 제거하는 방법이 채택되고 있다.

永久的인 보존처리가 될 때까지는 자연건조하지 않도록 물에 담구어 두는 수밖에 없다. 그러나 물은 부패하기 때문에 가끔씩 새로운 물로 교환해야 하지만, 木簡의 경우에는 물을 자주 교환하지 않도록 한다. 물을 교환할 때마다 墨書部分이 損傷될 기회가 늘어나기 때문이다. 가능하면 방부제를 첨가하여 물을 교환하는 회수를 적게 하는 배려도 필요하다. 또한, 본의 아니게 물을 마르게 하는 일도 있을 수 있으므로 흡습성이 좋은 PEG의 수용액에서는 수분이 증발하여도 PEG가 잔류, 만약 방치되더라도 완전히 고갈하지 않기 때문에 이것을 이용하는 것도 하나의 편리한 방법이다. 그러나 가능하면 빠른 시일 내에 영구적인 보존처리를 행하는 것이 최선책이라 생각할 수 있다.

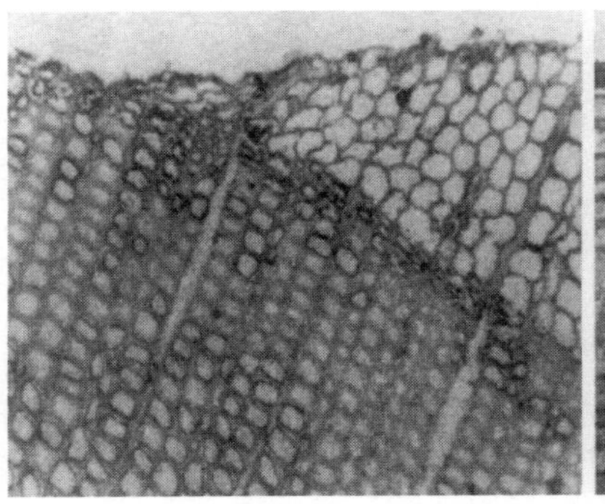

사진 3-9
木簡 墨書부분의 확대도
(左) 목재의 횡단면(×120)
(右) 섬유방향(×120)

木簡의 보존처리에는 墨書부분이 박락되거나 소실되지 않도록 배려해야 한다. 목간의 경우 먹의 대부분은 목재조직 안에 스며들어 假導管 등 내벽에 부착되어 있는 것이 많고 표면에 노출되어 있는 부분은 거의 남아 있지 않는 상태이다(사진 3 - 9 참조). 그 때문에 墨書部分에 대해서는 물리적인 손상을 주지 않는 한 墨書가 손상되는 일은 없고, 용액에 담가두는 한에서는 문제는 발생하지 않는다.

眞空凍結乾燥法을 위한 前處理로서 제3부틸알콜을 이용하는 방법은 木簡의 마무리 색조가 밝아, 木簡 등의 제품의 처리에는 최적의 방법이지만 작업성이나 노동 위생적인 면, 인화성 등의 문제점도 많아서 최초로 개발, 적용해 온 덴마크국립박물관에서도 현재는 사용하고 있지 않다. 그러나 木簡의 색조를 밝게 마무리하는 眞空凍結乾燥의 前處理法은 유력한 방법이라고 말하지 않을 수 없다.

木簡은 발상지인 중국에서도 대량으로 발견되고 있고 竹簡도 다수 발견되고 있다. 木簡, 竹簡은 각각 다른 환경에서 매장되어 있고, 또한 각각 다른 상태, 즉 변형되고 조각조각 갈라지고 겹쳐진 것, 탄화한 것 등이 있다[22]. 목간・죽간의 재질이나 크기에도 여러 가지가 있다. 이러한 것들은 시대나 지역 차에 의해서도 다르다. 일반적으로 형상이 길고 폭이 넓고 그리고 얇은 판 상으로 되어 있는 것일수록 보존처리는 어렵게 된다.

중국에서는 乾燥地帶(사막 등)에서 발견된 木簡・竹簡의 경우에는 표면의 흙을 제거한 후에 태양광을 쬐지 않도록 보존하고 있다. 강한 자외선에 의한 영향은 땅속에 매몰되었던 유물의 경우에도 예외는 아닌 것 같다. 건조지대에서 출토되는 목간의 함수율은 약 25~40%라고 한다. 보통의 목재에서는 自由水를 함유하지 않고 최대량의 結合水를 함유한 상태를 섬유포화점이라고 하며, 반드시 일정하지는 않지만 함수율은 약 30%이다[6]. 그러나 건조지대에서 출토된 목재는 화학적・물리적으로 열화한 것이고 신선한 목재와 비교할 수 없지만 현재의 경우에는 섬유포화점에 달하고 있다.

이러한 것의 보존에 관해서는 물에 담그거나 습기를 주지 않고 건조상태를 유지하는 처치를 강구하고 있다. 최선의 방법은 유리판에 끼워 넣고 유리관 안에 넣어서 진공상태를 유지하는 것이라고 한다[22]. 한편 습윤한 지역에서 발견된 목간·죽간에 대해서는 건조하지 않도록 우선은 물 속에서 보존한다. 영구적인 보존처리로는 알코올·에테르법을 이용하고 있다. 處理後는 전과 같이 유리판에 끼워 넣어 보존하고 목간이나 죽간이 건조 때문에 뒤로 젖혀지는 것을 방지한다. 책 첫머리 사진 ⑤는 眞空凍結乾燥한 木簡과 진공동결건조 장치의 사진이다. 건조한 木簡은 색조가 밝게되고 墨書部分이 보다 선명하게 되기 때문에 판독하기가 쉽다.

引/用/文/獻

22) 胡繼高著(佐川正敏譯)：中國出土木・竹簡の保存科學的研究, 木簡研究(第11号), 木簡學會, pp.116～121, 1989.

3－11 保存管理

보통의 미술공예품에서 화학처리를 한다고 하여 그 제품의 물성이 크게 변화하는 것은 그다지 많지 않다. 그러나 출토품의 경우에는 특히, 목제품은 출토시의 상태와 화학처리를 실시한 후의 물성이 크게 달라진다.

유기질유물의 경우 화학처리 방법이 다르면 처리후 유물의 성질도 달라진다. 수침출토목재는 출토시 수분을 과다하게 함유하고 있어 손가락으로 눌러서 간단히 부술 수가 있다. 이것을 화학처리하면 수분의 흡수·방출을 가능하게 하고 말하자면 새로운 목재의 물성을 재현한다. 그러나 압축강도나 구부림 강도는 새 목재만큼 회복되지 않는다. PEG함침법으로 처리된 것 다시 말해서 PEG-4000을 스며들게 하여 경화한 목제품은 납(蠟, 밀랍, 백납 등)으로 굳힌 것 같은 질감을 준다. 그리고 PEG-4000은 수용성이기 때문에 습도가 높은 환경 아래서는 PEG가 용출한다. 진공동결건조법과 PEG함침법의 모든 경우에도 물에 잘 녹는 PEG를 사용하고 있다. 그 때문에 보존처리 후 보관 조건은 고온·고습한 곳을 피하고 상대습도 60%, 실온 20℃ 정도로 유지하는 것이 바람직하다.

일반적인 유기질유물을 위한 화학처리의 방법에는 PEG를 사용하지 않는다. 다시 말하면 물에 대한 저항력이 큰 처리법으로 고급알코올이나 실리콘 수지로 경화하는 방법이 있다. 그 방법으로 처리된 유물은 상대습도가 일시적으로 90%에 달해도 여전히 안정한 상태를 유지할 수 있다.

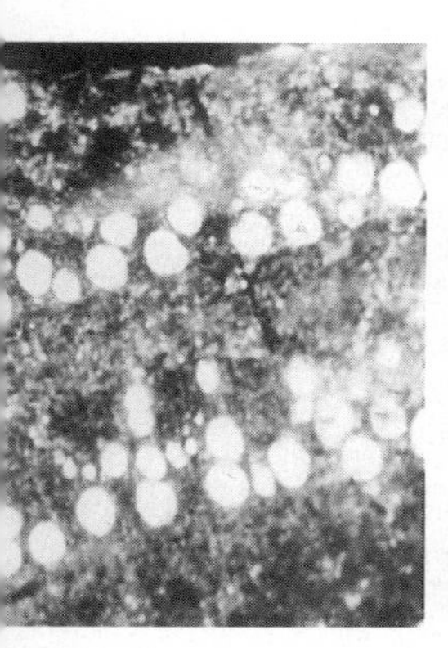

(a) PEG함침법

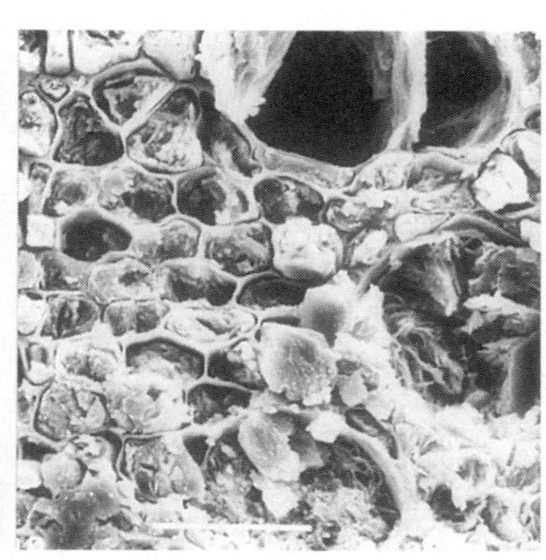

(b) 眞空凍結乾燥法

사진 3-10
처리후 목재의 PEG분포

가장 많이 이용되고 있는 「PEG함침법」과 「眞空凍結乾燥法」에서는 處理後 목재의 물성에 결정적인 차이가 있다. 즉 전자는 함유수분의 대부분이 PEG로 치환되었기 때문에 목재속에 습기를 허용할 수 있는 공간이 없고 전체가 PEG로 충전되어 있다. 진공동결건조의 경우 함유수분 절반이 PEG로 교체되고 있고 PEG는 목재내부에 분산하고 있다. 요컨대 목재 내부에는 적당한 틈이 존재하고 있어 새 목재와 유사한 물성을 가진다. 사진 3 - 10은 PEG함침법과 진공동결건조법에 의해서 처리된 목재단면의 현미경사진이다.

PEG함침법 · 진공동결건조법에 의한 처리가 끝난 목재에 관해서 그 보존환경의 온도를 일정(20℃)하게 해두고, 관계습도를 30%로부터 95%까지 변화시켜 각각의 환경조건에 대한 목재의 흡수량과 상태의 변화를 측정했다.

그림 3 - 5는 PEG함침법과 진공동결건조로 처리된 木簡에 관해서 관계습도를 변화시키면서 그 때의 흡수율과 팽창률의 변화를 나타내고 있다. 두 가지 방법으로 처리된 실험체의 흡수율은 관계습도가 높아질수록 양자 사이에는 차가 벌어진다. PEG처리한 실험체는 습도 70%까지는 증가량이 완만하지만 70%를 넘으면 급경사로 증가를 시작한다. 그러나 습도 80%를 넘은 시점에서 측정불능이 되었다. 한편 진공동결건조한 실험체는 습도 80%를 넘은 시점부터 급경사로 상승했다. 팽창률에 관해서는 모두 평행해서 증대하지만 습도가 80%에 가까워지는 부근에서는 진공동결건조한 실험체는 팽창률이 완만해진다. 한편, PEG처리한 실험체는 급격히 증대하기 시작하지만 습도 80%를 넘는 지점에서 PEG가 용출하기 시작하고 실험불능이 되었다.

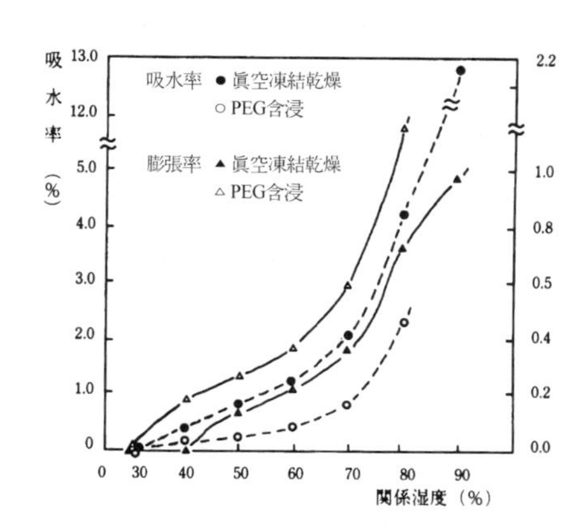

그림 3-5 처리후 목재의 내후성

이러한 물성의 차이는 이것을 영구적인 보존관리하기 위한 조건 설정에 반영된다. 즉, PEG는 습기를 흡수하기도 하고 방출하기도 하는 성질이 있기 때문에 진공동결건조한 목제품도 새로운 木材에 보다 가까운 물성을 나타내고 흡방습성이 우세하다. 다시 말하면 보존환경의 변화에 대한 완화능력을 가지고 있고, 보관조건의 설정은 그것만큼 까다롭지는 않다. 그러나 환경조건이 갖춰져 있으면 PEG처리한 목제품이라도 안정된 상태로 보관할 수 있는 것은 말할 필요도 없다. 일본에서는 예로부터 미술품이나 차(茶)도 오동나무 상자에 넣어서 보존하고 있고, 특히 오동나무로 된 옷장은 고급품으로써 귀중하게 여겨져 왔다. 오동나무는 多孔性(porous)으로 吸放濕性에 뛰어나기 때문에 미술품이나 의류 등에 대한 온도변화에 따른 영향을 완화시켜주므로 내용물은 안전하게 보존된다. PEG에는 흡방습성이 있으므로 PEG함침법으로 처리된 유물도 그 나름대로 흡방습성을 지녀 保存環境의 조건만 정비되면 永久的으로 안전하게 보존할 수 있다.

第 4 章

金屬製遺物의 保存處理

加茂岩倉 유적에서 출토된 39개의 銅鐸(島根縣加茂町)

島根縣 大原郡 加茂町 加茂岩倉유적 출토의 銅鐸 39개이다. 이러한 銅鐸은 出雲(国)[옛 지방의 이름으로 현재는 島根縣의 동부]에서 만든 것일까? 도대체 銅鐸의 용도는 무엇일까? 끝없는 궁금증을 낳는다. 언젠가 그 해답이 나오겠지만 그때까지는 현상태대로 베일에 쌓인 정보를 잃어버리지 않게 보존하고 지키는 것이 保存科學이다.

4-1 녹과 考古學

유럽의 박물관에서 금속광택을 띠고 있는 가는 형태의 철제품을 볼 수가 있다. 이것은 전기화학적 환원법을 이용해서 녹슬고 부풀어 오른 철제품의 녹슨 부분을 모두 제거해 버렸기 때문이다. 거의 대부분 녹슬어 겨우 약간의 금속부분만이 남았기 때문에 가늘게 보이는 것이다.

金屬製遺物의 녹은 어디까지 제거하면 좋은지 자주 질문을 받는다. 이른바 고고자료로서의 유물과 골동품으로서의 취급에 있어서는 녹 제거의 내용이 크게 달라진다. 골동품에는 적당한 녹청녹의 부착이 좋은 것 같다. 녹이 부착되어 있는 것이 그 가치가 올라가는 수도 있다고 한다. 그러나 유물의 형태나 문양이 알 수 없는 상태에서는 고고자료로서 평가나 조사연구도 되지 않는다. 요컨대 확실하게 필요없다고 생각되는 녹은 제거해야 하지만 필요·불필요의 결정이 애매할 때는 그대로 두는 편이 좋다. 단 그 녹이 새로운 녹을 誘發하는 종류의 것일 때는 당연히 제거해야 한다.

고고 자료의 保存修復에서는 골동품을 즐기는 것 같은 사물에 대한 견해와 사고방식을 완전히 부정해야 한다. 따라서 어떠한 약품을 사용해서 어떠한 방법으로 수리했는가를 명백히 할 수 있는 보존기술만이 문화재의 보존수리를 가능하게 한다. 카르테(karte), 즉 보존수리 기록을 작성하고 문화재자료와 함께 보존관리되어야 할 것이다. 그렇지 않으면 장래, 보다 뛰어난 보존재료나 보존기술이 개발되었을 때에 수리를 다시 할 수가 없다. 현재의 보존수리기술이 아무리 높은 수준의 것이라 해도 그것으로 영원히 문화재를 지킬 수 있다고 생각하기는 어렵다. 언젠가 보존효과를 잃어버릴 때가 올 것이다. 그리고 그때를 위해서도 수리전의 상태로 복귀할 수 있는 재료로 보존처리하는 것이 중요하다.

1996年 10月, 島根縣 大原郡 加茂町에서 銅鐸이 39개나 출토되었다. 12年前에는 島根縣 簸川郡 斐川町 大字神庭字西谷 所在의 神庭荒神谷 遺跡에서 385점의 銅劍이 발견되었다. 그 다음해에는 銅劍에 인접하여 銅鐸 6점과 銅矛 16점이 잇달아 발견되어 고고학자 뿐만 아니고 세상 사람들을 흥분의 도가니로 몰아 넣었다. 고대 청동기의 발견 예로는 과거 최대규모의 것이었다. 그러나 현지에서 세척한 동탁은 그날 중에 새로운 녹이 생성되기 시작하였다. 청동기는 조건만 갖추어 지고 녹의 요인인 염화물이온이 존재하면 발굴 직후에도 새로운 녹이 발생한다. 출토한 금속제유물의 정체는 알 수 없지만 녹을 화학분석하여 실태를 파악하면 녹의 진행을 억제하는 방법은 있다. 그러나 전혀 방심하지 못하는 것 또한 「녹」이다.

장기간에 걸쳐 땅속에 매장되어 있던 금속제유물은 끝없이 부식이 진행해 가는 것은 아니다. 금속의 부식이 어느 정도까지 진행하면 그 표면은 부식생성물(녹)로 덮여진다. 그리고 어느 단계에서는 평형상태에 이르러 부식의 진행속도는 상당히 느려지게 된다. 매장환경에서는 평형상태에 있던 것이 발굴되어 공기에 노출되면, 공기중의 산소와 습기(水分)의 영향을 받고 熱적인 영향도 받는다.

금속의 腐蝕은 산소나 수소 등이 존재하면 진행한다. 산소에 의한 산성수용액 중 철의 부식반응은 반응식(4.1)으로 나타난다[1].

부식의 전기화학구조는 다음의 두 가지 반응식 (4.2), (4.3)에 나타난 것처럼 전기화학반응의 결합이라고 생각할 수 있다.

$$Fe + \frac{1}{2}O_2 + 2H^+ \rightarrow Fe^{2+} + H_2O \qquad (4.1)$$

$$Fe \rightarrow Fe^{2+} + 2e^- \qquad (4.2)$$

$$\frac{1}{2}O_2 + 2H^+ + 2e^- \rightarrow H_2O \qquad (4.3)$$

반응식 (4.2)의 전기 화학적 산화반응을 양극(anode)반응, 반응식 (4.3)은 산소의 환원반응이며 음극(cathode)반응이라고 한다. 매몰시의 화학적인 평형상태가 무너지고 부식작용이 활성화한다. 금속의 부식은 표면부근에서 일어나는 이온간의 반응이다. 다시 말하면 양극반응과 음극반응이고, 어느 쪽인가의 속도가 늦어지면 그것에 지배된 전체 녹의 진행이 느려지게 된다. 금속제유물의 보존처리는 바로 이러한 반응을 통제하는 것이다. 염화물이온의 제거는 다시 말하면 탈염처리를 시행하거나 어쩌면 활성화하기 쉬운 염화물이온에서 금속을 防護하기 위해서 금속표면에 안정한 화합물을 형성하는 화학처리법, 합성수지로 금속표면을 칠하여 바깥공기로부터 차단하고 물이나 공기의 영향에서 보호하는 등의 防蝕方法이 있다.

출토된 金屬製遺物을 영원히 후세에 남기고 전승해 가는 것은 단순히 外見上의 형태만은 아니다. 유물의 표면상태나 금속의 조직・조성 게다가 그 기능성을 보존해 전승해 가야 한다. 유물은 그 製作年代, 製作技術 그리고 원료광석이나 製錬技術에 이르기까지 여러 면에서 희소가치가 높은 중요한 정보를 제공한다. 고고학에 있어서 흙 한 덩어리나 녹 한 조각이라도 고대인의 생활과 환경을 아는 많은 정보가 내포되어 있다. 그렇기 때문에 그 한 덩어리 한 조각도 그냥 지나치거나 소홀히 취급해서는 안 된다.

引/用/文/獻

1) Marcel Pourbaix : Electrochemical Corrosion and Reduction,Corrosion and Metal Artifacts, NBS479, pp. 1~16, 1977.
2) N.A. North, I.D.MacLeod, Colin Pearson : Conservation of Marine Archaeological Objects', Butterworth Co Ltd, pp.69~71, pp.207~252, 1987.
3) 腐食防食協會 : 防食技術便覽, 日刊工業新聞社, pp.1~12, 1986.

4-2 좋은 녹과 나쁜 녹

고분시대(古墳時代)나 나라시대(奈良時代)의 유적에서 출토되는 금속제품의 재질을 조사하면 鐵, 銅, 錫, 鉛, 金, 銀 등의 금속원소를 단일로 가공한 제품 또는 두 종류 이상의 금속을 합금해서 이용한 제품이 있다. 또한 철 바탕에 金·銀·銅 등을 감입한 象嵌製品, 銅板에 金·銀을 수은아말감으로 도금한 제품 등 다채로운 금공기술을 전개한 제품이 있다.

금속제품의 대부분은 산화물로서 안정된 상태로 자연계에 존재하는 원광석을 제련(화학적으로는 환원하는 것)하여 금속을 빼낸다. 많은 금속은 화학적으로 불안정한 상태에 있어 본래의 안정된 상태로 돌아가려 한다. 이 과정에서 금속에 녹이 발생한다. 표면에 발생한 산화물·수산화물·이산화탄소·이산화유황·황화수소 등이 금속과 반응하여 생성하는 炭酸鹽, 硫酸鹽, 硫化物 등을 총칭해서 녹이라 한다.

일반적으로 출토 금속제품은 매장 중에 酸化나 水和作用 등의 화학적인 작용뿐만 아니라 생물·물리적작용에 의해서도 열화가 촉진된다. 금속은 이온화경향이 큰 것일수록 산화되기 쉽다. 출토유물과 관계 있는 원소의 이온화경향 즉, 물에 대한 이온화경향의 크기 순서로 원소를 나열하면 Zn>Fe(II)>Sn>Pb>Fe(III)>H>Cu>Hg>Ag>Au 이 된다. 예를 들면 銀(Ag)보다 金(Au)이 이온화 경향이 작고 안정하여 녹이 덜 생성된다. 이와 같은 이온화경향을 논할 때에 예로 들어지는 것이 함석과 생철(양철, 무쇠)이다. 함석은 철 바탕에 아연을 도금하고 있다. 철에 비해서 아연이 이온화 경향이 크기 때문에 공기와 물이 있는 환경 속에서 아연은 철보다 먼저 침식된다. 또한 아연은 표면에 산화피막을 만들기 때문에 함석판은 아연에 의해서 보호된다. 반대로 생철은 철바탕에 주석(Sn)을 도금한 것으로 그 코팅제 보다도 본체의 철바탕 쪽이 이온화 경향이 크고 보호제보다 먼저 본체쪽이 부식된다. 생철에 비교해서 함석쪽이 화학적 내후성이 뛰어나다고 할 수 있다.

문화재자료에도 다른 종류의 금속이 접촉하여 전기 화학적 부식으로부터 벗어난 예가 있다. 뉴욕시의 자유의 여신 銅像이 보수되었을 때, 銅像의 내부에는 철판을 둘러 보강하고 있다는 것을 알게 되었다. 이것이 銅像의 보존에 좋은 역할을 하였다고 한다. 鐵(Fe)은 銅(Cu)보다 이온화 경향이 크기 때문에 여신상은 합리적으로 보존되는 결과가 된 것 같다.[4] 반대로 문화재자료가 훼손된 예를 볼 수 있는 데, 중세의 사원에서 3층탑 위에 솟아 있는 鐵製相輪의 基底部가 부식되어 구멍이 났을 때 가공하기 쉬운 동판을 사용하여 결손된 구멍의 수리를 했다. 금속이 액체와 접촉하여 양이온이 되려고 하는 경향은 철쪽이 동보다도 크기 때문에 상륜의 부식은 더욱 촉진되는 결과가 되고 만 것이다.

銅이나 青銅製遺物에는 녹청색의 녹이 생성하는데 그 주된 것은 염기성탄산동이다. 유물표면을 완전히 덮은 녹청녹이 치밀하고 안정한 녹이라면 유물을 완전히 바깥공기로부터 차단하고 유물을 지키는 「좋은 녹」이 된다. 발굴 후 얼마 지나지 않아 백녹색(담록색)의 녹이 발생하면 그것은 나쁜 녹이 침해한 것을 의미한다. 이 유물은 소위 「青銅病, Bronze Disease」에 걸린 것으로써 적절한 화학처리를 하지 않으면 계속 부식하고 유물은 흔적도 없이 사라져 버리고 만다. 사진 4 - 1은 「나쁜 녹(青銅病)」에 침해되어 그 형상이 훼손된 青銅鏡이다. 나쁜 녹이 생성된 그대로 아무런 처치 없이 방치하면 유물은 계속적으로 부식하고 青銅鏡은 머지않아 소멸해 버린다.

사진 4 - 2는 奈良縣 斑鳩町所在의 후지노끼고분(藤ノ木古墳)에서 출토된 金銅裝의 馬具이다(사진 a의 화살표 부분이 사진 b의 鞍

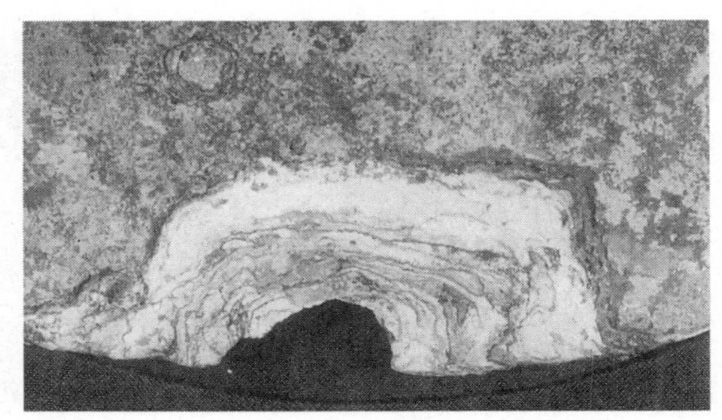

사진 4-1 青銅病이 든 青銅鏡

具에 해당된다.). 金銅裝이라고 하는 것은 銅에 金鍍金을 한 것으로 사진의 鞍金具에는 龍, 象, 鳳凰, 팔메트(palmette) 문양 등이 透彫로 되어 있고 고대 동아시아에서는 일급의 귀중한 馬具자료로서 주목받고 있다.[5] 이 귀중한 자료 또한 발견되고 얼마 안되어 염기성염화동 발생의 징후가 판단되었기 때문에 青銅病 대책의 응급처리를 실시하여 안전하게 보존할 수 있었던 예이다. 이런 종류의 青銅病에 대해서는 조기진단과 신속한 보존조치가 효과를 나타낸다.

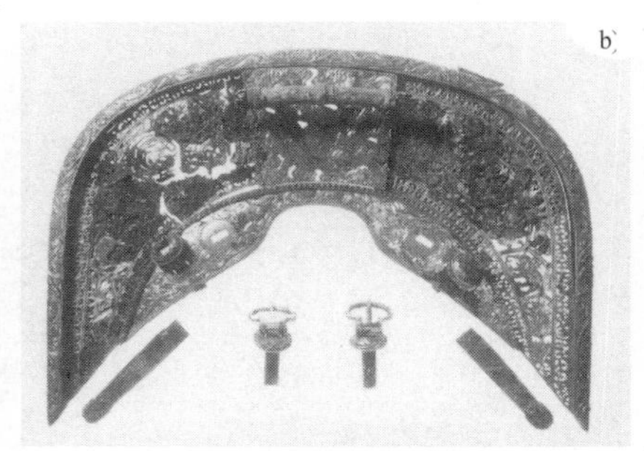

사진 4-2 후지노키고분 출토의 鞍金具

金屬製遺物에 함유된 염화물의 공급원은 해수에 의한 영향이 가장 크다고 생각된다. 파도의 물방울이 바람에 날린 風送鹽은 수 킬로미터에서 수십 킬로미터까지 날아가는 것으로 생각된다. 또한 공장의 매연 등에 기인한 인위적인 오염 외에 자연계에서 일어나는 화산, 온천, 海成堆積層 그리고 빗물 등에 기인한 염화물이 확산된다.

표 4 - 1 철의 녹

화합물명	화학식	광물명	특징
옥시 水酸化鐵	α-FeOOH	침철강	다갈색~황갈색의 점토상 柱狀의 딱딱하지 않은 녹
옥시 水酸化鐵	β-FeOOH	적금광	적갈색의 괴상결정을 이루고 염화물이온에 의한 孔食性의 녹
옥시 水酸化物	γ-FeOOH	인철광	다갈색~황갈색의 점토상 株狀의 딱딱하지 않은 녹
酸化鐵 水和物	Fe_2O_3 · nH2O	갈철광	갈색으로 흙과 일체가 된 비결정성의 녹
사삼산화철	Fe_3O_4	자철광	흑색으로 미세한 粒狀結晶을 이루고, 소지금속(地金)을 보호한다.
산화제2철	Fe_2O_3	적철광	적색을 띠는 미세한 결정
인산제1철	$Fe_3(PO_4)_2 \cdot 8H_2O$	남철광	청색의 괴상(塊狀), 섬유상의 결정을 이룬다.
염화철	$FeCl_2$ $FeCl_2$	Lawrencite molysite	바다 속 출토품에 많이 나타난다.
염화산화철	FeOCl		바다 속 출토품에 많이 나타난다.

염화물의 대부분 화합물은 물에 잘 녹기 때문에 지하수에 녹아서 전역으로 퍼져나간다.

鐵製遺物에 보여지는 각종의 녹을 표 4 - 1에 나타내었다. 바다에서 인양된 철제유물에 염화철($FeCl_2$, $FeCl_3$)과 염화산화철(FeOCl)을 검출할 수 있다.[6] 해저에서 출토된 것으로 염화물을 함유한 유물에는 많은 염화산화철이 포함되어 있고, 이 화합물은 산소・물이 공급되면 조금씩이기는 하지만 염화철과 옥시수산화철[FeO(OH)]로 변화한다. 덧붙여 말하면 대기 중에서 염화산화철의 열적인 성질은 온도가 94~430℃의 범위에서는 안정되어 있고 430℃를 넘는 곳에서는 염화철로 변화되는 것이 판명되었다.

표 4-2 동·청동의 녹

화합물명	화학식	광물명	특징
염기성탄산동	$CuCO_3 \cdot Cu(OH)_2$	공작석	녹청이라고도 하는 짙은녹색
염기성탄산동	$2CuCO_3 \cdot Cu(OH)_2$	남동광	군청이라고도 하는 청감색
염기성염화동	$CuCl_2 \cdot 3Cu(OH)_2$ $CuCl_2 \cdot 3Cu(OH)_2 \cdot 3H_2O$	녹염동광	백록색, 담록색으로 粉狀을 나타낸다.
염화제1동	$CuCl$	nantokite	회녹색의 녹, 부식을 촉진
산화제1동	Cu_2O	적동광	소지금속 표면에 나타나는 적갈색의 얇은 막 상태의 녹
황화동	Cu_2S	휘동광	습한 공기중에서 서서히 산화되어 황산동(II)이 된다.
황산동	$CuSO_4 \cdot 5H_2O$	담반(膽礬)	야외전시한 청동像에서 검출한 것
염기성황산동	$CuSO_4 \cdot 3Cu(OH)_2$		야외전시한 청동像에서 검출한 것

표 4-3 기타 출토 금속제품에 나타난 녹

화합물명	화학식	광물명	특징
탄산납	$PbCO_3$	백연광	회~백색 판상, 괴상, 분상을 나타냄 연하고 부서지기 쉬운 녹
염기성탄산납	$2Pb_3(CO_3) \cdot Pb(OH)_2$	수백연광	백색으로 분상을 이룬 연하고 부서지기 쉬운 녹
염화은	$AgCl$	각은광	흑갈색, 박층상~피각상을 나타낸 녹

銅·青銅製品에 나타나는 주된 녹을 표 4-2에 나타내었다. 그 외 염기성염화동·Botallackte를 검출한 예가 있는 것이 보고되고 있다.[6] 또한 야외에 전시되어 있는 청동상에서는 硫化銅(Cu_2S)과 硫酸銅($CuSO_4 \cdot 5H_2O$) 그리고 염기성황산동[$CuSO_4 \cdot 3Cu(OH)_2$]이 검

출된 예가 있다.

銅合金에는 青銅(동과 주석의 합금), 鉛青銅(동 · 주석에 납이 섞인 합금), 黃銅(동과 아연의 합금)등이 있다. 그 중에서 黃銅은 다른 합금과 사정이 조금 다르지만 모두 녹에 의해서 유물의 形狀이 손상된다. 그 중에서도 바다에서 인양된 유물에는 다량의 염화물, 염화동이 함유되어 있다. 이러한 것은 수분이나 산소가 공급되면 염기성염화동이 발생하게 된다. 그것은 粉狀으로 붕락해 가는 성질의 녹이다. 결국 青銅病을 초래하는 나쁜 녹이다. 그 외에 납제품, 은제품에서 검출한 녹을 표 4 - 3에 정리하였다.

引/用/文/獻

4) 女神銅像の補修에參加한, 뉴욕시에 살고 있는 文化財修復家 Steve Weintrab씨로부터 직접 들은 말이다.

5) 特別展 · 藤ノ木古墳 - 古代の文化交流を探る -, 奈良縣立橿原考古學研究所附屬博物館特別展圖錄, 第31冊, 明新印刷(株), 1989年 4月.

6) 江差町教育委員會 : 開陽丸, 海底遺跡の發掘調査報告, pp.292～293, 1982.

4-3 事前調査

出土遺物의 分析的 연구와 保存修復을 위해서는 매장환경의 조사가 대단히 중요하다. 유물이 매장되어 있던 토양의 분석에서 매장환경의 조사, 수질분석에서는 pH나 염화물이온 등을 측정하게 된다. 또한 유물의 출토상황에 대한 정밀조사도 중요하다. 보존수리를 위해서 바로 정보제공이 되지 않아도 이런 종류의 데이터는 보존해 두어야 할 것이다. 언젠가 많은 件數가 축적되면 정보를 구축할 수 있게 되기 때문이다.

매장환경의 조사에 이어서 유물의 材質分析을 하게 되는데 여기에서 중요한 것은 腐蝕生成物(녹)에 대한 철저한 분석적 조사이다. 그러나 조사방법의 기본은 문화재 자료를 손상하는 일 없이 非破壞的인 방법에 의한 것이어야 한다. 定性分析에는 형광X-선분석법이 이용되고 있다. 녹 등 광물종류의 同定에는 X-선회절분석법이 유효하다. 단 시료채취에 대해서는 우선 非破壞 방법으로 재질・구조의 해명을 시도해 본다. 재질이 명확하지 않은 상태에서 분석을 위해 시료를 아무렇게나 채취하는 일은 삼가해야 한다.

연구를 진행하는데 있어서 보다 상세하고 정확한 데이터가 필요하다고 해도 우선 비파괴적인 방법에 의한 분석조사를 시행한다. 이러한 사전조사를 근거로 하여 연구목적에 부합되게 필요한 부분에 최소한의 시료채취를 실시한다. 청동제유물이라면 녹슬지 않은 素地金屬부분에서 약 5mg~10mg 정도를 채취한다. 定性・定量分析의 방법에는 원자흡광분광분석법과 고주파유도결합플라즈마(ICP) 발광분광분석법 등이 있다.

염화물이온은 금속유물의 부식을 촉진하기 때문에 보존처리에 있어서 녹 등에 함유된 염화물의 함유량을 사전에 측정해 두어야 한다. 또한 그 유물이 매장되었던 환경을 알기 위해 유물표면에 부착한 흙에 함유된 염화물의 양을 측정해 두는 것도 중요한 일이다. 다만 비파괴적인 방법에서는 유물표면의 측정을 하게 된다. 그러나 처음부터 염화물이온을 유물의 내부에 축적하고 있는 것이 많아 유물표면의 분석만으로는 정확한 정량수치를 구하기 어렵다.

유물의 형태를 정확히 아는 것도 기본적인 조사항목이다. 일반적으로 금속제유물은 녹으로 덮여져 있고 흙이 부착되어 있다. 그 유물이 대단히 약한 경우, 녹과 흙을 함부로 제거하려고 하면 파손할 수밖에 없다. 우선 실체현미경과 루페(Lupe・확대경) 등을 사용하여 유물표면에 대한 관찰을 실시한다. 아주 작은 나무조각・천・안료 등이 부착된 것도 빠뜨리지 않도록 주의한다. 또한 X-선투과

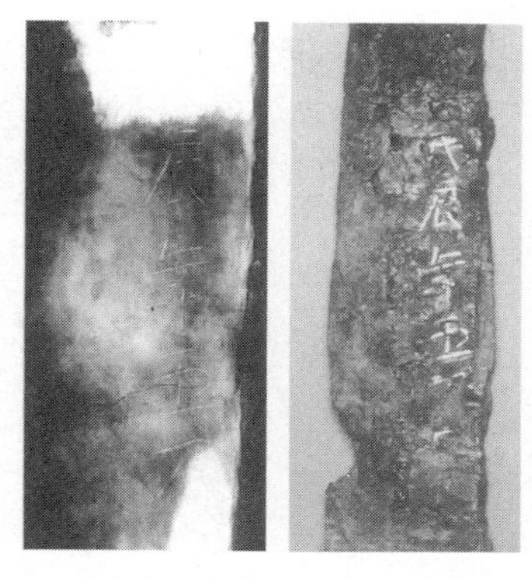

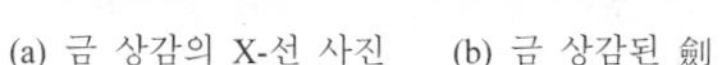

(a) 금 상감의 X-선 사진　(b) 금 상감된 劍　(c) 동 상감의 X-선 사진　(d) 동 상감된 劍

사진 4-3 金 · 銅의 상감 X-선像

사진에 의한 內部構造의 調査, 象嵌 등의 細工이 되었는지 여부를 확인하고 본래의 형태와 부식의 상황조사 등을 실시함으로써 보다 정확하고 치밀한 조사연구가 가능하다. X-선투과촬영장치의 방법은, 金屬製遺物이면 X-선발생장치의 정격출력은 약 50kV~200kV 정도면 된다. 사진 4 - 3은 鐵表面에 입혀진 金과 銅 象嵌을 나타낸다[7]. 刀身에 홈상태로 문자 · 문양을 새겨넣고, 가는 金線 · 銅線을 감입하고 표면을 평활하게 깎아내고 닦아내어 선명한 문자와 문양을 부각시킨다.

金은 腐蝕하지 않기 때문에 선명한 문자를 볼 수 있다. 銅象嵌의 경우 鐵表面이 먼저 부식하기 때문에 銅線이 불안정하게 되어 문자나 문양의 형태가 붕괴되어 버린다. 게다가 동자체도 부식이 심하다. 그 때문에 X-선 투과 사진으로는 X-선의 흡수가 작아 문자의 식별이 어려울 수가 있다. 보통으로 X-선 투과 사진을 찍어도 銅象嵌은 부식의 정도에도 따르지만, 金象嵌에 비해서 X-선상은 선명하지 않아 銅象嵌 자체의 존재를 간과할 우려도 있다.

引/用/文/獻

7) 八鹿町教育委員會：戊辰年銘大刀の保存科學的研究/箕谷古墳群, pp.129～138, 1987.

4-4 青銅病

땅속에서 발견된 銅·青銅製品은 땅속의 공기나 지하수에 의해서 제품의 표면에 산화제1동·cuprite(Cu_2O)를 생성한다. 게다가 충분한 산소와 수분 그리고 이산화탄소의 공급이 있으면 염기성탄산동·malachite[$Cu_2CO_3(OH)_2$]를 형성한다. 이 녹은 단단하면서 치밀하여 안정된 상태를 유지한다. 다시 말하면 그 이상의 부식을 억제하는 좋은 녹으로 작용한다. 그러나 表 4-2에 나타낸 것처럼 동·청동제품에는 여러 가지 종류의 녹이 생성한다. 그 중에서도 부식을 촉진하고 유물을 소멸시키는 다양한 염화물의 녹이 있는데 그것은 염기성염화동(atacamite, paratacamite, botallackite)과 염화제1동(nantokite) 등이다.

銅·青銅녹 중에 염화제1동(CuCl)은 물에는 잘 용해되지 않지만 염화제2동($CuCl_2$)은 물·알코올·아세톤에 용해한다. 그러나, 염기성염화동은 물에는 용해되지 않지만 산에 용해된다. 캘러머타이트·calumetite[$Cu(OH \cdot Cl)_2 \cdot 2H_2O$]는 冷稀酸에 잘 녹는다. 동·청동기에 나타나는 녹에는 자연계에서 광물로 산출하는 것도 많다. 예를 들면 青銅病에 따르는 아타카마이트 Atacamaite(綠鹽銅鑛)는 자연광물로 칠레의 Atacama 사막이 원산지로 유명하고 이름도 이 지역을 기념하여 명명되었다. 또한 컬러머타이트는 미시간주의 Calumet부근에서 발견되었기 때문에 그 이름이 붙여졌다[8].

銅·青銅製遺物의 부식과정의 한 예로서 다음과 같이 생각할 수 있다. 초기 단계에서는 육안으로 관찰할 수 없을 정도의 작은 침공상태의 구멍을 형성하고 그것이 커지면서 동시에 내부에서 부식을 증대한다. 이렇게 해서 유물을 붕괴해 간다. 그림 4-1은 銅의 孔蝕과정의 일례를 나타낸다[9]. 동판의 표면에 생성하는 산화제2동(Cu_2O)의 막층 아래에 존재하는 염화동이 부식에 관여한다. 염화제1동의 존재량은 동이 부식한 반응(4・4)과 염화제1동의 가수분해에 의해서 분해한 반응(4・5)은 상대적인 관계이다.

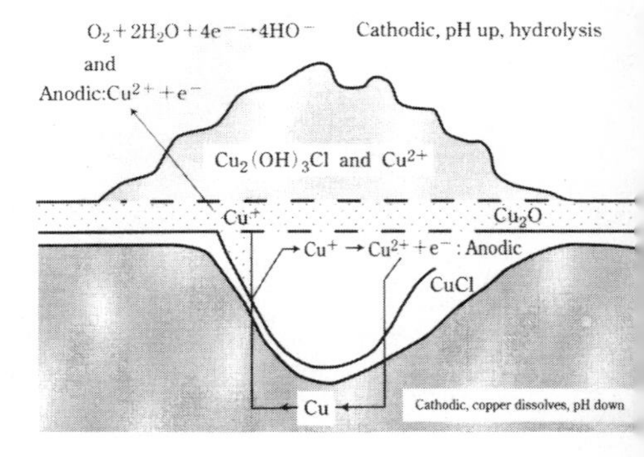

그림 4-1 銅의 孔蝕過程(인용문헌 9에서)

$$Cu + Cl^- \rightarrow CuCl + e^- \quad (4.4)$$

$$2CuCl + H_2O \rightarrow \underset{[cuprite]}{Cu_2O} + 2H^+ + 2Cl^- \quad (4.5)$$

$$2Cu_2O + O_2 + 5H_2O + CO_2 \rightarrow \underset{[malachite]}{CuCO_3 \cdot 3Cu(OH)_2 \cdot 2H_2O} \quad (4.6)$$

$$12CuCl + 3O_2 + 8H_2O \rightarrow \underset{[atacamite]}{2[CuCl_2 \cdot 3Cu(OH)_2 \cdot H_2O]} + 4CuCl_2 \quad (4.7)$$

銅・青銅製品이 염화물과 접촉했을 경우 염화제1동을 생성하지만 부식한 출토제품의 단면을 관찰하면 염화제1동은 산화제1동이나 염기성탄산동의 구조속에 또는 산화제1동의 아래부분에 존재하고 있는 것이 많다. 게다가 염화제1동은 공기중의 수분과 반응하여 산화제1동을 생성하는 동시에 遊離鹽酸을 생성한다. 염산은 재차 동과의 반응을 반복하고 전술한 것과 같은 형태로 염화제1동을 생성한다. 그리고 산화제1동이나 염기성탄산동등의 녹을 증대시킨다.

염화제1동은 건조상태에서는 안정되지만 습도가 높은 환경에 노출되면 수분이나 산소와 반응하여 염기성염화동을 생성하는 것이 실험으로 밝혀졌다. 이 녹은 서서히 분상화하여 붕락하기 때문에 머지 않아 제품의 형상이 파손된다.

한편 遊離된 염산은 다시 銅과의 반응을 반복해서 염화제1동을 생성한다. 그것은 산소와 물이 공급되면 염기성염화동(atacamite · 綠鹽銅鑛)과 염화제2동을 생성한다. 염화제2동은 산소와 수분, 그리고 풍부한 이산화탄소가[10] 공급되는 환경에서는 산화동과 녹청녹(염기성탄산동)을 생성한다. 염기성염화동은 분상을 나타내고 있기 때문에 곧 붕락하고 유물의 형상까지도 손상된다. 유물의 형상이 손상되면 얼마되지 않아 유물 자체가 소멸될 위험이 있다. 염화물이온이 있는 한, 그리고 녹이 진행하는 환경이 갖춰지면 계속적으로 그 반응이 되풀이되는데 이 부식현상을 青銅病(Bronze Disease)이라고 부르고 있다.

引/用/文/獻

8) 地學団体研究會 · 地學事典編集委員會 : 地學事典, 平凡社, p. 225, 1994.
9) N. A. North · I. D. MacLeod : 'Conservation of Marine Archaeological Objects', p.85, Butterworth Co Ltd, 1987. Fig 4 · 2에서.
10) 勝田市史編纂委員會 : 虎塚壁畵古墳 - 勝田市史/別編, p.162, 1978. 단, p.161 揭載의 제3 표에는 二酸化炭素 濃度는 1.08%라고 되어 있지만, p.162에는 바깥공기 0.04%에 대하여 石室內에서는 1.80%로 되어있다. 二酸化炭素 濃度는 바깥공기의 27~45배에 상당하고 있다.

4-5 應急措置

金屬製遺物에는 열화하여 약해지게 된 것과 布나 안료 등 불안정한 것이 부착하고 있는 경우가 있다. 이러한 것은 출토시의 상태 그대로 수습하는 것이 쉽지 않아 응급처치를 실시하여 임시강화하고 필요에 따라 지지대를 대어 수습하기도 한다.

임시강화한다고 해도 유물 매장조건의 차이에 따라 처치법이 달라진다. 건조상태에서 출토된 경우에는 우선 표면에 부착되어 있는 土砂를 알코올을 사용하여 씻어낸다. 세척이 곤란한 경우 이것을 무리하게 떼어낼 필요는 없다. 그것을 수습한 뒤에 실내에서 차분하게 처리대책을 강구할 수 있기 때문이다. 세척을 하기 위해 사용한 알코올이 완전히 건조한 후, 아크릴계 합성수지를 발라 유물을 강화한다. 유물의 표면에 합성수지를 바르는 것만으로 충만하지 않은 경우에는 거즈 등을 합성수지로 여러 겹 붙여서 유물을 보강하여 수습한다(제5장 중의 사진 5 - 15 참조). 島根縣 神庭荒神谷遺跡에서 銅劍 358점이 출토되었다. 그러나 그 칼끝은 얇고 약하며 게다가 부식되어 있기 때문에 아무런 보강을 하지 않고 수습하는 것은 불가능한 상태였다. 銅劍의 한쪽면에 작게 자른 거즈를 이용하여 아크릴계 수지용액을 바르고 여러 층으로 붙이면서 강화하였고 그 위에 지지판을 대어 들어올렸다. 실내에 반입한 후 용제를 사용하여 합성수지를 녹이고 여러 겹으로 붙인 거즈를 제거하고 그에 적합한 보존 조치를 강구하였다[11].

유물이 건조해 있는 경우에는 유물에 직접 합성수지를 스며들게 하여 강화할 수 있지만 습윤한 유적에서 출토된 것에 대해서는 연구가 필요하다. 사전에 자연건조해도 수축 · 변형하지 않으면 이미 건조해 있는 유물과 같이 다루어서 처리할 수 있다. 그러나 건조시 유물이 수축할 때에는 함부로 건조시켜서는 안된다. 현장에서 유물을 건조시키지 않고 안전하게 수습하기 위해서는 다음의 세 가지 방법이 있다.

첫 번째로, 젖은 유물은 수용성의 아크릴수지를 스며들게 하여 강화한다. 수지용액을 계속 반복해서 바르고 최대한으로 스며들게 하여 강화해 들어올린다.

두 번째는 유물을 보강하는 것보다도 유물전체를 파괴하지 않고 들어올리는 것에 주안점을 둔 방법이다. 유물을 토양과 함께 잘라내어 경질의 발포성 우레탄수지로 포장하여 들어올린다. 실내로 운반하여 포장과 우레탄을 해체하고 동시에 유물의 강화처치를 시행한다. 종래에는 우레탄수지에 해당하는 것으로 석고가 이용되었지만 석고는 단단하고 무겁다. 게다가 포장을 해체할 때 유물에 손상을 줄지 모르는 것 등으로 인해서 최근에는 석고는 꺼려하고 있다.

세 번째로 이러한 포장이나 지지판 등을 대는 대신에 유물만 또는 토양채 유물을 凍結한다. 동결상태라면 지지봉을 대는 정도로 들어올림이 가능하게 한다. 유구가 다량의 수분을 함유하고 있는 것을 역이용한 방법이다. 수습한 유물은 실내에서라면 적절한 보존처리를 할 수 있고 충분히 시간을 들여서 처리할 수 도 있다.

실내로 옮겨진 金屬製遺物은 녹의 원인이 되는 염화물을 함유하고 있는 예가 많고, 그것이 산소나 공기와 접촉하면 급격하게 부식이 진행한다. 그 때문에 건조한 환경에서 보관한다. 예를 들면 밀폐가능한 플라스틱 타파(tupper)용기에 실리카겔과 함께 수납하는 등의 방법은 항구적인 보존법이라고는 말하기 어렵지만 간단하게 건조상태를 구축할 수 있는 방법이다. 건조상태를 恒久的으로 유지하는 장치로 locker형의 전자식 항습기가 있고 이것은 각종 유물의 재질에 맞게 온도관리가 가능하다.

습기찬 상태의 金屬製遺物에 목재가 붙어있는 경우 이것을 부주의하게 건조시키면 목재는 균열이 생기거나 수축하기도 한다. 그 때문에 목재의 보존처리를 제일차적으로 고려하여 먼저 함유수분을 표면장력이 작은 유기용제로 치환하고 나서 건조하고 강화용의 합성수지를 스며들게 하는 방법이 있다. 예를 들면 '알코올・에테르・수지법'이라고 칭하는 방법이 있다. 또는 유물에 변형을 주지 않고 건조시키는 '眞空凍結乾燥法'을 응용한다. 그 외에 목재의 화학처리법으로서 가장 많이 이용되는 'PEG 함침법'이 있다(제3장 § 3 - 5 참조). 眞空凍結乾燥法과 PEG함침법에서 사용하는 PEG는 흡습성이 높고 유물을 항상 축축한 상태로 두게 되므로 금속이 붙은 목재에는 사용하지 않는 쪽이 좋다.

통상적으로는 출토된 유물은 본격적인 보존처리를 할 때까지 일시적으로 보관하지 않으면 안된다. 바다속에서 인양된 유물의 경우는 염화물 이온량이 많기 때문에 특히 안정된 환경에서 보관해야 한다. 철제유물은 알칼리 분위기의 환경에서 보관하는 방법이 예전부터 이용되어졌다. 예를 들면 0.5M 농도의 탄산나트륨(Na_2CO_3), 또는 0.1M 농도의 수산화나트륨(NaOH)의 수용액(4g/ℓ)은 pH10~pH13의 범위에 있어 녹은 진행하지 않는다. 이 보관방법은 간단하고 보수관리, 정비, 보존, 유지 등도 거의 필요없고 보관 중에도 염화물을 추출·제거할 수 있다.

부식은 수분이 존재하지 않으면 발생하지 않기 때문에 건조된 환경에서 밀폐 보관하는 것도 효과가 있다. 단 유리용기 등을 이용하고 실리카겔 등의 건조제를 넣어두어야 한다. 최근에는 통기성이 거의 없는 합성수지로 만든 주머니에 탈산소제와 건조제를 넣어 보관하는 시스템이 개발되고 있다. 금속제 유물을 보호하기 위한 탈산소제는 봉투 내의 잔존산소·수분을 흡수하여 무산소상태인 동시에 저습도의 환경을 유지한다. 더구나 일단 흡수한 산소나 수분을 다시 방출하지는 않는다. 이를테면 비가역성인 것이 큰 특징이다. 그 외에 탈산소·저습상태의 환경을 만들기 위해서 상자 내에 질소가스를 투입하고 봉해 두는 것도 효과적이다.

引/用/文/獻

11) 島根縣教育委員會：出雲神庭荒神谷遺跡, 1996.

4-6 녹除去

일반적으로 還元的인 환경 속에서는 鐵製遺物에 생성된 녹은 주로 자철광(Fe_3O_4)으로 염화물의 함유량은 비교적 적다. 酸化狀態에 놓여져 있던 유물에는 수산화철[FeO(OH)]과 염화산화철(FeOCl)이 비교적 많이 함유되어 있다. 해저에 있어서도 토양 중의 환원적인 환경에서는 염화물은 생기기 어렵지만 바닷물을 맞아 산소가 공급되는 상태에서는 더욱더 부식이 심해지고 표 4-1에 나타나는 것 같은 녹이 생성한다. 특히 바다속에서는 염화철이나 염화산화철 등을 검출하는 일이 있다. 염화물은 물론이고 그 이외의 부식생성물과 불필요한 녹은 제거하지 않으면 안된다.

金屬製遺物의 보존처리는 불필요한 녹제거와 녹방지가 그 목적이다. 녹제거는 2차적으로 발생한 부식생성물이나 매몰 중에 부착한 이물질의 제거이다. 녹방지는 유물이 더이상 부식하지 않도록 안정화를 기하는 것이다. 주로 녹발생의 요인이 되는 염화물이온의 제거(脫鹽處理)는 중요하다. 이것에 관해서는 여러가지 방법이 실용화되고 있지만 문제점도 있어 보다 효과적인 새로운 방법의 개발연구가 요구되고 있다.

녹제거에 있어서 어디까지 제거해야 하는지가 중요한 문제가 된다. 보존의 입장에서 본다면 나쁜 녹을 제거하고 좋은 녹은 남겨두는 쪽이 안전하다. 그러나 치밀한 녹으로 오히려 유물을 보호하고 있는 것 같은 상황의 소위 좋은 녹이라 하더라도 그것이 유물을 다 덮어 원형을 알아 볼 수 없게 되거나 유물표면의 문양 등이 가려져 보이지 않을 때에는, 고고자료로서 연구가 가능한 정도로, 또는 전시품으로서 일반인에게 알기 쉽게 불필요한 녹을 제거하여 형태와 문양이 보이도록 한다.

腐蝕에는 全面腐蝕 · 局部腐蝕 그리고 孔蝕(pitting)이 있다. 이중 孔蝕이라는 것은 금속표면이 작게 구멍이 패이게 되고, 그 내부로 부식이 진행하는 것이다. 구멍(pit)은 녹청색의 녹(염기성탄산동)으로 부풀어 올라 있다. 그 속에는 결정성의 산화동(Cu_2O)이 가득 차 있다. 그리고 구멍 밑에는 염화물이 농축되어 있는데(그림 4-1 참조) 이것은 가능한 제거해야 한다. 녹 제거 후에 염화물이 원인으로 형성된 구멍에 에틸알콜과 혼합한 산화물을 페이스트(paste)상태로 하여 스폿(spot) 부분에 충전한다. 유물이 습도가 높은 환경에 놓였을 때 유물중의 염화물이온과 산화은이 반응하여 염화은을 형성하고 안정한다. 또한 구멍 밑은 습기를 통과시키지 않는 층이기 때문에 산소나 수분의 공급이 없으므로 그 이상 青銅病의 진행은 억제될 것이다.

또 刀劍類에는 칼집이나 칼자루 등에 木質이 잔존하고 있는 것이 많아 녹 제거 작업은 신중해야 한다. X-선 사진 등을 이용하여 사전에 원래의 형태를 확인하고 나서 녹을 제거하는 동시에 관련된 유물을 비교 검토하는 것도 잊어서는 안된다. 녹제거의 방법에는 기기 · 공구 등을 사용하여 물리적으로 떼어내는 방법과 약품을 사용해 녹을 용해하여 제거하는 화학적인 방법 등이 있다. 어느 쪽이든 장 · 단점이 있어 실제적으로는 여러가지의 방법을 적당히 구별하여 사용해야 한다.

일반적으로는 물리적인 방법에 의한 것이 많아 니퍼 · 메스 · 커터 나이프 등의 공구를 사용하지만, 치과용에서 사용하는 소형의 그라인더를 사용하거나, 정밀분사가공기(air-brasive)로 유리 분말이나 알루미나(alumina) 분말을 고압가스와 함께 분사시켜 녹을 서서히 떨어뜨리는 機器가 있다. 소형의 그라인더가 가장 사용하기 쉽고 널리 이용되고 있다. 단, 녹에는 유물 본체보다도 오히려 단단하다고 생각되는 녹이 생성되는 일이 있다. 이런 종류의 녹은 砥石이나 강철제의 칼끝에서는 떼어내기 어렵다. 다이아몬드의 분말을 박아 넣은 소형 그라인더의 칼끝은 비싸지만 효과적이다.

화학약품을 사용하여 철제유물의 녹을 제거하는 방법은 현재 효과적인 것이 개발되지 않고 있다. 銅 · 青銅의 녹을 제거할 때는 과거에 암모니아, 염산 그리고 구연산 등의 수용액을 사용한 일이 있다. 그러나 녹 뿐만 아니라 유물자체도 용해할 우려가 있기 때문에 최근에는 의산(H · COOH)이나 크레이트化劑(에틸렌디아민테트라초

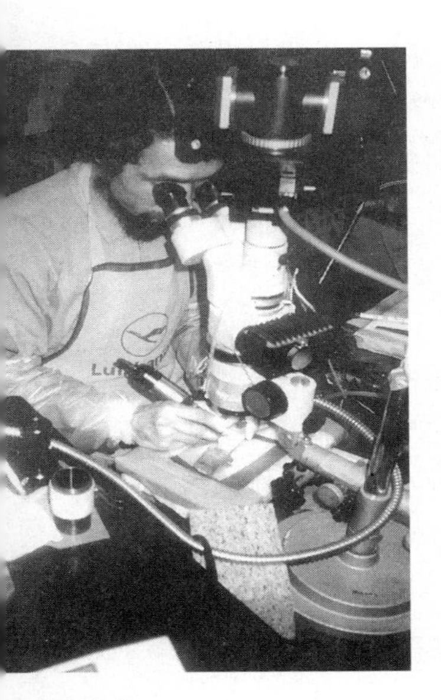

사진 4-4
현미경을 이용한 녹제거
상감문양을 피복한 녹은 현미경을 이용하여 주의 깊게 물리적으로 떼어낸다.

산/EDTA・3Na)의 수용액을 高吸收性樹脂에 흡수시킨 페이스트 상태의 것을 사용하고 있다(다음 절인 4-7 참조). 또한 초음파 세척통에 유물과 함께 크레이트화제를 넣어 녹 덩어리를 풀리게 하여 제거할 수가 있는데 이것은 여러겹으로 겹쳐 붙은 동전을 떼어내는데 효과적인 방법이다.

化學的 방법에 의한 녹의 제거는 유물에 상처를 입힐 위험은 없지만 약품이 유물 내부에 스며들어 素地金屬을 녹이거나 또는 약품이 내부에 잔류하여 오히려 열화를 촉진하는 결과를 초래할지도 모른다. 기계적(물리적)인 방법으로는 녹층만을 떼어내는 것은 쉽지 않다. 더구나 유물의 표면에 문양이 새겨 있거나 금도금을 입힌 金銅裝(4-7절 참조)의 경우에는 이러한 것을 손상하지 않고 녹만을 떼어내는 것은 대단히 어려운 작업이다. 또한 녹 밑에 상감의 문양이 가려져 있는 경우는 실체현미경으로 주의 깊게 작업할 필요도 있다(사진4-4).

4-7 되살아나는 金銅

金銅裝이라는 것은 銅板에 金鍍金을 입힌 것으로 금색으로 빛나는 銅製佛像 따위가 바로 그 대표적인 것에 속한다. 고고학분야에서는 馬具나 大刀의 장식에 보인다. 최근의 유명한 金銅裝의 자료에는 奈良縣・후지노키고분에서 출토된 馬具가 있는데 이것은[12] 銅板에 金鍍金을 하고 있을 뿐만 아니라 그 중에서도 鞍金具는 透彫

(a)

(b)

사진 4-5 鞍金具의 透彫 文樣(사진 (b)는 X-선 투과사진)

를 하여 금도금을 입힌 동판으로 장식되어 있다. 발견된 시점에서는 녹청녹에 쌓인 짙은 녹색을 하고 있었지만 그 당시에는 찬란한 금빛을 과시하였을 것이다. 鞍金具에는 그 앞과 뒤를 장식하는 前輪·後輪이 있고 이것을 장식한 동판에는 팔메트문양[忍冬草의 子葉文]과 龜甲문의 투조(透彫)가 조각되어 있다. 귀갑문 중에는 龍, 鳳凰, 象, 兎, 鬼面 얼굴 등이 새겨져 있다. 사진 4 - 5는 코끼리의 문양을 나타낸 것이다.

이들 文樣의 系譜는 동아시아에서는 類例가 없었던 자료로 주목되고 있다. 그러나 오랜 세월에 걸쳐 생성한 녹청녹은 금색의 광채를 덮어 가리고 말았다. 금도금 두께는 약 0.005~0.03㎜이다. 이 얇은 금도금층 위에 있는 녹청녹은 아무리 작은 칼끝을 붙인 그라인더를 사용하여 떼내거나 알루미나의 미세한 분말을 이용한 정밀분사가공기(air-brasive)로 분사하여 녹을 제거하려고 해도 녹청녹의 밑에 금도금 층은 대단히 얇은 것이기 때문에 이것을 손상하지 않고 녹을 제거하는 것은 불가능에 가깝다. 결국 약품을 사용하여 제거하는 수밖에 없는 것 같다. 그러나 약품이 유물에 스며드는 녹 제거 방법에는 문제가 있다. 그것은 약품이 녹뿐만 아니라 유물 본체의 동판자체를 녹여 버릴 위험이 있기 때문이다.

金鍍金의 層은 사진 4 - 6에 나타난 것처럼 실제는 매우 많은 틈이 생겨있다. 사진 (a)은 금도금이 입혀진 金具의 단면도이다. 사진

윗쪽부분에 금도금층의 단면이 보이는데 두께는 대략 0.01㎜이다. 사진(b)은 고대기술에 따라서 새롭게 금도금한 표면의 상태를 나타내는데 틈이 무수하게 존재하는 것을 알게 된다. 고대 金銅製品의 도금기술은 금을 수은에 녹인 아말감을 바르고 열을 가하면 수은을 증발시키고 금을 동표면에 정착시키는 방법이다. 도금층에는 수은이 증발한 자리가 틈으로 남아 있다. 기반이 되는 銅板이 녹슬면 녹청녹은 도금층의 틈에서 빠져나와 도금의 표면을 덮는다. 대개의 金銅製品 표면이 녹색의 녹으로 덮여져 있는 것은 그 때문이다. 책표지 사진 ④는 후지노끼고분 출토의 馬具中에서 金銅裝 透彫 鞍金具(後輪)의 손잡이가 있는 부분을 가리킨다. 사진 (a)는 금도금을 입힌 것으로 녹청녹으로 덮여 미세하고 정밀한 선각 문양이 보이지 않는다. 사진 (b)는 高吸收性樹脂를 사용해 녹청녹을 제거한 후의 그림으로 線刻의 문양이 선명하게 보이고 있다.

(a) 금 도금 金具의 단면

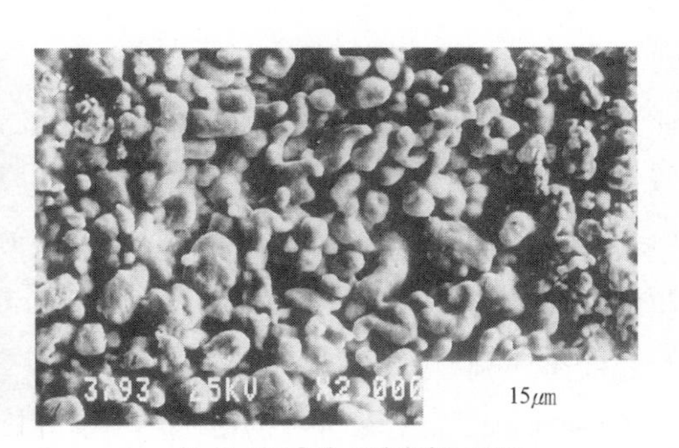

(b) 금 도금층의 표면상태(×1000)

사진 4-6 金 鍍金層의 공극 상태

線刻文樣이 있는 부분에는 녹이 가는 홈에 메워진 상태를 볼 수 있다. 게다가 문양이 정밀한 것일수록 홈은 가늘게 되기 때문에 거기에 메워진 녹을 물리적으로 떼어내는 것은 어렵다. 경질의 녹이 표면을 덮고 있는 것도 있다. 또한 도금층의 밑부분도 부식되어 있는 것이 보통이다(사진 4 - 6 (a) 참조). 이와 같은 부분은 아주 작은 충격을 가해도 도금층과 함께 함몰할 위험이 있기 때문에 물리적인 녹제거 방법은 피한다. 약품이 유물 내부에 침투하지 않도록 고안할 수 있다면 물리적인 녹제거 방법보다도 화학약품을 사용하는 쪽이 유물을 위해서는 오히려 안전하다고 말할 수 있다.

개미산 數% 수용액을 사용하면 녹청녹은 녹지만 유물 내부에 약품이 침투하지 않도록 해야한다. 그러나 도금층에는 틈새가 많아 화학약품을 사용했을 경우에 용액은 내부에 간단히 침투한다. 부식이 심한 부분에서 수용액은 보다 침투하기 쉬워 처리후의 약품에 의한 유물 본체로의 영향은 헤아릴 수 없다. 만일 약산성의 수용액을 사용하였다 해도 곧 약품은 내부에 침투하고 표면녹 뿐만 아니라 유물자체도 녹여버릴 위험이 충분히 있다. 약품을 사용한 후 충분하게 세척하여도 약품이 완전히 제거된다는 보장은 없다. 만약 잔류약품이 미량이라고 해도 오랜 세월 동안 유물에 영향이 미칠 가능성은 높다.

화학약품을 사용할 경우 유물로의 침투를 회피하려면 高吸水性樹脂를 이용하면 좋다. 고흡수성수지는 자체 무게(自重)의 수백 배에서 천 배의 물을 흡수하는 능력을 갖고 있고 일단 흡수한 수분은 유지된 채로 어떠한 압력을 가해도 떨어져나가지 않는다. 이것에 개미산 수용액을 혼합해 페이스트 상태로 하여 녹 위에 얹는다(그림 4 - 2). 개미산의 수용액은 高吸水性樹脂에 흡수되고 있어 유물쪽으로 스며드는 일 없이 녹과 접하고 있는 아주 얇은 층의 녹이 용해한다. 몇 분 후 페이스트를 제거하고 신속하게 세척한 후에 완전히 건조시킨다. 이 조작을 여러번 반복하면서 매우 얇은 껍질을 벗기듯이 서서히 녹을 제거한다. 고흡수성수지에는 여러가지 종류의 것이 시판되고 있지만 유물의 녹 제거에는 초산비닐과 메타크릴산메틸의 共重合物을 가수분해하여 만든 것이 알맞다. 본래 산에 대한 내구성은 약하여 10分 이내로 전술한 순환을 완료하도록 하고 끈기있게 몇 번이고 반복하

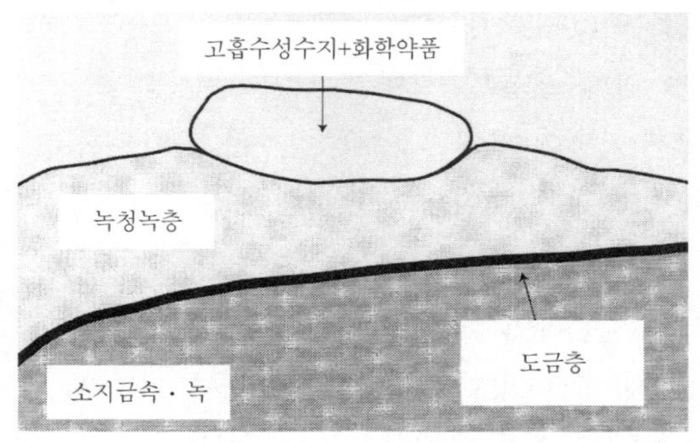

그림 4-2
고흡수성 수지를 이용한 녹청녹의 제거

여 나머지 녹을 제거한다.

녹층이 두꺼운 경우에는 어느 정도까지 물리적인 방법으로 떼어내는 일도 있다. 부분적으로 약한 곳이나 도금을 거의 소실하고 있어 약품이 직접 유물본체에도 영향을 미칠 것 같은 부분에 대해서는 사전에 국부적으로 합성수지를 바르고 보호하여 개미산 수용액과 접촉하지 않도록 사전에 처리해 둔다. 사용할 합성수지는 필요에 따라서 再溶解 가능한 타입의 합성수지를 주로 이용한다. 단, 녹의 구조나 상태에 맞춰서 물리적인 방법도 적극적으로 받아들여 화학적인 방법과 병행하는 것이 바람직하다.

引/用/文/獻

12) 奈良縣立橿原考古學硏究所 : 斑鳩藤ノ木古墳, 吉川弘文館, 1989.

4－8 脫鹽處理

金屬製遺物에 함유된 염화물이온은 금속과 반응하여 부식을 초래한다. 염화물이온을 抽出 제거하는 것에 의해서 부식의 진행을 억제할 수가 있다. 염화물이온을 제거하는 것을 「脫鹽處理」라 부르고 있다. 보통의 유물은 脫鹽處理를 완벽히 실행한다면, 보존처리의 목적은 반 이상 달성하였다고 해도 좋다. 그 정도로 탈염처리 공정은 중요하고 보존처리에서는 빠뜨릴 수 없는 공정이다.

염화물이온은 알칼리용액에 담가두는 것만으로도 제거할 수 있다. 예를 들면 수산화리튬의 알코올용액에 담가두어 염화물이온을 제거하는 방법은 비교적 안정되므로 많이 이용되는 방법이다. 바닷가지역에서 출토된 철제유물에 함유된 염화물은 많은 것은 수백 ppm~수천ppm에 이르는 것이 있다. 그러나 몇 ppm정도 밖에 함유되어있지 않은 것도 적지 않다. 한편 내륙지역에 소재한 고분 중에서 출토된 유물에 고농도의 염화물이 함유되어 있었던 적이 있는데 이것은 銅·青銅製遺物의 경우에도 같은 현상이 나타난다. 사실, 고분출토의 유물에서 담록색의 粉狀을 띠는 염기성 염화동이 검출된 적이 있었다.

鐵製遺物은 내부에 잔존한 염화물이온이 부식의 원인이라는 것은 잘 알려져 있다. 다만 원인이 되는 보존환경, 예를 들면 보관 중의 온도·습도 등에 좌우되기 때문에 염화물이온 농도의 최대 허용치 등을 추정하는 것은 매우 곤란하다. Erisksen, Thegel 등은 염화물농도가 100ppm 정도나 그 이하에서는 손상되지 않지만, 고온·고습하에서는 부식이 촉진한다고 지적하고 있다.[13] 또한 N.A.North, C.Pearson 등은 단순히 염화물의 함유량뿐만 아니라 염화물의 종류에 의해서 성질이 달라지기 때문에 염화물의 同定도 중요하다고 지적하고 있다.[14]

金屬製遺物을 안전하게 항구적으로 보존하기 위해서는 염화물의 함유량은 적을수록 좋다는 것은 확실하다. 따라서 염화물을 제거하는 일인, 탈염처리는 효과적인 부식방지책이 되는데 알칼리 용액에 담구어 탈염하는 방법이 가장 광범위하게 이용되고 있다. 탈염에 관해서는 유물의 매장환경의 조사, 함유한 염화물의 同定결과를 근거로하여 가장 적합한 탈염법을 채택한다. 게다가 탈염효과·탈염의 소요기간·작업성과 경제성 등도 고려하여 종합적으로 판단하는 것을 잊어서는 안된다.

脫鹽處理에는 수산화나트륨(NaOH)·탄산칼륨(K_2CO_3)·세스키탄산나트륨(Na_2CO_3·$NaHCO_3$) 등의 수용액, 그리고 수산화리튬(LiOH)의 알코올용액을 이용하는 방법이 있다. 그밖에 전기분해환원법, 전기화학적 환원법, 게다가 수소·질소가스를 투입한 분위기 속에서 작열(灼熱)하여 환원하는 방법 등이 있다. 중심부분이 녹슬지 않은 유물은 전기화학적환원법이 적합하다. 이 경우 양극금속에는 아연(Zn) 粒狀의 것을 사용한다. 작은 유물로 보존상태가 비교적 양호한 경우에는 아연 분말을 사용하고 또한 전해질 용액에는 수산화나트륨 10~20%수용액을 사용하여 이것을 한시간 이상 끓인다. 필요에 따라서, 솔을 사용하여 물리적으로 클리닝한다. 전해질용액의 액체온도는 95~100℃로 유지하면서 충분하게 시간을 들여서 환원한다. 끓이는 동안 액체량을 일정하게 유지하기 위해 주입하는 물은 증류수가 이상적이다. 더구나 깨지기 쉬운 유물에 대해서는 솔로 문지르는 것만으로도 표면을 손상시키는 일이 있으므로 선각문양과 상감 등이 있는 경우에는 특히 신중하게 다루어야 한다. 또한 이러한 작업에서는 부식성의 용액이나 가스에 대한 대응책을 강구해 두는 것도 중요하다

전기분해환원법은 유물표면에 孔蝕性의 녹이 발생하고 있는 유물에 효과적이다. 구멍이 작고 소규모의 공식녹이라면 전기화학적 환원법을 이용하면 좋다. 전기분해 환원법에는 양극에 스텐레스 스틸판, 철판, 또는 플라티나(platina)전극을 사용한다. 그리고 음극에 철제유물을 연결한다. 유물에는 마이너스전극을 연결하였기 때문에 음이온의 염소를 추출하게 된다. 이 방법으로 유물의 환원과 동시에 염소이온(Cl^-)을 제거하는 효과가 있다. 처리에 있어서 유물의 금속부분을 표출하여 이것을 전극과 연결하여 전기가 통하기 쉽도

록 한다. 전해질용액에는 수산화나트륨 5%수용액을 사용한다. 공급전원의 조건은 직류 6~12V이나 실제로는 음극의 표면적을 계산하여 전류치를 정한다. 더구나 처음 단계에서는 금속표면을 덮은 부식생성물의 저항이 있기 때문에 전류밀도를 일정하게 유지하기 위해 전압을 하나하나 조종할 필요가 있다. 處理後는 전기화학적 환원법이나 전기분해 환원법 어느 쪽의 경우라도 충분하게 물로 닦아내고 완전건조 시켜두는 것이 중요하다.

灼熱水素還元法은 酸化鐵을 환원하는 방법이다. 1961年 스웨덴의 수도 스톡홀름의 灣내에서 인양된 木造 軍船에 搭載되어 있던 포탄에 대하여 灼熱還元法이 고안되었다. 사진 4-7은 수소가스를 안에 넣고 봉하여 800~1060℃로 가열하여 환원하는 장치를 나타낸다. 통안에는 질소가스도 동시에 봉입하여 안전을 도모하고 있다. 환원한 후는 녹인 왁스에 포탄을 담그고 보통 튀김을 튀길때의 요령으로 포탄에 왁스를 스며들게 하여 강화하는 동시에 습기를 받아들이지 않는 효과가 있다. 이와 유사한 灼熱方法이 덴마크에서도 행해지고 있었다. 철제유물을 왁스로 임시고정하고 석면(asbestos)으로 싸고 이것을 800℃로 가열하는데 이 경우에는 환원이 아니라 철을 산화하여 가장 안정한 상태로 이행시키는 것이 특징이다. 이 방법에서는 800℃로 가열한 후 히터의 스위치를 끄고 하루 밤 방치하여 다음날 탄산칼륨(K_2CO_3) 수용액에 담가둔다. 철제품은 여전히 100℃를 넘고 있기 때문에 수용액은 끓지만 최종적으로는 상온에까지 내려간다. 다시 중

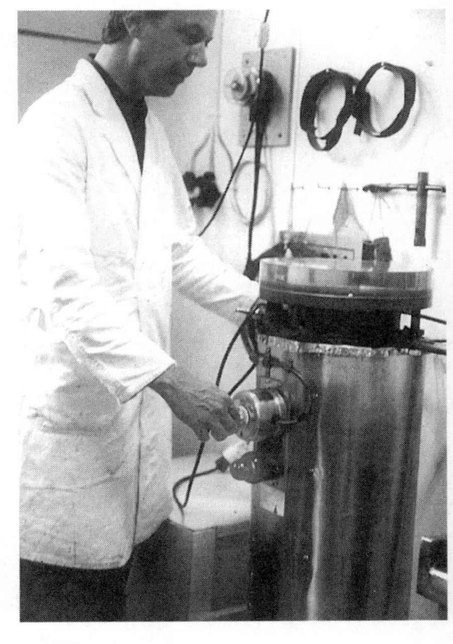

사진 4-7
수소가스 봉입에 의한 灼熱 還元裝置
(스웨덴 바사호박물관)

류수(100℃ 전후)에 충분히 담가두어 알칼리수용액을 추출 · 세척한다. 건조 후 사전에 60℃에서 녹인 왁스에 담가두어 스며들게 한다.

탈염 이외에 함유한 염화물을 활성화하지 않도록 하는 방법이 있는데 그것은 銀페이스트를 도포하는 방법(산화은법)과 유동성의 파라핀을 스며들게 하여 유물전체를 굳게해 버리는 방법이다. 또한 銅 · 靑銅製遺物에 대해서는 방청제를 이용한다. 벤조트리아졸(BTA)의 알코올용액에 스며들게 하여 방청을 하는데 BTA는 銅의 素地金屬이나 동화합물(銅 이온)에 반응하고 염화물 이온에 침해되지 않는 被膜을 형성하여 유물의 안정을 도모한다.

수산화리튬법은 우선 無水메틸알콜과 에틸알콜을 같은 양으로 혼합한다. 여기에 중량비로 약 0.2%의 수산화리튬을 혼합하여 뒤섞는다[15]. 게다가 용액의 2배에 해당하는 용량의 이소프로필알콜을 더한 것을 탈염처리액으로 사용한다. 처리용의 통으로는 밀폐할 수 있는 스테인레스제로 만든 용기가 적당하다. 처리중에는 적당히 용액을 섞는다. 용액에 용출한 염화물 이온량을 측정하고 일정량에 달하면 새로운 수산화리튬 · 알코올용액과 교환한다. 보통의 처리공정에서는 용액의 교환은 평균 2~3회 정도 필요하다.

이온농도가 일정하게 되고 그 이상의 추출량이 없어지면 탈염처리는 완료된다. 탈염처리에 필요한 기간은 철촉 등의 소형 유물은 약 1個月, 刀劍등의 대형의 유물은 약 6個月을 필요로 한다. 용액에서 꺼낸 유물은 신속히 메틸알콜로 세척한다. 실온에서 충분히 건조시킨 뒤 다시 열풍순환식건조기 등을 사용하여 강제적으로 완전히 건조시킨다.

바다 속에서 인양된 유물로 대형일 경우 수산화나트륨 2% 수용액을 사용하는 것이 가장 실제적이고 간단한 탈염처리이다. 수산화리튬법의 경우와 마찬가지로 정기적으로 용액속의 염화물이온 정도를 측정하고 검출량이 일정하다면 용액을 새롭게 교환한다. 높은 알칼리 용액을 사용하기 때문에 다룰 때에는 충분한 주의가 필요하다. 또한 용기는 밀폐할 수 있는 구조로 된것을 사용하면 알카리 용액이 이산화탄소와 반응하는 것을 억제시킬 수 있고 수분의 증발을 막아서 용액을 일정하게 유지할 수도 있다. 처리후에는 세척을 충분히 하고 그 위에 증류수를 사용해서 여러 번 세척을 반복하여 유물에 스며든 알칼리용액을 추출 제거한다. 건조는 신속히 하는 것이 바람직하고 알콜을 스며들게 한 후에 건조하거나(알코올 탈수), 진공건조가 가능하다면 이상적이다.

脫鹽處理를 위해서 알칼리용액을 사용하는 이유는 철은 알칼리 분위기에서 안정되고 있기 때문이다. 또한 산소의 공급이 있으면 철의 표면은 부동태 상태로 되어 비교적 안정된다고 보는 견해도 있다. 이 탈염처리의 과정에서는 부식생성물에 함유된 염화물이온이 수용액의 수산화물 이온으로 치환되어 곧 이 반응은 평형상태가 된다.

$$FeOCl + OH^{-} \rightarrow FeO(OH) + Cl^{-}$$

다만 腐蝕生成物이 두꺼운 층을 형성하고 있으면 용액의 침투력은 약해 내부의 탈염효과는 기대할 수 없다. 탈염에는 유물의 크기나 출토시의 조건에 따라 다르지만 약 6個月 정도의 시일이 필요하다. 사진 4-8은 北海道 江差町의 항만에서 발견된 江戶幕府[에

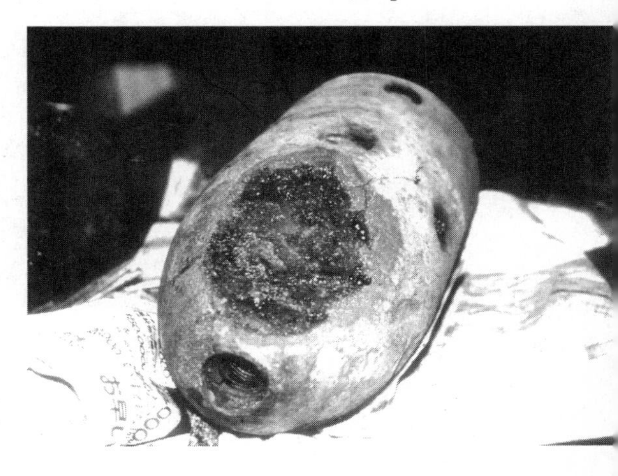

사진 4-8
江戶幕府 軍船 開陽丸이 탑재하고 있었던 포탄

도바쿠후, 에도시대 최고의 권력기관] 마지막 군선 「開陽丸」에 탑재되어 있던 포탄이다[6]. 開陽丸이 탑재하고 있었던 포탄의 탈염처리는, 江差町의 수도물의 함유 염소이온량이 17.5ppm이었다는 것도 고려하여 포탄의 함유 염소이온량을 적어도 50ppm 정도로 낮추는 것을 목표로 하여 유물의 탈염처리를 완료하기까지 약 1年을 필요로 했다.

염화물의 추출량은 수산화리튬의 알코올용액의 경우보다도 수산화나트륨의 수용액 쪽이 많다. 결국 알코올용액을 사용하는 것보다 수용액을 사용하는 쪽이 탈염의 효과는 크지만 작업성과 다루기 편리함을 고려하여 현재에는 알코올용액을 사용하는 쪽이 많다. 또한 염화물이 물에 보다 쉽게 녹기 때문에 加壓狀態에서 탈산소 상태의 증류수에 방청제를 첨가하고 약 120℃로 가열하여 단시간에 염화물을 추출하는 방법이나 플라즈마(plasma)를 이용하는 등의 각가지 방법이 개발·실용화되고 있다.

脫鹽處理에 있어서 중요시하고 있는 또 하나의 문제점은 처리의 전후에서 유물의 색조가 극단적으로 변화하지 않도록 하는 것이다. 현재 철제유물에 대해서는 수산화리튬(LiOH)법을 중심으로, 기타 알칼리 수용액을 이용하고 있다. 동·청동유물에 대해서는 세스키탄산나트륨($Na_2CO_3 \cdot NaHCO_3 \cdot 2H_2O$) 5%수용액을 이용하고 있지만 유물표면의 녹청녹의 색조가 변화하기 때문에 이와같은 알칼리용액을 사용하여 탈염처리를 하지 않고, 오히려 동의 방청제를 가하는 처리에 중점을 두고 있다. 다시 말하면 벤조트리아졸의 메틸알콜용액을 만들어 스며들게 한다. 보통은 용액에 담그는 것만으로도 족하지만 경우에 따라서는 감압방식으로 충분히 함침하는 일도 있다. 용액의 농도는 0.2~1.0% 정도의 것을 사용하는 것이 일반적이다. 안전설비가 갖춰진 환경에서 작업해야 하는 것은 당연하다.

引/用/文/獻

13) Eriksen E., Thegel, S. : Conservation of Iron Recoverd from the

Sea, Tojhusmuseets Skrifter, 1966.
14) N.A.North, C.Pearson : Investigations Methods for Conserving Iron Relics Recovered from the Sea, IIC 1975(Stockholm Congress), pp.173~182, 1975.
15) Elmer W.Fabech, Jesper Trier : Notes on the Conservation of Iron, Especially the Red-hot Heating and the LiOH-method, "Conservation of Iron Objects Found in a Salty Environments", pp.65~73, Warsaw, 1978.

4-9 化學處理

脫鹽處理가 불충분한 채로 합성수지를 스며들게 하여 염화물이 온을 유물내부에 가두어 버리는 것은 절대로 삼가해야 한다. 또한 화학처리를 하였다고 해서 그것만으로 녹슬지 않는 철로 변신한 것은 아니다. 다소 녹이 덜 생긴다는 것에 지나지 않는다. 따라서 보존처리를 한 뒤에도 세심한 주의를 기울이고 보존관리를 하지 않으면 안된다.

확실히 염화물을 함유한 유물을 일시적으로 보관하려면 염화물이 활성화되지 않도록 보관환경을 통제할 필요가 있다. 이것에는 건조한 상태를 유지해야 하는데, 그 방법으로는 보관고에 에어컨의 설치, 보습제・실리카겔 등의 건조제를 넣은 밀폐상자 속에서 보관하는 방법 등이 있다. 어느 쪽의 경우도 상대습도 40~50% 이하를 유지하지만, 염화물 함유량이 많은 유물은 상대습도가 낮아도 방심해서는 안된다. 또한 헬륨가스 등의 불활성가스(헬륨, 네온, 아르곤, 크립톤, 크세논, 라돈의 총칭)를 흘러나오게 하여 산소・수분의 공급을 차단하는 방법도 있지만 모두 경비가 과다하거나 관리에 힘이 들어서 일반적으로 사용하지 않는다.

銅·靑銅遺物의 보존처리에서는, 철제유물처럼 탈염처리에 그다지 역점을 두지 않는 것이 현재의 상태이다. 오히려 잔존하는 금속부분의 부식이 그 이상 진행하지 않도록 안정화시키는 것에 중점을 두고 있다. 세스키탄산소다 2%수용액에 유물을 담그는 탈염방법은, 유물의 색조를 변화시키는 경향이 있기 때문에 일본에서는 그다지 사용하지 않는다. 벤조트리아졸(BTA)법은 靑銅病에 대한 銅合金遺物의 방식처리 중에서 가장 간단하며 효과적이고 동시에 녹청녹의 색조 변화가 거의 없기 때문에 현재의 청동제유물의 처리법으로 일반적으로 많이 이용되고 있다.

BTA는 1947年 이래 銅·銅合金의 腐蝕이나 변색방지를 위해 공업적으로 이용되어 왔다. 銅·銅合金製의 유물에 BTA가 사용되기 시작한 것은 1968年부터이다. 이후 세계 각지에서 보존처리를 위해 사용되어 오늘에 이르고 있다.

공업적인 처리에서는 銅·銅合金은 BTA의 0.25~1.0% 수용액(60℃)에 침지하여 처리한다. 또한 자료가 대형이어서 수용액에 침지되지 않을 경우는 도포하거나 스프레이하는 방법으로 효과를 올리고 있다. 최근에는 기화성 방청제가 특히 효과적인 것이 판명되었고 응급조치 및 일시적인 보관을 할 때에도 응용되고 있다. 유물을 포장하는 종이에도 0.5~2% 수용액을 스며들게 하면 방청의 효과가 있다. 게다가 이것을 밀폐용기 속에서 보관한다면 방청효과는 더욱 상승한다. 그러나 이것은 건조한 제품에 대한 것이어서 고고유물처럼 부식의 정도가 천차만별로, 형상과 재질에도 차이가 있는 경우 보존효과의 결과도 한결같지 않다.

고고유물에 대한 BTA의 처리방법은 우선 아세톤을 스며들게 하여 세척, 건조시킨다. 이 前處理後 2~3% BTA 알코올용액을 減壓含浸한다. 유물이 두꺼운 녹층으로 덮여 있는 자료는 특히 시간을 들여서 함침을 계속하는 것이 중요하다. 處理後는 유물을 알코올로 충분히 세척한다. 더구나 이 처리에서는 銅과 BTA가 안정한 화합물을 형성하고 염화물이온이 활성화하여도 이 피막이 금속부분을 보호하기 때문에 부식이 진행하지 않는다. 다만 BTA는 酸性 분위기에서는 불안정하다고도 하므로 그 위에 합성수지를 함침시켜서 BTA를 유물내부에서 안정시키는 동시에 유물을 대기중의 수분이나 산소로부터 차단한다. 더구나 아크릴 수지에 BTA를 혼합한 것이 상품으로 시판되고 있고, 응급적인 처리용품으로서 귀중하게 여기고 있다.

BTA의 독성에 대해서는 발암성을 비롯, 공해병 등의 유해성이 논의되고 있다. 현재로는 밝혀진 것은 아니지만 BTA에 있는 C=N 구조는 확실히 발암성을 의심할 여지가 있다고 생각되어진다. BTA 사용에 있어서는 사전에 다음과 같은 것에 주의를 기울일 필요가 있다. ① 용액을 만들 때는 BTA의 분말을 흡입하지 않도록 주의한다. ② 알코올용액은 절대로 피부에 묻혀서는 안된다. ③ 처리 중에는 고무나 폴리에틸렌으로 만든 장갑을 낀다. ④ 유리용기는 사용 후 닦아둔다. ⑤ BTA는 98℃ 이상으로 절대로 가열하지 않는다. ⑥ BTA를 함유한 수지용액을 스프레이 할 때는 반드시 얼굴전체를 가릴 수 있는 마스크를 착용한다.

鐵製遺物의 대부분은 열화가 심하여 녹으로 덮여 있고, 내부에는 다수의 균열이나 틈이 있어 물리적으로도 깨지기 쉽고 약하다. 그 때문에 유물자체를 강화할 필요가 있다. 강화를 위한 합성수지는 함침하기 쉽고 건조도 빠른 타입의 것이 좋다. 게다가 유물표면에 부착한 수지를 제거하기도 하고 필요에 따라서 재처리를 위해서 수지는 재용해할 수 있는 성질의 것을 사용한다. 현재 사용되고 있는 합성수지는 비수계의 아크릴에멀죤으로 용제는 솔벤트 나프타이다. 그것은 고체 비율이 약 40%로서 시판되고 있다. 수지함침에 관해서는 유물내부까지 충분히 스며들도록 減壓狀態를 유지하면서 함침한다.

함침에 앞서 유물에 함유된 약간의 수분도 강제적으로 건조시킨다. 열풍순환식 건조기는 건조기 내의 온도가 균일하여 사용하기 쉽다. 설정온도는 유물의 상태에 맞춰서 60℃~105℃ 정도로 하고 1주일 정도 건조한다. 건조를 끝낸 후 함침탱크에 유물를 넣고 합성수지를 감압함침한다.

發掘後 오랫동안 실내에 방치되어 있던 유물은 함침탱크 안에서 감압상태인 채로 한참동안 방치하고 진공 건조한다면 이상적이다. 합성수지의 함침에 있어서는 수지농도 20~30%의 솔벤트 나프타용액을 사용하고 내부는 약 30mmHg까지 감압한다. 몇 시간 후 감압상태에서 상압상태로 돌린다. 이 상태는 용액에 비해서 감압상태에서 가압상태로 이행한 것이 된다. 일정시간 방치한 후 탱크 속에서 꺼내어 자연 건조한다. 그 위에 강제 건조한다. 수지가 완전히 경화한 후 이 조작을 3회 정도 반복하면 보다 효과적이다. 합성수지 함침은 부식되어 약해진 유물의 강화와 방청효과를 목적으로한 처치로 유물을 녹슬지 않는 금속으로 변질시키는 것은 아니다. 그 때문에 處理後도 가혹한 환경을 피하고 적당한 보존조건에서 보관한다. 사진 4-9는 감압가능한 합성수지함침용의 탱크이다. 우선 철제유물을 놓아 감압하고 합성수지를 투입한 후에 시간을 들여 함침한다.

사진 4-9 수지감압함침장치

함침강화를 위한 합성수지와 접착제 그리고 결손부분의 충전제는 많은 종류의 것이 시판되고 있기 때문에 목적에 적합한 것을 선택하면 좋다. 이러한 보존재료에는 보통 열가소성 합성수지와 열경화성 합성수지가 있다. 열가소성의 고분자 구조는 1차원구조(線狀구조)를 이루고 있고 용제에 녹는 성질을 갖고 있다. 그러나 강도는 열경화성인 것에 비해 약하며, 아크릴계나 셀룰로오스계 등이 시판되고 있다. 열경화성은 3차원구조(橋架構造)를 이루고 경화한 것은 용해할 수 없다. 그러나 강도는 열가소성 타입에 비하면 대체로 강하다.

결손부분을 보강하거나 구조적으로 보강을 요하는 부분에 대해서는 충전제를 사용한다. 시판되고 있는 것은 대부분이 열경화성수지를 기초로 石英粉이나 方解石, 유리분, 마이크로바륨을 혼합해 적당히 粘度를 조정하여 사용하기 쉽도록 하고 있다. 페놀제 마이크로바륨을 혼합한 것은 가볍고 경화후의 정형이 용이하고 인공목재로서도 이용되고 있다. 금속제유물의 충전제로서 강도가 필요한 경우는 에폭시계 합성수지를 기초로 하고 유리제 분말과 석영분을 혼합한 것이 이용된다. 단 이런 것은 재용해가 불가능하다. 재용해 가능한 충전제를 사용할 경우는 아크릴계나 셀룰로오스계의 수지에 각종 미분말을 혼합하여 적당한 점도로 조정해 사용한다. 모두 완전히 경화한후 조각도나 그라인더로 정형하고 古色處理한다.

金屬製遺物의 보존처리에 있어서는 예비조사가 매우 중요하다는 것은 앞서도 기술하였다. 그러나 녹이나 매장환경의 조사만이 중요한 것은 아니다. 같은 종류의 유물에 관한 고고학적인 정보는 그 분석과 보존처리의 계획과 실행에 없어서는 안되는 것이다. 보존계획이 결정되면 불필요한 이물질의 부착물을 클리닝하고 녹을 제거한 다음 탈염처리에 착수한다. 그리고 全 공정중에서 탈염처리가 가장 중요하다고 볼 수 있고, 많고 적고 간에 대부분의 유물에 염화물이온이 함유되어 있다고 봐도 될 것이다. 탈염처리를 완벽히 하면 보존처리의 반이상이 시공되었다고 해도 과언이 아닐 것이다. 출토된 금속유물은, 부서지기 쉬우면서 무겁기 때문에 결국 합성수지에 의한 보강이 필요하게 된다. 합성수지를 충분히 스며들게 하기 위해서는 전술한 대로 감압방식으로 함침시키는 것이 효과적이다. 이 시공은 보강과 동시에 유물을 바깥공기로부터 차단하여 부

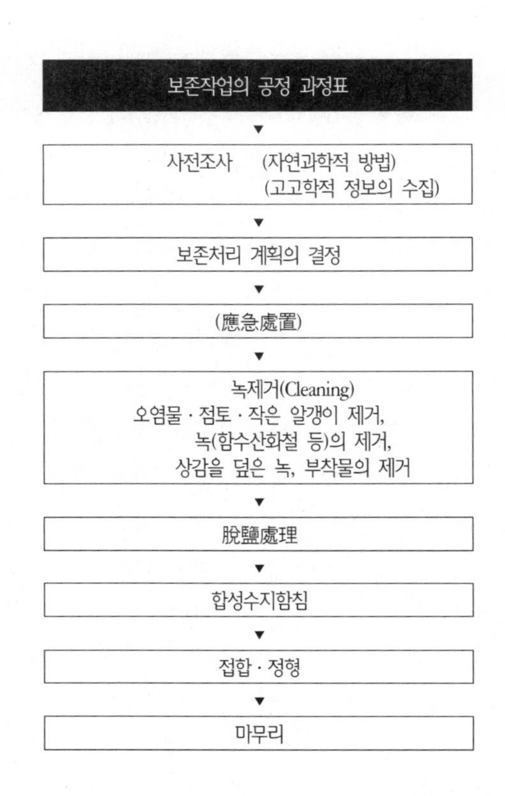

식의 진행을 억제하는 의미도 있다. 수지함침이 완료하면 필요한 범위내에서 접합하고 정형한다. 단 과다한 보충, 정형은 엄격하게 주의해야 한다.

보존처리된 유물은 그 자체만으로 미래에 永久的으로 안전하다고 할 수는 없다. 어떠한 환경에 놓여도 안정상태를 유지하는 금속으로 변신하였다는 것은 아니다. 단지 잘 녹슬지 않게 되었을 뿐이기 때문에 여전히 안전한 保存環境에서 보관하지 않으면 안된다.

第 5 章

遺構의 保存處理

三內丸山 遺蹟의 盛土 遺構(青森市)

青森市內 중앙을 흐르는 沖館川의 오른쪽 강가에 펼쳐진 대지에 三內丸山 遺蹟이 있다. 죠몽시대(縄文時代) 前期 中半頃(약 5,500年前)부터 中半期(약 4,000年前)에 걸쳐서 약 1,500年間 사이에 죠몽인이 생활한 장소이다. 사진은 약 1,000年에 걸쳐 토기와 석기를 계속해서 버려 작은 산을 이루게 되었다고 생각되는 남쪽의 盛土遺構의 단면이다.

5-1 遺蹟整備와 保存科學

遺物은 과거에 인류가 만들어 사용한 것으로서 이동이 가능하다. 인류가 활동한 흔적이 잔존한 곳에서 이동할 수 없는 것이 遺構이다. 그리고 遺蹟은 인류가 남긴 遺構·遺物이 있는 곳을 말한다.

발굴 조사된 유적은 다시 묻어 보존되는 일이 많다. 그러나 도시계획이나 공공사업에 동반되는 개발공사 등으로 인해 노출된 유적의 환경이 습윤상태에서 건조상태로 이행되기도 하고, 또는 습윤과 건조상태가 반복되는 것과 같은 조건이 만들어지면 재매장하는 행위가 반드시 안전한 보존대책이 된다고 할 수 없다. 왜냐하면 有機質遺物을 포함한 유적의 경우, 제3장에서 기술한 것처럼 유물은 건조상태에 놓이게 되면 심하게 수축 변형하여 본래의 형태를 消失해 버리기 때문이다. 그리고 건조상태가 계속되는 것이 아니고 건조와 습윤한 상태가 반복되는 곳에서도 같은 현상이 일어난다.

遺蹟을 構成하는 각종의 部材를 다시 묻어 보존하는 것이 곤란한 경우, 이것을 실내에 가지고 와서 보존할 수도 있다. 그러나 유구를 다시 묻지 않고, 또는 유구의 部材를 수거하지 않은 현위치에서 노출 전시하면서 동시에 恒久的으로 안전하게 보존하는 것이 가능하다면 이상적이다. 그것은 유적을 시각적으로 받아들여 역사를 체험할 수 있는 좋은 자료가 될 수 있다. 또한 사회교육적인 견지에서도 유익한 교육자료가 될 수 있다. 遺蹟을 保存整備하는 목적에 관하여 安原啓示는 다음의 두 가지를 들고 있는데,[1] 『일반인에게 유적의 내용을 정확히 인식시키기 위함』과 『유적을 보다 오래 보존하기 위함』이다. 그 첫번째는, 고분과 돌담·토성·환호(濠) 등을 가진 성지처럼 지상에 구축물이 남아 있는 경우에는 현상태

그대로 그 유적을 이해할 수 있지만 고대의 관청터나 集落의 주거지처럼 지상에 남아 있는 構築物이 존재하지 않는 유구에서는 그 유적을 정확히 인식시키기 위해 지표면에 어떠한 것을 표시해서 유적의 내용을 정확히 인식하도록 해야 한다. 유적정비가 잘되고 못되는 것에 따라 유적을 보다 정확하게 인식할 수도 있고 오해하게 만들 수도 있다. 두번째는, 유적을 정비하는 것에 의해서 유적을 보다 오래 후손에게 남기고 보존관리하는 것이 가능하게 된다. 지상에 남아 있는 構築物과 유구는 발굴후 그대로 방치하면 풍화가 확실하게 진행되어 머지않아 붕괴하고 소멸한다. 돌담이나 石室등의 구축물은 미세한 변동·변위의 측정결과를 토대로 수리·보강책을 강구하고, 保存整備를 실행한다. 필요에 따라서 수리와 보수도 되풀이된다. 이러한 끊임없는 보존정비와 보존관리가 실행되어야만 유적을 보다 오래 보존할 수 있다. 게다가 유적정비의 修理와 補修의 반복은 수리기술도 향상시킨다. 한편, 보수의 과정에서는 古代遺蹟의 築造技術이나 古代 土木技術을 접할 기회가 생긴다. 고대기술을 이해해야만 이 修復施工이 가능하게 된다고 安原은 강조하고 있다. 다시 말하면, 보존정비와 끊임없는 보존관리 그리고 보존수복은 수복기술의 향상과 동시에 고대기술에 대한 새로운 발견을 가져올 것이다.

遺構와 遺物은 역사를 해명하는 귀중한 물적 증거이기도 하다. 거기에는 현대의 과학을 가지고도 해명할 수 없는 정보를 내포하고 있을 가능성도 있다. 앞으로 고도의 연구방법을 확립했을 때에는 재차 내포된 새로운 정보를 끌어 낼 수 있도록 유적정비가 되어야 한다. 보존과학적 견지에서 『내포된 정보를 파손하는 일없이 현재상태대로 보호할 수 있는 유적 환경 만들기』를 세 번째의 목적으로 추가하고 싶다. 외관에 너무 구애된 정비계획을 고집한 나머지 본래의 목적을 소홀히 해서는 안된다.

遺蹟의 整備方法은 유적의 종류에 따라 당연히 다르다. 유적은 취락 · 生産遺蹟, 古墳 · 墳墓 · 横穴, 都城 · 궁터 · 관청터, 사원 · 寺址, 성터 · 관터, 정원터 등으로 나눌 수 있다. 그밖에 각종의 石造文化財가 있는데 그 대부분은 『土』와 『石』으로 되어있다. 유구의 보존처리에 관해서는 『土』와 『石』을 강화하는 방법을 검토하게 된다. 기술적인 이유로 유구를 노출 전시 할 수 없을 때에는 자연히 이것을 다시 묻거나 복제품을 만들어서 유구 위에 올리기도 하여 유구를 보호함과 동시에 유구의 전시를 보조적으로 정비한다. 발굴조사된 유적을 다시 묻고 보존하는 예도 유적보존의 한가지 방법이고, 어떤 의미에서는 안전한 방법이다. 그러나 이 방법에서는 실물을 볼 수 없다고 하는 점에서 만족스럽지 못하다. 유적을 노출 전시한다고 하면 유구의 흙과 돌을 노출시킨 상태에서의 恒久的인 보존이 가능할 지가 문제이다. 이러한 보존과학적 방법에 의한 시공의 可否가 遺蹟整備의 기본방침을 정할 때에 중요한 수단이 된다.

引/用/文/獻

1) 安原啓示 : 遺跡整備の理念と動向, 圖說/發掘か語る日本史(別卷), 新人物往來社, pp.39~41, 1986.

5-2 遺構의 化學處理

遺構의 대부분은 흙과 돌을 소재로 구성하고 있다. 주거지, 요지, 고분의 봉토 등은 흙이 주체로 되어있다. 이런 것은 아무런 처치없이 방치하면 언젠가는 형태가 붕괴한다. 그 위에 지붕을 설치하여 보호한다고 해도 유구로서의 형태를 유지하기 위해서는 흙을 강화해야 한다.

보통 흙은 공학적으로 組粒土와 細粒土로 구성되어 있고, 그 함수량에 의해서 液狀·塑性狀·固體狀으로 변화한다. 이것은 흙과 물을 함유 했을 때의 끈기상태와 세기(흙의 견고한 정도, consistency)가 변화되기 때문이다. 토질유구의 보존공법이란, 흙의 건조에 따라 consistency의 변화를 어떻게 방치할 것인지, 또는 액상·소성상·고체상일지라도 그 상태를 변화시키지 않기 위한 대책이다. 토질유구에 함유된 함수량의 조절도 그 중 하나이다. 예를 들면 유구바로 밑의 지하수위를 低下시키는 것과 지하수 차단 등의 공법은 종전부터 검토, 채택되고 있다. 그러나 앞으로 가장 기대되는 유구보존의 대책은 액상·소성상·고체상의 유구를 막론하고 흙에 함유된 수분량을 조절하여 영구보존을 꾀하는 일이다. 즉 흙의 consistency를 변화시키지 않고, 塑性狀의 水田遺構·半固體狀의 주거지·잘 다져 강화된 고체상의 건물유구 등 있는 그대로의 현재상태를 보존하고 후세에 전하는 방법이다. 함수량을 조절할 수 있는 합성수지 등의 약제 개발이야말로 합리적이고 이상적인 유구 보존을 가능하게 하는 것이라고 생각된다.

土質遺構의 현실적 보존공법은 함유수분을 차단하고 흙의 consistency를 변화시키는 일없이 건조시켜 이것을 경화하는 방법이 일반적이다. 유구의 흙을 강화하는 방법은 꽤 오래 전부터 시도되었다. 가장 많이 이용되는 것이 규산소다이다. 규산소다는 $Na_2O \cdot \chi SiO_2$로 나타내고 水和反應에 의해서 경화한다. 그러나 내구성이 결핍하여 토목공학의 분야에서는 가설적인 공사에서 주입공법으로 이용되고 있다. 그것은 항구적인 경화제가 아니라서 유구의 보존처리에는 반드시 적합한 재료라고 말할 수 없다. 최근에는 합성수지를 이용한다. 유구의 보존재료로서의 합성수지는 흙 그 자체를 경화하는 것만이 아니고 파손된 부분의 보수나 부분적으로 결손된 부분을 보충하고 정형할 때에도 이용된다. 에폭시계 합성수지를 흙과 혼합하여서 혹은『擬土』를 만들어 보충·정형·강화를 위해 이용한다.

유구를 구성하는 또 하나의 주된 소재는 돌이다. 열화한 석조문화재에 대해서는 암석의 基質을 강화하지 않으면 안된다. 그 외에 파괴되었거나, 잘린 부분의 접합이 필요하다. 그리고 필요하다면 손실부분을 보충함으로써 구조적인 면을 보강할 수가 있다. 혹은 손실부를 보충함으로써 유구의 설명이 알기 쉽게 되는 것 등을 목적으로 이른바 『擬岩』을 손실부분에 보충하여 정형한다. 의암은 의토의 경우와 같은 방법으로 보존처리의 대상이 되는 암석의 종류에 맞추어서 잘게 부순 돌가루(石粉)와 에폭시계 합성수지를 혼합해서 塑性狀의 물질을 만들어 整形에 사용한다. 강화제에는 에폭시계 · 아크릴계 · 이소시아네이트계 등의 합성수지를 시작으로 오르가노 실리게이트(Organo silicate)계(6 - 5 참조)가 잘 이용되고 있다.

遺構의 保存對策은 흙이나 돌로 된 유구의 붕괴를 방지하는 것이 기본이나, 유구를 노출시키려면 풍우에 의한 영향을 받지 않는 방법을 강구해야 한다. 지역에 따라서는 凍結 · 融解를 피하는 대책도 필요하다. 보호각을 설치할 수 있어도 지하수의 침입은 피할 수 없어 凍結 · 融解에 의한 붕괴의 가능성이 있다. 또한 곰팡이와 이끼의 발생을 유발하여 유구의 손상을 초래한다. 게다가 濕潤狀態와 乾燥狀態가 반복되는 조건에서는 흙과 돌에 스며든 물에 의해 이미 녹아 있는 염기가 건조시에 유구표면에 析出되고 그 結晶이 유구를 파괴하는 것도 있다.

遺構의 保存處理 과제는 물의 영향으로부터 어떻게 유구를 지킬 것인가라는 것이다. 유구의 입지조건 에 따라서 지진이나 교통사정에 의한 진동, 초목의 뿌리에 의한 영향도 고려하지 않으면 안된다. 앙코르왓트에서는 나무뿌리에 의한 파괴가 잘 나타난 상황을 보이고 있다(사진 5 - 1). 일본에서도 草木의 뿌리가 마애불과 성벽 등을 파괴한 예는 많다. 그러나 일반적인 유구에서는 역시 물처리에 관한 문제점이 많다.

사진 5-1
앙코르 왓트 유적과 樹木

유구에서 물을 차단하는 시공법에 성공했다고 하더라도 다음에 대상이 흙과 돌, 마애불이라면 암반이 지나치게 건조하는 것도 걱정된다. 암석이 이미 열화되고 점토화되는 경우에 건조하는 것만으로도 암석은 粉狀으로 붕괴되어 떨어진다. 흙으로 된 유구의 경우, 확실히 그 형태를 잃어버리게 될 것이다. 어느 정도의 건조와 합성수지 등으로 경화하여 균형잡인 보존처리를 해주는 일이 필요하다. 반대로 합성수지에 의한 처리를 하기 위해서 물기를 없애고 건조상태로 바꾸기 위한 조치를 취하는 일도 있다.

緻密하게 수분을 흡수하기 어려운 경질의 암석이라도 동결에 의한 손상은 피할 수 없다. 갈라진 틈에 물이 고이면, 그것이 동결했을 때에 암석을 깨지게 한다. 어느 경우에도 열화요인의 하나가 물이라는 것에 주목하고 싶다. 그밖에 마애불 등은 수목의 뿌리에 의한 파괴, 지진에 의한 파손 등도 심각하다. 地衣類, 미생물 등에 의한 생물열화도 심각한 문제점이 되고 있다. 岩石劣化의 원인은 凍結·融解의 반복이나 振動 등에 의한 물리적인 작용, 염류풍화나 암석의 점토화 등의 화학적 작용, 그리고 草木의 뿌리·줄기·지의류 등에 의한 생물학적 작용 등이 있다. 게다가 대부분의 경우 이러한 요인이 복합적으로 작용한다.

5-3 住居址・窯址의 保存

주거지에는 주혈(柱穴), 바닥(床面) 그리고 노지(爐址) 등이 있다. 흙으로 된 柱穴의 형태, 연소한 흙과 탄찌거기가 남은 노지 등 미묘하게 다른, 흙의 형태와 색을 잘 보존해 가기 위해서는 이것을 옥외에 노출한 상태대로 보존하는 것은 매우 어렵다. 요지의 경우에는 요벽과 바닥이 소성되어 있고, 특히 도자기 요지에서는 고온 소성되었기 때문에 벽이나 바닥은 대단히 단단하고, 구조적으로도 안정되어 있는 것도 적지 않다. 그러나 옥외에 노출하면 붕괴는 피할 수 없다. 유구의 형태를 유지하려면 보호각을 설치한 후에 한층 더 합성수지로 경화하고 풍우와 직사광선을 피하는 조치를 한다. 그래도 여전히 붕괴 위험이 있는데 그것은 지하수의 침입에 의한 영향이다. 지하수는 이끼나 곰팡이를 유발하여 유구를 파손하고 전시를 어렵게 하고, 유구의 표면에 염류를 석출시키는 원인을 만들기 때문에 지하수의 움직임을 잘 관측하고 이것을 차단하거나 피하는 등의 수단을 강구해야 한다. 보존대책으로는 배수용의 집수구와 파이프를 유구의 아래 면에 삽입하고 지하수를 遺構 밖으로 유도할 조치를 강구한다. 또는 유구 주위에 물을 막는 차단 벽을 설치하여 지하수가 유구면에 미치지 않게 한다.

흙을 硬化하기 위한 합성수지에는 두 종류가 있는데 그것은 열가소성합성수지와 열경화성합성수지이다. 열가소성이라는 것은 냉각과 가열을 반복하면 소성이 가역적으로 유지되는 성질의 합성수지로, 폴리에칠렌・폴리스틸렌・폴리프로필렌・폴리염화비닐・아크릴수지 등이 있다. 열경화성의 합성수지는 그 물질 단독 또는 제2의 물질을 넣어 가열하면 분자간에 架橋가 일어나 熔融 溶解의 상태로 경화하여 다시 熔融·溶解할 수 없는 합성수지로, 페놀수지·요소수지·멜라민수지·폴리에스텔·폴리우레탄·에폭시수지 등이 있다. 이러한 두 종류의 유형을 적절하게 잘 구분하여 사용할 줄 알아야 한다. 그것은 동일한 유구에 있어서도 土質이나 地質構造 그리고 遺構의 종류를 파악하고 각기 다르게 사용할 필요가 있다.

주거지의 柱穴을 전시하는 것만으로는 일반 견학자가 건물의 구조나 규모를 구체적으로 판단하는 것은 쉽지 않다. 그렇지만 근거 없는 복원으로 오해를 초래할 염려가 있고 불필요한 복원도 신중을 기해야 한다. 예를 들어 주거지에는 보통 柱穴만 남아 있기 때문에 건물의 구조나 양식은 알 수 없다. 요지의 경우, 제품을 꺼낼 때에 가마의 천정부분을 헐고 있기 때문에 이것이 요지라고 이해하기 어려운 일이 많다. 유구를 공개 활용하려면 어떠한 방법으로 알기 쉽게 나타낼 것인지가 보존정비의 큰 과제이다. 사진 5-2에서 천정부분을 복원한 요지의 處理前과 處理後를 보여주고 있다. 사진처럼 극히 일부의 천정을 복원한 것에 의하여 요지로서의 구조를 시각적으로 받아들여 이해를 쉽게 한다. 더구나 아치는 양벽면을 떠받치도록 구축하고 있어 요벽이 무너지는 것을 방지하는 효과도 있다. 이런 종류의 保存整備는 유적을 보다 알기 쉽게 표시하기 위해서 손실된 유구가 부분적이기는 하지만 復原할 필요도 있다. 復原한 결과로서 그것이 유구의 보강이 된다면 이상적이다.

더구나 현재(日本) 文化廳 文化財保護部 建造物課에서는 "復原"과 "復元"이라고 하는 말을 구분하여 사용하고 있다. 다시 말하면 근거가 없는 想像의 복원을 復元이라 하고, 자료나 실물에 의거한 복원을 復原이라 한다. 본 책에서는 이러한 엄밀한 의미로서의 복원을 주제로 하고 있지 않기 때문에 전부 復原이라는 말로 통일했다.

사진 5-2 窯址의 천정을 부분적으로 復原 (右: 復原 處理後)

5-4 古墳의 保存環境

고분의 石室內部 횡혈(橫穴)·洞窟內部의 환경은 일반적으로 바깥공기로부터 막혀져 있다고 알려져 있다. 예를 들면 바깥 기온의 변동과 비교해 보면 내부의 변동 폭은 좁다. 즉, 내부쪽이 보다 안정된 보존환경을 유지하고 있다. 석실내의 온도는 外氣溫度의 영향을 받지만 고분의 封土나 石室에 의해서 완화된다. 石室의 위치가 지표면에서 깊으면 깊을수록 온도변화의 폭은 작게되고 外氣의 변화에 대한 호응도 느려진다. 石室內의 온도와 그 변동 폭은 外氣溫度, 石室의 깊이 그리고 土壤의 열전도율·열 용량에 의해서 결정된다.

사진 5-3
高松塚古墳의 보존시설

사진 5-3은 장식벽화고분인 高松塚古墳(奈良縣 所在)의 보존시설이다. 그림 5-1에서 高松塚古墳의 石室에 대한 年間에 걸친 온도변화를 나

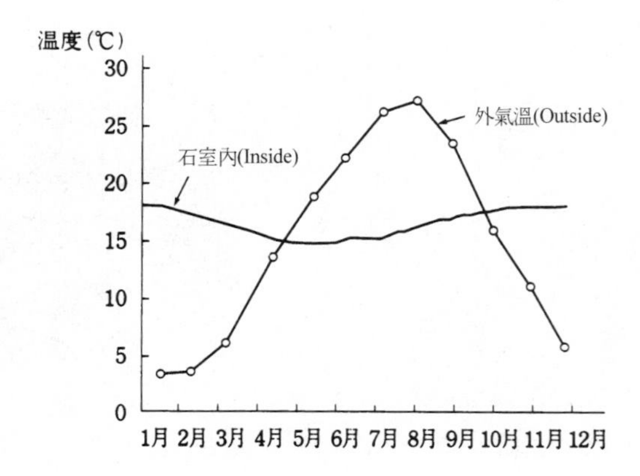

그림 5-1
高松塚古墳 石室內의 年間 온도변화

타내고[2], 아울러 기상청기록에 의해 奈良縣의 외기 온도를 비교자료로서 나타내고 있다. 그림 5-1에 의하면 외기 온도의 변화에 비하여 석실내부에서는 변화하는 온도 폭이 상당히 작게 나타나고 있다. 더구나 외기 온도는 奈良縣에서의 1951年부터 30年間의 평균치를 나타낸 것이며, 石室內의 온도는 1983年에 보존시설이 건설된 후의 수치를 나타내고 있다. 奈良縣의 외기온도의 월평균 「최저온도~최고온도」가 대략 「3℃~26℃」인 것에 반해 석실 내부에서는 대략 「14.5℃~18℃」을 가리키고 있다. 외기 온도의 변화량에 비해서 석실내부의 변화량은 아주 적다. 게다가 흥미 있는 것은 최저·최고온도를 나타내는 시기가 石室內部와 외기와의 사이에서는 3~4個月의 차이가 생기고 있다. 외기의 최고 온도를 나타낸 것이 7月인 것에 반해 石室內部에서는 10月부터 11月에 걸쳐서 나타난다. 또한 최저 온도도 마찬가지로 외기 온도에서는 12月부터 1月까지인데, 석실내부는 5月이다. 한편 외기 온도와 석실내부의 기온이 거의 일치하는 것은 4月과 10月인 것을 알 수 있다. 이것은 제한적으로 고분을 공개하거나 保存修理를 위해 石室에 들어갈 필요가 생겼을 경우에 작업시간을 설정할 때의 중요한 기준이 된다.

외기 온도의 변화에 비해서 땅속의 기온변화는 보다 안정되고 있어 변화량이 적다. 온도의 영향에 대하여 말하자면 고분봉토의 열 용량이 크기 때문에 외기 온도의 변화가 석실에 곧바로 전파하기가 어렵고 변화량도 적어진다. 더구나, 보통 이런 종류의 고분에서 석실은 지표면보다도 다소 높은 위치에 있다. 지하 수위가 석실보다도 상당히 낮은 위치에 있지만 蒸散, 다시 말하면 수분이 수증기가 되어 흙속에서 發散하는 現象이나 모세관현상에 의해 수분이 석실내부에 침입하는 일이 있기 때문에 석실안의 습도는 이상하게 높은 것이 보통이다. 洞窟內部와 횡혈식고분에서도 같은 원인으로 습도가 대단히 높다. 발굴조사를 실시했을 때의 高松塚古墳은 석실내부의 습도는 98%이상을 나타내고 있었다. 보존시설을 설치한 후에도 습도는 95%이상을 나타내고 있다. 사진 5 - 4는 高松塚古墳 석실 내부와 온 · 습도 기록장치를 보여준다.

외기 온도의 영향을 덜 받기 위한 조건은, 고분의 석실이라면 봉토가 충분히 덮인 고분, 횡혈식이라면 연도부분이 길고 입구는 폐쇄되어 있고, 동굴이라면 입구까지의 거리가 길고 외기 온도의 영향이 직접 미치지 않는 환경을 설정하는 것이다. 그러므로 고분이나 동굴에 보존시설을 설치할 경우에는 외기로부터 차단하거나, 외기와 직결하지 않도록 가능한 멀리 하는 것이 원칙이다. 高松塚古墳처럼 벽

사진 5-4
高松塚古墳 石室內部와 온·습도 기록장치

화의 수리와 정기적인 관찰을 위한 시설을 설치할 경우, 석실의 前庭部에 前室을 설치하고, 이것을 최적의 온·습도 조건으로 조절한다. 석실을 밀폐하였을 때의 조건에 맞춰 사전에 前室의 조건을 조정해 두면 석실을 열 때에도 내부의 保存環境을 거의 변화시키는 일없이 안전하게 수리나 보존을 위한 관측이 가능하게 된다.

引/用/文/獻

2) 三浦定準 : 高松塚古墳石室內溫濕度と壁畵保存の問題, 國宝/高松塚古墳壁画 - 保存と修理 -, 文化庁, p.175, 1987.

5-5 石室內의 環境調査

일반적으로 사람뼈와 副葬品이 석실내부에 밀봉된 경우 처음에는 산화상태로 되어 있지만 얼마 안 있어 박테리아 등의 미생물이 발생하여 시체와 유기질의 副葬品 등을 분해하는 것으로 예상된다. 그 결과 탄산가스·암모니아·아민산·메탄 등을 생성하여 석관내부의 분위기는 환원상태로 되어간다. 오랜 세월동안 석실 안에는 지하수와 식물의 뿌리 등에 의한 침입도 있고 약간의 공기도 보급될 것이라는 것은 쉽게 상상할 수 있다. 따라서 약간 산화의 방향으로 이행하는 일도 있겠지만 긴 세월 속에 산화의 상태에서 점차로 환원적인 분위기로 이행하고 어떤 종류의 평형상태에 도달해 가는 것으로 추정된다[3]. 따라서 이러한 환경조건하에서는 탄산가스의 농도는 대기 중의 30~50배 이상 되는 경우가 있다.

후지노끼 고분(藤ノ木古墳, 사진 5-5)은 奈良縣 班鳩町에 所在하는 法隆寺의 서쪽 약 350m의 장소에 위치하고 있다. 石棺의 상태로 處女墳[도굴되지 않은 고분]이라고 추정되는 대규모의 고분

5 후지노끼고분 外觀

이었다. 1988年의 奈良縣立 橿原考古學硏究所에 의한 발굴조사에서는 사전에 보존과학적인 조사가 실시되었다. 고분의 발굴조사에 대한 사전·사후의 환경조사 결과는 恒久的인 보존계획을 검토하기 위한 중요한 자료가 된다. 處女墳이라고 추정된 석관의 조사에서는 사전조사를 하지 않고 석관의 뚜껑을 함부로 여는 일은 엄격하게 금지되어야 한다. 후지노끼 고분의 경우에는 석관의 뚜껑과 관의 약간의 틈사이에 직경 6㎜ 정도의 아주 가는 내시경을 삽입하고 내부상황을 관찰했는데 이것은 뚜껑을 열었을 때의 관 내부에 대한 과학적인 조사와 보존조치의 대응책에 관하여 사전에 정보를 알아내는 것이 목적이었다. 철저한 사전조사에 의해서 석관내부 유물의 존재상태와 열화상태를 가능한 한 조사한다.

후지노끼 고분(藤ノ木古墳)에서의 내시경에 의한 조사 결과는 추정한 대로 處女墳 이었고, 관 안에는 상당량의 물이 고여 있었으며, 대량의 有機質遺物이 존재했는데 일부는 물 속에 떠 있었다. 그리고 石棺內部 전면에 적색안료의 붉은 빛이 선명하게 칠해져 있는 것 등을 알게 되었다. 또한 물 속에는 각종의 부장품이 풍부하게 존재하고 인골이 잔존해 있는 것이 확인되었다. 관 안에는 약 10㎝ 정도 깊이로 물이 고여 있었고 여러 종류의 다른 소재로 된 유물이 서로 얽혀 남아 있었다.

石棺內部에 물이 존재했다고 하는 것은 封土에 스며든 물이 석실에 들어가 天井石이 빠져서 石棺 위에 떨어졌던 것이다. 그리고 石棺의 뚜껑과 관 사이의 좁은 틈에서 물이 내부로 침투한 것이라고 생각되어진다. 또는 石棺 자체가 凝灰巖으로 만들어져 있기 때문에 뚜껑 정상부에 떨어진 물이 침투한 것 같다. 이점은 石棺內部는 외부와 통풍상태에 있었다는 것을 의미하고 있다. 따라서 石棺內의 농도는 외기의 농도와 거의 차이가 없었다. 분석 결과보고[4]에 의하면 관 내부는 바깥공기의 1.5~1.9배 정도였다. 또한 石棺內의 공기에 함유된 미생물의 양은 1㎥에 가깝고, 絲狀菌이 1만~2만개, 세균이 5천~1만개였다[5]. 이 정도의 양으로는, 石棺 안에서는 미생물에게 영향을 줄 것 같은 인자가 거의 존재하지 않는다고 보고하고 있다. 사진 5 - 6은 후지노끼 고분의 石棺과 관 안의 공기채취 상황을 나타낸다.

石棺內部에서 채집한 물의 분석결과는 표 5 - 1이다[6]. 銅 이온 농도가 이상하게 높은 수치(21.0~22.6ppm)를 나타낸 것이 보고되어 있는데 이것은 石棺內部에 오랜 기간 물이 고여 있어 銅製의

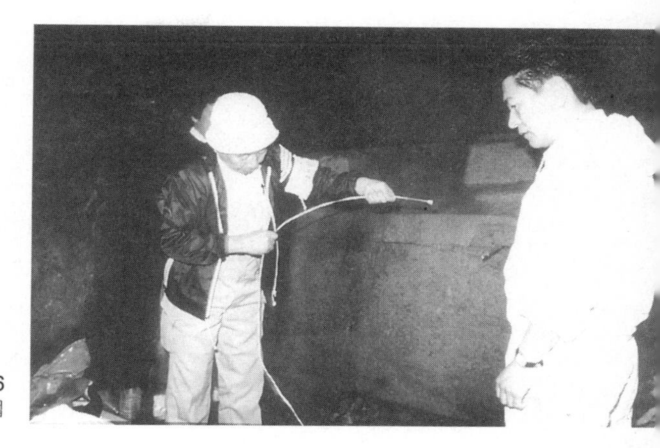

사진 5-6
후지노끼고분 석관의 공기 채취작업

遺物이 물 속에 잠겨 있었다는 것을 의미한다. 또한 칼슘(Ca), 칼륨(K), 나트륨(Na), 규소(Si) 등의 이온량도 보통 물과 비교해 보면 많이 함유되어 있는 것으로 지적되고 있다. 관 안의 물은 封土·石室天井을 지나 관 안에 이른 것이고, 빗물에 함유된 성분외에 封土에 함유되어 있는 화학성분과 예를 들어, 농약 등으로부터 유래한 성분이 반영되고 있는 것으로 생각된다. 더구나 石室의 천정에서 물이 떨어지고 있었다는 것은 상당히 오래 전부터 발생하고 있었던 것으로 보이며, 石棺의 정상부에는 물이 떨어졌을 때 생긴 작은 도랑이 많이 확인되었다. 또한 石棺에 침투한 물은 오랜 시간에 걸쳐 石棺 밑으로 빠져나갔을 것이지만 그 사이 천정에서 떨어진 물이 안으로 들어오고 있었다. 어떤 때는 石棺에서 물이 넘쳐버린 시기도 있었던 듯하다. 石棺內壁의 부착물과 그 흔적에서 엿볼 수 있다. 관안에서 물은 增減을 반복했을 것으로 생각된다. 그 때문에 유물의 잔존상태는 결코 좋지 않았을 것이다. 石棺안에 물이 고이고 銅製遺物에서 銅成分이 용출하고 있는 실태를 고려하면 유물을 물 속에서 꺼내 신속하게 적절한 보존처리를 해야 한다는 결론에 도달하여 이것을 전제로 한 발굴조사가 진행되었다.

古墳內部의 사전조사는 유물의 보존상태 뿐만 아니라 고분의

保存環境에 관한 정보도 얻을 수 있으며 출토된 유물의 保存修復에 관한 정보도 제공되는 중요한 작업이다. 표 5-2는 고분에서 공기분석의 몇 예를 보여준다. 완전히 막힌 석실과 밀폐상태의 석관을 발견하는 것은 매우 드문 일이고, 따라서 통풍성이 있다면 그것은 외기의 공기조성과 같을 것이다. 과거의 분석 예를 보면 奈良縣 所在의 高松塚古墳에서는 이산화탄소 농도가 0.22~0.3%로 바깥공기의 약 5.5~7.5배이었다. 이 수치는 이미 고분을 연 뒤의 수치이고, 발굴조사 이전의 수치는 아니다. 고분을 열기전의 측정 예로는 愛媛縣松山市 所在의 葉佐池古墳群 3호분의 측정 결과가 있다. 이산화탄소 농도는 1.3%로 그것은 외기의 약 32.5배에 해당한다. 1973年 8月에 발굴조사된 埼玉縣 勝田市 所在의 虎塚古墳은 고분을 열기 이전의 온도가 15℃, 습도는 92%이었다. 이때의 외기 온도는 32℃, 습도는 65%였다. 석실내의 이산화탄소 농도는 1.80%로 바깥공기의 45배에 해당한다. 더구나 虎塚古墳의 석실내의 미생물 수는 세균 200개/㎥, 사상균 수 400~700개/㎥가 존재하였는데, 고분주변의 미생물과 비교하면 세균은 2~3배, 絲狀菌은 1~3배로 둘 다 外氣쪽이 많다고 보고하고 있다[7].

표 5-1 후지노끼 고분 석관내 물 관련 자료의 분석[6] (단위: ppm)

원소 \ 시료 / 분석치	석실천정 물방울		석관내 上層水	
	K	T	K	T
알루미늄(Al)	0.76	0.5	0.11	0.08
칼슘(Ca)	5.34	5.3	5.40	4.9
동(Cu)	-	〈 0.05	22.6	21
철(Fe)	0.07	-	0.03	-
칼륨(K)	6.97	7.2	4.06	3.2
마그네슘(Mg)	1.02	1.1	1.49	1.4
망간(Ma)	0.21	0.1~0.5	0.25	0.1~0.5
나트륨(Na)	4.47	4.4	10.5	11
규소(Si)	12.5	12	24.6	0.9
아연(Zn)	0.04	-	0.08	0.1~0.5

- : 비검출 (0.1ppm 미만)

(단위: ppm)

시료 / 이온 분석지	석실천정 물방울	석관내 上層水		석관내 下層水
	K	T	K	T
불소이온(Fe^-)	0.01	0.08	-	-
염화이온(Cl^-)	6.8	9.8	9.2	9.3
질산이온(NO_3)	5.2	41	37	36
황산이온(SO_4^{2-})	23	43	37	36

K：奈良縣立橿原考古學硏究所, T：東京國立文化財硏究所

(斑鳩藤ノ木古墳 제2・제3차 조사보고서에서)

표 5-2 고분 내부 공기조성의 측정

종류	이산화탄소 (CO2)	산소 (O2)	질소 (N2)	메탄 (CH4)
대기조성 (『広辞苑』에서)	0.03%	20.1%	78.1%	1.6%
후지노끼 고분 (奈良縣)	518/684ppm 1.5～1.9배 주변 바깥공기 355ppm	-	-	검출한계이하
高松塚 고분 (奈良縣)	0.22～0.3% 5.5～7.5배	-	-	-
虎塚 고분 석실 (埼玉縣)	1.80% 바깥공기의 45배	19.85%	74.79%	-
虎塚 고분 주변外氣 (埼玉縣)	0.04%	20.38%	75.98%	-
葉佐池 고분 (愛媛縣)	1.3% 32.5배	23.1%	-	1.33ppm

※ 중량비(%)

引/用/文/獻

3) 江本義理：銅, 日本銅センタ-, pp.12～14, 1983年.

4) 新井英夫：石室および石棺内の空気と空気中の微生物の分析, 斑鳩藤ノ木古墳　第2・3次調査報告書 - 分析と技術編, 奈良縣立橿原考古學研究所, p.157, 1993.

5) 新井英夫：石室および石棺内の空気と空気中の微生物の分析，斑鳩藤ノ木古墳　第2・3次調査報告書 - 分析と技術編，奈良縣立橿原考古學研究所，p.153，1993.
6) 奈良縣立橿原考古學研究所・東京國立文化財研究所：水資料の分析，斑鳩藤ノ木古墳　第2・3차調査報告書 - 分析と技術編，奈良縣立橿原考古學研究所，pp.158～159，1993.
7) 虎塚古墳調査團：虎塚壁畵古墳・第1次發掘調査概要，町田市史編纂委員會，1993.

5－6　遺蹟 斷面 等의 土層轉寫

遺蹟에 있어서 層位를 정확하게 파악하고 그것을 정확하게 기록하는 것은 발굴조사에 있어서 기본의 하나이다. 층위의 기록은 대부분의 경우 실측이나 사진촬영에 의지하고 있는 것이 현재 상태이다. 이들 層位나 遺蹟斷面을 얇게 떠내 천과 판넬 등에 전사하여 실내로 가지고 오는 것이 가능하다면, 발굴후라도 실물을 여러 각도에서 자세히 조사할 수 있는 효과적인 기록 보존법이 된다. 게다가 層位나 遺蹟斷面의 검출상태를 정확히 전사할 수 있기 때문에 발굴에 종사하지 않은 제3자를 대상으로 유적을 설명하는 경우에 現場感이 넘치는 좋은 자료가 된다.

轉寫를 위한 접착제로서 변성의 에폭시계 접착제를 개발하였다. 경화한 뒤에도 유연성이 있기 때문에, 土層을 마는 것처럼 하여 떼어낼 수 있다. 동시에 표면처리 재료에는 이소시아네이트계 합성수지와 아크릴계 합성수지 등이 있다. 전사하려는 면을 평평하고 매끄럽게 깎아낸다. 합성수지를 塗膜한 뒤, 그 위에 강도를 높이기 위해 이면에 布를 붙인다. 이때 布 전체가 유적 단면의 미묘한 요철에 밀착하도록 가볍게 두드려서 꽉 누른다. 배접용의 布에는 寒冷

사진 5-8 전사자료의 세척

사진 5-7 전사면의 布에 의한 배접

沙, 거즈, 유리섬유, 직물 등을 이용한다(사진 5-7). 배접이 끝나면 재차 합성수지를 布의 위부터 발라준다. 이 수지 塗膜이 완전히 경화한 뒤에는 떼어내기만 하면 된다. 그림 5-2는 전사방법의 공정 모식도를 나타낸다[8]. 轉寫한 土層面에는 필요 이상으로 토양 등이 부착되는 일이 많다. 이것을 放水로 세척·제거한다(사진 5-8). 전사면은 이미 얇은 층상으로 경화되어 있고 수돗물 등을 꽤 강하게 뿌려도 膜面에 고착되어 있는 토양이 떨어지는 일은 없다. 세척한 뒤에는 그대로 건조시키기만 하면 되지만, 일반적으로 層序와 土質의 요철을 표현하려면 흙이 젖어있는 쪽이 알기 쉽다. 이소시아네이트계 합성수지 등으로 얇게 도포하여 토층을 물에 젖은 것 같은 색으로 마무리한다. 그것은 토양을 확실하게 布面에 고착하는 효과도 있다.

그림 5-2 토층전사 模式圖

土層轉寫에 사용하는 합성수지(접착재료)는 강력한 접착력을 가지고 경화후에도 적절한 유연성을 유지하는 것과 경화속도가 빠른 것이 좋다. 현장에서 사용하기 때문에 특별한 장치를 사용하지 않고 간단하게 작업할 수 있는 것, 대상이 된 토층이 조금 젖어 있어도 접착력을 발휘할 수 있는 것이 필요하다. 자갈이 섞인 판축 등 비교적 단단한 토층에는 에폭시계 합성수지처럼 접착강도가 큰 것이 유효하다. 토층의 전사면적 1㎡를 떼어내기 위해서는 약 3~4㎏의 합성수지를 필요로 하는데, 主劑와 경화제의 2액성 타입으로 단단한 토층의 전사에 유효하다. 단, 이와 같은 제품은 건조한 토층의 전사에는 적합하지만, 습기찬 토층에는 적합하지 않다. 젖은 토층을 떼어내는 데는 변성우레탄수지가 적당하다. 1액성 타입의 접착제로 경화시간은 빠르다. 현장에서의 작업시간이 한정되어 있는 상황에서는 편리한 재료이다. 단, 이러한 종류의 수지는 경화 후에 塗膜이 약간 수축한다. 신속하게 에폭시계 등의 안정된 합성수지로 배접하여 보강해 두는 것이 바람직하다. 더구나 이 접착제는 아세톤(Acetone)으로 희석하여 토층면에 스프레이처럼 뿌려 줄 수도 있다. 사진 5-9는 平城宮跡大極殿 基壇의 단면을 정형하고 있는 광경이다. 폭 20m, 높이는 평균 2m의 토층 전사는 세계 최대급이지 않을까 한다.

사진 5-9 전사한 大極殿 基壇의 단면

轉寫된 土層에 付隨한 土器類·貝·礫 등이 전사면에 완전히 고착되어 있지 않은 경우에는 에폭시계 접착제 등을 이용하여 다시 한번 고정할 필요가 있다. 透明度가 높고 耐候性이 우수한 아크릴계 합성수지는 토층면에 付隨한 貝殼이나 魚骨 등의 강화에 효과적이다. 더군다나 목재와 종자 등이 부서지기 쉬운 유물이 부착되어 있는 경우에는 떠내어 그에 적합한 화학처리를 실시한 후 본래의 자리에 되돌리는 일도 있다.

引/用/文/獻

8) 奈良國立文化財硏究所·埋藏文化財センタ-：埋藏文化財センターニュース28号, 1980. 11.

5-7 遺構·遺物의 收拾

발굴조사로 발견된 유구·유물 중에는 손으로 들어올릴 수 없을 정도로 분해되었거나 부서지기 쉬운 것이 있다. 또한 발굴한 유구

사진 5-10 우레탄발포 포장

사진 5-11 크레인에 의한 반출·운반

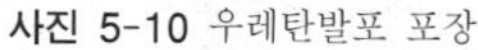

를 현장에서 보존할 수 없는 사정이 발생하는 일도 적지 않고 유물포함층이나 貝層 등에서 그 일부를 잘라내어 실내로 반입한 뒤에 시간을 들여서 조사하는 것이 필요할 경우도 많다. 게다가 이렇게 수거한 유구와 유물은 종종 박물관의 효과적인 전시품이 된다.

이러한 유구·유물을 수습하기 위해서 예전부터 다양한 방법이 구사되어 귀중한 문화재자료가 보존되어 왔다. 석고로 고정하고 또는 적당한 지지대를 붙여서 다루었다. 대형 유구·유물은 콘크리트로 포장하여 수거한 예도 있다. 그러나 석고와 콘크리트를 해제하기 위해 해머, 망치 등을 사용하여 두드려 분쇄할 필요가 있어 유구·유물을 손상할 우려가 있었다. 최근에는 硬質의 우레탄폼을 사용하여 유구·유물을 통째로 포장하여 移設한다(사진 5-10, 사진 5-11). 우레탄폼은 발포스티롤과 같은 것으로써 폴리올성분과 이소시아네이트(isocyanate)성분 두 종류의 원액을 혼합하여 주입하면 발포하여 공간에 가득 찬다. 좁고 모양이 바르지 않은 공간을 완전히 충전하기 때문에 어떠한 형태의 유구·유물도 쉽게 포장할 수 있다. 두 원액을 혼합하여 균일하게 발포시키기 위해서는 정확하게 양을 재어 규정된 비율로 각 성분을 혼합하고 고속으로 휘젓는다.

硬質發泡性 우레탄수지의 사용에 있어서 우선 교반용기와 양을 재기 위한 천칭, 교반봉, 비닐봉투, 쓰레기 봉투, 방호용 장갑, 마스크, 구급용구(수지가 손에 묻었을 때의 세정수, 눈에 들어갔을 때의 세안세정수 등) 등을 준비한다. 우레탄 원액을 고압 봄베(bombe)에 넣은 스프레이식 유형도 시판되고 있다. 교반하거나 양을 재는 등의 수고를 덜고 생략한다. 게다가 수작업에 비해서 우레탄폼의 발포체는 보다 균질로 작업효율도 좋다. 또한 우레탄폼은 경량(밀도 0.03의 것이 잘 이용됨)인 동시에 경화후에도 나이프 등으로 쉽게 떼어낼 수 있다.

이런 종류의 공법에 관해서는 이전의 특정한 수거 공법이 있어 그것을 이용한다는 것이 아니고, 유구·유물의 출토 상황을 근거로 하여 그때 그때의 상황에 따라 공법을 검토하는 것이 원칙이다. 예를 들면 액상·소성상(水底 등에 쌓인 무른 상태의 汚泥 모양)의 유구 또는 그 위에 존재하는 유물은 凍結하면 포장할 필요없이 쉽게 수거할 수 있다. 액체질소(비점은 -195.82℃)를 응용하여 유물을 凍結하면 포장뿐만 아니라 특별한 지지판을 붙일 필요도 없이 쉽게 수거될 것이다. 특히 좁은 공간밖에 확보할 수 없는 현장에서는 우레탄폼으로 포장할 만큼의 공간을 충분하게 마련할 수 없지만, 凍結工法을 응용하면 쉽게 들어올릴 수 있다. 합성수지 등을 이용해서 포장할 필요가 없기 때문에 비교적 단시간 안에 작업이 가능하며, 수거한 뒤 불필요한 포장재 제거 등의 수고도 덜 수 있다. 그러나 완만한 凍結은 균열이 발생하고, 유구·유물을 훼손할 가능성도 있기 때문에 凍結時에는 세심한 주의가 필요하다. 더구나 동결하고 있는 동안은 그 형태를 유지하고 있지만, 融解와 함께 형태를 유지할 수 없게 된다. 融解하기 전에 유구·유물에 보강제를 첨가하는 등의 사후책도 필요하다.

人骨과 動植物 遺體는 그것들이 유구면에서의 배열이나 유체상호의 위치관계, 그 형태를 현 상태대로 보존하고 유지하는 것이 이

사진 5-12
狭山池의 제방둑의 단면상황

런 종류의 연구를 진행하는데 있어서 중요하게 된다. 결국 우레탄폼으로 포장하는 것이 간편한 방법이다. 약한 유물을 토양째로 잘라 내려면, 사전에 토양을 강화할 필요도 생긴다.

대형 유물·유구를 수거할 경우에는 角材와 H鋼材 등을 사용하여 틀을 짜서 견고한 구조체를 만들어 틀째 우레탄폼으로 포장한다. 포장시 우레탄폼의 두께는 기준으로서, 20~30㎝ 정도 두께이면 좋지만 찐만두처럼 크게 포장할수록 안전하다는 것은 당연하다. 사진 5-12는 大阪 狭山市 所在의 狭山池의 제방둑 단면을 나타내고 있다. 밑변 60m×윗변 10m×높이 14m의 사다리꼴이다. 이 제방둑을 얇게 떠내어서 전시 공개하는 것이 계획되었다. 50㎝의 두께로 제방둑을 잘라내어, 고분자 물질로 경화한다. 제방둑을 소정의 크기로 분할하여 자르고, 鋼材를 첨가하여 틀을 짠다(사진 5-13). 鋼材와 제방둑과 사이에는 쿠션을 넣고 철망을 감아 고정하였다. 이 제방둑은 습윤상태에 있어 소성상의 부분과 고체상의 부분이 있다. 이런 것은 부주의하게 건조하면 금이 가는 것을 알 수 있다. 그렇기 때문에 수용성의 고분자 물질을 스며들게 하여 강화할 필

사진 5-13 제방둑의 일부를 들어올리는 상황

사진 5-14 PEG함침을 위한 거대 水槽와 수거한 제방둑 · 나무통

요가 있고 잘라낸 후 그대로 水槽에 넣어서 고분자량의 PEG수용액을 베어들게 하였다. 狹山池의 현장에서는 여러 종류의 귀중한 유구 · 유물이 발견되어 그것의 대부분을 조심스럽게 수거하여 보존처리가 행해졌다. 잘라낸 제방둑과 나무통은 화학처리를 시행하기 위해서 거대한 水槽에 넣었다(사진 5 - 14). 발견된 거의 대부분의 것이 토목공학과 관련한 귀중한 大型資料이므로 大阪府는 이러한 자료를 영구히 보존하고 전시공개하기 위한 古代 土木技術의 자료관을 건설하기로 결정하였다.

5 - 8 銅鐸 · 銅劍의 收拾

부식이 심한 金屬製遺物, 특히 銅鐸 · 銅劍의 수습에 관해서는 세심한 주의를 기울일 필요가 있다. 예를 들어 동탁본체의 두께는 의외로 얇다. 경우에 따라서는 1.0㎜ 이하의 것이 있는데 그것이

사진 5-15
銅劍의 수습 상황

부식으로 인해 매우 약해져 있는 것이 있다. 또한 銅劍의 칼끝은 원래 날카롭고 뾰족하다. 겉보기에는 단단하게 보여도 대개는 부식되어 부서지기 쉽다. 이러한 상태의 유물을 부주의하게 들어올리는 것은 금물이다. 동검의 연구에서는 그 形狀·型式이 중요시되기 때문에 현장에서의 수거에는 칼끝이 상하지 않도록 만전의 주의를 기울여야 한다. 再溶解가 가능한 열가소성의 합성수지를 접착제로 하여, 수㎝ 방형으로 자른 거즈를 여러 겹 붙여 보강한다. 사진 5-15는 銅劍의 칼끝에 거즈를 붙여 보강하고 있는 것을 나타낸다.

일시 강화에는 재용해가 가능한 열가소성의 수지를 이용하지만 그 경우 유물을 잘 건조시키지 않으면 안된다. 습윤한 유적에서 출토된 유물은 과다하게 물을 함유하고 있기 때문에 수지용액을 스며들게 해서 강화할 필요가 있다. 그러나 기술적인 면과 시간적인 제약 등으로 이를 발굴 현장에서 시행하는 것이 반드시 쉬운 것은 아니다. 그러므로 우선 수거해서 실내에 반입한 후 충분한 시간을 들여 강화처리를 한다. 들어올리려면 석고나 콘크리트를 대신하여 경질의 발포우레탄수지를 이용하거나 액체질소에 의한 凍結工法을 응용한다.

第 6 章

石造文化財의 保存修復

모아이 石像(이스터섬)

남태평양에 떠 있는 孤島 이스터섬의 모아이 石像이다. 小豆島[쇼도시마, 日本 四國地方의 香州縣에 속한 유명한 관광지로 면적은 152㎢] 정도의 작은 섬에 약 700개의 모아이 石像이 있다. 누가 무엇을 위해 만들었는지 전혀 알 수 없다. 거의 대부분의 모아이像은 엎드린 상태로 넘어져 있다. 해일로 교란된 이후돈가리키유적을 칠레와 공동으로 保存整備했다.

6-1 劣化現象

石造文化財에는 建造物·城壁·돌담·橋 그리고 古墳의 石室이나 石棺 등이 있다. 또한 비교적 소형의 것으로는 石燈·石塔·石碑·墓石, 정원의 조경석류, 建物의 礎石·溝石 등을 들 수 있다. 마애불이나 동굴 유적군 등도 석조문화재의 범주에 들어간다. 석조문화재를 보존과학의 관점에서 볼 경우 2가지 유형으로 나눌 수 있다. 건조물·초석, 磨崖佛·동굴유적 등처럼 지반과 연결하고 있던가 또는 접하고 있는 것으로 지반에서 따로 떼어 보존 수리하는 것이 어려운 것과, 石塔이나 石碑처럼 지반과 접해 있지 않거나 접하고 있는 경우에도 보존 수리할 때는 쉽게 떼는 것이 가능한 것 두가지이다. 前者는 지반과 접하고 있기 때문에 지하수가 침입하기 쉽고, 석조품 열화의 큰 원인이 되고 있다. 後者는 지하수의 영향을 직접 받는 것은 아니지만 전자와 같이 물리적 화학적인 열화요인이 작용한다.

石造文化財는 [일본에서] 凝灰巖을 사용하고 있는 예가 많다. 일반적으로 凝灰岩의 固結度는 낮다. 그 때문에 열화한 암반에 대해서는 단순히 표면적인 강화처리를 시행한 것만으로는 불충분한 경우가 있다. 석조문화재의 형상과 구조를 근거로 하여 구조 역학적인 면에서의 강화조치도 필요하다. 석조문화재는 응회암 이외에 화강암·안산암·현무암·녹색편암 등으로 만들어진 예도 있다. 이런 것은 응회암에 비해서 강도가 크고 비교적 균질로 치밀한 것이 많지만 역시 열화현상은 피할 수 없어 보존조치를 요한다.

岩石의 劣化現象은 오랜 세월동안 익숙해져 왔던 환경이 갑자기 변화했을 때에 일어난다. 급격하게 변화한 환경 속에서 암석에 미치는 물리적·화학적인 새로운 조건에 순응하기 위해서 결국 평형상태로 한없이 접근하려고 劣化現象이 일어난다. 생성물이 생기는 것도, 표면박리나 破碎를 반복하는 것도 그 때문이다. 암석의 열화 현상은 환경에 지배되는 일이 많고, 이것은 물리적・화학적・생물적인 작용에 분류되는 것이 일반적이다[1].

물리적 작용은 결과적으로 깨지고・부러지고・박리되는 현상을 초래하여 암석에 스며들거나 조금 갈라진 틈 사이로 들어간 물이 동결하면, 그 상부 표면에서 過冷却되어 氷結한다. 그때의 내부 얼음의 體積膨脹에 따르는 힘의 대부분은 암석의 파쇄에 연결된다. 그것이 융해하여 다시 물이 침입한 후 동결되고 융해가 반복된다. 물이 氷結하면 체적은 약 9% 팽창하기 때문에 동결・융해의 반복이 암석을 파손하는 주된 원인이 된다. 동결은 물리적 작용의 큰 요인중의 하나이다.

岩石에 대한 물리적 작용은 물의 동결・융해만이 아니다. 실외에 노출된 암반은 직사광선에 의해 열을 받는다. 건물이 화재를 입으면 초석이 열을 받은 후 열팽창・수축이 일어난다. 그것이 반복되면 암석은 변질되고 파손된다. 그 외 지진이나 교통사정에 의한 진동의 영향도 무시할 수 없다. 대형의 수목이 강풍에 그 뿌리가 암반을 흔들어 파괴하는 예도 있다. 이러한 것도 물리적인 작용에 의한 열화현상이다.

화학적 작용의 하나로 염류풍화를 들 수 있다. 암석 안의 물에 용해된 염류가 수분이 건조됨에 따라 암석 표면에 析出한다. 그 결정이 암석을 파손하고 열화하는 현상을 鹽類風化라고 부르고 있다. 돌이나 벽돌 등으로 된 유구가 붕괴하는 원인은 대개의 경우 이 염류풍화에 의한 것이다. 세계 각지의 유적에서 이 열화현상이 나타나고 그 보존대책이 공통의 과제가 되고 있다.

산성비(酸性雨)도 화학적 작용에 의한 열화요인의 한가지이다. 공장과 자동차에서 방출된 유황산화물(주로 SO_2)・질소산화물(NO_χ)은 장시간에 걸쳐 대기 중을 유동하고 있는 동안에 물에 녹기 쉬운 물질로 변화하고 황산이나 초산을 함유한 산성비를 내리게 한다. 산성비나 오염공기 등에 의한 영향은 상승적으로 작용하는 성질의 것으로 삼림이나 농작물이 枯死하거나 금속, 석재가 용해하는 피해가 일어나고 있다. 특히 야외에 노출된 마애불 등에 대한 산성비의 영향도 문제가 되고 있다. 산성비나 오염공기는 국경을 초월해서 이동하기 때문에 국제적인 수준으로 연구하고 해결해야 하는 문제일 것이다.

유적주위에 생육하는 草木·이끼류(苔類)·地衣類·微生物 등에 기인하는 생물적 작용에 의한 열화도 심각한 문제이다. 물과 빛의 존재와 수목·지의류·미생물의 번식과는 관계가 깊다. 또한 강우가 직접적으로 암석의 열화에 관계하는 것 외에, 열대성기후에서는 완만하지만 수목의 성장은 빠르다. 그 수목은 암석을 파괴하고 유적 전체도 파괴한다. 일본에서도 성장은 완만하지만 석조문화재에 대한 樹木·樹根에 의한 피해의 예는 많다. 그러나 유적에 생육하는 수목의 처치에도 세심한 주의를 기울여야 한다. 일반적으로 수목을 벌채하여 제거하는 방법과 벌채하지 않고 수목의 생장을 억제하면서 유적과 같이 살게 하는 방책이 있다.

암석의 갈라진 금이나 구조물의 틈 사이로 파고 들어간 나무뿌리를 그대로 방치하면 樹根의 생장에 따라 갈라진 금이나, 벌어져 강풍에 흔들릴 때 그 뿌리가 암반을 파손할 염려도 있다. 그러나 그 나무를 벌채하면 樹根은 머지않아 부패한다. 부패하면 갈라진 금이나 틈 사이에 공간이 생겨 암반이나 구조물의 붕괴를 초래할 위험이 있다. 수목을 벌채하지 않고 유적을 보호하려면 생장을 억제하는 수단을 강구한다. 수목이 갑자기 고사하지 않도록 최소한의 가지를 잘라 버리고 樹根을 말리지 않고 암반이나 구조물의 안정을 유지한다. 벌채할 경우에는 樹根이 고사하여 암반이나 구조물에 공간이 생기기 전에 灰三物(grout) 주입에 의한 구조상의 강화책을 강구해 둔다.

사진 6-1
보르부드르 유적의 石像

또한 綠藻·褐藻·紅藻類 등의 藻類와 地衣類는 수중 또는 습윤한 곳에서 발생하기 쉽다. 마애불뿐만 아니라 건조물이나 석탑 등의 구조물 표면에서도 발생할 수 있다. 암석 표면의 이끼류, 지의류 등의 생육은 오히려 원만하지만 그 중에는 암석을 용해하는 것 같은 성분을 분비하는 종류도 생존하고 있기 때문에 역시 제거하는 쪽이 좋다.

이상과 같이 凍結·融解, 鹽類風化, 樹木·草木·地衣類·微生物類 등에 의한 물리적·화학적·생물적 작용의 대부분에 물이 관여하고 있다. 장기간에 걸쳐 계속 내린 대량의 비도 그 하나이다. 열대성기후인 동남아시아지역에서는 캄보디아의 앙코르왓트유적과 인도네시아의 보르부드르유적(사진 6-1) 등이 유명하지만 강우량이 많고, 년간 기온도 높아 열화방지는 쉽지 않다. 이러한 환경 아래에서는 암석에 물이 침투하지 않도록 하는 撥水처리가 어느 정도의 효과를 가져올 것인지 일본 내에서의 경험으로는 상상도 할 수 없다. 이전부터 시행되어온 처리 방법을 근본적으로 바꾸는 대응책이 필요하게 될 것이다.

石造文化財의 保存修理에 관해서는 아래에 기술한 항목에 대하여 사전조사하고, 그 성과를 토대로 한 보존대책을 강구해야 한다.

(1) 암석학적 조사 : 薄片에 의한 암석의 동정, 광물조성의 관찰, 一軸壓縮强度, 물리시험, 표면석출물의 화학분석, 열화도·점토화의 정도 측정
(2) 지질구조의 조사 : 보링(boring)조사, 균열의 연속성과 방향성, 層理(節理)面의 方向 등의 조사
(3) 보존환경의 조사 : 유적 및 주변의 온도·습도·강우량·풍력·기압 등 小氣象의 측정
(4) 지하수위·수질조사 : 지하수위의 계속적 측정·雨水를 시작으로 하는 表面水와 地下水의 水質分析, 그 오염인자의 추적조사
(5) 오염공기의 조사 : 오염공기와 酸性雨가 遺蹟에 미치는 영향에 관한 조사
(6) 진동조사 : 지진의 진동·근접한 차량과 기차 등에 기인하는 연속성의 진동이 주는 영향의 조사
(7) 植生調查 : 自生樹木, 草木, 이끼류(苔類), 지의류 등의 식생조사
(8) 생물열화요인의 조사 : 암석표면 뿐만 아니라 枯木이나 濕地에는 微生物·地衣類 등이 發生한다. 이러한 미생물이 암석에 미치는 영향에 관한 조사

引/用/文/獻

1) C.D.Ollier : “Weathering” OLIVER&BOYD · EDINBURGH, pp.5~22, 1969.

6-2 赤外線을 利用한 劣化診斷

물체에는 각각 고유의 온도가 있고 열을 적외선으로 放射하고 있다. 그 에너지를 측정함으로써 물체의 표면온도를 알 수 있다. 침입자의 체온을 감지하고 경보를 일으키는 경비 시스템도 이 원리를 이용하고 있다. 유럽에서는 이미 이 적외선 온도분포 측정법

을 이용하여 건물 벽면의 표면온도 분포를 토대로 구조조사를 시행하고 있다[2].

예를 들면 어느 시기부터 창을 壁土로 발라 빈틈을 막아버린 건물이 있는데, 현재 육안으로는 보이지 않는 창의 위치를 확인하고 당초의 양식으로 복원할 경우 벽표면의 온도차를 근거로 창의 위치를 알 수 있다. 당초부터 벽부분과 목재의 창틀을 내포한 부분과는 벽의 표면온도에 차이가 생기기 때문이다. 이것을 측정하면 壁土를 제거하지 않고 창의 위치를 정확하게 알 수 있다. 이 적외선을 이용한 온도분포 측정법을 石佛의 보존상태를 진단하기 위해 응용했다.

적외선 방사온도계는 대상물에서 방사된 적외선의 제한된 파장폭에 대한 감도를 갖으며, 검출기로 검지하고 온도를 직접 표시하는 장치이다. 이 방법으로는 岩盤表面에 직접 접촉하지 않고 동시에 원격으로 온도분포를 측정하는 것이 가능하게 되어 절벽에 위치한 마애불의 측정에는 특히 유효하다. 岩盤의 표면온도는 주로 바깥 공기에서와 岩盤 內部에서의 傳導熱의 교환에 의해서 결정된다. 한편 암반표면의 열화·풍화의 정도에 의해서 각각의 熱傳導率이 다를 가능성이 있다. 마애불의 표면은 열화하고, 分狀化한 부분이나 균열이 생긴 부분, 물이 스며든 부분, 이끼류가 생육하고 있는 부분 등 암석표면의 상태는 여러 가지이다. 이와 같은 石佛 표면에 대해서 표면온도를 측정하고 그 위에 바깥 기온의 변화에 따르는 석불표면의 온도변화의 속도(經時變化)와 변화량을 측정한다. 즉 태양열을 받기 시작하면서 기온이 상승하고 또한 내려가기 시작하는 일몰까지의 연속된 온도변화를 측정함으로써 여러 가지의 표정을 가진 암반표면의 상태를 추측·상정하는 것이 가능하다. 그러므로 기온변화에 따르는 암반의 표면 온도가 변화하는 「온도 변화의 폭」이나 「온도의 상승 기울기」의 차이로부터 岩盤表面의 保存狀態를 조사할 수 있다.[3]

책 첫머리 사진 ① a는 奈良縣 室生村 所在의 大野寺 石佛이다. 가마꾸라시대(鎌倉時代)의 초기에 溶結凝灰巖의 암반에 가는 선을 새겨 표현한 像으로 높이는 14m이다. 책 첫머리 ① b에는 표면온도의 高低差를 컬러차트로 표시하고 있다. 劣化診斷에 이용하기 위해서는 단순히 암반 표면의 온도 분포를 측정하는 것만이 아니고, 일정시간 내에서의 온도의 상승속도와 온도변화 양을 조사함으로써 열화를 진단하려는 것이다. 이것에 의해서 종래의 같은 종류의 방법에 의한 조사 이상으로 열화상태를 보다 상세하게 진단하는 것을 가능하게 하였다.

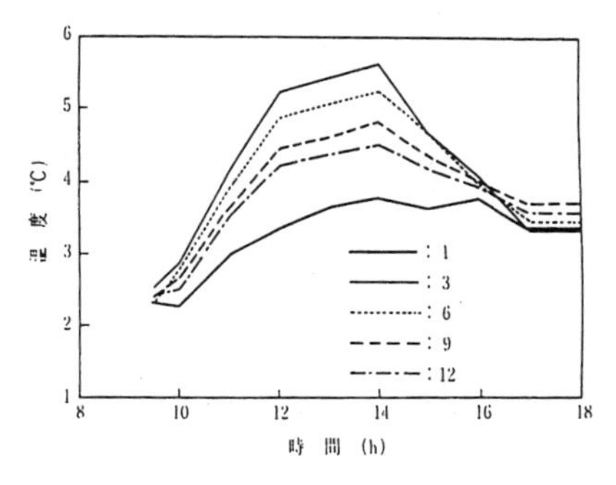

그림 6-1 석불의 온도측정

책 첫머리 사진 ① b에 나타난 1에서 12까지의 숫자는 표면 온도의 경시적인 변화를 측정한 12곳의 위치를 나타내고 있다. 그림 6-1은 12곳의 측정점 중에서 No. 1, 3, 6, 9, 12의 측정 점에 대해 오전 9시 30분 경부터 오후 6시경까지의 사이에 변화한 표면온도를 나타낸 것이다. 표면온도의 변화가 가장 적었던 것은 측정점 No. 1이다. 이 부근은 암반의 보존상태가 비교적 양호한 곳이다. 즉 외부에서 공급된 열은 신선한 암반에 흡수되어 표면의 온도상승이 느리게 되어 있다. 한편, 측정점 No. 3에서는 암반표면에 형성한 단단한 막이 層狀으로 박리하여 암반으로부터 들떠 있다. 그 때문에 외부의 온도 변화에 호응하기 쉽고 온도변화가 가장 심하다. 또한 측정점 No. 12의 주변은 암반의 균열에 따라 블록상태의 돌을 끼워 넣고 표면을 매끄럽게 수정한 곳이다. 끼워 넣은 돌은 암반에서 떨어진 것이어서 역시 바깥공기의 영향을 받기 쉬워 표면 온도의 상승·하강의 움직임은 측정점 No. 1보다 심하다.

앞서 제시한 측정사례에서도 소개한 것과 같이 이 방법에는 다음과 같은 문제가 남아 있는데 그것은 암석표면의 온도변화 요인을 구체화하는 것이다. 예를 들면 同質의 암석시료에 관해서 열화 정도의 차이와 온도변화와의 관계, 암석에 함유된 수분량의 차이와 이것을 반영하는 암석표면의 온도차의 관계 등이다. 또한 異質의 암석 시료라 하더라도 함수량이 차이를 반영하는 표면온도에 어떠한 상관관계를 찾아낼 수 있는지 없는지의 실험적인 해석도 필요하다. 소정의 시간에 암반 표면의 온도변화의 기울기가 그 岩質이나 함수량 등의 차이에 대응한다고 하면 각종단계의 보존상태를 상정한 標準試料를 작성하고, 이것을 기준으로 하여 측정대상에 대한 열화의 정도나 함수량 등을 추정할 수 있다. 그러나 암반 표면의 온도차가 부분적으로 다르다는 것을 아는 것만으로도 거기에 무엇인가의 요인이 잠재하고 있는 것을 시사하고 있는 것으로, 그와 같은 부분에 초점을 맞추고 눈으로 보고 손으로 만져보는 등의 새로운 정밀한 진단을 시행하는 것이 가능하게 된다.

引/用/文/獻

2) Eva Pauknerova : Utilization of Infrared Techniques in the Survey of Historical Building, "Technical Congress, 98 Conservation of Historical Monuments", Their Role in Modern Society, Section, pp.180~193, 1989.
3) 澤田正昭 : 赤外線利用による石造物劣化狀態の診斷, 文化財論叢・奈良國立文化財研究所創立40週年記念論文集, pp.1033~1039, 1995.

6-3 鹽類風化

암석에 스며든 수분에는 다소간의 염류가 함유되어 있다. 염은 산을 염기로 중화할 때에 물과 함께 발생하는 것으로 대기중의 오염인자 등이 녹아 들어간 빗물이나 지하수가 암석에 스며든 것 외에 암석을 구성하는 광물 자체에도 물에 가용성인 염류가 함유되어 있다. 또한 그 수용액은 암석중의 광물과 반응하여 2차적으로 물에 가용성인 염류를 생성하는 일도 있다. 이러한 염류는 암석내부에 함유된 물에 용해된 상태이다. 그래서 어느 시기에 수분이 건조하면 물에 녹아 있던 염류는 물과 함께 암석의 표면으로 이동하여 석출한다. 결정화된 염류는 암석의 표면부분에 쌓여 硬質의 膜을 만든다. 또는 응회암처럼 빈틈이 많은 암석표면에 있어서 표면부분의 극히 가까운 암석내부에서 스며 나와 침출하고 일시적으로 견고한 층을 만든다. 이 膜은 처음으로 보면 암석 표면을 견고하게 하고 보존상태가 양호한 것처럼 보이지만 이 현상은 일시적인 것으로 단단한 膜의 안쪽은 염류의 결정에 의해서 파쇄된 암석이 분상화하고 있는 경우가 많다. 表層의 단단한 膜으로 계속 성장하는 결정성의 물질에 의해서 점점 증대하여 단단한 막이 휘어져 암반에서 떨어진다. 또는 암석의 표면이 물집처럼 부풀어오르는 일조차도 있다. 암석의 표면에 형성된 단단한 막은 가벼운 충격에도 쉽게 파손한다. 膜의 이쪽은 이미 분상으로 되어 있기 때문에 그것이 한번에 무너지게 된다.

사진 6-2는 암석의 表層部分에 염류가 과다하게 석출하여 결국 암반으로부터 박리된 상태를 나타내고 있다. 이것은 火山性인 응회암에서 보여진 현상이다. 이 膜은 처음에 견고하게 보이지만 아주 작은 충격에도 견딜 수 없을 정도로 약하다. 이 단단한 膜의 안쪽에는 염류의 석출을 위해 이미 심하

사진 6-2
염류의 析出 원인으로 부풀어 오른 암석표면

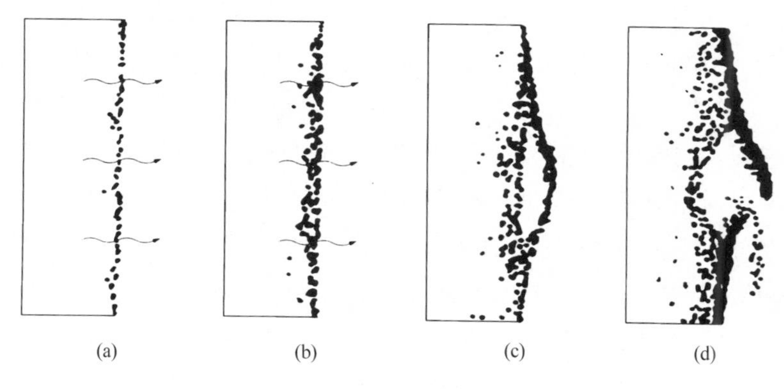

그림 6-2 염류풍화의 模式圖

게 열화하고 있기 때문에, 膜이 파손하면 점토화하여 가루로 된 암석이 떨어지기 시작하고, 암반이나 석불의 형태를 해버린다. 그림 6-2는 염류풍화의 모식도이다. 그림 6-2 (a)는 염류를 함유한 물이 건조하여 암석의 표면에 염류가 석출하는 상황을 나타낸다. 그것이 반복되면 그림 6-2 (b) 및 (c)와 같이 表層部分에 결정이 석출하거나 스며나와 단단한 막을 형성한다. 이윽고 단단한 막이 파괴되면 다음은 그림 6-2 (d)에 보이는 것처럼 加速度적으로 열화한 암반표면은 떨어져 石造文化財의 형태를 변화시켜 간다. 마애불의 가장 큰 열화요인은 鹽類鑛物의 성장에 따른 암석표면의 파괴이다. 이런 종류의 열화현상은 화학적 작용에 의한 것이지만 이것은 갈라진 틈에 들어간 물의 동결에 의한 파쇄현상과도 비슷하여 물리적 작용에 의한 열화이기도 하다. 결국 열화의 요인은 단일로 작용한다고 하기보다는 복수의 요인이 서로 작용하고 있다. 염류풍화는 일반적으로 노출상태에 있는 암석에 생기기 쉽다.

마애불의 표면에 석출하는 염류광물의 조성에는 칼슘(Ca), 마그네슘(Mg), 칼륨(K), 나트륨(Na), 알루미늄(Al)의 황산염, 또는 加水黃酸塩 광물 등이다. 염류가 석출하여 형성된 치밀하고 단단한 막에는 석고($CaSO_4 \cdot 2H_2O$)가 함유되어 있다. 또한 암석 표면에서 가

사진 6-3
(a) 大分縣 元町石佛에 나타난 析出物　　(b) 石佛 왼쪽 무릎에 있는 다량의 析出物

루모양으로 떨어지는 물질에는 다량의 황산나트륨(Na_2SO_4)이 함유되어 있다. 그 외 황산마그네슘($MgSO_4 \cdot 7H_2O$)이나 염화나트륨(NaCl) 등이 검출된 예도 있다. 사진 6 - 3은 大分市 元町石佛에 보이는 석출물이다. 사진 6 - 3 (b)은 왼쪽 겨드랑이 부분을 나타낸다. 겨울철의 건조시기에는 수 센티미터 길이까지 결정이 성장하는 일도 있다. 이 석불은 1986年부터 1995年에 걸쳐 보존수리되었다. 염류석출을 막기 위해 지하수가 石佛에 미치는 것을 방지하는 조치가 강구되었고 石佛의 뒷면에는 물을 빼기 위한 터널을 파고 앞면에는 우물을 파서 내부의 물을 뽑아내어 지하수가 石佛에 미치지 않도록 모든 수단을 강구하고 있다.

引/用/文/獻

4) 江本義理：概説 - 石の塩類風化について，石造文化財の保存と修復，東京國立文化財硏究所, pp.48～54, 1985.

6-4 모헨죠다로遺蹟의 鹽類風化

일본에서의 유적의 대부분은 흙과 돌로 되어 있다. 따라서 유구의 보존처리로는 돌과 흙을 경화하는 것을 우선 생각할 수 있다. 그러나 유구의 소재가 동일하더라도 그 보존환경이 다르다면 이것을 보존처리 하기 위한 보존재료나 보존기술도 다르다. 과포화로 염분을 함유한 물이 들어오는 유적에서 유구의 素材인 저온에서 소성된 벽돌에 어떠한 문제가 발생하는 것일까.

파키스탄의 모헨죠다로 유적은 塩害에 시달리고 있다. 사진 6-4는 유적의 중심에 있는 탑과 그 주변을 나타낸다. 유적이 所在하는 모헨죠다로는 카라치(karachi)의 북방 300㎞의 장소에 있고 비행기로 약 1시간이 걸린다. 고대 인더스문명 발상지의 인더스강의 중류지역에 모헨죠다로 유적이 위치하고 있다. 그것은 5千年 前의 거대한 고대도시로 성채(城砦)지구와 市街地區로 나누어져 있다.

1922年, 인도의 존・마먈 경이 처음으로 대규모적인 발굴조사를 시행하였다. 그 후 인도에 의해서 1931年까지 발굴조사가 계속해서 행해졌다. 유적 주위의 길이는 약 5㎞에나 이르고 소성된 벽돌로 만들어진 遺蹟群이 전개되어 있다. 창고와 공중목욕탕의 터 등 벽돌로 만들어진 構築物이 잘 남아 있다(사진 6-5). 그러나 벽돌에는

사진 6-4 벽돌로 만든 佛舍利塔

사진 6-5
[水完備된 공중 목욕탕

흰 분말상의 석축물이 발견되어 염류에 의한 심한 열화현상이 보여진다.

지하수는 굴뚝을 오르는 것처럼 상승해 오는 것과 지층 전체에 분산하여 번져 올라오는 곳이 있다. 따라서 염류가 분출하는 유적 표면과 지하수가 존재하는 위치까지의 사이에 습한 층 즉 습윤층이 존재한다. 이 습윤층의 두께에 따라서 유적표면에 여러가지 현상이 발생한다. 또는 이것을 문제로 한 모헨죠다로 유적의 保存技術論이 전개되고 있다.

염류를 포함한 물이 벽돌에 침투하고 물에 가용성의 염류가 녹는다. 함유수분이 증발할 때 벽돌의 표면에 염류가 結晶한다. 그 염류의 결정이 벽돌의 표면을 파괴한다. 각종 석조문화재에 나타나는 파괴현상과 원리는 매우 비슷하다. 유적을 조사한 J. Clifton(1980年)은 황산나트륨(Na_2SO_4/thenardite)의 함수결정의 파괴작용이라고 생각하였다. 유적의 흙에는 다량의 황산나트륨을 포함하고 있다. 이것이 32.38℃를 경계로 황산나트륨의 함수결정($Na_2SO_4 \cdot 10H_2O$/mirabilite)을 생성한다. 그것은 황산나트륨(Na_2SO_4)의 약 3배 크기의 결정이 되고 벽돌을 파괴한다고 한다. 벽돌의 짜임새로 사용되고 있는 현지의 흙에도 대량의 황산나트륨이 포함되어 있다. 유적표면의 온도조건과 적당한 수분이 공급되면 염류의 석출현상은 빈번하게 계속적으로 발생한다.

1992年에 이르러 미국·스웨덴·노르웨이 등이 유네스코의 원조로 유적 보존의 캠페인을 실시하였다. 인더스강 연안에 위치한 이 유적의 보존 대책은 지하수위를 낮추는 일을 일대 목표로 하였는데, 일본정부는 1984年 지하수를 퍼 올리기 위한 펌프 등을 공급한 바 있다.

현재 시험적으로 행하고 있는 벽돌의 保護方法의 하나는 유적의 벽돌 위에 여러 층에 걸쳐서 진흙벽돌을 얹는 것이다. 이것은 벽돌을 보호하기 위한 방책으로서 매우 효과적이다. 즉, 진흙 벽돌이 원형의 붉은 벽돌을 덮고 염류풍화의 직접 파괴적인 영향이 진흙벽돌에 미치게 된다. 또한 직사광선에 의한 열화방지에도 효과가 있다.

현재 世界各國의 연구자가 보존 대책을 제안하고 공개심포지엄도 개최되는 등 다음과 같은 案이 보고되어 있다. 염해의 요인이 되는 물의 침투를 방지하기 위해서 ① 벽의 기저부에 不透水性 板狀의 벽돌처럼 보이게 만든 콘크리트 벽을 끼우는 것에 의해서 지하수의 침입을 막는다. ② 벽돌의 벽에 진흙을 뿌리고 벽돌을 被覆한다. 염류의 결정은 벽의 표면에 생성하기 때문에 결정에 의한 피해는 진흙의 층에 미치지만 내부 벽돌제의 벽면에는 직접 영향이 미치지 않는다. 현실적으로 진흙으로 덮어 가렸기 때문에 다시 묻은 상태에 가깝지만 외견상의 해를 무시하면 안전한 보존대책이라고 할 수 있다. 그 외에 ③ 보호각에 의한 보호대책 ④ 합성수지의 응용 그리고 ⑤ 環境整備 등이 거론되고 있다. 環境整備로는 염해에 저항력이 있는 종류의 樹木을 심어서 지표면으로부터 물의 증발을 억제하고 또는 나무그늘을 만드는 것에 의해서 지표면으로부터의 증발을 완만히 하여 유구의 염류풍화에 의한 손상을 피하는 것을 계획하고 있다. 그 현실성을 실행한 경우의 평가에 대해서는 이후의 과제로 남아 있다.

한편, 1994年 3月 현지에서 각종 유구자료를 채취했으므로 그 분석결과를 소개한다. 현지에는 지표면에서 10, 20, 50, 100㎝의 각 길이의 흙속에 온도측정을 위해서 캡슐을 묻고 매장하였다. 이번의 측정에서는 깊이가 10㎝의 흙속 온도는 29.4℃, 20㎝에서는 29.5℃, 50㎝에서는 29.9℃, 100㎝에서는 29.8℃이었다. 지표면에서 100㎝지점까지는 깊이의 차이에 의한 온도의 현저한 차이는 없었다. 이러한 정보는 예를 들어 함수결정의 데날다이트 생성과정을 해명해 가는데 있어서 중요한 정보원이 된다고 생각되기 때문에 유적 전역에 대해서 이 측정을 계속해야 할 것이다.

현재 모헨죠다로 유적에서는 劣化한 벽돌을 被覆하기 위해서 결손한 부분에 새로운 벽돌을 보충하기 위해 새로운 벽돌을 제조하고 있다. 새롭게 보강된 벽돌과 오리지널의 벽돌과는 다르게 도장을 새겨서 구별하고 있다고 한다. 양자가 鹽類風化를 입어서 표면이 붕괴되면, 이것을 어떻게 구별할 것인지가 염려가 된다. 현지에서 채취한 현대 벽돌의 원료 점토・옛벽돌(당시의 오리지널인지 알 수 없지만 오래된 것으로 保存修復研究所에서는 오리지널이라는 것이었다), 그리고 현재 補修用으로 사용되고 있는 벽돌을 채취하여 분석하였다. 표 6-1은 각종 벽돌의 분석 결과를 나타낸다. 원료 점토에도 벽돌에도 그리고 점토를 반죽하는 물에도 염류가 다량 함유되어 있다. 이 유적은 어떻게 정비하면 좋을 것인지, 당연히 해결해야 할 문제는 鹽類風化 하나이지만 크고 어려운 문제이다.

이처럼 유적 주변의 토양에 대해서 지표면에서 깊이 450㎝에 이르는 토양시료를 채취하여 분석하였다. 표 6-2의 분석결과에 의하면 지표면과 그 바로 아래의 토양에서는 염소이온 농도가 이상하게 높게 나타나 있다. 그러나 1.5m 이상 깊이의 토양에서는 극히

표 6-1 新·舊벽돌의 화학분석

분석시료	Cl^-	SO_4^{2-}	NO^{3-}	PO_4^{3-}
벽돌원료점토	1.5	3.6	-	-
舊벽돌	1.4	505.0	0.2	-
보수벽돌(A)	1.9	133.0	-	-
보수벽돌(B)	12.0	45.0	0.6	-

(mg/g)

표 6-2 유구 주변 토양의 화학분석

분석시료	Cl^-	SO_4^{2-}	NO^{3-}	PO_4^{3-}
유구표면	116.0	92.0	2.6	0.04
表面 直下	48.0	99.0	3.7	0.09
表面 下 150~200cm	0.3	0.8	-	-
表面 下 350~450cm	0.6	0.7	0.6	0.03

(mg/g)

적게 나타났다. 효과적으로 지하수위를 강하시킬 수 있다면 유구표면의 염류석출을 방지하는 것이 가능할지 모른다. 그러나 現狀을 고려한다고 하면 유구의 대부분은 다시 묻어 보존하고 극히 일부의 유구에 관해서는 보호각을 설치하여 모든 수단을 강구하면서 공개한다. 이것이 모헨죠다로 유적을 보호하는 최선책이라고 생각된다.

6-5 保存材料

유럽에서는 극히 최근까지 石造文化財의 補修材料로서 왁스나 파라핀 등이 사용되어 왔다. 그러한 것은 金屬器나 木製品의 강화재료로서도 이용되어져 왔다. 일본에서는 石造品의 접착제로는 모르타르시멘트나 유황을 녹여서 고착시키는 등의 방법이 이용되어 왔고 유황에 돌의 분말을 섞어 사용한 예도 보고되고 있다.

石造文化財의 保存修復으로는 다음 세 종류의 보존재료가 필요하다. ① 열화하고 약해진 石造品을 경화하기 위한 強化材料 ② 깨지고 끊어진 것을 접착하기 위한 접착제 ③ 결손된 부분을 整形하기 위한 整形 보강재료이다.

①의 保存材料에 대해서는 암석의 종류와 그 보존상태에 대응한 적절한 재료를 선택해야 한다. 일반적으로 문화재자료의 보존을 위해서 사용되는 합성수지는 경화한 후에도 필요에 따라서 재차 용해하여 제거할 수 있는 성질의 것을 이용한다. 그것은 기본적인 수리기준이지만 石造文化財의 경우에는 소정의 강도를 부과하는 것을 제1차적인 것으로 고려하여 재용해되지 않는 타입으로 보존재료를 사용하게 되더라도 어쩔 수 없을 것이다. 다시 말해서 돌을 강화하려면 熱可塑性의 타입으로는 충분한 강도를 얻을 수 없는 일이 많기 때문이다. 한편 保存材料의 선정에 있어서는 可逆性의 保存材料를 사용하는 것만이 아니라 수지용액의 침투성과 그것을 사용하는 작업성도 중요한 포인트가 된다. 게다가 강도는 물론이고 마무리의 색조에 두드러진 변화가 없을 것, 수지의 내후성 등도 충분히 고려하여 선정해야 한다.

석재의 基質 자체를 강화하려면 에폭시계 · 아크릴계 · 이소시아네이트계 등의 합성수지가 사용되어 성과를 올리고 있다. 일본에서는 오랜 세월 동안 유기규소(organosilicic)系의 화합물인 메틸트리에톡시 실란 올리고머(Methyltriethoxy silane oligomer)의 톨루엔, 메탄올 혼합 용매용액을 발수성의 강화제로 이용해 왔다[5)·6)]. 그 후 해외 제품의 규산에스테르(ester)를 기본으로 한 상품 등이 잇달아 개량 · 개발되고 있다[7)].

최근에는 유기규소계[Sin $O_{(n-1)}$ $(OR)_{(2n+2)}$]의 저분자 올리고머(소중합체)가 자주 이용된다. 우선 암석 중의 吸着水(지표근처의 흙 알갱이의 표면을 싸고 도는 지하수)나 공기중의 수증기와 반응하여 가수분해가 진행되어 수산화규소와 메틸알콜이 생성되고 그 위에 산화규소와 수분이 생성된다. 완전히 반응하려면 10일 정도를 필요로 한다. 단, 수분을 많이 함유한 암석에 스며들게 되면 뿌옇게 흐려지고 발포하는 일이 있다. 예를 들면 monomer(단량체)의 테트라 에톡시 실란(Tetraethoxy silane)이라면, 다음 식처럼 반응이 진행하고 산화규소를 생성한다.

$$Si(OC_2H_5)_4 + 2H_2O \rightarrow Si(OH)_4 + 4C_2H_5OH$$

$$\downarrow$$

$$Si(OH)_4 \rightarrow SiO_2 + 2H_2O\text{(물을 방출)}$$

더구나 메틸트리에톡시 실란[$CH_3Si(OC_2H_5)_3$, Methyltriethoxy silane] 등의 메틸기(CH_3)를 가진 것은 발수성이 풍부하다는 것은 앞에서 前述한 대로다. 단지 강화하는 것만이 아니고, 유구의 입지조건 등으로부터 판단한 수리 방침을 토대로 예를 들면 물의 침입을 피할 필요가 있으면 물을 안 받는 성질의 撥水劑를 스며들게 한다. 撥水劑에는 알콕시실란(Alkoxy silane)類[$-R(SiO)_{n-1}OR^{-}_{(2n+n)}$]를 비롯, 알킬 폴리실록산(Alkylpolysiloxane)

$$\left(R - \underset{\underset{R''}{|}}{\overset{\overset{R'}{|}}{Si}} - O \right)_n$$ 도 이용되고 있다.

②의 접착제에는 熱可塑性의 것과 熱硬化性의 것이 있고 수리대상이 되는 석재에 따라 구분하여 사용한다. 대체로 熱硬化性 쪽이 접착강도가 크다. 단, 한번 접착한 부분을 해체하여 다시 접합하는 일도 있을 수 있기 때문에 접착강도의 문제와 함께 재용해의 가부도 고려하여 신중히 선택해야 할 것이다.

③의 보강재료는 통상 흙이나 돌가루에 에폭시계 수지를 혼합해서 흙과 돌처럼 보이게 擬土·擬岩을 만든다. 강도를 중시하거나 질감을 강조하는 등 목적에 맞춰서 제조할 수 있다. 균열을 메우거

나 염류풍화 등의 원인으로 표면에 단단한 막이 생성하고 그것에 부풀어 부분적으로 들뜬 상태로 되어 있는 곳을 고정하려면 가벼운 골재를 혼합한 수지모르타르를 이용한다.

보강제에 사용하는 素材는 에폭시계 수지의 종류에 의해서 그 강도와 경도, 물성 등이 변한다. 강도나 경도는 사용하는 합성수지의 양을 가감하는 것에 의해 조정이 가능하지만 그 물성까지 조정할 수 없다. 物性의 하나는, 경화 후에도 透水性이 있느냐 없느냐의 성질이다. 종래의 에폭시계 수지의 乳狀液(emulsion)타입은 용기안에서 혼합 경화시키면 표면의 물이 증발하고 반응이 진행되어 경화하지만 내부에 남은 물은 받아들이기 때문에 수지는 젤리(jelly)상태가 되고 만다. 이번에 사용한 신제품의 에멀젼은 乳化劑와 특수경화제의 작용에 의해서 균일한 강도를 유지한 상태로 경화한다. 다시 말하면 초기반응의 어떤 단계에서 에멜젼용액의 물을 방출하고 나서 급격히 반응을 촉진하는 타입이기 때문에 물을 받아들이는 일없이 수지는 완전하게 경화한다. 또한 물이 빠진 뒤는 연속으로 氣孔이 형성되고 적당한 透水性을 가져온다. 이것을 흙이나 암석의 분말과 혼합한다면 透水性이 있는 擬岩이나 擬土가 된다.

引/用/文/獻

5) 澤田正昭・秋山隆保：遺構の劣化と保存處理, 自然科學の手法による遺跡・古文化財等の研究, 文部省科學研究費特定研究 「古文化」總括班, 1980.

6) 澤田正昭・秋山隆保：遺構の露出による保存工法, 古文化財に關する保存科學と人文・自然科學/文部省科學研究費特定研究 「古文化」總括班, 1984.

7) 肥塚隆保：岩石の保存處理 - 現場における應急處理と保存材料について -, 日本文化財科學會第8回大會研究發表要旨集, 1991.

6-6 洗淨

強化·接合·整形에 관계된 보존재료 외에 또 하나의 중요한 보존재료는 石材 세척제이다. 생물적인 작용 중에 이끼류·지의류 등에 의한 영향을 배제하기 위해서는 이러한 것을 세정·제거하는 일이 중요한 과제로 된다. 石造品에 손상을 주지 않고 물리적으로 제거되는 것도 많지만 약품을 사용해서 枯死하기도 하고 枯渴시키고 나서 물리적으로 제거하는 방법 등을 생각할 수 있다. 단 지의류 중에는 세정제만으로는 제거하기 어려운 종류도 많다. 약품을 이용할 경우 연하게 풀어 지의류나 이끼류를 취급해 제거하지만 유적 주위의 환경을 오염시킬 위험도 적지 않다. 일반적으로 세정효과가 있는 것일수록 환경을 오염시킬 위험도가 높다.

돌의 세정제로서 시판되고 있는 세제에는 次亞염소산계·약알카리성계·약산성계·염소산계 등이 있다. 지의류 등이 무성한 석재에 대해서 동일 조건으로 각종세제의 세정효과를 비교하면 약간의 차가 나타난다. 통상 계면활성제·알킬벤젠계, 킬레이트(chelate)化劑, 산소계표백제, 불화암모늄 등의 洗淨劑를 실험적으로 시도한 후 개개의 이끼류와 지의류의 생육조건에 맞는 세제를 조제해 사용하는 것이 이상적이다. 거기에는 또 하나의 조건이 있다. 그것은 다름 아닌 환경을 오염시키지 않는 것이다.

다음 6-3은 奈良縣 史跡 大野寺 石佛(책머리사진 ①)의 세정을 위해 설정한 세정제 5종류를 나타낸 것이다. 大野寺 石佛의 경우 석불의 바로 앞에는 강이 흐르고 있어 이것을 오염시키지 않도록 안전도가 높은 것이 요구되었다. 표 중의 ①은 비교시험용으로 준비한 것으로 안전성을 고려하면서 pH 조정 및 살균제를 증량하고 있다. ②는 킬레이트화제, 살균제를 증량하고, 溶劑를 첨가하여 침

표 6-3 石佛 세정제의 組成과 효과

洗淨劑	組　成	pH	安全性	特　徵
①	탄산수소암모늄 탄산수소나트륨 EDTA 오스반 활성제	7.40	중성으로 안전	비교용 시약으로 調合. 단, 안전성을 고려하여 pH조정, 살균제첨가
②	EDTA 오스반 디메틸술폭시드 (dimethysulfoxide) 活性劑 再付着防止劑	6.88	중성으로 안전	킬레이트화제 · 살균제 · 용제의 첨가, pH조정
③	EDTA 오스반 디메틸술폭시드 (dimethysulfoxide) 활성제 재부착 방지제 탄산소다 · 과산화물	9.90	다소안전 약알칼리	킬레이트화제 · 살균제 · 용제의 첨가, pH조정 탈색제로서 과산화물의 첨가
④	활성제 재부착 방지제 오스반 폴리옥시프로필렌계	3.09	다소안전 약산성	계면활성제, 용제의 첨가, 살균제의 증량
⑤	활성제 재부착방지제 오스반 폴리옥시프로필렌계 탄산소다액(PH : 10.53)	10.02	다소안전 약알칼리	④를 알칼리성으로

투하기 쉽게 하고 또한 pH 조정을 하였다. ③은 ②의 시료에 탈색제로서의 과산화물을 첨가한 것이다. ④는 새로운 界面活性劑, 溶劑를 선택한 것으로 그 위에 살균제를 더했다. ⑤는 ④에서 사용한 시료에 탄산소다를 첨가하여 약산성에서 알칼리성으로 한 것이다. 이런 5종류의 세정제를 사용한 세척(Cleaning) 순서는 다음과 같다.

1) 세정병 등을 사용하여 계속적으로 물을 뿌려 전체를 濕潤한 상태로 유지한다.
2) 물을 뿌리면서 부드러운 솔로 닦는다.
3) 털 솔로 두드리면서 세제를 계속적으로 뿌리고, 그 상태로 10분간 방치한다.
4) 딱딱한 솔로 洗淨한다.
5) 그 다음으로 세제를 천으로 닦아 낸다.
6) 대량의 물을 뿌리면서 부드러운 솔로 닦는다.

이상의 조작을 반복하면서 洗淨劑를 첨가하여 세척한다. 이끼류, 葉狀形의 지의류로 암반에서 벗겨지는 타입의 것은 洗淨劑를 보조로 하여 솔 등으로 물 세척한다. 이 방법으로는 더러워진 것과 함께 대부분 제거할 수 있다. 또한 석조품의 보존상태가 비교적 양호한 부분은 다소 고압에서 물을 분사하여 오염물을 씻어 낸다. pH의 수치가 커질수록, 다시 말하면 알칼리성이 강한 세정제일수록 세정력이 커지는 경향이 있다. 또한 지의류 중에서도 고착형의 것은 일반적으로 제거하기 어렵다. 이것은 암반표면을 깎아내거나 또는 용해하는 수밖에 없는 것 같다. 다만, 洗淨劑를 바르는 것에 비록 고착형의 지의류라 하더라도 표면부분을 열화시키는 작용이 있다. 그러므로 洗淨劑의 도포(칠하거나 바름)와 물 세척을 반복함으로써 어느 정도까지 제거할 수 있다. 이때 계면활성제를 사용해 침투력을 증가시킬 수 있다. 침투가 잘 된다면 그만큼 살균효과도 좋아진다. 게다가 용제를 첨가하는 것에 의해서도 세정효과가 높아지는 것을 경험적으로 알게 되었다.

사진 6-6 石造物의 세정작업

이러한 종류의 작업에서는, 石材로

의 물리적·화학적인 영향이 미치지 않도록 세심한 주의가 필요한 동시에 사용한 약품의 작업후 처리에 관해서도 신중한 배려가 요망된다. 사진 6-6은 지의류의 洗淨광경이지만, 약품을 사용한 후 그 약품은 中和하고나서 폐기 처분하던지 유적에서 떨어진 장소에서 安定化시켜 처분해야 한다.

6-7 保存工法

마애불의 保存修復에서는 열화작용 요인의 하나인 물을 차단하는 공법을 채택하는 일이 많다. 岩盤이 어느 정도 마르는 것을 기다려, 합성수지 등을 스며들게 하여 강화한다. 암석을 물로부터 차단하려면 보호각(覆屋)이나 차양(庇)을 가설(사진 6-7)하는 것이 가장 단적인 방법이다. 그 위에 물을 빼기 위한 스트레이너[배관수 등의 불순물을 여과하는 기구]를 삽입하기도하고 (사진 6-8), 石佛의 基底部보다도 레벨을 낮춘 위치에 우물을 설치, 지하수를 퍼내어 地下水位를 石佛이 있는 위치보다도 降下하는 것에 의해서 물이 석불에 침투하는 것을 抑止한다. 더구나, 현재의 상태에서는 이론의 단계가 나오지 않는 것이지만, 석불의 背後와 基底部에 撥水劑를 壓入하여 遮水壁을 설치하여 물의 침입을 막는 공법을 생각할 수 있다[8]. 그러나 현재의 기술·재료를 가지고 했을 경우에는 撥水劑를 암반내부에 균일하게 주입하는 것은 불가능에 가깝다. 그러나 암반자체가 均質이기도 하고, 침투성이 좋은 藥液이 개발되어 주입공법이 개발된다고 하면 현실화될 수 있는 보존대책이기는 하다.

현상태에서는 석불주위의 물을 차단하고, 합성수지로 석불을 강화하고 거기에다 석불의 표면에 撥水劑를 도포하여 雨水와 지하수

그림 6-7
보호각을 설치한 마애불(大分縣 臼杵市)

사진 6-8
스트레이너를 설치한 마애불

를 회피하는 保存工法이 대세를 차지하고 있다. 거기에는 보호각을 만들고 풍우·직사광이 직접 석불에 미치지 않게 하는 보존대책을 강구하고 있다. 다만, 완벽하다고 말할 수 있는 보존재료나 보존공법은 아직 출현하고 있지 않고, 앞으로의 개발연구에 기대하는 문제점도 많다.

石材에 강화제를 스며들게 하려면 塗布·散布, 또는 분무기를 사용하여 스프레이하는 방법이 있다. 단 이러한 방법으로 지나치게 뿌려준 수지용액은 흘러 떨어지고 만다. 그 때문에 암석에 자연스럽게 스며드는 상태를 확인하면서, 흘러 떨어지지 않을 정도의 수지용액을 주입한다. 암석에 스며드는 수지의 양은 시간의 경과와 함께 감소하는 것이 보통이어서, 적절한 주입량이 되게 조절하지 않으면 안된다. 이것에는 点滴用의 주사기를 이용하는 것이 편리하고 点滴方式(引用文獻 5, 6 참조)이라고 이름 붙였다. 이 방법으로는 注加한 양을 적당히 조절하면서 계속적으로 스며들게 할 수 있기 때문에, 溶劑 타입의 수지용액이라도 장시간동안 작업할 수 있다. 보통은 감압 가능한 폐쇄계통 용기 안에서 수지용액을 스며들게 하는 것이 가장 능률적이다.

大分市 元町의 石佛(사진 6 - 3 참조)은 1934年에 국가지정 사적으로 지정된 높이 307㎝의 약사여래상이다. 여기를 향해 오른쪽에는 毘沙門天立像이 왼쪽에는 不動明王立像이 조각되어 있다. 여기에서는 鹽類風化가 심해 불상의 표면에는 단단하고 치밀한 막이 생성되어 있고 그 일부는 이미 파손되었다. 점토화하여 부서지기 쉬운 부분이 많아, 석불의 일부가 가루상태로 허물어지고 있었는데, 凝灰岩으로 만들어졌고 석불의 基底部에서는 지하수가 침입 또는 증발해 퍼지고, 염류광물의 석출이 끊이지 않고 계속되고 있었다. 염류광물은 황산나트륨10水化物($Na_2SO_4 \cdot 10H_2O$)과 무수황산나트륨(Na_2SO_4)이 주성분이다[9]. 염류의 석출을 방지하려면 석불의 등뒤와 기저부에서 침투해 오는 물을 차단하고, 염류석출 요인을 제거하는 것이다. 석불의 보존방법이 검토되고, 물을 차단하기 위해서 석불의 등뒤에 굴을 파는 것으로 하여 1988年에 시공하였다(사진 6 - 9). 그 후에 관찰결과는, 석불 등 뒤의 터널만으로는 충분한 배수효과를 얻을 수 없었다. 그 때문에 석불의 앞에 큰 우물(직경 3.5m×깊이7.0m)을 파고 그 위에 우물의 측벽에서 석불의 기저부를 향하여 수평 집수구를 만들고, 배수용의 스트레이너(지름 66㎜, 길이 20m) 10개를 설치했다. 현재의 상태에서 석불의 표면은 건조한 편이지만, 석출물이 완전히 소멸하기에는 이르다.

석불의 볼에서 턱에 걸쳐서는 粉狀化하고 메틸(半重合体)을 스며들게 했다. 그 위에 아크릴계수지를 스며들게 하여 가루상태가 된 암석 입자간 접합을 꾀하려 했다. 또한 균열이 들어간 곳에서 탈락할 위험이 있었던 부분에 관해서는, 에폭시계 수지와 石粉을 혼합한 擬岩을 충진하고 보강하였다.

사진 6 - 10은 大分縣 臼杵市 마애불이다. 臼杵 마애불은 주변의

사진 6-9 元町石佛 등 뒤의 물 배수 터널

사진 6-10 大分縣 臼杵磨崖佛

환경정비와 그 보전을 꾀하는 것을 기본으로 하고 있어, 지역주민의 이해와 협력을 얻고 있다. 아무리 귀중한 문화재일지라도, 그것을 보존하고 지켜가는 것은 지역주민이다. 또한 석불의 보존도 물론이거니와 또한 臼杵石佛群이 입지하는 경관을 훼손하지 않도록 하는 일도 중요한 일이고 석불보호를 위해 보호각을 만드는 경우에도 이러한 관점에서의 배려가 필요하다. 불상주변에 배수를 위해 도랑을 설치하고, 석불의 하부에는 배수를 위해 스트레이너 설치공사(사진 6 - 8 참조)가 시행되었다. 암반을 보강하기 위해서는 일부 灰三物(grout)를 주입하였다. 종횡으로 뻗은 암반의 균열은 전체에 영향을 미치기 때문에, 암반전체의 강화가 필요하였다. 지하수를 차단하여 암반을 건조시키고 강화제를 스며들게 했다. 강화제에는 메틸트리에톡시 실란(Methyltriethoxy silane) 및 알킬에틸실리케이트(Alkylethylsilicate)가 사용되었다.

引/用/文/獻

8) Tadateru Nishiura : A New Method for The Conservation of Rock Reliefs, "Technical Congress, 98 Conservation of Historical Mounments, Their Role in Modern society″, Section, pp.163～179, 1989.

9) 大分市教育委員會 : 國指定史跡大分元町石佛保存修理事業報告書, pp.32～33, 1996.

6-8 모아이石像의 修復

먼 남태평양에 떠 있는 외딴섬인 이스터 섬은 거대 石像 모아이가 있는 것으로 잘 알려져 있다. 남아메리카를 향하고 있던 네덜란드 배가 이 작은 섬을 발견했다. 우연히 그날이 1722年 4月의 부활절 날이었기 때문에, 이후 유럽인은 이 섬을 이스터섬이라고 부르게 되었다.

이스터섬은 비극의 섬이기도 하다. 질병이나 노예사냥 때문에 섬사람은 전멸의 위기에 처한 일이 있다. 게다가 거듭되는 유럽인의 파괴행위와 섬 안에서의 부족간 항쟁 등으로 대부분의 모아이像이 무너졌다. 섬의 면적은 120㎢로서 일본의 小豆島 정도의 작은 섬이다. 여기에는 대략 700개의 모아이像이 있는데, 그 대부분은 쓰러진 상태 그대로이다. 사진 6-11은 부족간 등의 싸움과 섬을 방문한 유럽인들의 손에 의해서 무너진 모아이像을 나타낸다.

1992年, 이 섬에서 최대급의 아후 돈가리키유적을 발굴조사한 뒤에 복원하여 유적전체를 정비하게 되었다. 일본기업이 자금원조를 한 것이다. 이 유적은 사진 6-12에서 보듯이 1960年의 칠레지진에서 발생한 해일이 밀려와 교란되고 파괴된 유적이기도 하다. 우선 발굴조사를 시작하였다. 발굴에서는 모아이像, 神과 뱀장어의 머리부분을 본뜬 石造品, 石器, 骨製品, 貝製品 등의 유물과 각종 유구를 검출하였다. 한편, 유적은 크게 두개의 시기로 나뉘는 것도 알았다. 그리고 발굴조사의 성과와 해일이 덮치기 이전에 찍힌 사진 등을 토대로 하여 우선 아후(祭壇)의 재건에 착수하였다. 그리고 제단주위의 유구도 복원하고 무너져 있던 15개체의 모아이像이 재건되었다.

모아이像은 화산성의 凝灰岩으로 만들어져 있다. 보존수복에 관

사진 6-12 해일에 교란된 아후 돈카리키유적

사진 6-11 무너져 엎어진 모아이 석상

해서는 문제점을 두 개 들 수 있다. 첫 번째는 石像의 열화방지대책이다. 凝灰岩은 透水性이 있어 지하수나 빗물이 침투하기 쉽다. 물 흡수와 방출이 반복되면 암석의 표면에 염분이 석출하는 것은 염류풍화의 항목에서 기술한 대로이다. 아후 돈가리키유적의 모아이像도 거의 무너져 있었기 때문에, 지반에 접해 있어 수분의 흡수도 심하고 다수의 석출물을 볼 수 있었다. 두 번째는 무너졌을 때의 충격으로 모아이像은 목과 가슴부근에서 깨져 떨어져 나간 것이 많다. 복원정비로는 石像이 깨진 부분을 접합하는 일부터 시작되었다. 또한 세워올린 모아이像의 기저부에는 약간 큰돌을 끼워넣으면서 균형을 잡는다. 이번 공사에서는 모아이像 기저부에 끼워넣은 돌이 어긋나지 않도록 돌과 대좌를 수지모르타르와 회반죽으로 고착하였다.

이스터섬에는 극히 일부분이지만 미국의 고고학자들에 의해서 재건된 모아이像이 있다. 그것은 시멘트모르타르를 사용했기 때문에, 石像에 빗물이 스며든 뒤에 물이 신속하게 빠지지 않아 石像內部에 체류하는 시간이 길고 염류석출의 빈도는 높게 된다. 사진 6-13은 깨진 목부분과 石像의 기저부를 시멘트모르타르로 접합하여 고정한 石像이다. 시멘트모르타르는 물을 통과시키지 않기 때문에 石像내부에는 물이 정체하기 쉽게 되어 여러 곳에 염류가 석출하고 있다.

이번 아후돈가리키 유적에서는 투수성이 있고 게다가 소정의 접착강도를 가진 접착제를 특별히 고안했다. 보존재료의 항목에서 기술한 에폭시계의 에멀젼(emulsion)이다. 유화제와 특수한 경화제를 이용하게 됨에 따라 경화하기 직전부터 에멀젼용액의 물을 방출한다. 물을 빼낸 흔적이 연속 구멍을 형성하고, 凝灰岩의 석분과 혼합한 擬岩은 凝灰岩과 같은 물성을 나타낸다. 이것을 목 주위의 틈 사이에 충전하고 또한 기저부 고정을 하기 위해 충전제로 이용했다.

사진 6-13
시멘트모르타르로 접합한 모아이

해일에 의해서 흩어진 모아이像을 再建하기 위해서는 이것을 이동시키거나 일으켜 세우지 않으면 안된다. 우리들은 칠레국립보존수복센터 담당자와 함께 사전조사를 시행한 결과 石像의 보존상태를 다음의 세 가지 유형으로 분류했다. ① 사전에 강화하지 않아도 움직이는 것이 가능한 石像이 2개체 ② 응급적인 강화조치를 부분적으로 함으로써 이동이 가능한 石像이 6개체 그리고 ③ 본격적으로 완전 강화하지 않으면 이동시키거나 세워 올리는 것이 곤란한 石像이 7개체이었다.

모아이像을 본격적으로 강화하려면 차분히 시간을 가지고 보존재료와 시공기술에 관한 실험과 검토를 할 필요가 있다. 이번 修理復原에서는 이것을 실시할 만큼의 시간적 여유가 없어서 石像의 본격적인 강화처리를 할 수 없었다. 그 때문에 ①, ②유형의 石像을 再建하는 것에 그치고, ③의 石像에 대해서는 유적의 주변에 옆으로 눕혀둘 것을 제안하였다. 그러나 칠레 정부는 15개체 전부를 再

사진 6-14
크레인에 의한 머리부분의 접합작업

建할 것을 강하게 주장했다. 목(首)부분을 접합해야 하는 石像은 15개체중 9개체이다. 단 그중 한 개체는 전체에 열화가 심하고 또한 허리부분에서 기저부에 걸쳐서 사선 방향으로 깨져 있어, 이것을 세우는 것은 곤란하다고 판단하고 재건하지 않기로 하였다. 이것을 세우려면 劣化한 모아이像 전체를 완전하게 강화한 뒤에 깨진 부분을 접합해야 한다.

재건의 방법은 우선 胴體를 세워 올린다. 이어서 머리부분을 크레인으로 매달아 올려 胴體에 얹는다(사진 6-14). 접합의 방법은 깨진 면의 중심부에 스테인레스 棒으로 된 꺾쇠를 끼워 넣고 이것을 에폭시계의 접착제로 고정한다. 깨진 면에 생긴 틈사이에는 투수성이 있는 충전재를 사용한다. 들어올린 石像의 기저부에는 역시 투수성이 있는 충전재를 사용하여 고정하는 조치를 강구한다.

접합에 관해서는 깨진 면 중앙부에 직경 약 50~100㎜, 깊이 약 300~500㎜의 구멍을 뚫고, 스테인레스제의 봉을 끼워 넣고 에폭시계 접착제로 고정하였다. 깨진 면이 큰 모아이像에 대해서는 2~3곳에 이러한 봉을 삽입했다. 나아가 일부 스테인레스봉에는 carbon · cross를 전면에 감아 붙인 에폭시계 접착제로 고정한 것을 장부(柄)로 이용했다. 더구나 스테인레스봉을 접합제로 고정할 경우, 머리부분에 뚫은 구멍에는 충분히 접착제를 흘려 넣고 구멍의 대부분을 접착제로 고정하였다. 한편, 胴體部의 구멍에 낀 스테인레스봉은 그 대부분을 고정하지 않았다. 즉, 구멍에 낀 스테인레스봉의 길이가 400㎜라고 한다면, 그 중의 200㎜ 정도까지를 접착제로 고정하고 남은 부분은 고정시키지 않고 자유로운 상태로 놓아두었다. 머리부분의 흔들림과 진동이 胴體에 미치는 것을 덜기 위한 것이 그 목적이었다. 그림 6-3은 모아이像의 목부분을 접합

(보존재료)

1. 에폭시계접착제
2. 수지모르타르
3. 회반죽모르타르
4. 임시장부

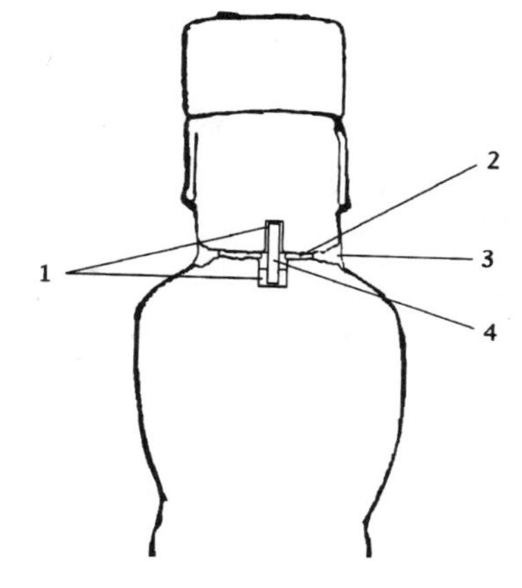

그림 6-3
모아이 石像의 接合構造

했을 때의 장부나 수지모르타르 · 회반죽모르타르를 구분해서 쓰는 방법을 그린 것이다.

장부는 고정되어도, 깨진 면이 많고 적든 간에 틈이 생겨 있다. 이 부분에는 머리부분의 무게를 막을 수 있을 정도의 압축강도를 가진 충전재를 채웠다. 현지에서 사용한 수지모르타르와 회반죽모르타르를 채취하여 가지고 와서 압축강도 측정을 하였는데 표 6-4는 그 측정결과이다. 수지모르타르와 회반죽모르타르사이에는 큰 차이가 있다는 것을 알게 되었다. 또한 측정치에는 꽤 큰 차이를 확인할 수 있었다. 모르타르는 여러 명의 작업원에 의해서 다져진 것으로 개인차가 반영된 것이라고 생각되어진다. 그러나 이 종류의 작업은 실제로는 밖에서 행해지는 것이고 이러한 차이를 고려하여 최소 필요한도의 강도를 계산해 두어야한다.

保存科學의 입장에서 모아이像을 세 가지 유형으로 분류하고, 국부적으로 강화함으로써 재건이 가능한 8개체의 보수와 재건은 어쩔 수 없다고 생각되지만 칠레당국은 15개체 전부를 재건할 것을 주장에 실행해 버렸다. 다행히 국부적인 강화도 그다지 필요로 하지 않고 14개체의 石像을 재건했지만 15번째만은 石像 자체를

표 6-4 수지모르타르와 회반죽모르타르의 강도시험

	측정시료수	압축강도(kgf/㎠) 최소 ~ 최대 (평균치)
수지모르타르	24	63~144 (89)
회반죽모르타르	3	12~ 25 (17)

완전히 강화하지 않는 한 재건할 수 없다고 강하게 주장하였다. 그리고 14개체를 재건한 것에서 작업을 종료하였다. 그 후 15번째도 재건되었다고 들었는데 전체를 시멘트모르타르로 사이에 맞추었다고 듣고 깜짝 놀랐다. 가까운 장래에 칠레측과 협의한 후에 공동으로 보수공사를 할 수 있도록 희망하고 있다.

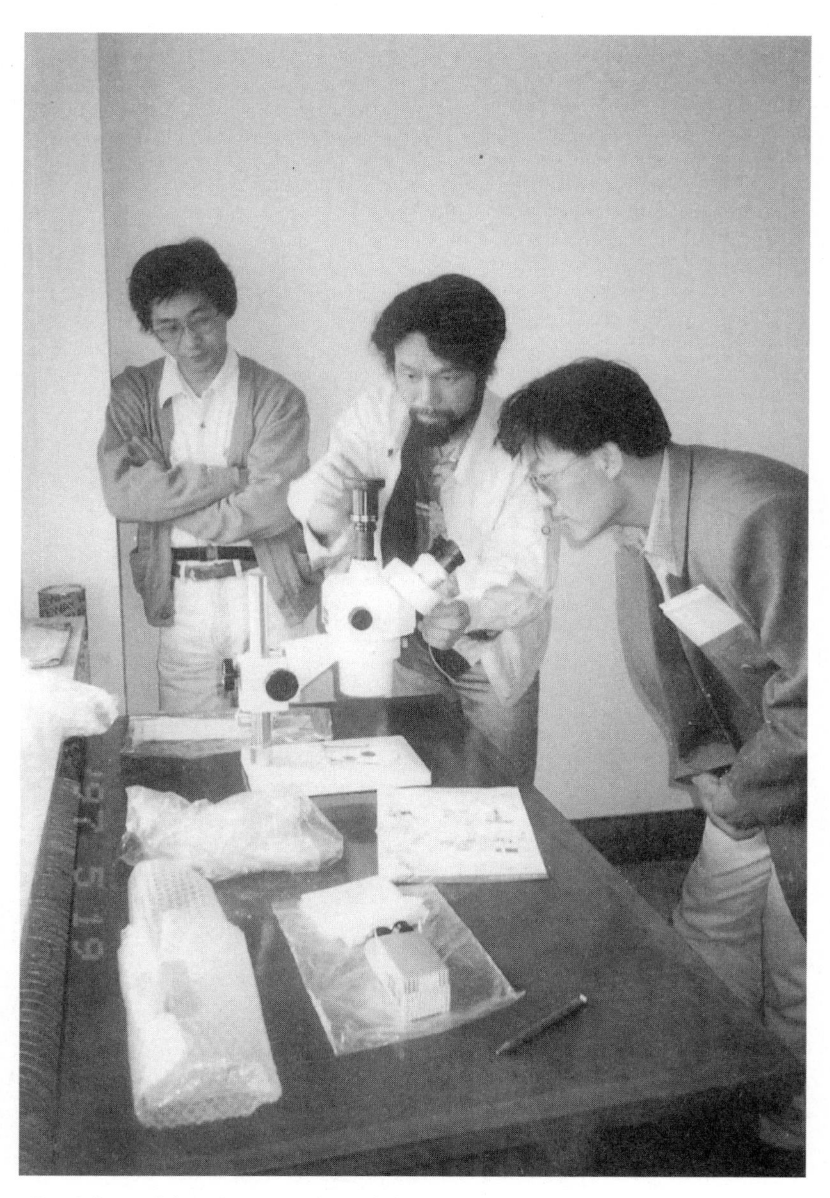

중국과의 보존과학 교류(1997년 6월 : 요녕성)

後記

문화재를 보호하고 이것을 넓게 활용함으로써 새로운 문화창조의 원동력으로 삼을 수 있다. 中國陝西省文物管理局 外事處 處長인 李斌씨에 의하면 中國 陝西省에서는 문화재의 보존운동을 전개할 때에 「문화유산을 지킨다고 하는 행위는 곧 자신들의 선조와 자손을 위한 것」이라고 제창하고 있다고 한다. 문화재는 선조가 만들어낸 문화의 결정이고 자손이 새로운 문화를 개척해 나아가기 위한 나침반이 되어야 하는 것이기 때문이다.

문화재를 후세에 오래 보존하고 전하기 위해서는 美術史學·歷史學·考古學·建築史學·民俗學 등의 견지에서 조사연구를 하고, 문화유산으로 올바르게 평가하는 것이 필요하다. 문화재보호법에서 문화재는 歷史上·藝術上·學術上 가치가 높은 것으로 되어있다. 이 가치 판단은 美術史學, 歷史學, 考古學, 建築史·民俗學 등에 의한 평가 외에 自然科學的인 방법에 의한 가치 판단도 필요한 동시에 중요한 결정 수단이 될 것이다. 또한 이 귀중한 유산은 감춰둘 것만이 아니라 넓게 일반에게 공개하고 활용하는 것도 잊어서는 안된다. 문화재는 그 보존과 활용의 균형을 유지하면서 보존관리된다. 그러나 어떠한 물체라 하더라도 그것은 긴 세월동안 풍화하고 이윽고 소멸해 가는 것이다. 그러므로 「문화재자료를 模寫하고 模造하는 것도 중요한 보존행위이다」라고 하는 견해도 있다.

문화재자료를 보존하고 활용해 가기 위해서는 保存環境의 설정이나 안전한 환경의 보호 유지등의 관점에서 문화재자료의 안정을 생각할 것, 그러기 위해서는 문화재자료의 상태평가와 풍화의 메커니즘 해명도 중요해진다. 그리고 이것을 달성하기 위해서는 완벽한 自然科學 분야로서의 접근이 꼭 필요하다.

인간과 환경, 문화와 과학 등 학술분야의 용어가 난비하는 요즈음이다. 일찍이 연구분야는 보다 전문적으로 세분화하고 있었지만 근래에는 전문적인 지식뿐만 아니라 學際的인 지식이 요구되어지고 있다. 學際分

野가 중요시 되어온 현상이다. 그 하나로 保存科學을 예로 들 수 있다. 문화재의 조사연구와 보존수복을 위해서는 자연과학의 방법을, 그것도 넓고 학술적인 연구가 요구되고 있다. 단지 사회적 배경이 그렇게 만들고 있는 것은 아니다. 미술사학 · 역사학 · 고고학 · 건축사학 · 민속학 등의 분야에서 문화재를 대상으로하는 文化財學은 그 조사연구와 보존수복을 위해서는 自然科學 분야와의 공동작업이 없어서는 안되기 때문이다. 保存科學이 발전하고 있는 것은 문화재보호와 활용을 위해 해야 할 역할이 커진 것도 있지만, 문화재 연구의 내용이 고도화해온 것도 이유로 들 수 있다. 말하자면 文化財學과 保存科學의 연구성과가 상승효과를 가지고 왔다고 말해도 좋다. 保存科學은 아직 하나의 학문으로서 체계화가 되어 있는 것은 아니지만, 머지않아 保存科學이라고 하는 연구분야가 확립될 것이다. 文化財保存의 하이테크연구는 이러한 保存科學分野의 체계화와 결코 무관하지 않다.

한편, (일본의) 문화행정 집행의 일부분을 떠맡고 文化財補修의 기능을 가진 국립기관은, 文化廳 所屬 東京國立文化財硏究所와 奈良國立文化財硏究所 2곳이다. 그밖에 國立民族學博物館, 國立歷史民俗博物館에 保存科學의 조직이 설치되어 있다. 그렇지만 이러한 기관에 소속하는 전문가의 총수는 약 20여명이다. 유럽은 런던 시내에 많은 유명한 박물관과 미술관이 있지만 이들 대부분의 기관에 保存科學 연구부문이 있다. 대영박물관, 빅토리아 · 알버트미술관에는 각각 약 80명의 전문가가 있다. 그 중에는 自然科學者를 비롯하여 保存修理技術者, 목수, 旋盤工, 塗裝工이라고 하는 다방면의 사람들이 포함되어 있다. 그들은 유물의 보존처리뿐만 아니라 전시케이스와 유물의 틀(架臺)까지도 직접 만들고 있다. 일본의 많은 신설미술관에서는 전시의 대부분을 업자에 위탁해 버리는 일이 많다. 그 업자의 수는 극히 소수로 한정되어 있기 때문에 전시방법이 획일화되어 버리는 경향이 있다. 전시내용을 보면, 어느 업자에게 의뢰한 것인가를 바로 알 수 있을 정도로 미술관이 독자성을 잃어가고 있다. 직접 시행하는 전시마저도 행할 수 없을 정도로 일본의 박물관 · 미술관의 조직편성이 뒤떨어졌다고 말하는 것은 지나친 것일까? 일본에서는 3大 국립박물관에서조차 보존수리를 위한 시설이 전혀 갖추어지지 않은 것이 현실이다. 保存科學의 연구발전을 위해서는 이러한 조직·인원의 문제를 피해갈 수는 없다.

결코 오래되지 않은 일본 保存科學의 역사 속에서 그 연구실적은 국제적 수준이라고 말할 수 있다. 연구성과는 착실하고 결실있게 응용되어 실용화하고 있다. 그러나 이 종류의 연구에는 끝이 없고, 계속해서 새로운 성과를 만들어 내고 응용분야로 전개되어야 하는 성질의 것이다. 불안정한 상태이면서 문화재자료를 그 이상 풍화되거나 파손되지 않도록 현상을 유지 보호하고 그 안정화를 꾀하는 것이 종전의 보존과학에서는 없었던 것일까? 이미 木材로서의 강도를 잃은 출토품의 建築部材에 본래 가진 강도를 부여하여 그 기능을 재구축하는 실험과, 탄력성을 잃은 竹製品과 단단하면서도 부서지기 쉬운 布製品에 본래의 물성을 되살리는 실험은 앞으로 「보존과학의 새로운 도전」이다.

이 책에서는 遺構와 遺物의 保存修復에 직면했을 때 어떤 철학을 가지고, 그것을 어떻게 실천할 것인가, 그 기술적 방법을 구체적으로 소개한 셈이다. 그것은 필자 한 사람의 일이 아니라, 많은 선배·동료·친구의 지도를 받아서 만들어 온 성과품이다.

本書의 작성에 있어서, 자칫하면 주제에서 벗어날 것 같던 필자의 보존과학의 진행 방향을 항상 궤도수정해 주시고, 적절한 방향으로 인도하게 해 주신 田中 琢 소장님께서는 본서를 위해 서문을 써 주셨다. 또한 關野 克, 西川杏太郎의 두 분 선생님께는 보존과학의 역사적 배경과 기본적 개념에 관하여 값진 말씀을 들을 수 있었다. 충심으로 감사의 말씀을 드린다. 시종일관 자상하게 지도와 조언을 해 주신 佐藤昌憲 선생님을 비롯해, 增澤文武, 三浦定俊 두 분과 바쁜 와중에서도 자료제작에 열심히 뛰어준 동료 肥塚隆保·村上 隆·高妻洋成·辻本与志一·松井敏也 여러분은 말로 다 할 수 없을 정도의 지원을 해주었다. 글을 통하여 진심으로 감사드린다. 또한 아낌없이 상세한 자료를 제공해 준 奈良縣立橿原考古學研究所, 島根縣埋藏文化財調査센터, 高槻市立埋藏文化財센터, 財團法人元興寺文化財研究所, (株)아이에누·테크니컬라보,

(株)岡墨光堂, (株)近畿우레탄工事, (株)三恒商事, (株)關西保存科學工業, 타다노(株), 鎌田共濟會鄕土博物館, 그리고 渡邊康則, 中沢重一, 今津節生 여러분에게도 심심한 사의를 표하는 바이다. 또한 필자의 학생시절은 물론 奈良國立文化財硏究所에 근무하게 된 뒤에도 늘 따뜻한 지도를 해주신 은사 故 江本義理선생님에게 이 책을 바치며 다시 한번 명복을 빌고 싶다. 끝으로 좌절하지 않도록 필자를 질타, 격려하면서 간행에 이르기까지 돌보아 준 近未來社 深川昌弘씨에게 감사드린다.

1997年 9月 澤 田 正 昭

参考文獻

第1章

內田祥三・大岡実・大瀧正雄・藤島亥治郎・村田治郎・關野克：座談會・法隆寺昭和修理, 建築雜誌 7卷 821號, 日本建築學會, 1955.
關野克：文化財と建築史, 鹿島出版會, 1969.
東村武信：考古學と物理化學, 學生社, 1978.
岡田英男：法隆寺昭和大修理, 發掘・奈良4, 至文堂, 1984.
山崎一雄：古文化財の科學, 思文閣出版, 1987.
文化廳：わが国の文化と文化行政, ぎょうせい, 1988.
淀江町教育委員會：上淀廢寺と彩色壁畵, 吉川弘文館, 1922.
田邊三郎助・登石建三・西川杏太郎：美術工藝品の保存と對策, フジ・テクノシステム, 1993.
益田兼房：世界遺産條約, 講座・文明と環境, 文化遺産の保存と環境 (第12卷), 朝倉書店, pp.250～257, 1995.
沢田正昭：考古資料保存の科學的研究(1) - 木簡をはじめとする木製遺物の保存法について -, 研究論集1・奈良國立文化財研究所學報(第21冊), 1972.

第2章

小口八郎・澤田正昭：天平塑像の科學的研究 - 塑像の構造と塑土の性質 -, 東京藝術大學美術學部紀要(第6號), 東京藝術大學美術學部, pp.39～74, 1970.
關野克：文化財と建築史, 鹿島出版會, 1969.
浜田稔・櫻井高景：法隆寺金堂の火災と壁畵處理, 內田祥三・大岡實・大瀧正雄・藤島亥治郎・村田治郎・關野克：座談會・法隆寺昭和修理, 建築雜誌7卷821號, 日本建築學會, 1955.
馬淵久夫・富永建：考古學のための化學10章, 東京大學出版會.
法隆寺壁畵保存方法調査委員會：法隆寺壁畵保存方法調査報告, 文部省發行, 1920.
櫻井高景・西村公朝・岩崎友吉・樋口清治・關野克：座談會・文化財とポリマー, ポリマーの友, 大成社, 1969.
淀江町教育委員會：上淀廢寺と彩色壁畵, 吉川弘文館, 1992.

馬淵久夫 :文化財と保存科學, 科學の目で見る文化財, 國立歷史民族博物館, 1993.

櫻井高景：合成樹脂による文化財の保存に就いて, 古文化財之科學(第1號), 古文化資料自然科學研究會, pp.25～26, 1951.

文部省科學研究費特定研究「古文化財」總括班：古文化財に關する保存科學と人文・自然科學・總括報告書, 同朋舍出版, 1984.

Brorson Christensen : "Conservation of Waterlogged Wood in the National Museum of Denmark", National Museum of Denmark, Copenhagen, 1970.

第3章

岡田文男・澤田正昭・肥塚隆保・吉田秀男：高級アルコール法によとる出土木材の保存處理, 古文化財之科學(第37號), 1992.

Morgos.A,Imazu Setsuo : A conservation method for waterlogged wood using a sucrose-mannitol mixture, ICOM Committee for Conservation 10th Triennial Washington, 1993.

沢田正昭：考古遺物保存の化學的技術, 化學と工業, (社)日本化學會, 1993.

馬淵久夫：文化財と保存科學, 科學の目で見る文化財, 國立歷史民族博物館, 1993.

樋口清治：科學的材料技術の應用, 美術工藝品の保存と對策, フジ・テクノシステム, 1993.

關野克：文化財と建築史,鹿島出版會, 1969.

仲野浩・兒玉辛多：文化財保護の實務, 柏書房, 1979.

文部省科學研究費特定研究「古文化財」總括班：古文化財に關する保存科學と人文・自然科學・總括報告書, 同朋舍出版, 1984.

登石健三 :古美術品保存の知識, 第一法規出版, 1970.

馬淵久夫・富永健：考古學のための化學10章, 東京大學出版會

第4章

よみがえる古代・藤ノ木古墳が語るもの, 季刊考古學・別冊 1, 雄山閣, 1983. 3.

特別展・藤ノ古墳－古代の文化交流を探る－， 奈良縣立橿原考古學研究所附屬博物館特別展圖錄(第31冊)，明新印刷(株)，1989.
斑鳩藤ノ木古墳概報－第1次調査～第3次調査－，奈良縣立橿原考古學研究所編，吉川弘文館 1989.
斑鳩・藤ノ木古墳・第1次調査報告， 奈良縣立橿原考古學研究所， 便利堂，1990.
藤ノ木古墳と東國の古代文化， 第35會企劃・特別展， 群馬縣立歷史博物館，上毛新聞社出版局，1990.
沢田正昭：遺物の保存とハイテク，文化遺産の保存と環境，講座/文明と環境，朝倉書店，pp.109，1995.
沢田正昭：遺跡遺物の保存科學， 新版古代の日本， 古代資料の研究法(第10卷)，角川書店，pp.192～208，1992.
江本義理：古文化財の材質研究，化學研究20，pp403～407，1972.
沢田正昭：青銅遺物の組成とサビ，文化財論叢，奈良國立文化財研究所創立30周年記念論文集，pp.1221～1232，1983.
東京國立文化財研究所光學研究班：光學的方法による古美術の研究， 吉川弘文館，pp.13～14，1955.
飛鳥資料館：古墳を科學する，奈良縣立國立文化財研究所，pp.11～14，1988.
藤根成勳：中性子ラジオグラフィ－技術とその應用の國內外の現狀． 中性子ラジオグラフィ一技術とその應用・專門研究會報告，京都大學原子爐實驗所，pp.2～3，1991.
增澤文武：考古遺物への中性子ラジオグラフィ－ の應用，Plus E，pp.105～111，1993. 9.
今津節生：考古學へのX-線畵像の應用，Plus E，pp.93～99，1993. 9.
村上隆：文化財不可視情報の可視化， 新しい研究法は考古學に何をもたらしたか，(株)クバプロ，pp.142，1965.
登石健三：古美術品保存の知識，第一法規出版，pp.74～75，1970.
佐原眞：銅鐸研究史の資料若干，歷史學と考古學－高井悌三郎先生喜壽記念論集，1988.
近重眞澄：東洋鍊金術，史林(第三卷第二號)，1929.
梅原末治：古鏡の化學成分に關する考古學的考察， 東方學報， 東方文化學院京都研究所，京都第八冊及び第十一冊，pp.32～55，1937.
小松茂・山內淑人：古鏡の化學的研究，東方學報，東方文化學院京都研究所，京都第八冊及び第十一冊，pp.2～31，1937.

道野鶴松：東方學報, 東京第四冊及び東京帝國大學理學部紀要第三冊第六編, 1937.
沢田正昭：青銅鏡にみられるサビの構造と組成, 古文化財に關する保存科學と人文・自然科學・總括報告書, 同朋舍出版, 文部省科學研究費特定研究「古文化財」總括班, pp.250～259, 1984.
馬淵久夫：文化財と保存科學, 科學の目で見る文化財, 國立歷史民族博物館編, 1993.
文部省科學研究費特定研究「古文化財」總括班：古文化財に關する保存科學と人文・自然科學・總括報告書, 同朋舍出版, 1984.
沢田正昭：考古遺物保存の化學的技術, 化學と工業, (社)日本化學會, 1993.
樋口清治：科學的材料技術の應用, 美術工藝品の保存と對策, フジ・テクノシステム, 1993.
Brorson Christensen : "Conservation of Waterlogged Wood in the National Museum of Denmark" ,National Museum of Denmark, Copenhagen, 1970.

第5章

文化廳：國寶 高松塚古墳壁畵 - 保存と修理 -, 第一法規出版, 1987.
よみがえる古代・藤ノ木古墳が語るもの, 季刊考古學・別策1, 雄山閣, 1983. 3.
特別展・藤ノ木古墳 - 古代の文化交流を探る -, 奈良縣立橿原考古學研究所附屬博物館特別展圖錄(第31冊), 明新印刷(株), 1989.
斑鳩藤ノ木古墳概報 - 第1次調査～第3次調査 -, 奈良縣立橿原考古學研究所編, 吉川弘文館, 1989.
斑鳩・藤ノ木古墳・第1次調査報告, 奈良縣立橿原考古學研究所, 便利堂, 1990.
藤ノ木古墳と東國の古代文化, 第35回企劃・特別展, 群馬縣立歷史博物館, 上毛新聞社出版局, 1990.
登石健三：遺構の發掘と保存, 雄山閣・考古選書15, 1977.

第6章

Masaaki Sawada : Preservation of Stone Artifacts in Japan, "Seminar on The Conservation of Asian Cultural Helitage-Current Problems in the Conservation of Stone", pp.89～97, 1990.

付表/保存材料와 使用目的 (1)

種類		物性	使用目的
아세톤 (CH_3COCH_3) acetone	融 点 비 点 引火点	-94℃ 56.1~56.5℃ -17.8℃(密閉) -10.0℃(開放)	○熱可塑性樹脂(Acryl樹脂 등)의 溶解・稀釋 ○樹脂光澤이 너무 많이 부착되었을 때의 付着된 洗淨用 ○木材의 保存處理(아세톤・로진法)
톨루엔 ($C_6C_6CH_3$) toluene	融 点 비 점 引火点	-95℃ 110.6℃ 4.4℃(密閉) 7.2℃(開放)	○無色의 可塑性液體, 塗料・樹脂類등의 溶劑로 使用 ○물에 거의 不溶, 아세톤・에탄올등과 混和함
크실렌(시판품의 경우) $C_6H_4(CH_3)_2$ xylene	融 点 비 점 引火点	-27℃ 144℃ 17℃	○木材의 保存處理(알콜・크실렌・수지法)劑의 溶媒로 利用 ○Acryl樹脂 B72의 溶劑로 使用
초산에틸 ($CH_3COOC_2H_5$) ethyl acetate	融 点 비 점 引火点	-83.6℃ 77.1℃ -4.0℃(密閉) -7.2℃(開放)	○이소시아네이트系(산콜SK50)樹脂의 稀釋溶劑로 使用 ○無色透明의 液體 ○메탄올 등의 有機溶劑와 混和함
에틸알콜 (CH_3CH_2OH) ethyl alcohol	融 点 비 점 引火点	-114.5℃ 78.32℃ 14℃(密閉) 16℃(開放)	○金屬製品의 세척・脫鹽處理 ○木製品을 비롯한 各種 異質의 脫水處理에 使用하는 등, 用途는 넓음.
메틸알콜 (CH_3OH) methyl alcohol	融 点 비 점 引火点	-96℃ 64.65℃ 16℃(密閉) 12℃(開放)	○수산화리튬法에 의한 脫鹽處理液 ○PEG處理後 木製品의 表面處理에 使用 ○可燃性, 에탄올・물 등과 混和
이소프로필알콜 ($(CH_3)_2CHOH$) 2-propanol	融 点 비 점 引火点	-89.5℃ 82.4℃ 11.7℃(密閉)	○수산화리튬法에 의한 脫鹽處理用(에틸・메틸알콜과 함께 使用)
1-부탄올 (C_4H_9OH) 1-buthanol	融 点 비 점 引火	-90℃ 117 ~ 118℃ 35℃(密閉) 40℃(開放)	○塗料(부틸化멜라민)溶劑 ○無色의 液體
t-부틸알콜 ($(CH_3)_2COH$) tert-butyl alcohol	融 点 비 점 引火点	25.66℃ 82.45℃ 8.9℃(密閉)	○木製遺物의 眞空凍結乾燥法 前處理劑로써 使用
트리클로로에틸렌 C_2HCl_3 trichloroethylene	融 点 비 점 引火点	-86℃ 87℃ 없음(開放, 密閉)	○PEG處理한 木製品의 洗淨劑 ○金屬製品의 脫脂綿 ○물에 難溶, 有機溶媒에 可溶
솔벤트나프타 solvent naphtha	融 点 비 점 引火点	0.85~0.95(20)℃ 120~20℃ 35~38℃	○鐵器含浸用 Acryl 樹脂(NAD-10)의 稀釋用 溶劑

付表/保存材料와 使用目的 (2)

種類	物性	使用目的 등
수산화리튬 (LiOH) lithium hydroxide	融 点 471℃ 無水物密度 2.54g · ㎤ 溶解度 12.7g/100g(0℃)	○알코올 溶液에 溶解하여 脫鹽處理에 利用 ○空氣中의 酸化炭素를 容易하게 吸收함
의산(개미산) (HCOOH) formic acid	融 点 -100.8℃ 비 점 8.4℃ 引火点 69℃ (開放)	○化學藥品에 의한 녹 除去 (專門家 이외의 使用은 피함) ○酸性을 나타냄
Epoxy系 合成樹脂	Araldite Rapid Araldite Standard Cemedine 하이스퍼 토맥(Tomack) NR-51	○10分間 速硬 Type의 接着劑 ○12~24時間 硬化 接着劑 ○10分間 硬化接着劑 ○層位 · 遺跡斷面 등을 떼어내는 用으로 調製 ○자갈이 섞인 版築 등 比較的 단단한 土層에 適當하지만, 濕潤土層에는 부적합
변성 Epoxy系 樹脂	사이트 FX (에멀견 Type)	○土壤과 혼합해 擬土, 石粉과 혼합해 擬巖을 만듦. 硬化後는 吸防濕에 뛰어나고 따라서 透水性도 있고, 遺構의 保存에 有効 ○遺構表面을 얇게 被服하면 露出展示도 可能
Acryl系 合成樹脂	Paraloid NAD-10 Paraloid B72, B44 바인더 No. 17	○鐵器含浸强化劑 에멀젼Type ○銅 · 青銅器含浸强化用 ○透明度가 높고 耐候性에 뛰어남 ○貝殼이나 魚骨등의 强化에 使用 ○濕한 各種遺物의 임시강화에 使用
이소시아네이트系 合成樹脂	산콜 SK-50	○木質部分의 强化劑,土壤强化에 使用 ○떼어낸 후의 轉寫面의 固定에 使用 ○물에 젖은 색을 나타낸 層位를 보다 鮮明하게 함
變性 우레탄 合成 樹脂	토맥 NS-10	○轉寫作業時間이 制限되어있는 境遇에 有効. 다만, 硬化후 약간 收縮하기 때문에 裏面의 Epoxy樹脂에 의한 補强이 必要

索引

ㄱ

ㅂ

ㅅ

ㅇ

ㅋ

譯者後記

傳統文化의 繼承과 保存, 暢達이라는 時代的 課題를 안고 살아가는 우리의 입장에서 그리고 그 具體·實踐的 解決 方案에서 미루어 볼 때 文化財 保存科學은 어쩌면 가장 중요한, 基底를 이루는 분야의 하나이다. 최근 전국 각급 대학의 전공·교양과목에서 또한 일반인들을 위한 교양강좌에서도 보존과학은 이제 빠질 수 없는 과목이다.

그러나 그 중요성만큼 보존과학은 다양한 학문분야의 이론과 실제와 經驗을 요구하고, 隣接分野와의 學際間 連繫性에서 綜合的인 分析·研究 결과를 析出해야 하며, 게다가 무엇보다도 '傳統과 尖端'을 동시에 負戴·消化해야 하는, 실로 어렵고 힘든 학문에 속한다. 그럼에도 불구하고 우리나라에서 문화재 보존과학에 대한 전반적이고 종합적인 내용이 網羅된 마땅한 槪說書 한 권 없는 형편에 처한 것이 현실이며, 이 책을 펴내게 된 이유는 여기에 있다.

이 책은 澤田正昭 博士의 『文化財保存科學ノート』(近未來社, 1997)를 完譯한 것이다. 筆者(譯者)가 1998년 2월말경 日本 奈良國立文化財研究所를 同 研究所의 招請으로 방문했던 첫 날, 인사차 만났던 澤田 博士가 내게 덥석 안겨준 책이 바로 이 책인데 그 때 初版本이 출판된 지 4개월 여가 된 때였다. 귀국하는 비행기안에서 책의 대강을 훑어보고 나 자신의 공부를 위해서라도 바로 번역작업을 해 봐야겠다고 생각했었다. 그러나 여러 가지 사정으로 번역은 차츰 미뤄졌는데, 그러던 차 非專攻者인 筆者의 생각을 大田保健大學 博物館科 鄭光龍 教授(金屬)에게 알리고 相議, 우리 國立慶州文化財研究所의 鄭永東 專門委員(化學)·姜愛敬 博士(木材) 諸氏 등과 함께 공동으로 번역, 출간하기로 약속하였다. 그리하여 初譯은 그 이듬해인 1999년에 완결을 보았는데, 필자의 게으름으로 인하여 이제야 간행케 되었다.

澤田 博士는 일본뿐만 아니라 전세계적으로 잘 알려져 있는 대표적인 문화재 보존과학자로서 理論과 實際를 겸비한 同 분야의 권위 있는 학자이다. 작년 『文化財保存科學ノート』의 韓國語版 출판 계획을 처음 알

려드렸을 때 흔쾌히 승낙을 하였으며, 本書의 著者序文에서도 밝혔듯이 한국의 보존과학이 발전해 나간 과정을 익히 잘 알만큼 한국의 보존과학 분야에 많은 지도를 해 주신 분이다. 또한 스스로를 韓國팬이라고 할 정도로 국제적 감각을 지닌 전문가라는 점에서 더욱 친밀하게 느껴지기도 한다.

이 책의 내용을 통해서 보면, 위에서도 언급하였듯이, 보존과학이라는 분야가 여러 학문을 종합한 科學으로서의 學問이기 때문에 독습용 서적이라기보다는 대학에서의 강의용 교재로서 더욱 적합할 것 같다.

책을 上梓하기에 앞서 여러 가지 아쉬운 점이 남는데, 무엇보다도 책의 사진이나 그림을 우리나라 실정에 맞는 것으로 대체하지 못한 점, 原文의 내용을 정확하게 전달하고자 하는 뜻도 있기는 하였으나 그보다는 필자의 일본어에 대한 무지로 인하여 國漢文 混用을 하여 어렵게 번역한 점, 충분한 譯註를 통해 보다 많은 내용을 독자들에게 전달할 수 있었음에도 불구하고 그렇지 못했던 점 등이다. 혹여 補完할 기회가 주어진다면 이와 같은 문제점을 해소하기로 지면을 빌어 약속드린다.

그러나 이보다 筆者가 더 바라는 것은 하루라도 빨리 우리나라 保存科學者에 의한 『韓國 文化財保存科學 槪說』이나 '槪論書'가 나오기를 鶴首苦待해 본다. 그리하여 著者가 後記에서도 밝혔듯이, 우리나라의 보존과학이 '새로운 文化創造의 原動力'으로 제대로 자리잡게 되기를 빌어본다.

마지막으로 이 책이 나오기까지 編輯과 校訂作業에 바쁜 시간을 할애하여 마무리를 하여준 鄭光龍 敎授와 그의 제자 김난영, 김명진(충남대학교 물리학과 대학원)군 그리고 기나긴 기다림을 인내로 견뎌 마침내 출간이 가능케 한 書景文化社의 김선경 사장에게 진심으로 감사드린다.

2000년 10월

慶州 皇龍寺址에서

譯者를 代表하여 金 聖 範 씀

저자 사와다 마사아키(澤田正昭)

奈良國立文化財硏究所 매장문화재센터長, 學術博士.

1969年 東京藝術大學 美術硏究科 碩士課程(保存科學 專攻) 修了, 奈良國立文化財硏究所 平城京遺蹟 發掘調査部 文部技官, 同 硏究所 매장문화재센터 遺物處理硏究室長과 硏究指導部長을 거쳐 현재에 이름. 1994年부터 京都大學 大學院 人間環境學 硏究科 客員敎授, 專攻은 文化財 保存科學. 특히 考古遺物의 分析的 硏究와 化學的 保存處理의 開發硏究. 現在는 中國 古墳壁畵의 分析調査와 保存修復에 관심을 가지고 있다. 모두 共著로서, 遺跡·遺物의 保存科學(新版·古代의 日本/第10卷, 古代資料의 硏究方法, 角川書店, 1993), 후지노키고분 金銅製 馬具(仏教藝術 195號, 每日新聞社, 1994), 金堂壁畵와 保存科學 技術(法隆寺 金堂壁畵, 朝日新聞社, 1994), 發掘을 科學함(田中琢·佐原眞編, 岩波書店, 1994), 地盤의 科學(土木學會 關西支部編, 講談社, 1995) 등이 있다.

역자

金 聖 範 : 1955年 全南 木浦 出生.
國民大學校 國史學科 및 同 大學院 卒業.
國立文化財硏究所 遺蹟調査硏究室,
文化財廳(舊 文化財管理局) 記念物課·有形文化財課 勤務.
現在 國立慶州文化財硏究所 學藝硏究室長.

鄭 光 龍 : 1959年 全南 羅州 出生.
漢陽大學校 大學院 金屬工學科 卒業.
弘益大學校 大學院 工學博士.
國立文化財硏究所 保存科學硏究室 勤務.
現在 大田保健大學 博物館科 敎授.

文化財保存科學概說

초판 1쇄 인쇄일 • 2000년 11월 5일
초판 1쇄 발행일 • 2000년 11월 10일
초판 2쇄 발행일 • 2001년 8월 25일

저자 • 澤田正昭 著

역자 • 金聖範 / 鄭光龍

발행처 • 서 경 문 화 사

서울특별시 종로구 동숭동 199-15(105호)

Phone : 743-8203 / FAX : 743-8210 / E-mail : sk8203@chollian.net

등록번호 • 1-1664호

값 11,000원

ISBN 89 - 86931 - 32 - 3 93400

고고자료분석법

고고자료 분석법

초판인쇄일 : 2007년 3월 25일
초판발행일 : 2007년 3월 28일

엮 은 이 : 타구치 이사무 / 사이토 츠토무
옮 긴 이 : 츠치다 준코 / 이성준 / 김명진
발 행 인 : 김선경
발 행 처 : 도서출판 서경문화사
편 집 : 김현미
표 지 : 김윤희
필 름 : 프린텍
인 쇄 : 한성인쇄
제 책 : 반도제책사
등록번호 : 1-1664호
주 소 : 서울시 종로구 동숭동 199-15 105호
전 화 : 02-743-8203, 8205
팩 스 : 02-743-8210
메 일 : sk8203@chollian.net

ISBN 89-6062-009-2 93430
* 파본은 본사나 구입처에서 교환하여 드립니다.
* 저자와의 협의로 인지는 생략합니다.
* 도서출판 서경은 독자 여러분의 의견에 항상 귀기울이고 있습니다.

정가 10,000원

고고자료분석법

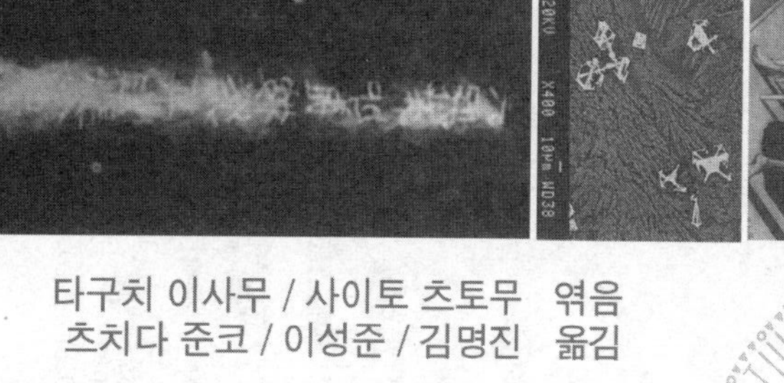

타구치 이사무 / 사이토 츠토무 엮음
츠치다 준코 / 이성준 / 김명진 옮김

현재 고고학 시료를 대상으로 수많은 분석법이 활용되고 있다. 따라서 실제로 분석을 실시하기 위해 먼저 분석의 목적과 대상에 적합한 방법, 그리고 설비, 필요 시료량, 시료의 취급법 등에 대해 알아둘 필요가 있다. 또 보고된 분석결과를 유용하게 활용하기 위해서는 그 분석방법에 대한 기본적인 지식을 가지고 있는 편이 유리하다.

한국어 출판을 맞이하여

이 책은 1995년에 일본에서 출판된『考古資料分析法』(New Science Co.)을 한국어로 번역한 것이다.

여러 분야에서 활용되고 있는 자연과학적인 분석법의 수는 이 책에 수록된 것보다 훨씬 많다. 그러나 고고학 시료에 적용할 경우에는 분석을 통해 얻어진 데이터가 얼마나 고고학적 해석에 유용할 것인지를 항상 염두해 볼 필요가 있다. 또한 고고학 시료의 특성을 생각해 본다면 원칙적으로 비파괴 분석이 우선적이며, 불가피하게 분석시료를 채취해야 할 경우 자료의 형상을 최소한 손상시키는 범위내에서 이루어져야 한다. 이 책에는 현재까지 실제로 고고학 시료의 분석에 활용되어 왔고 그 유효성이 인정되는 분석법이 게재되어 있다. 이 책이 한국의 고고학 연구자와 고고학 시료의 분석에 관여하는 여러 분야의 연구자들에게 조금이나마 도움이 될 수 있다면 編者로서 그보다 더 큰 기쁨은 없을 듯 하다.

일본어로 출판된 후 10년이 경과되었고, 연구의 진전 등으로 인해 분석법에 다소 변화가 있었다고 생각된다. 그래서 한국어판 출판을 맞이하여 최대한 새로운 정보를 게재할 수 있도록 노력하였다. 먼저 현재 거의 사용되지 않거나 유효성이 다소 떨어지는 분석법을 항목에서 제외하여 총 49가지 분석법을 소개하였다. 그리고 용어나 지명, 적용사례 등에 대해 보다 적절하도록 수정을 하였다. 따라서 이 책은 일본어판의 개정판이라고 해도 좋을 듯 하다.

끝으로 이 책의 출판을 흔쾌히 맡아주신 서경문화사의 김선경 사장님, 그리고 번역 및 편집을 해주신 충남대학교 백제연구소의 土田純子씨께 지면을 빌어 감사의 뜻을 전하고자 한다.

2006년 8월

타구치 이사무(田口 勇)

사이토 츠토무(齋藤 努)

1979년 埼玉縣 稻荷山[이나리야마]고분에서 출토된 철검에서 115개의 금상감[金象嵌] 문자가 확인되면서 비로소 일본의 5세기대 모습이 문자를 통해 명확해지게 되었다. 이 성과는 백년에 한 번 나올 수 있는 대발견으로 높게 평가되었으며, 철검은 1983년에 국보로 지정되었다. 문자를 확인할 수 있었던 것은 보존처리에 앞서 녹슨 철검에 X선투과측정법을 적용하였기 때문에 가능하였다. 이를 계기로 고고학 시료를 자연과학적으로 연구하는 것이 일반화되기 시작하였다.

현재 고고학 시료를 대상으로 수많은 분석법이 활용되고 있다. 따라서 실제로 분석을 실시하기 위해 먼저 분석의 목적과 대상에 적합한 방법, 그리고 설비, 필요 시료량, 시료의 취급법 등에 대해 알아둘 필요가 있다. 또 보고된 분석결과를 유용하게 활용하기 위해서는 그 분석방법에 대한 기본적인 지식을 가지고 있는 편이 유리하다.

이와 같은 개념을 토대로 고고학 시료의 연구에 활용되고 있는 자연과학적 분석방법에 대해서 쉽게 해설하고 실질적인 도움을 주고자 하는 것이 이 책의 주된 목적이다. 설명된 분석법은 실제 고고학 시료에 적용되는 비중이 큰 것들 중 특히 유용하다고 생각되는 49가지 방법을 선정한 것이다. 각 분석법은 일관성을 고려하여 대략 2페이지 분량으로 명칭, 영문명, 개요, 원리, 장치, 적용사례, 참고문헌 등으로 항목을 나누어 간결하게 기술하였다. 또 책의 끝부분에는 고고학 시료의 분석에 필요한 표준시료 등 참고 항목을 정리하였다.

이 책은 고고학 및 자연과학 등 많은 분야의 연구자들로부터 의견을 수렴하여 기획하고 편집한 최신서적이며, 핸드북으로서의 역할을 효과적으로 유지해 나가기 위해 앞으로 새로운 분석방법 등이 소개되고 활용될 경우 증보해 갈 수 있기를 희망한다. 이 책의 집필자는 모두 고고학 시료나 문화재 자료의 분석에 실제 종사하고 있는 연구자들이다. 각 분석방법에 대해서는 각 분야에서 권위있는 선생님들의 협조를 많이 받을 수 있었다. 이에 감사드린다.

田口 勇
齋藤 努

옮긴이의 말

이 책은 1995년 일본 New Science사에서 출판된『考古資料分析法』을 완역한 것이다.

최근 한국에서 매장문화재 조사건수의 폭발적인 증가와 함께 많은 연구 인력들이 배출되고 있음에도 불구하고, 발굴조사 과정에서 현업에 종사하는 연구자들이 손쉽게 펴볼 수 있는 고고학 자료에 대한 자연과학분석 매뉴얼 등이 흔치 않았다는 것이 이 책을 번역해서 소개하게 된 계기이다. 실제로 발굴조사 현장에서 자연과학 분석을 하기 위해 방문한 종사자들에게 나도 모르게 말수가 적어지는, 그리고 과학자들의 말을 무조건 신뢰해야만 할 것 같은 느낌을 가졌던 경우가 종종 있었던 것 같다.

옮긴이의 발굴조사 경험이야 보잘것없기 그지없지만, 과학적인 분석을 한다는 것이 고작 수습된 목탄을 알루미늄 호일에 싸서 미국의 연대측정기관에 보냈던 것 이외에는 거의 없었던 때가 있었다. 지금은 (재)충청문화재연구원 부설 한국고환경연구소와 같이 물리, 화학, 생물학, 지구과학 등의 전문가들과 함께 컨소시엄을 구성해서 고고학 연구방법에 기여하고자 하는 노력들이 늘어나서 개인적으로 큰 기대를 가지고 있다.

이 책은 발굴조사 현장에서 수습된 유물들의 특성에 따라 어떤 방법으로 어떤 결과를 얻을 수 있는지, 그리고 어떤 원리에 의해 분석이 이루어지는지를 간략하게 소개하고 있다. 내용에 따라서는 부족한 점도 있고, 너무나 전문적인 점도 있어 생각처럼 쉽게 접근하기 어려울 수도 있을 것이다. 그러나 소개된 분석의 개요, 원리, 설비, 사례 등을 꼼꼼히 살펴본다면, 고고학자가 얻고자 하는 바에 적합한 자연과학 분석방법을 선정해서 의뢰하고, 결과에 대한 논의를 진행할 수 있을 것이다. 그리고 참고자료에는 분석기관 일람표가 제시되어 있는데, 본문에 소개된 분석방법을 실제로 시행하고 있는 일본 내 관련기관을 총망라한 것이다. 이 책을 번역하면서 새롭게 분석기관들의 정보를 확인해서 게재했기 때문에, 분석의뢰 등의 연구협의 자료로써 손색이 없을 것이다. 다만 국내에서 현재 활동하고 있거나 분석을 담당할 수 있는 관련기관들을 발굴하고 소개하지 못했다는 점이 큰 아쉬움으로 남는다. 또한 이 책을 접하는 독자들이 보다 쉽고 편리하게 내용을 이해할 수 있도록 옮긴이가 책의 마지막에 용어설명을 추가하였다.

끝으로 이 책의 번역을 흔쾌히 허락해 주신 타구치 이사무(田口 勇) 선생님과 사이토 츠토무(齋藤 努) 선생님, 그리고 New Science사 관계자분들께 감사의 뜻을 전하고 싶다. 또한 어려운 여건 속에서도 이 책의 출판을 맡아 주시고, 옮긴이들의 게으름을 묵묵히 인내해주신 서경문화사 김선경 사장님께도 지면을 빌어 감사의 뜻을 전하고자 한다.

2006년 8월

옮긴이 씀

I. 적외선관찰법

(赤外線觀察法, Infrared Photography, Infrared Reflectgraphy)

1. 개요

먼지, 그을음, 칠 등으로 덮인 시료 표면의 문자나 회화의 밑그림을 관찰하는 데에 사용한다. 지금까지의 적용사례로는 목찰[木札], 칠지문서[漆紙文書], 토기편의 묵서[墨書], 신사[神社]・불각[佛閣]의 벽이나 기둥 등에 존재하는 선명하지 않은 문자나 회화 등이 있다. 적외선 필름으로 촬영을 하는 방법(0.7~0.95㎛의 파장을 검출)과 적외선 카메라로 촬영하는 방법(가시광~2.2㎛의 파장을 검출)이 있다. 긴 파장 쪽의 투과력이 강하기 때문에 후자의 검출능력이 높으며, 모니터 상에서 직접적인 관찰이 가능하기 때문에 유용성이 높다. 적외선 카메라의 경우 화상처리장치에 의해 관찰된 모양을 보다 선명하게 하는 것도 가능하다.

2. 원리

적외선은 가시광보다 파장이 길기 때문에, 먼지, 그을음, 칠, 안료 등에 의한 산란흡수가 적다. 따라서 시료의 표면층을 투과해서 내부의 문자나 밑그림에 도달된다(그림 1). 그 반사광을 포착하

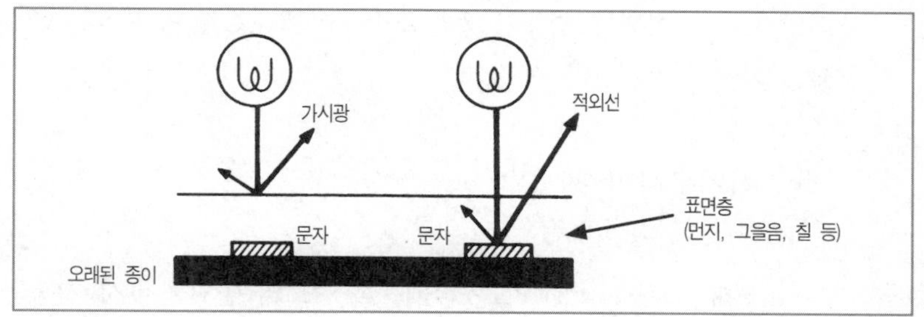

그림 1
원리의 설명

그림 2
적외선 카메라

면 문자나 밑그림을 관찰할 수 있다. 예를 들면 유화의 재료인 안료의 경우 종류에 따라 다르지만, 50~150μm 정도의 두께를 투과한다.

3. 장치

그림 2는 적외선 카메라장치를 제시한 것이다. 왼쪽부터 비디오 모니터, 카메라 헤드와 컨트롤 유니트, 적외선투광기이다. 데이

터의 보존은 화면 촬영용의 폴라로이드 카메라로 촬영하거나, VTR로 기록해서 실시한다.

4. 칠지문서의 해석[1)2)3)]

山形縣 米澤市 大浦[오오우라]B유적 출토의 칠지문서(시 지정문화재: 최대지름 18㎝: 米澤市教育委員會)를 관찰하였다. 일반적인 사진촬영에서는 문자가 확인되지 않았지만, 적외선 사진이나 적외선 카메라(그림 3)에서는 묵서[墨書]를 확인할 수 있었다. 해석 결과, 이 칠기문서는 「具注曆」斷簡이고, 기재사항에서 延曆 23年曆(804)인 것을 알 수 있었다.

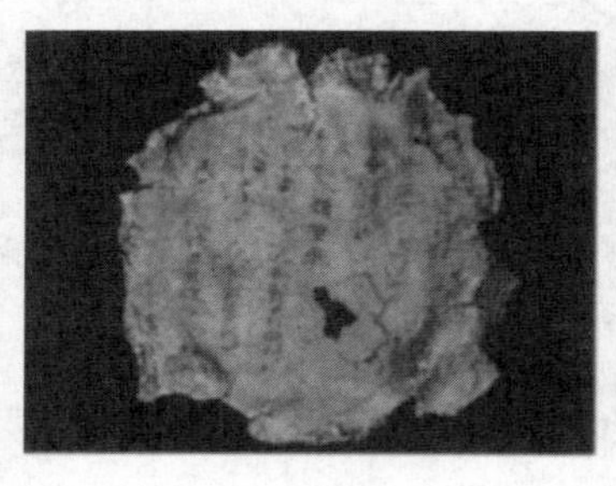

그림 3
칠지문서의 적외선 사진(왼쪽)과 적외선 카메라(오른쪽)관찰결과

그림 4
묵서토기의 적외선 사진(왼쪽)과 적외선 카메라(오른쪽)관찰결과

5. 묵서토기의 해석[4]

千葉市 士氣 鐘つき堂[가네츠키도우]유적 출토 土師器[하지끼]편(千葉市文化財調査協會)을 관찰하였다. 그림 4는 각각 적외선 사진과 적외선 카메라에 의한 관찰 결과이다.

(齋藤 努)

〈참고문헌〉

1) 平川 南 1991,『米澤市埋藏文化財調査報告書』29, p.1.
2) 平川 南 1989,『漆紙文書の研究』, 吉川弘文館.
3) 平川 南 1994,『よみがえる古代文書－漆に封じ込まれた日本社會－』, 岩波新書.
4) 勝田 徹 1990,『文化財の赤外線寫眞』1, p.59.

2. X선투과측정법

(X線透過測定法, X-ray Radiography)

1. 개요

흉부 X선 촬영과 마찬가지로 시료의 투과상을 통해 내부를 명확하게 알 수 있다. 1979년 埼玉縣 稻荷山[이나리야마]고분에서 출토된 철검에 이 방법을 적용하여 금상감 문자가 발견된 이후 널리 보급되었다. X선원을 사용하면 단기간에 비교적 고감도의 측정이 가능하고, 특히 녹이 심한 철검의 연구에서는 반드시 필요한 방법이 되었다. X선원으로는 경[硬]X선(금속 등)과 연[軟]X선(나무, 회화 등)이 사용된다. 최근에는 필름 대신 TV 카메라를 통해 실시간으로 투과상을 얻는 것이 가능하다. 마이크로 포커스 X선, 가속기 X선, 방사광 X선, γ선 등도 사용된다.

2. 원리

X선을 시료에 조사한 후 X선의 흡수 정도를 TV 카메라, 필름 등으로 측정하여 투과상을 얻는다. 현재 투과상은 이미지 증배장치(Image Intensifier)(Ⅱ)를 통해 TV 카메라로 실시간 관찰 및 기록이 가능하지만, 고분해 측정에는 필름법을 추천한다(그림 1).

3. 장치

X선투과측정장치의 예를 그림 2에 제시하였다. 오른쪽부터 X선 조사실, 모니터와 제어장치이다. 이 장치는 최고 225kV의 관전압[管電壓] X선을 사용하여 실시간으로 투과상을 측정한다. X선 조사실 내부의 규모는 3.2(W)×3.3(D)×2.5(H)m이고, 1.2×0.6m까지의 시료를 측정할 수 있다. 또한 투과상을 통한 화상 해석이 가능하다.

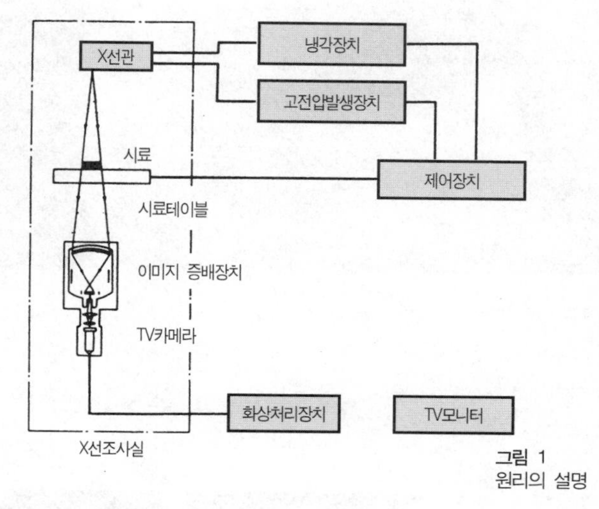

그림 1
원리의 설명

4. 稻荷山고분 철검의 금상감 문자[1)]

X선투과측정법(필름법)에 의해 埼玉縣 稻荷山고분 출토 철검(5세기, 길이 73.5㎝, 현재 국보)에서 115개의 금상감 문자가 확인되었다(표면 57개, 뒷면 58개). 그 일부를 그림 3에 제시하였다.

그림 2
X선투과측정장치

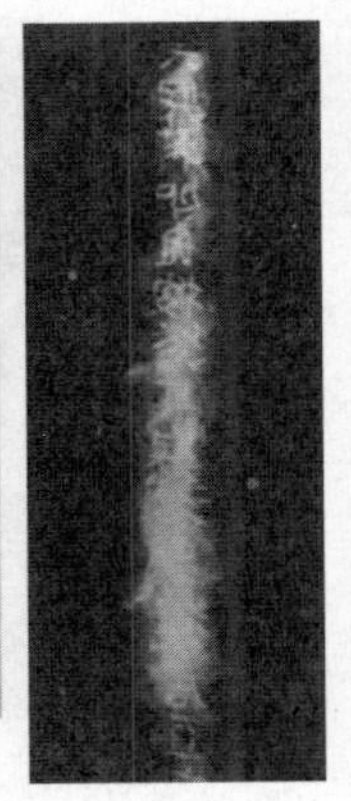

그림 3
금상감문자의 투과상

5. 칼집 끝부분의 은상감 모양[2)]

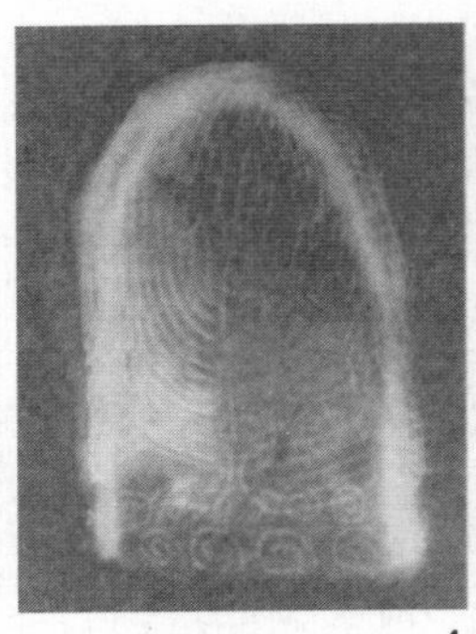

4 5

그림 4
칼집 끝부분의 투과상

그림 5
청동호의 투과상

三重縣 垣内田[가이토대유적(6세기 후반 ~7세기 전반) 출토 칼집[劍鞘]에서 은상감이 되어 있는 끝부분(길이 6.5㎝, 폭 4.5㎝)를 측정하여 투과상을 그림 4에 제시하였다. 이 방법에서는 마이크로 포커스 X선(140kV)을 사용하여 필름법으로 측정하였다. X선을 10분간 조사하였으며 필름을 현상하여 투과상을 얻었다.

6. 청동기의 투과상

중국 전국시대의 병(泉屋博古館 소장, 29.3㎝)을 X선 단층측정 장치(300kV, I-6 참조)의 스캐너 그래프를 이용하여 측정한 투과상을 도 5에 제시하였다. X선 조사는 2분간 실시하였으며 모니터로 투과상을 얻었다. 이 병은 모래에 덮여 있었으나, 이 방법을 통해 자세한 내용을 확인할 수 있었다.

(田口 勇)

〈참고문헌〉

1) 埼玉縣教育委員會 編 1983,『稻荷山古墳出土鐵劍金象嵌銘概報』.
2) 齋藤 努・田口 勇・西山要一 1990,『國立歷史民俗博物館研究報告』26, p.97.

3. 광전자촬영법

(光電子撮影法, Emissiography)

1. 개요

X선 촬영법 중 하나이며, 무거운 원소를 포함한 안료나 상감 등의 비파괴검출에 이용된다. 투시촬영과 달리 표면의 정보만을 얻을 수 있다. 피사체의 겉쪽에 사진 필름을 놓고 촬영하기 때문에, 벽화 등을 대상으로 촬영할 수 있다는 장점을 가지고 있다. 다만 촬영시에는 화상이 흐릿해지지 않도록 피사체와 필름을 밀착시킬 필요가 있다. 또한 필름을 직접 사용하기 때문에 암실내에서 촬영해야 한다.

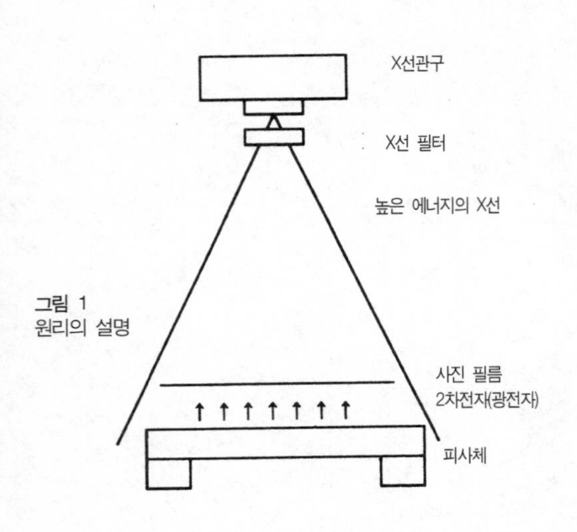

그림 1
원리의 설명

2. 원리

높은 에너지의 X선은 피사체 표면에 놓인 사진 필름을 거의 감광시키지 않고 투과하여, 안료나 상감에서 2차전자(광전자)를 발생시킨다(그림 1).

필름은 발생한 광전자에 의해 감광되어 X선 화상을 만든다. 조사하는 X선의 에너지를 전자의 결합 에너지(binding energy)에 따라 적절히 선택함으로써 납이나 수은 등 무거운 원소를 검출할 수 있다.

3. 장치

관전압 200kV 이상의 X선을 발생시키는 공업용 X선 발생장치를 사용한다. 사진필름은 낮은 에너지의 X선에 대한 감도가 높으므로 이 영향을 방지하기 위해 높은 에너지의 X선만을 투과시키는 주석(두께 3㎜)이나 구리(두께 10㎜)의 X선 필터와 한쪽 면에 유제[乳劑]를 바른 시트필름을 사용한다.

4. 회마[繪馬]의 촬영

明治[메이지] 初期의 회마에서 세로 51㎝, 가로 67㎝, 두께 1㎝의 삼나무 판에 사계농경도[四季農耕圖]가 그려져 있다(그림 2). 왼쪽 구석의 검게 오염된 부분에서 이 방법으로 화덕 등의 도안을 명확하게 읽어낼 수 있었다(그림 3). X선 분석도 동시에 실시한 결과 鉛白과 胡粉이라는 두 종류의 흰색 물감이 이 회마에 사용되었다는 것이 밝혀졌다.

5. 상감명의 검출

도쿄국립박물관이 소장하고 있는 熊本縣 江田船山[에다후나야

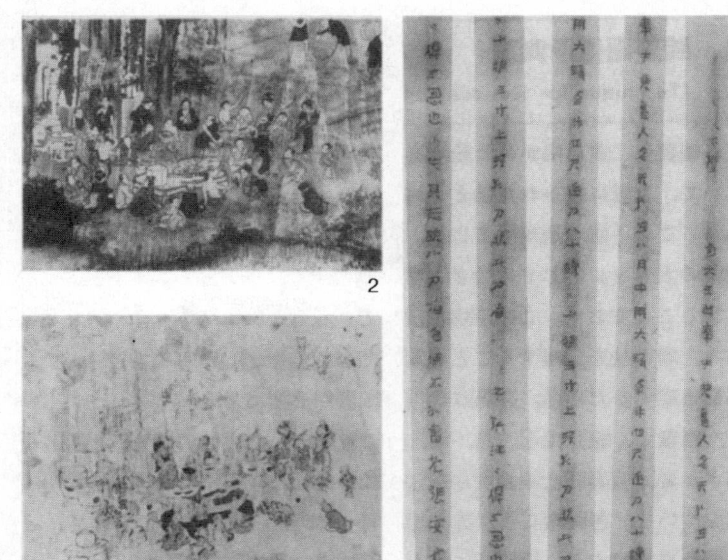

그림 2
회마(부분)

그림 3
촬영결과(부분)

그림 4
명문의 촬영결과(부분)

마고분 출토 대도[大刀](국보, 5세기경)에는 은상감에 의한 75개의 명문이 있었다. 은이 검게 변해서 판독이 불가능하였지만, 이 방법을 통해 명문의 자세한 부분까지 해독할 수 있었다(그림 4).

(三浦定俊)

〈참고문헌〉

1) C.F.Bridgemen · S.Keck · H.F.Sherwood : Studies in Conservation 3 p.175, 1958.

2) 三浦定俊 1985,『古文化財の科學』 30, p.21.

4. 잔차화상예측법

(殘差畵像豫測法, Technique for Residual Image Prediction: TRIP)

1. 개요

이중으로 그려진 회화를 대상으로 X선 투시사진과 칼라사진을 이용해서 상층에 그려진 그림과 하층에 그려진 그림을 분리시키는 화상처리법이다. 이 방법을 적용하기 위해서는 화상처리시 위치를 맞추기 위한 시료의 크기에 알맞은 2개 정도의 수직선을 작품 촬영시 함께 찍어둔다. 이 방법을 사용하면 적외선에 의해 검출된 밑그림과 상층 그림을 분리시킬 수 있다. 다만 촬영한 사진을 화상으로 처리하기 위한 고가의 전용 장치가 필요하다.

2. 원리

X선 화상과 적・녹・청색의 색분해 화상을 대응시켜서 각각의 화소 농도에서 회귀직선을 산출한다. 얻어진 4차원의 회귀식을 이용해서 각 화소마다 적・녹・청색의 농도에서 X선 농도를 추정하여 화상을 재구성한다. 재구성된 X선 화상과 실제로 촬영된 X선 화상과의 농도 차이는 밑그림의 영향에 의해 발생한 것으로 생각되기 때문에, 각 화소의 농도차만을 모은 잔차화상이 바로 밑그림을

나타낸다.

3. 장치

화상입력장치, 화상처리장치, 화상표시장치로 구분할 수 있다(그림 1). 실제로 화상의 처리는 부분화상으로 나누어 실시된다.

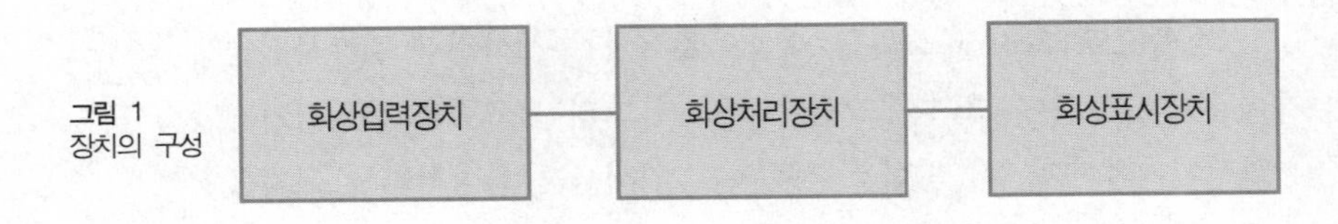

그림 1
장치의 구성

4. 유화의 조사 사례

「음유시인」(Giorgio De Chirico作, 브리지스톤 미술관 소장)은 세로 62㎝, 가로 50㎝의 켄버스에 그려진 유채화이다(그림 2). X선 투시촬영을 통해 표면의 그림과 다른 인물상이 그림의 밑에서 발견되어 이 방법으로 조사하였다(그림 3). X선 필름보다 작품이 크기 때문에 분할하여 X선 투시촬영을 하고, 이후 전체적으로 X선 화상을 합성하였다. 처리 결과 목의 주름 칼라나 얼굴의 표정 등 자세한 부분을 명확히 파악할 수 있는 잔차화상을 얻을 수 있었다(그림 4).

(三浦定俊)

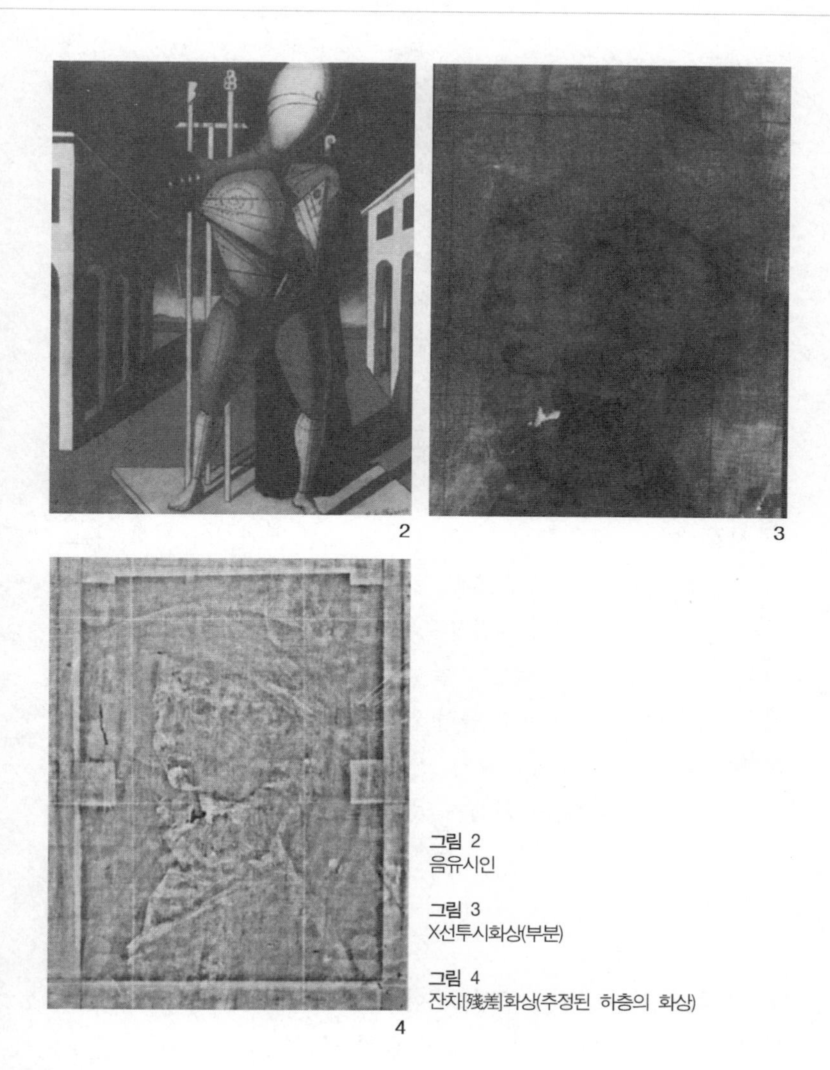

그림 2
음유시인

그림 3
X선투시화상(부분)

그림 4
잔차[殘差]화상(추정된 하층의 화상)

〈참고문헌〉
1) 三浦定俊 : Isotope News 484, p.14, 1994.

5. 중성자투과측정법

(中性子透過測定法, Neutron Radiography)

1. 개요

중성자투과측정법은 방사선의 하나인 중성자선을 선원으로 사용하는 투과측정법으로, 시료의 내부를 비파괴로 살펴볼 수 있다. X선투과측정법(Ⅰ-2 참조)과 원리상 유사하며, X선 대신 중성자선이 사용된다. X선과 중성자선은 시료에 대한 투과성이 크게 다르며, X선투과측정법을 통해 좋은 결과를 얻을 수 없는 유기물시료 등의 비파괴 내부측정에 적합하다. 그러나 아직 적용 사례가 적고, 원자로 등 중성자선 발생원이 필요하기 때문에 제한되고 있다. 경원소로 구성된 유기물시료 등의 투과측정을 위한 보다 효과적인 대안이 없기 때문에, 앞으로의 연구개발이 기대된다. 통상적으로 중성자에 의한 방사화의 문제는 없다.

2. 원리

중성자투과측정법은 중성자선이 X선(γ선)과 투과성(표 1)에서 차이가 큰 점을 이용한다. 금속과 함께 붙어 있는 유기물 측정에 적합하다.

	금속	유기물 등의 경원소 물질
X선(γ선)	小	大
중성자선	大	小

표 1
방사선의 물질투과성 비교

3. 장치

중성자 선원으로서는 원자로, 소형 Cyclotron, Californium의 방사성 동위원소 등이 사용되지만, 효율성의 측면에서 원자로(그림 1) 등이 활용된다. 원자로에서 발생하는 중성자 중에 감속된 열중성자[熱中性子]를 사용한다. 열중성자를 시료에 투과시키고, 시료의 뒤에 설치한 필름 또는 이미지 증배장치(Image Intensifier)를 통해 TV 카메라로 이를 실시간 관찰한다.

그림 1
원자로(立教[릿꾜]大學 원자력연구소 제공)

4. 청동제 경통[經筒]과 경권괴[經卷塊][1)]

경권괴가 들어 있던 청동제 경통(높이 29.5㎝, 지름 12.1㎝, 平安[헤이안]時代, 나라국립박물관 소장, 경권괴와 함께 보존처리완

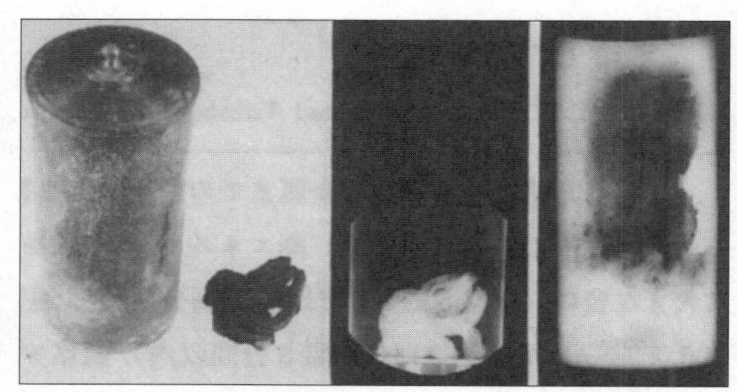

그림 2
경통과 꺼낸 경권괴(왼쪽), 중성자선투과상(가운데), X선투과상(오른쪽)

료)을 京都[교토]大學의 원자로(출력 5MW, 열중성자속 1.2×10^6n /㎠ /s)를 선원으로 하여 측정하였다(조사시간 18분, 필름 Fuji soft X선용 FG). 결과를 그림 2에 X선투과측정결과와 함께 제시하였다. 이 방법을 통해 X선투과측정법에서는 알 수 없었던 경권괴가 선명하게 확인되었다.

5. 보수 중인 철검[1)]

보수 중인 철검(古墳[고훈]時代, 靜岡縣 掛川市 宇洞ヶ谷[우도우가야]유적 출토, 掛川市教育委員會)을 京都大學의 원자로(4와 같은 조건)를 선원으로 하여 부속 중성자 Radiography 장치로 측정하였다(조사시간 10분, 필름 Fuji soft X선용 FG). 결과를 그림 3에 X선투과측정결과와 함께 제시하였다. 이 방법을 통해 보수 중인 철검에서 사용된 수지[樹脂] 등이 선명하게 확인되었다.

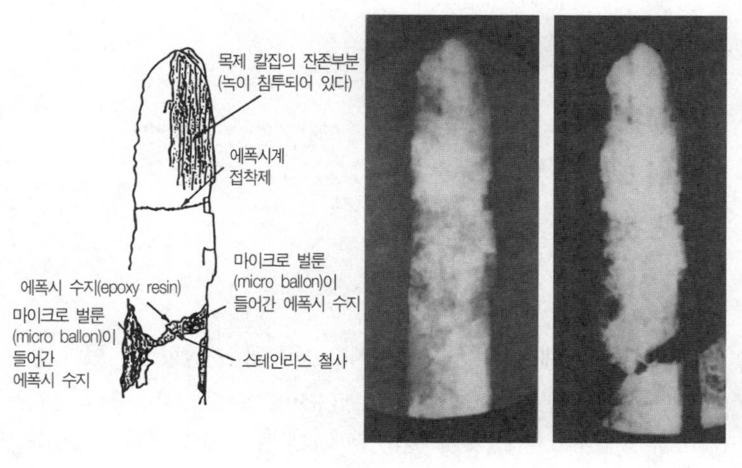

그림 3
철검보수의 설명(왼쪽),
중성자선투과상(가운데),
X선투과상(오른쪽)

(田口 勇)

〈참고문헌〉
1) 增澤文武 1992,『國立歷史民俗博物館硏究報告』38, p.37.

6. X선CT분석법

(X線CT分析法, X-ray Computed Tomographic Scanner)

1. 개요

비파괴로 목재에서 금속까지 시료 내부를 관찰할 수 있다. 의료용과 동일한 원리이지만, 높은 에너지의 X선을 사용한다. 최근에는 큰 규모의 시료(통상 50㎝까지)를 고분해(통상 0.3㎜까지, 최소 0.002㎜)로 신속하게(3분 이내) 관찰하는 것이 가능하다. 그러나 이러한 장치는 고가이고, 높은 에너지의 X선을 사용하기 때문에 다소 문제가 있다. 가속기 X선, 방사광 X선, γ선, 중성자선 등도 활용되고 있다. 앞으로의 고고학 시료의 비파괴 분석방법으로 크게 기대된다.

2. 원리

시료 주변의 여러 방향으로 X선을 조사하여 얻어진 다수의 X선 투과 데이터를 컴퓨터로 처리하고, 내부를 재구성해서 단층상을 만드는 장치이다. 그림 1의 왼쪽은 구멍이 있는 원통 시료에 X선(화살표)을 조사하여 투영 데이터를 얻은 것이며, 오른쪽은 투영 데이터를 통해 역투영법(Back Projection method)으로 단면상을

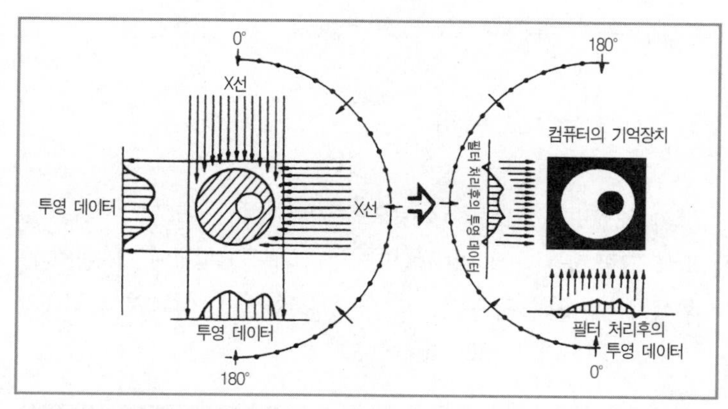

그림 1
원리의 설명

재구성하는 것이다.

3. 장치

그림 2
X선단층측정장치

X선 단층측정장치의 예를 그림 2에 제시하였다. 왼쪽부터 X선 조사실, 컴퓨터와 제어장치이다. 이 장치는 300kV 관전압의 X선을 사용해서 2분간 조사하고, 1분간 컴퓨터로 처리한 후 결과를 영상으로 나타낸다. 기기방식은 제2세대, 채널은 88, 최대 시료경은 50㎝, 분해능은 0.3㎜이다. 얻어진 영

상은 다시 화상으로 처리할 수 있다.

4. 토기의 단면상 측정

繩文[조몬] 中期 青森縣 大久保[오오쿠보]유적에서 출토된 호형토기(높이 21㎝, 그림 3)를 측정하여 종단면상의 결과를 그림 4에 제시하였다.

회색부분은 보수된 부분으로 파편이 많다. 토기 내부의 최대경은 15.1㎝, 기벽의 두께는 7㎜이다.

그림 3 토기

그림 4 종단면상

5. 청동호의 단면상 측정

중국 전국시대의 병(泉屋博古館 소장, 29.3㎝, 그림 5)을 측정하여 손잡이 위치의 횡단면상을 그림 6에 제시하였다. 측정결과 기벽이 얇고 손잡이와 병의 기벽이 접합되는 부분이 내측으로 부풀어져 있는 것 등을 알 수 있었다. 손잡이의 고리부분은 미리 주조로 제작한 후 접합되었다.

5

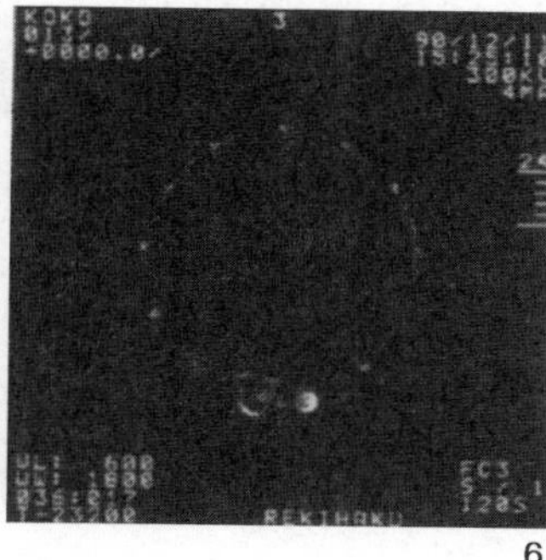

6

그림 5
청동기

그림 6
횡단면상

6. 철기의 단면상 측정

古히타이트시대의 철기(길이 33㎜, 터키의 카만・카레호유크 유적 출토, 그림 7)를 측정한 종단면상을 그림 8에 제시하였다. 화소 14785의 CT 값을 종축으로, 빈도를 횡축으로 표시하였다. CT 값이 2100에서 끊어져 있는 것은 이 시료 중에는 금속철이 존재한다는 것을 의미한다. 이 금속철 시료는 세계에서 가장 오래된 것이라고 생각된다.

8

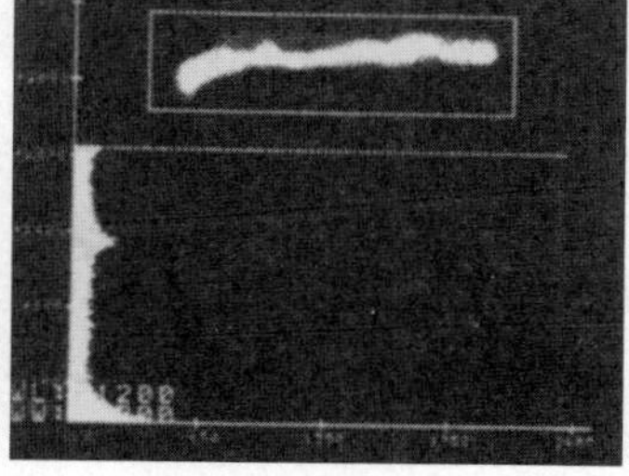

7

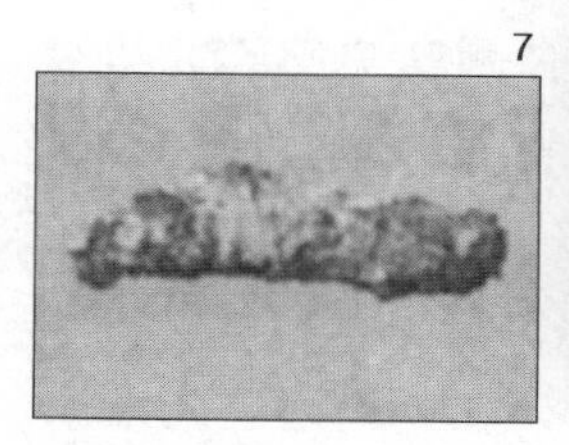

그림 7
철기

그림 8
종단면상

〈참고문헌〉
1) 田口 勇 1989,『日本文化財科學會會報』17, p.16.
2) 田口 勇 1992,『國立歷史民俗博物館研究報告』38, p.1.

(田口 勇)

7. 화학분석법

(化學分析法, Chemical Analysis)

1. 개요

이 분석법은 18세기 유럽의 화학분석법에서 출발했지만, 현재에도 사용되는 중요한 분석법 중 하나이다. 특히 표준치를 결정하여 표준시료를 제작하는 경우, 공통법(일본공업규격법, ISO법 등)을 제정하는 경우, 형상이 특수해서 대형분석기기로는 분석할 수 없는 경우 등에 주로 사용된다. 일본에서는 1950년대 전반 발광분광분석법[發光分光分析法] 등의 대형 분석기가 도입되기 이전까지는 대부분 화학분석법이 실시되었다. 약 5g의 시료를 채취하고 잘게 분쇄하여 4분법으로 나눈 후, 이들 중 한부분에서 다시 0.5g만을 선택하여 산[酸] 등으로 용해해서 화학 분석을 수행한다. 시료를 가열하거나 가스화해서 분석하는 방법도 화학분석법에 포함하는 경우가 많다. 또한 하나의 원소로 이루어진 단체[單體] 및 화합물 등의 화학 반응성을 이용한 화학분석법으로 상태분석을 실시하는 경우도 있다. 철의 경우 금속철(M. Fe), 산화제일철(FeO)나 산화제이철(Fe_2O_3)을 화학분석하는 것 등이 그 예이다.

2. 원리

분쇄한 시료를 산[酸] 등으로 용액화하여 분석대상 원소 특유의 화학반응 등을 이용한다. 방법으로는 용량법(표준 용액과의 반응), 중량법(반응후의 중량차), 흡광광도법[吸光光度法](반응에 의한 착색의 정도), 고주파유도결합플라즈마 질량분석법[高周波誘導結合플라즈마 質量分析法](이온화하여 질량분석) 등이 있다. 주요 사례는 다음과 같다.

(1) 철(Fe): 용액화 후 지시약을 첨가하여 중크롬산 칼륨표준용액으로 적정[滴定]해서 분석한다.
(2) 규소(Si): 용액화 후 녹지않은 나머지를 강열회화[强熱灰化]해서 중량을 측정하고, 용액은 플루오르(F)를 가해서 가열 휘산[揮散]시켜 중량을 측정한 후 차이를 분석한다.
(3) 인(P): 용액화 후 청색의 휘수연석(Molybdenite)를 형성시킨 후 흡광광도계를 이용하여 흡광도를 측정해 분석한다.
(4) 알루미늄(Al): 용액화 후 고주파유도결합플라즈마 질량분석장치에서 측정하여 질량분석을 한다.
(5) 탄소(C): 시료에 산소를 공급하면서 고주파 가열하여 발생된 탄산가스의 적외선 영역에서의 흡수 정도를 측정하여 분석한다.

3. 장치

화학분석법에서는 대형의 분석장치가 필요하지 않았지만, 최근

그림 1
화학분석실

성분	明神平의 사철	明神平의 철재
T.Fe	41.04	46.20
SiO_2	25.95	24.53
Al_2O_3	4.53	5.71
MgO	4.16	2.94
TiO_2	1.06	0.94
MnO	0.33	0.35
CaO	3.95	3.13
P	0.11	0.10
S	0.008	0.019
Cu	0.002	0.002
V	0.14	0.19
K_2O	0.58	1.07

표 1
사철과 철재의 분석결과(%)

에는 흡광광도계, 고주파유도결합플라즈마 질량분석장치 등이 사용되는 경우가 있다. 산용해 또는 화학시약의 첨가가 행해지기 때문에 통풍장치(draft)를 완비한 화학분석실이 필수이다(그림 1).

4. 사철[砂鐵]과 철재[鐵滓]

화학분석법으로 岩手縣 大槌町 明神平[묘진다이라]의 사철(자석을 사용하지 않고 채취)과 철재를 분석하여 결과를 표 1에 제시하였다. 고대 제철에서는 산화티타늄의 함유량이 적은 사철이 원료로 적합하다고 알려져 있는데, 明神平의 사철에서도 산화티타늄의 함유량은 대단히 낮았다.

(田口 勇)

〈참고문헌〉
1) 田口勇 1994, 『國立歷史民俗博物館硏究報告』58, p.23.

8. 발광분광분석법

(發光分光分析法, Emission Spectroscopy)

1. 개요

발광분광분석법은 1950년대 전반에 형광X선분석법 등과 함께 도입되었다. 시료에 외부 에너지를 주어 발광시켜 분광기로 분광하는 것이 특징으로 탄소를 함유한 다원소를 비교적 단시간(1~3분간) 내에 높은 정밀도로 동시에 정성・정량분석[定性・定量分析]할 수 있어서 현재에도 많이 사용되고 있다. 최근 장치는 많은 시료를 자동적으로 삽입하는 것이 가능하다. 전도성[電導性]이 있는 시료(금속 등)가 아니면 분석할 수 없으며, 시료의 형태는 지름 1㎝, 높이 2㎝의 원반형태가 표준이다. 전도성이 없는 시료에 대해서는 전도성분[電導性粉](탄소분 등)과 혼합하여 측정하는 방법 등이 시도되고 있다. 발광분광분석법은 특히 금속시료의 미량원소분석에, 형광X선분석법은 비전도성시료(토기, 도자기 등)의 주성분분석에 적용되고 있다. 분광 후 필름을 통해 파장과 흑화도[黑化度]로 정성정량분석[定性定量分析]을 하는 방법도 있다.

2. 원리

원자는 원자핵과 그것을 둘러싼 전자로 이루어져 있다. 원자에

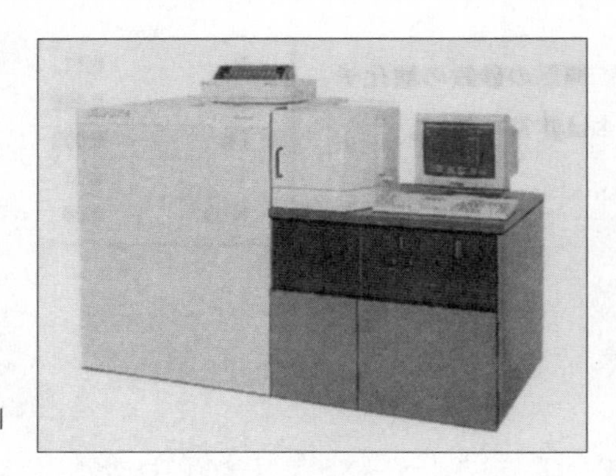

그림 1
발광분광분석장치

외부 에너지를 가하면 궤도전자는 정상 상태보다 높은 에너지준위[準位]로 들뜨게 되며, 극히 짧은 시간 후 다시 낮은 에너지준위로 이동한다. 이 때 두 준위의 에너지 차이가 빛으로 방출된다. 이 빛을 분광기에 입사시키면 원자 선스펙트럼(spectrum)이 관찰되며, 각 선의 강도는 대응되는 원소량으로 변환된다. 진공상태에서 장치의 전극과 시료 사이에 스파크(Spark 또는 Arc)를 일으켜서 분광분석용 빛을 발생시킨다. 광전측광식에서는 특정한 파장의 위치에 검출기를 배치하여 40개 이상의 원소를 정성・정량 분석한다.

표 1
일본도의 분석결과 (%)

원소	분석치	원소	분석치
C	0.62	Sn	<0.01
Si	0.07	Nb	<0.01
Mn	0.02	V	<0.01
P	0.026	Ti	0.02
S	0.004	Mo	<0.01
Cu	<0.01	Zr	<0.01
Ni	<0.01	Al	0.02
Cr	<0.01	Ca	0.0095
As	<0.01	B	0.0045

3. 장치

발광분광분석장치의 예를 그림 1에 제시하였다. 방전용전극[放

電用電極], 분광기, 측광기, 진공장치, 컴퓨터 등으로 구성된다. 또한 정성·정량분석용 소프트웨어가 포함되어 있다.

4. 일본도[日本刀]

원소	분석치	원소	분석치
Si	0.7	Mg	0.005
Cu	0.3	Ba	0.05
Mn	0.0003	Be	0.00007
Ni	3.0	Co	0.15
Cr	0.0005	Ge	0.005
Sn	0.01	Pb	0.007
Ti	0.0015	Sr	0.0007
Ca	0.015		

표 2
운철인청동기 녹[鐵銹]의 분석결과(%)

1988년 玉鋼[다마하가네]에서 제작된 일본도(길이: 72㎝)의 중앙부를 절단하여 칼날쪽 중앙을 발광분광분석장치(Spark법)로 분석하였다. 결과를 표 1에 제시하였다. 원료가 사철이기 때문에 티타늄(Ti) 함량이 높다. 또한 단조과정에서 붕소(B)를 사용하고 있기 때문인지 붕소의 함량도 높게 나타났다.

5. 중국 고대청동기[2]

중국 주[周]시대 운철인청동제 도끼[隕鐵刃青銅製鉞](Ⅱ－10. EPMA의 그림 3)의 녹[鐵銹] 30㎎을 발광분광분석법(電導性粉法)으로 반정량분석[半定量分析]을 하였다. 결과를 표 2에 제시하였다. 니켈(Ni), 코발트(Co), 게르마늄(Ge) 등의 함량이 높은 운철제인 것을 나타내고 있다.

(田口 勇)

〈참고문헌〉
1) 田口勇 外 編 1982,『100万人の分析化學』, アグネ.
2) R.J.Gettens 외 1971,『Two Early Chinese Bronze Weapons with Meteoritic Iron Blades』, Smithsonian Institution.

9. 형광X선분석법

(螢光X線分析法, X-ray Fluorescence Spectroscopy)

1. 개요

형광X선분석법은 1950년대 전반에 발광분광분석법 등과 함께 도입되어 대형기기분석화의 선구적인 역할을 했다. X선을 시료에 조사하여 파장분산형분광기[波長分散型分光器]로 분광하는 것이 큰 특징이며, 많은 원소를 높은 정밀도로 동시에 정량할 수 있어 현재에도 많이 사용되고 있는 중요 분석법이다. 고고학 시료에서는 토기, 도자기 등의 태토분석을 비롯해 다양하게 활용되고 있다. 도입 초기 永仁의 회[壺] 분석에 사용되었던 것으로 유명하다. 이와 더불어 시료에 X선(또는 원자선)을 조사하여 방출되는 특성X선을 에너지 분산형 분광기로 분광하는 EDS(Energy Dispersive Spectroscopy)도 현재 많이 사용되고 있지만, 분석의 정밀도는 앞의 방법이 우수하다.

2. 원리

시료의 표면에 X선을 조사하면 특성X선(형광 X선)이 표면에서 발생한다. 형광X선분석법은 이 특성X선을 파장분산형의 분광기로 나누어 많은 원소를 동시에 정량분석하는 방법이다. 가벼운 원소의 분석 감도를 높이기 위해 시료실은 진공으로 한다. 분석값은 컴퓨터에 의해 보정된다.

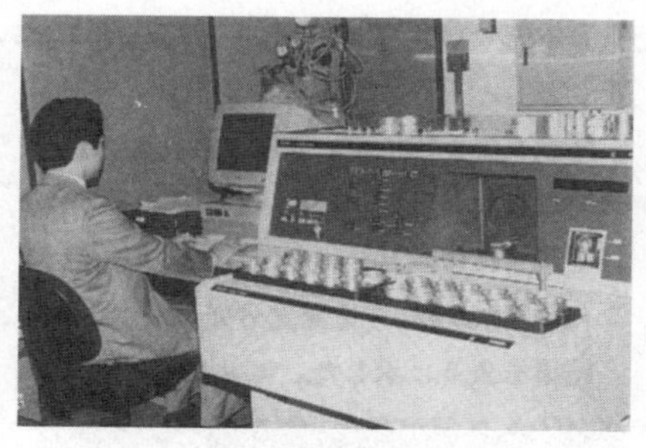

그림 1
자동시료도입 방식의 형광X선분석장치

3. 장치

형광X선분석장치의 예를 그림 1에 제시하였다. 많은 시료의 분석을 위한 자동시료도입장치[自動試料導入裝置], X선원, 진공장치, 분광기, 컴퓨터 등으로 구성된다. 정성 · 정량분석용 소프트웨어도 포함되어 있다.

4. 永仁의 호[壺][1)2)]

瀬戸飴釉永仁銘瓶子(그림 2, 이하 永仁의 호, 높이 27.3㎝, 구경 4.3㎝, 저경 10.0㎝, 동부에 永仁 2年의 명문이 있음)는 鎌倉[가마쿠라]時代의 작품이며 중요문화

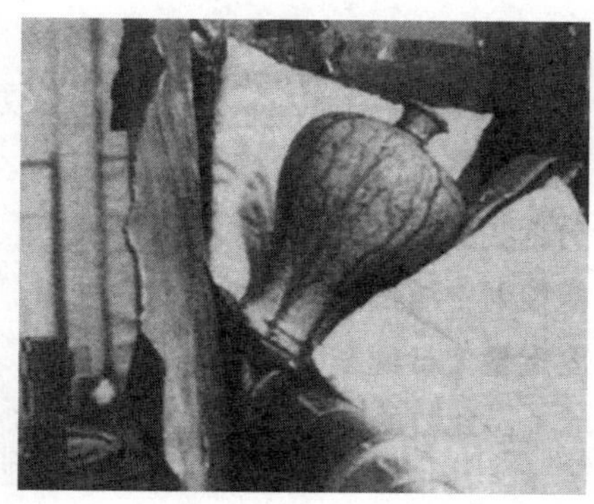

그림 2
시료대 위의 永仁의 호

그림 3
시료용기에 넣은 사금괴

표 1
사금괴의 분석결과

원소	분석치(%)
금	93.3
은	3.8
철	0.4
산화규소	1.8
산화알루미늄	0.3

재로 지정되어 있었지만, 1961년 과학적 조사결과 등에 의해 지정이 해제되었다. 과학적 분석방법으로는 형광X선분석법이 이용되었다. 이 방법으로 永仁의 호와 참고품의 스트론튬(Sr) 및 루비듐(Rb)을 정량하여 그 비율(Sr/Rb)을 구하자 다음과 같은 결과를 얻을 수 있었다. 즉 永仁 호의 비는 5.80~7.22로 다른 鎌倉時代의 작품(1.09~2.70)과 달랐다. 또한 Sr과 Rb는 유약원료인 장석이나 목탄에서 유래한다고 한다.

5. 사금괴[砂金塊][3)]

사금괴(그림 3, 22.4g, 현존하는 사금괴로 제3위, 1976년 岩手縣 住田町[스미타쵸]에서 발견, 細野 力씨 소장)를 그림 1의 시료용기(그림 3)에 넣어 형광X선분석을 하였다. 사금의 표면은 오랫동안 자연에 노출되어 부식되었기 때문에, 고압 X선(100kV)을 사용해서 내부까지 분석하였다. 그 결과를 표 1에 제시하였으며 금의 함유율이 높음을 알 수 있다. 또한 산화규소 등은 표면부착물이라고 생각된다.

(田口 勇)

〈참고문헌〉

1) 江本義理 1961,『理學電機ジャーナル』3, p.2.
2) 朝日新聞 (1990년 2월 10일).
3) 田口 勇・齋藤 努 1994,『國立歷史民俗博物館硏究報告』57, p.41.

10. EPMA

(Electron Probe Micro Analysis)

1. 개요

EPMA는 1950년대 전반에 발광분광분석장치, 형광X선분석장치 등과 함께 도입되어 일본에서 마이크로분석을 보급시키는 계기를 마련하였다. 전자선조사와 파장분산형분광기[波長分散型分光器]를 이용한 분광이 큰 특징이며, 특히 가벼운 원소의 고감도 정량에서는 현재에도 이 방법이 가장 추천된다. 최근 소형이며 사용이 편리한 에너지분산형 X선 Micro Analyzer(EDS)도 자주 사용되지만, 가벼운 원소의 고감도 정량에는 다소 미흡하다. 최근의 EPMA는 컴퓨터와 결합되어 있으며, 대부분의 장치에서는 시료를 이동시켜가며 분석하는 Mapping분석이 가능하고, 결과는 더욱 높은 수준으로 처리되어 용도에 알맞은 출력 및 전송 등이 가능하다.

2. 원리

진공상태에서 시료 표면에 전자선을 조사하면 그림 1에 제시한 것과 같이 시료에서 2차전자, 반사전자, 특성X선 등이 발생한다. EPMA는 발생하는 특성X선을 파장분산형 분광기로 분광하여 원소의 정성·정량분석을 수행한다. 최근에는 Mapping분석을 통해 2차원적으로도 표시할 수 있다.

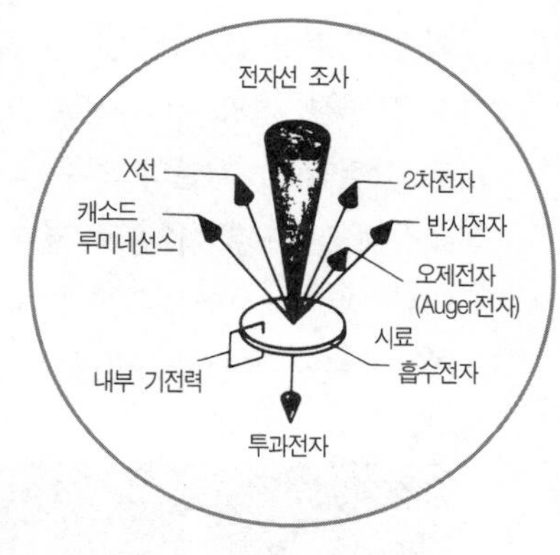

그림 1
원리의 설명

3. 장치

EPMA를 그림 2에 제시하였다. 진공장치, 전자선통[電子線銃], 대형시료실(10㎝ 규격), 통상 5채널의 파장분산형분광기[波長分散型分光器], Mapping용 시스템, Display, 컴퓨터 등으로 구성된다. 또한 TPA, PET, LIE 등 대상원소의 파장에 적합한 분광결정[分光結晶]과 대상시료용의 정성·정량분석용 소프트웨어가 포함되어 있다.

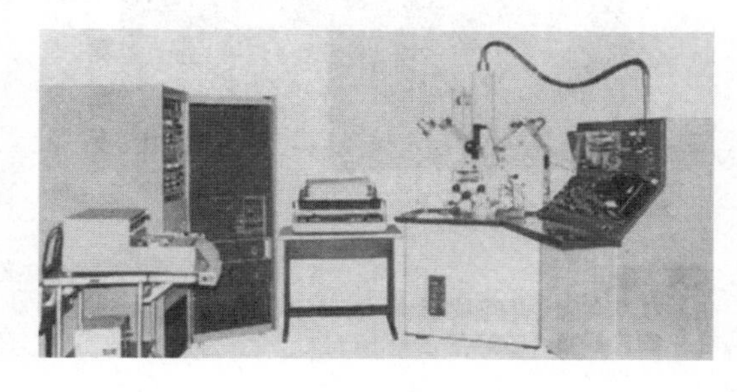
그림 2
EPMA

4. 운철인청동제 도끼[隕鐵刃靑銅製鉞]

중국 제철[製鐵]의 역사는 주[周]나라부터 시작하지만, 주시대의 운철인청동제 도끼(그림 3, 길이 17.1㎝, 날 부분만 철, 미국 Freer

미술관 소장)가 하남성[河南省]에서 출토되었을 때 소장 미술관에서 연구한 결과 이 유물은 일반 제철품과 달리 운철[隕鐵]인 것으로 밝혀졌다. 철인의 일부를 채취하여 시료를 제작하고 EPMA 시료실에 넣은 후 120㎛ 영역 내에서 부분적으로 철과 니켈(Ni)에 대한 정량분석한 결과를 그림 4에 제시하였다. 금속철이 잔존하고 있는 부분은 니켈의 함량이 높았다.

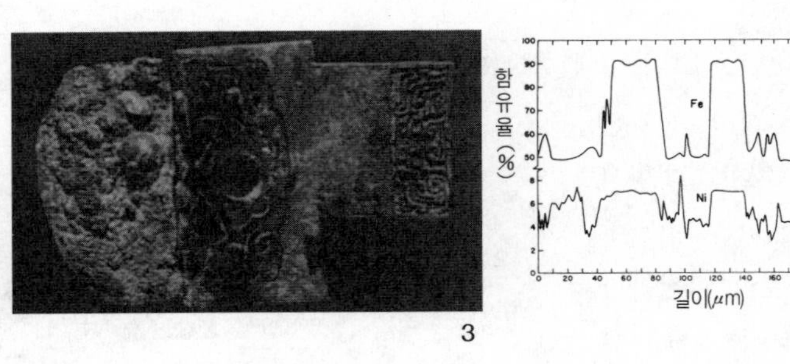

그림 3
운철인청동제 도끼

그림 4
운철인 도끼의 정량분석 결과

5. 稻荷山[이나리야마] 철검

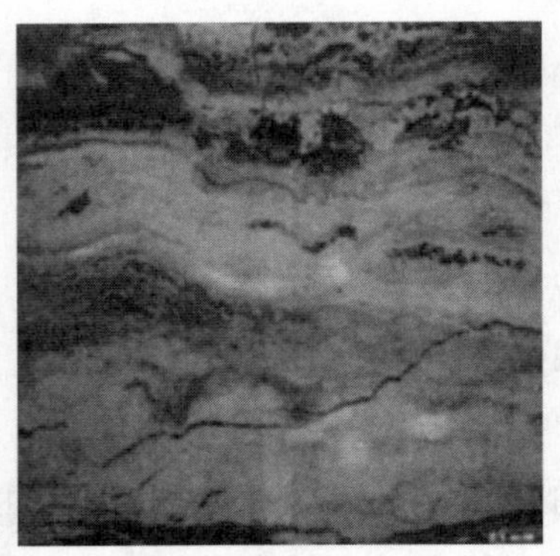

그림 5
녹의 Mapping분석결과

稻荷山고분 출토 철검(5세기, 길이 73.5㎝, 115개의 금상감 문자, 현재 국보)에서 채취한 철녹을 EPMA로 Mapping 분석하여 그림 5(원사진: 칼라)에 제시하였다. 이 사진에서 적색은 철, 녹색은 칼슘, 청색은 구리의 존재를 나타내고 있다. 따라서 진한 적색 부분이 검은 녹이며, 검은 녹 부분에 구리가 존재하고 있는 것을 알 수 있다. 이것이 철검이 크게 녹슬지 않았던 이유라고 생각된다.

(田口 勇)

〈참고문헌〉
1) 田口 勇 1990, 『金屬便覽』7. 2, 丸善.
2) 田口 勇 1988, 『鐵の歷史と化學』, 裳華房.

11. 방사화분석법

(放射化分析法, Neutron Activation Analysis)

1. 개요

시료 중 미량원소의 농도를 측정한다. 화학적으로 비파괴분석이므로 고고학 시료에 유용하다. 수 mg ~ 수백 mg의 고체 시료를 원자로에 넣어 열중성자를 조사하고 꺼낸 후, 시료에서 방출되는 감마(γ)선을 측정하면 ppm~ppb 정도의 농도로 원소의 정량분석이 가능하다. 분석치는 보통 10% 오차수준의 정밀도를 갖는다. 수개의 원소에서 40여 개 원소까지 동시정량분석이 가능하고 분석대상 원소수가 변해도 분석의 시간, 비용 등은 크게 변하지 않는다. 원소에 따라 검출감도는 크게 다르며, 실제로 측정에 적합하지 않는 원소도 있다(지르코늄(Zr), 납 등).

2. 원리

시료에 고밀도의 열중성자속을 쪼이면 시료 중의 원자핵은 중성자를 받아들여 방사성핵종[放射性核種]으로 변화된다. 이 방사성핵종은 각각의 반감기[半減期]에 따라 붕괴되며 이 때 방출되는 감마선의 갯수는 각 원소의 양에 비례하고, 또 그 에너지는 각각의 고유 원자핵과 관련된다. 따라서 중성자에 의해 방사된 시료에서 어떤 에너지의 감마선이 어느 정도의 강도로 방출되고 있는지를 측정하여 시료에 존재하는 원소의 농도를 구할 수 있다.

3. 장치

연구용 원자로 등 대형 중성자원과 방사선검출기가 필요하다. 조사 및 측정 모두 방사선 취급자격을 요한다. 실측정시간은 수 시간에서 수십일 정도 걸리지만, 원자로의 조사 스케줄은 보통 수 개월 전에 결정되기 때문에, 분석을 의뢰할 때에는 이를 고려해야 할 필요가 있다. 원자로의 사진을 그림 1에 제시하였다.

4. 흑요석의 분석[1)]

中部・關東地方의 흑요석 원산지 12지역(信州 4地域, 伊豆箱根 6地域, 神津島 2地域)에서 채취된 흑요석에 대해 각각 50mg의 시료를 사용하여 9가지 원소를 정량하였다. 그 결과, 원소 조성으로 각각의 원산지를 분류할 수 있었고, 山梨縣 내의 유적에서 출토된 흑요석 48개 시료의 원산지를 추정할 수 있었다. La/Sm-Ce/Th의 관계도를 그림 2에 제시하였다.

5. 철기의 분석[2)]

터키의 카만・카레호유크유적에서 출토된 철 유물시료(히타이트시대)에 대해 금속부분과 부식된 부분에서 각각 수십 mg을 채취

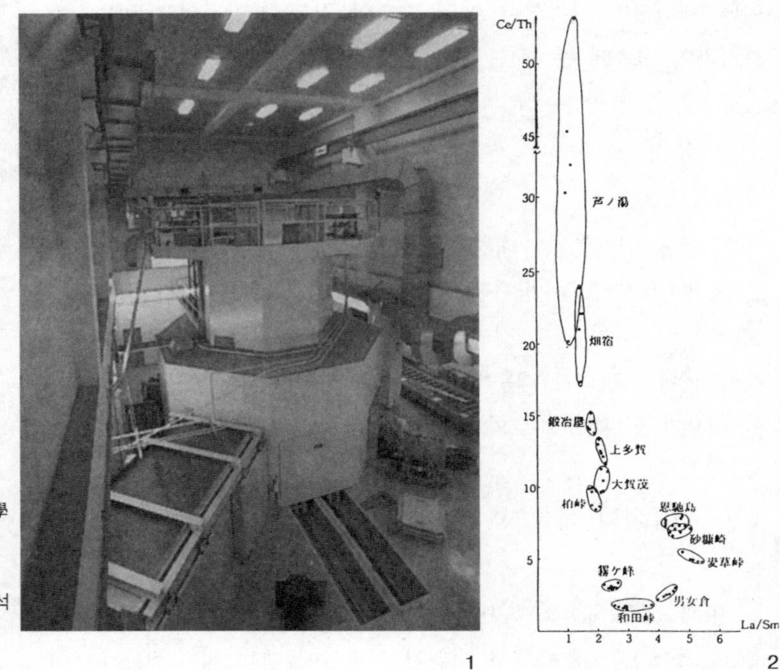

그림 1
원자로(立敎[릿꾜]大學 원자력연구소 제공)

그림 2
원산지 흑요석의 분석 결과

하여 34가지 원소를 정량하였다. 그 결과 Mg, V, Cr, Mn, Co, Ni, Cu, Zn, Ga, Se, Sb, Lu, Hf, W, Au는 함유율에 있어 양자간 큰 차이는 없었지만, Na, Al, Cl, K, Ca, Sc, Ti, As, Mo, Ba, La, Ce, Sm, Eu, Yb, Th, U은 부식에 의해 함유율이 증가해 있었다. 이들 원소는 부식과정 중 시료 주변의 점토에서 침투한 것으로 판단된다.

(齋藤 努)

〈참고문헌〉
1) 輿水達司 外 1994, 『帝京大學山梨文化財研究所研究報告』 5, p.113.
2) 田口 勇 外 1993, 『アナトリア考古學研究 Vol. II カマン・カレホユック2』, p.1.

12. PIXE

(이온勵起 X 線分析, Proton Induced X-ray Emission)

1. 개요

이온원 여기[勵起]의 PIXE는 전자선 여기의 EPMA나 X선 여기의 형광X선분석과 마찬가지로 형광X선을 검출하는 분석법이지만, 다른 두 개의 방법에 비해 배경신호(background signal)가 낮기 때문에, 검출 감도가 극히 높아 $10^{-12} \sim 10^{-15}$g의 고감도 원소분석이 가능하다. 비파괴분석인 점, 미량의 시료에서도 다원소동시미량분석[多元素同時微量分析]이 가능하다는 점, 10㎛ 정도의 Micro Beam에 의한 분석이 가능한 점 등이 특징이다. 장치는 고가이지만, 이와 같은 특징으로 인해 금속기, 토기, 도자기, 그림 등 고고학 시료의 조성분석에 널리 응용되고 있다.

2. 원리

가속된 양성자, α입자 등 하전입자[荷電粒子]를 시료에 조사한 후 발생하는 특성X선을 검출하여 시료의 고감도 원소분석을 하는 방법이다. 여기 이온빔으로는 감도가 뛰어난 1~3MeV의 양성자빔이 주로 사용된다.

3. 장치

그림 1
청동호를 측정중인 장치[1]

이온가속기로 가속한 이온을 시료에 조사하여 발생하는 특성 X선을 보통 Si(Li) 등의 반도체 검출기로 검출한다. 양성자나 중양자[重陽子]의 이온빔을 금속 등의 얇은 막을 통해 대기 중으로 인출하여 분석할 수도 있다. 이와 같은 방법을 외부인출빔 PIXE라고 하며, 대형의 고고학 시료에 대한 비파괴분석에 유용하다. 고대 중국의 청동호[青銅壺]를 분석하는 장치의 사진을 그림 1에 제시하였다. 가속기로는 Tandem이나 Cyclotron 등이 사용되고 있지만, 이 경우 대형 시설이 필요하므로 실험장소가 제한된다.

4. 은화[銀貨]의 정량분석

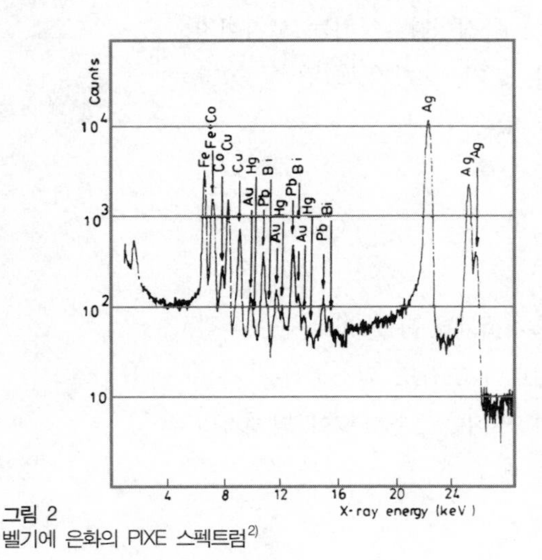

그림 2
벨기에 은화의 PIXE 스펙트럼[2]

9세기~15세기 벨기에(Belgium)의 은화를 2.8MeV의 양성자빔을 여기원[勵起源]으로 하는 외부인출빔 PIXE로 정량분석한 스펙트럼의 예를 그림 2에 제시하였다. 코발트(Co)는 주성분인 구리원소의 피크 세기를 약화시키기 위한 필터에서 나온 것이다. 표준시료인 성분원소를 포함한 합금을 사용하면 정량분석도 가능하다.

5. 고대 이집트의 안료의 정량분석

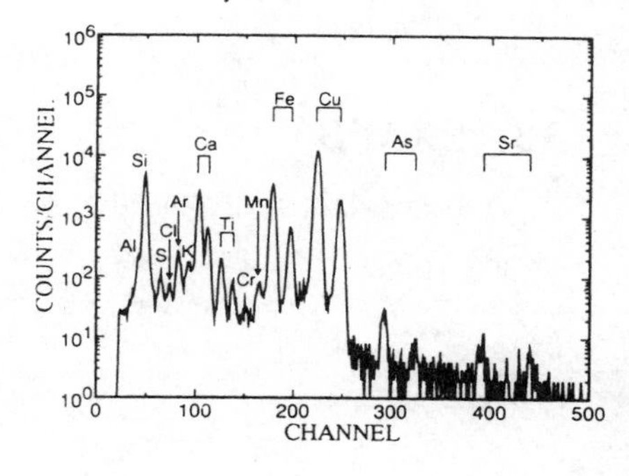

그림 3
고대 이집트 청색안료의 PIXE 스펙트럼[3)]

이집트 루크소르 서안에서 발굴된 18왕조의 유적 중 벽이나 계단에 칠해진 안료를 1.6MeV의 양성자빔을 여기원으로 하는 외부 인출빔 PIXE로 분석하였다. 분석결과에 대한 예로 그림 3에 청색 안료의 PIXE 스펙트럼을 제시하였다. 이 스펙트럼을 통해 이집트 青($Ca \cdot CuO \cdot 4SiO_2$)과 기스몬디 沸石이 안료에 사용되고 있었음을 알 수 있었다.

(中井 泉)

〈참고문헌〉
1) 林 茂樹 · 淺利正敏 1994, 『金屬』 9, p.25.
2) M.-A.Meyer and G.Demortier : Nucl. Instr. and Meth., B49, p.300, 1990.
3) M.Uda 외 : Nucl. Instr. and Meth., B75, p.476, 1993.

13. EXAFS

(X線吸收微細構造法, Extended X-ray Absorption Fine Structure)

1. 개요

시료에 포함된 원소의 상태분석이 비파괴로 가능하다. 금속, 세라믹, 유리 등 모든 시료를 분석할 수 있으며, 일반적인 장치로는 알루미늄보다 원자번호가 큰 원소를 대상으로 측정할 수 있다. 상태분석법으로서 유명한 Mössbauer분광법이나 ESCA와 비교하면 전자는 대상 원소가 철이나 주석 등으로 제한되며, 후자는 고진공을 필요로 하는 표면분석인 것에 비해 EXAFS은 시료의 종류 및 상태와 관계없이 내부정보를 얻을 수 있기 때문에, 고고학 시료의 상태분석법으로서 응용범위가 넓다.

2. 원리

X선은 물질을 투과하며, 그 물질을 구성하고 있는 원소 고유의 에너지로 흡수되는데, 이를 X선의 흡수단[吸收端]이라고 한다. 시료에 조사하는 X선의 에너지를 변화시키면서 투과 X선의 강도나 발생하는 형광 X선의 강도를 측정하면, 그림 1과 같은 스펙트럼을 얻을 수 있는데, 흡수단(Edge)에서 스펙트럼의 기울기가 급해

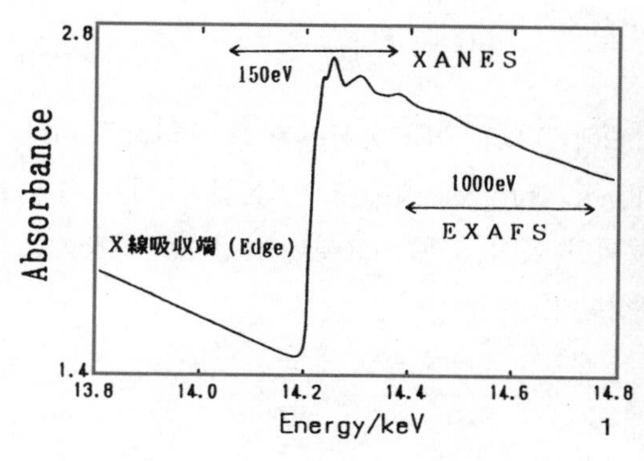

그림 1
진사[辰砂]의 EXAFS 스펙트럼

그림 2
EXAFS 측정장치

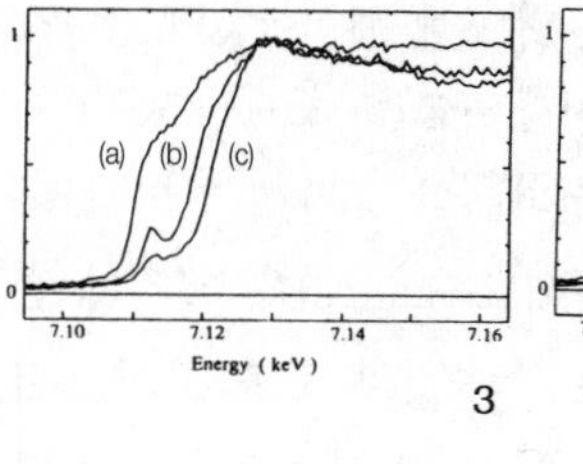

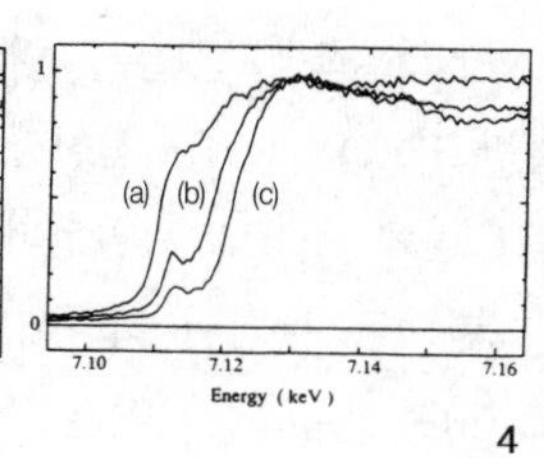

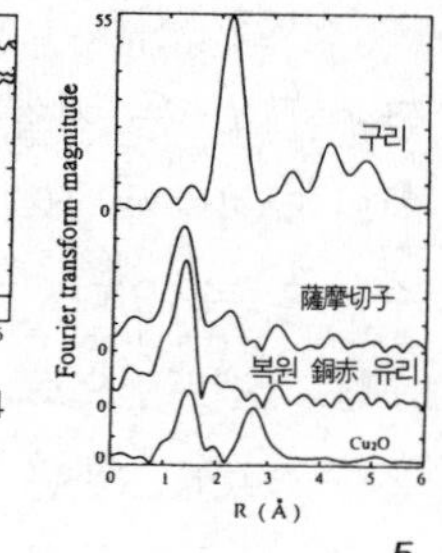

그림 3
철의 표준시료

그림 4
히타이트(Hittites)족의 철기

그림 5
薩摩切子의 EXAFS 분석결과에 대한 Fourier 변환

지는 것을 알 수 있다. 이 흡수단의 우측에서 스펙트럼의 물결구조를 볼 수 있는데, 이것을 EXAFS라고 한다. 또한 흡수단 부근의 미세구조를 XANES(X線吸收端近傍構造)라고 구별하는 경우도 있다. EXAFS에서는 흡수원자 주위의 배위구조[配位構造(원자간 거리, 배위수)]에 대한 정보를, 그리고 XANES에서는 흡수원자의 산화수나 전자상태에 대한 정보를 얻을 수 있는데, 양자를 총칭해서 XAFS(X線吸收微細構造)라고 부른다.

3. 장치

장치의 예를 그림 2에 제시하였다. X선원과 그 에너지를 변화시키는 단색광분광계(monochrometer)부, 조사 X선의 세기 측정부, 시료부, 시료를 투과한 X선 혹은 시료에서 발생하는 형광X선의 세기 측정부로 구성된다.

4. 철기의 상태분석

철 표준시료의 XANES 스펙트럼을 그림 3에 제시하였다. (a)는 금속철, (b)는 자철광 Fe_3O_4, (c)는 침철광[針鐵鑛] a-FeOOH이다. 철의 산화수가 스펙트럼에 Shift로 관찰된다. 이 Shift로 철의 산화수를 알 수 있다. 그림 4는 부식된 히타이트(Hittites)족 철기의 흡수단 스펙트럼으로, (a)는 부식되지 않은 금속철의 부분, (b)는 검은 녹, (c)는 붉은 녹이다. (c)는 표준시료로 측정한 a-FeOOH와 일치하며 3가의 철을 포함한 것, (b)는 그 중간의 에너지를 취하고 있는 것으로 상대적으로 낮은 2가의 철이 함유된 것을 알 수 있다.

5. 薩摩切子[사쯔마 키리코]의 XAFS 해석

銅赤 유리에서 적색의 기원을 밝히기 위해 薩摩切子[사쯔마 키리코]에 대한 EXAFS 분석을 실시하였다. 그림 5는 분석 결과 얻어

진 EXAFS 스펙트럼을 Fourier 변환한 결과 구리 주변에 산소원자가 존재하고 있음을 나타낸다. 대부분의 구리는 산소와 결합하고 있으나, 발색은 구리의 Colloid입자에 의한 것임을 명확히 알 수 있다.

(中井 泉)

〈참고문헌〉

1) 宇田川康夫 編 1993,『X線吸收微細構造』, 學會出版センター.
2) 中井 泉 外 1993,『アナトリア考古學硏究』Vol. II, p.15.
3) 中井 泉 外 1992,『日本文化財科學會 第 9 回大會講演要旨集』, p.22.

14. ICP발광분석법: 고주파유도결합플라즈마 발광분석법

(ICP發光分析法: 高周波誘導結合플라즈마 發光分析法, Inductively Coupled Plasma Atomic Emission Spectrometry: ICP-AES)

1. 개요

시료 용액을 고온(6,000~10,000℃)의 고주파유도플라즈마로 여기시킨 후 각 원소로부터 방출되는 빛의 파장과 세기를 측정한다. 또한 농도를 미리 알고 있는 표준시료의 발광 세기와 비교해서 정량분석을 실시한다. 공존하는 원소나 시료 용액의 액상차로 인한 분석치의 영향이 적기 때문에, 주성분원소~ppb 레벨의 많은 원소의 농도를 단시간에 측정할 수 있다. 고정밀도의 측정을 비교적 용이하고 신속하게 처리할 수 있고, 장치의 값도 저렴해졌기 때문에, 최근에는 주성분원소 및 미량원소의 농도측정법으로서 많이 사용되고 있다.

2. 원리

산용액 상태의 시료가 안개형태로 플라즈마 안에 분무되면 시료 중의 원소는 여기되어 발광한다. 이 발광의 파장은 원소마다

고유하기 때문에, 이를 Fixed-Channel Direct Reader 등의 다원소 동시측정용[多元素同時測定用] 분광기로 분광한 후 각 파장에 대한 세기를 구한다(그림 1).

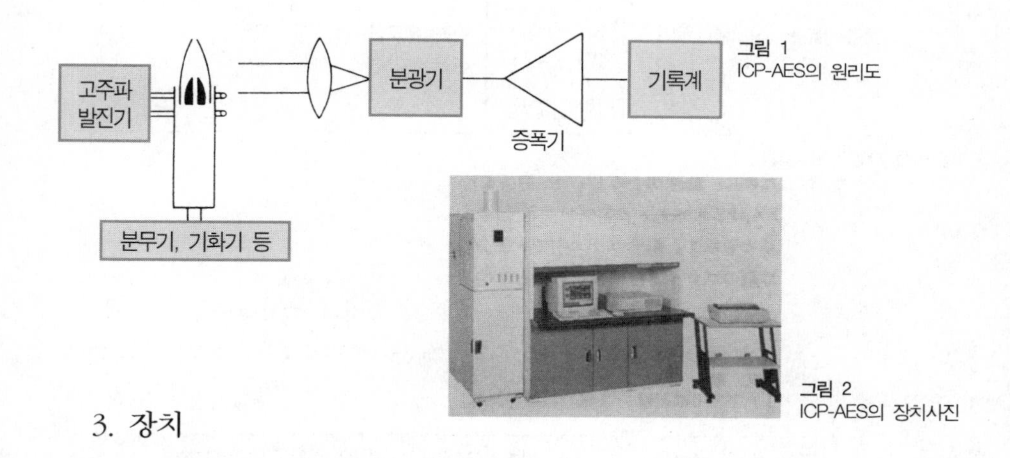

그림 1
ICP-AES의 원리도

그림 2
ICP-AES의 장치사진

3. 장치

그림 2에 기기를 제시하였다.

4. 옛날 동전[古錢]의 분석[1)]

중국 및 한반도의 靑銅貨에 대해 주성분원소농도를 측정한 예를 표 1에 제시하였다. 측정시료는 평균적인 조성을 구할 수 있도록 세 곳에서 5㎎씩 잘라내서 산용해한 것이다.

화폐 명칭	Cu(%)	Pb(%)	Sn(%)	화폐 명칭	Cu(%)	Pb(%)	Sn(%)
開元通寶(중국: 621년)	84.4	1.3	13.8	永樂通寶(중국: 1411년)	74.3	20.7	3.8
	63.0	30.9	0.1		77.2	17.6	3.9
	68.4	19.9	11.2		70.7	19.9	8.1
	71.5	14.6	12.4		71.2	20.3	7.1
至道元寶(중국: 995년)	69.8	24.7	5.1	朝鮮通寶(조선: 1423년)	95.9	0.1	3.4
	73.9	17.8	7.8		97.9	0.1	1.1
	66.1	23.9	9.6				
	73.7	18.1	7.9				

표 1
옛날 동전[古錢]의 분석결과

5. 철기의 분석[2)]

일본 동북지방 북부에서 출토된 철기의 분석결과를 표 2에 제시하였다. 녹을 제외한 금속철 30㎎을 산용해 해서 측정한 것이다.

(齋藤 努)

출토지	시료명	Cu(%)	Ti(%)	Mn(%)	P(%)	Si(%)	Ca(%)	Al(%)	Mg(%)
志馬城蹟	못	0.012	0.004	n.d.	0.032	0.010	0.28	0.039	0.035
	못	0.012	0.007	tr	0.038	0.12	0.21	0.017	0.028
飛鳥台地 I 遺蹟	철제 가래	0.011	0.009	0.004	0.13	0.046	0.021	0.024	0.005
	방추	0.018	0.096	0.007	0.073	0.089	0.048	0.051	0.020
力石 II 遺蹟	불명철기	0.019	0.010	0.003	0.17	0.086	0.010	0.018	0.002
駒燒場遺蹟	도자	0.009	0.027	n.d.	0.10	-	0.011	0.022	0.014
	낫	0.015	0.023	0.009	0.13	0.011	0.011	0.015	0.011
	철촉	0.004	0.007	n.d.	0.014	0.068	0.011	0.005	n.d.
尻八館遺蹟	철촉	0.009	0.004	0.001	0.041	0.079	0.059	0.017	0.013
	창신	0.044	0.003	0.002	0.13	0.38	0.003	0.012	0.001

표 2
철기의 분석결과

〈참고문헌〉
1) 佐野有司 外 1983,『古文化財の科學』28, p.44.
2) 赤沼英男 1992,『國立歷史民俗博物館硏究報告』38, p.77.
3) 原口紘炁 1986,『ICP發光分析の基礎と応用』, 講談社.

15. ICP질량분석법: 고주파유도결합플라즈마 질량분석법

(ICP質量分析法: 高周波誘導結合플라즈마質量分析法, Inductively Coupled Plasma Mass Spectrometry: ICP-MS)

1. 개요

고주파유도플라즈마를 이온원으로 하는 질량분석법이다. ICP발광분석법이 주성분원소~ppb 농도 수준의 원소를 측정대상으로 하는 것에 비해, 이 방법은 보다 저농도(ppt이하)까지의 미량원소를 주된 측정대상으로 한다. 또한 동위원소를 검출하여 단시간 내에 여러 원소의 동시 측정이 가능하다. Laser Ablation법, Slurry법 등의 시료 도입법에 의해 고체 시료에 대한 직접인 측정도 시도되고 있다. 질량분석을 위해 보통 사중극질량분석기[四重極質量分析器]를 사용하는 타입이 최근 상당히 보급되고 있다. 정전필터가 부착된 자장형질량분석기[磁場型質量分析器]로 감도와 정밀도를 높인 장치, 동위원소비[同位體比]의 고정밀도 측정이 가능한 장치(오차 0.01% 이하: 보통 0.2%) 등도 개발되고 있다.

2. 원리

시료를 보통 회초산[希硝酸]용액 상태로 만든다. 이것이 안개형

그림 1
ICP질량분석장치

태로 플라즈마 안에 분무되면 시료 중의 원소는 이온화된다. 이것을 진공 중에서 가속시키면 원소는 질량차에 의해 분리되고 이로부터 각각의 이온 강도를 검출한다. 이와는 별도로 측정 대상원소의 농도를 미리 알고 있는 표준용액을 측정한 후 대상 원소의 이온 강도를 비교하여 시료 중의 원소농도를 산출한다.

3. 장치

그림 1에 장치의 사진을 제시하였다.

4. 사철의 분석[1)]

일본의 사철·철광석을 산분해하여 원소분석을 실시하였다. 그 결과의 예를 표 1에 제시하였다(Al_2O_3, CaO, MgO, MnO, K_2O, V, Cu에 대해서 적용).

5. Laser Ablation 시료도입법에 의한 금화의 분석

시료표면에 Nd-YAG(0.3J) 레이저를 조사하여 표면에서 직경

채집지	SiO_2	Al_2O_2	MgO	CaO	MnO	TiO_2	K_2O	P	S	V	Cu	T.Fe
常呂(北海道)	3.43	1.80	2.43	0.55	0.86	21.64	0.023	0.28	0.013	0.25	-	50.01
大槌(岩手)	25.95	4.53	4.16	3.95	0.33	1.06	0.575	0.114	0.008	0.14	0.002	41.04
內野(岩手)	4.09	0.88	0.57	0.50	0.37	2.65	0.052	0.054	0.005	0.29	0.001	65.10
多賀城(宮城)	7.97	1.84	2.39	0.43	0.69	26.13	0.050	0.031	0.010	0.30	0.008	44.01
荒砥川(群馬)	7.67	2.78	3.71	0.74	0.40	9.29	0.058	0.071	0.014	0.40	0.007	54.10
長良川(岐阜)	2.85	2.85	2.55	0.82	0.42	12.80	0.087	0.203	0.007	0.36	0.007	53.50
斐伊川(島根)	1.65	0.84	0.45	0.46	0.51	4.94	0.065	0.083	0.005	0.22	0.003	65.25
種子島(鹿兒島)	0.35	2.26	1.61	0.52	0.66	11.22	0.006	0.32	0.025	0.31	-	60.12

표 1
일본 사철의 분석 결과(%)

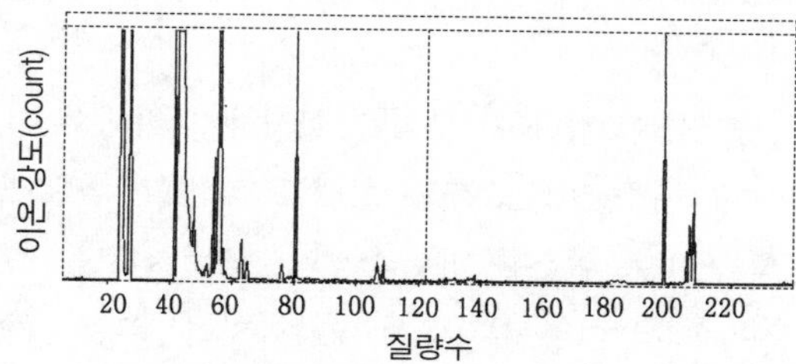

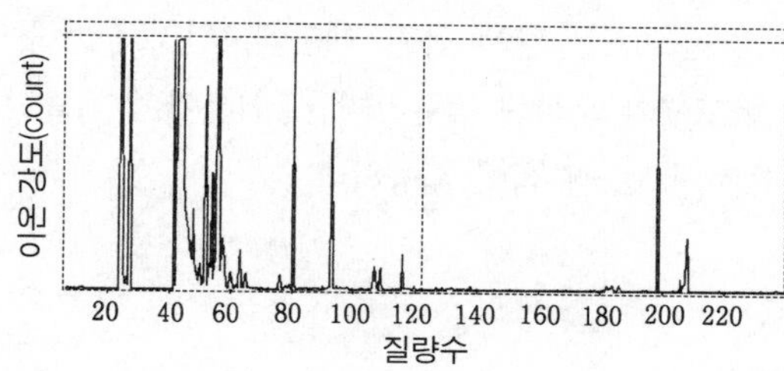

그림 2
금화의 분석결과(위: Maple Leaf 금화, 하: kangaroo 금화)

0.1㎜, 깊이 0.1㎜ 정도의 부분을 Aerosol화 한 후 플라즈마에 입사시켜 측정을 실시하였다. 대상 시료는 캐나다의 Maple Leaf 금화, 호주의 Kangaroo 금화이다. 측정 결과 양자에서는 미량원소의 조성이 다름을 알 수 있었다(그림 2).

(齋藤 努)

〈참고문헌〉

1) 田口 勇・尾崎保博 編 1994,『みちのくの鐵-仙台藩炯屋製鐵の歴史と科學-』, アグネ技術セ ンター.

16. Glow방전질량분석법

(Glow放電質量分析法, Glow Discharge Mass Spectrometry: GD-MS)

1. 개요

고체시료의 원소 농도를 측정한다. 분석을 실시하기 위해서 시료를 핀(2㎜×20㎜)이나 디스크(25㎜×5㎜)형태로 성형할 필요가 있다. 탄소, 산소 등의 가벼운 원소를 비롯해 거의 모든 원소를 측정할 수 있고, 주성분(%)에서 미량성분(수십 ppt)까지의 정량이 가능하다. 글루(Glow) 방전을 일으켜야 하기 때문에, 원리적으로는 금속 등의 전도체나 반도체의 분석에 적합하지만, 이온원이 개발되어 도자기 시료 등의 절연체도 분석이 가능하다.

2. 원리

그림 1에 이온원의 개략도를 제시하였다(그림 1a: 핀 형태의 시료, 그림 1b: 디스크 형태의 시료). 글루 방전을 일으켜 시료표면에 Sputtering 시키면 시료의 원자들은 이온화 된다. 발생한 이온은 고전압으로 가속되며 전자석에 의해 질량분석이 이루어진다.

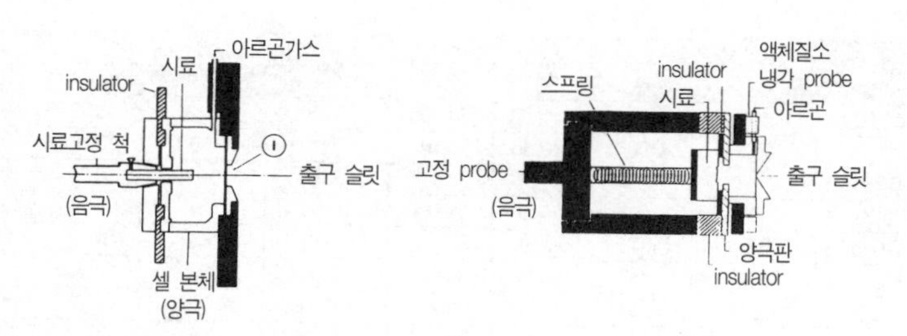

a. 핀 형태의 시료용

b. 디스크 형태의 시료용

그림 1
이온원의 형상

3. 장치

그림 2
장치

그림 2에 장치의 사진을 제시하였다. 오른쪽부터 본체, 컨트롤 유니트, 컴퓨터이다. 측정시간은 대상 원소수에 의해 다르지만, 거의 모든 원소를 분석하면 약 2시간이고, 분석 후 시료의 대부분은 잔존한다.

4. 철기의 분석결과

터기의 카만・카레호유크 유적 출토 철기와 岩手縣 출토의 蕨手刀에 대해서 수소, 희유기체[稀有氣體], Tantal(방전셀에 사용)을 제외한 전원소를 측정한 결과를 표 1에 제시하였다.

표 1
철기의 분석결과(ppm)

검출원소와 질량수	카만 · 카레호크 출토 철기			蕨手刀	검출원소와 질량수	카만 · 카레호크 출토 철기			蕨手刀
	히타이트시대	프리지아시대	이슬람시대			히타이트시대	프리지아시대	이슬람시대	
Li-7	<0.003	<0.003	<0.003	<0.003	Pd-105	0.45	0.53	3.05	23.7
Be-9	<0.003	0.0058	0.0064	0.065	Ag-107	0.61	1.5	0.25	0.41
B-11	0.040	0.070	0.046	0.09	Cd-111	56.5	0.37	0.99	0.16
C-12	4420	1290	274	410	In-115	0.060	0.047	0.19	21.6
N-14	0.023	0.70	0.25	0.61	Sn-119	9.01	1.4	17.7	3630
O-16	73.2	288	457	505	Sb-121	0.64	1.1	2.09	5.65
F-19	<0.01	0.011	<0.01	<0.01	I-127	<0.005	<0.005	<0.005	<0.005
Na-23	61.3	6.8	10.5	28	Te-130	0.073	<0.03	<0.03	<0.03
Mg-24	28.0	27.8	40.5	22	Cs-133	<0.005	<0.005	<0.005	0.01
Al-27	234	73	120	231	Ba-138	5.08	2.07	0.67	2.2
Si-28	85.8	189	176	443	La-139	0.12	0.15	0.034	0.058
P-31	333	352	1060	66	Ce-140	0.25	0.35	0.067	0.11
S-32	3	35.1	38.9	8.4	Pr-141	0.034	0.045	0.009	0.015
Cl-35	0.013	187	456	73	Nd-146	0.11	0.16	0.033	0.055
K-39	143	35	22	85	Sm-149	0.024	0.032	0.0073	0.010
Ca-44	270	233	186	103	Eu-153	0.005	0.016	0.0017	0.0023
Sc-45	0.031	0.014	0.043	0.018	Gd-157	0.013	0.035	0.0079	0.015
Ti-48	54.9	21.8	22.9	7.7	Tb-159	0.002	0.006	0.0010	0.0024
V-51	117	9.4	9.0	0.38	Dy-163	0.021	0.031	0.0058	0.014
Cr-52	14.1	3.25	36.2	0.53	Ho-165	0.005	0.006	0.0010	0.0032
Mn-55	125	111	6.0	82	Er-166	0.015	0.018	0.0035	0.010
Co-59	156	86.7	677	170	Tm-169	0.003	0.003	<0.0005	0.0015
Ni-60	23.9	53	730	207	Yb-173	0.033	0.016	0.0026	0.0085
Cu-63	84.2	53	457	3020	Lu-175	0.005	0.003	0.0005	0.0016
Zn-66	<0.1	<0.1	<0.1	<0.1	Hf-178	0.49	0.15	<0.005	0.008
Ca-69	151	11.6	70.1	11.0	W-184	1.03	0.23	2.34	9.46
Ge-70	8.49	2.43	23.3	363	Re-187	0.007	<0.003	<0.003	<0.003
As-75	3.14	5.42	39.9	177	Os-189	<0.005	<0.003	<0.005	<0.005
Br-79	2.63	0.13	0.089	0.23	Ir-193	<0.001	0.0023	<0.001	<0.001
Se-82	1.10	0.41	0.32	0.50	Pt-194	<0.001	0.005	0.071	<0.001
Rb-85	0.099	0.042	0.038	0.21	Au-197	0.021	0.28	0.12	0.073
Sr-88	2.56	0.99	0.91	0.78	Hg-202	<0.1	<0.1	<0.1	<0.1
Y-89	0.18	0.18	0.044	0.097	Tl-205	<0.005	<0.005	<0.005	<0.005
Zr-90	40.2	13.3	2.32	2.53	Pb-208	<0.03	<0.03	<0.03	<0.03
Nb-93	0.91	0.43	0.44	0.42	Bi-209	<0.03	<0.03	<0.03	<0.03
Mo-95	29.9	8.4	31.5	131	Th-232	0.23	0.14	0.005	0.025
Ru-101	0.02	0.05	0.40	0.29	U-238	0.048	0.036	0.002	0.008
Rh-103	0.21	0.22	1.48	11.5					

(齋藤 努)

〈참고문헌〉

1) 岩崎 康 1994, 『金屬』9, p.4.

17. X선회절분석법

(X線回折分析法, X-ray Diffraction Analysis)

1. 개요

고체화합물의 동정에서 가장 자주 사용되는 방법 중 하나이다. 고고학 시료를 분말형태로 만들어 광물과 같은 결정질 무기화합물을 동정하는데 이용된다. 시료 분말을 1㎝×0.5㎜ 정도로 유리 시료판 위에 도포하고, X선을 조사하여 회절의 각도와 강도를 측정한다. 얻어진 데이터에서는 화합물 고유의 X선 회절 패턴이 나타내기 때문에, 이것을 X선 회절 데이터를 집약한 표(JCPDS 데이터집(ASTM 카드) 등)와 비교해서 화합물의 동정을 수행한다. 측정시간은 30분 정도이다.

2. 원리

화합물의 결정에 조사된 일정 파장의 평행 X선은 결정을 구성하는 원자에 의해 산란되어 구면파[球面波]를 형성한다. 결정내의 원자는 주기적으로 배열되어 있기 때문에, 각 원자에서 산란된 X선은 간섭을 일으키고, 어떤 특별한 방향에서 강한 X선이 관찰되게 된다. 원자의 크기나 결정 구조에 대응하여 얻어진 스펙트럼은

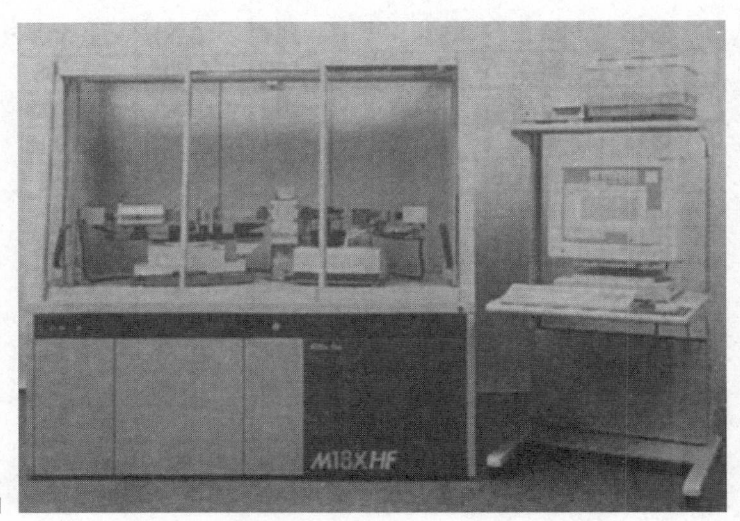

그림 1
X선회절분석장치

화합물마다 특유의 패턴을 나타낸다.

3. 장치

장치 사진을 그림 1에 제시하였다. X선 발생장치(통상 X선管球: 출력 2kW 정도), Goniometer, 검출기, 파고분석기[波高分析器] 등으로 구성된다. 최근에는 시료 중에 포함된 수십 ㎛ 정도의 화합물 결정 등을 추출하지 않고 그대로 측정할 수 있는 미소부 XRD 장치도 개발되었으나, 회전음극(Rotationanode)이라는 특수한 X선원(출력 18kW 정도)과 미소부[微小部] Goniometer가 필요하기 때문에 가격은 고가이다.

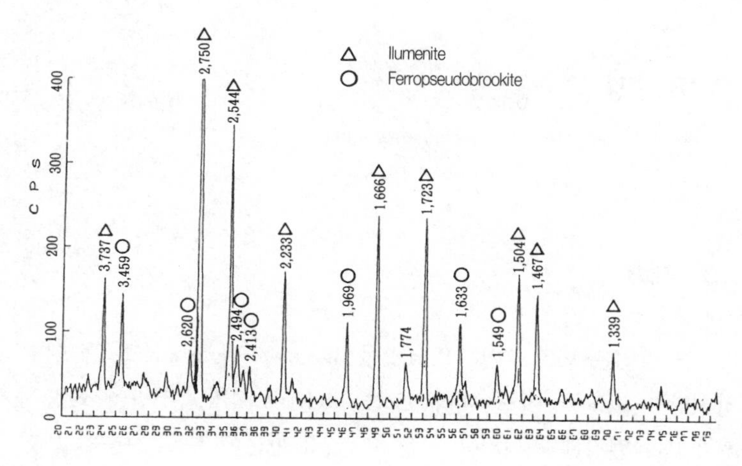

그림 2
철재의 분석결과

4. 仙台藩 제철유적 출토 鐵滓鑛物의 동정[1)]

그림 2는 宮城縣 本吉郡 馬籠 출토 철재(江戶[에도]時代)에서 추출·분리된 주요 광물의 분석사례이다. 타 지역의 철재 중에서는 그다지 확인되지 않았던 Ilumenite(△)와 Ferropseudobrookite(○)가 포함되어 있는 것을 알 수 있었다.

(齋藤 努)

〈참고문헌〉
1) 齋藤 努 1991, 『國立歷史民俗博物館硏究報告』35, p.373.

18. 경도측정법

(硬度測定法, Hardness Measurement)

1. 개요

이 방법은 Vicker's법, Brinell법, Rockwell법, Shore법 등 다양하지만,[1] 고고학 시료 대상으로는 Vicker's 경도측정법이 하중에 관계없이 일정한 측정치를 얻을 수 있기 때문에 주로 사용되고 있다. 하중 1kg 이하를 Micro Vicker's법이라고 하고, 1kg 이상을 Vicker's법이라고 한다. 압자[壓子]에 의한 강압은 1점에 약 15초간이다. 철 시료의 경우 경도에서 탄소 함유율을 추정하는 경우가 많지만, 시료의 열 이력에 따라 다르기 때문에, 사전에 열 이력을 관찰할 필요가 있다. 철 시료의 경도는 일반적으로 탄소 함유물이 높아짐에 따라 높아진다.

2. 원리

Vicker's HV 경도는 대면각 136°의 다이아몬드 사각뿔압자를 실험할 면에 일정하중(F, kg)으로 강압했을 때 나타나는 피라미드형으로 패인 곳의 대각선 길이의 평균(d, ㎜)을 통해 다음 식으로 구할 수 있다.

$$Hv = 1.854 \frac{F}{d^2}$$

1

2

그림 1
압자에 의해 패인 곳

그림 2
Vicker's 경도측정장치

그림 1에 사각뿔압자에 의해 패인 곳을 제시하였다.

3. 장치

장치의 예를 그림 2에 제시하였다. 광학현미경으로 확대관찰하면서 사각뿔압자를 일정한 하중으로 가한다. 측정 지점을 선정해 놓으면 측정치의 프린트 아웃까지 자동으로 진행된다.

4. 히타이트의 금속철

中近東 문화센터가 발굴한 터기의 고대 히타이트期의 금속철을 연마한 후 세 군데에 대해서 Vicker's 경도측정(하중: 300g)을 실시했다. 측정 결과는 240, 263과 274였다.

5. 勝山館[가츠야마타테]의 半圓盤狀 鐵塊[2)]

北海道 上ノ國 勝山館[가츠야마타테]址에서 출토된 철괴(직경 23~25㎝, 두께 5.5㎝, 원반의 반 크기, 탄소 함유율이 낮고 순철에 가깝다)의 일부를 채취(하중: 200g)하여 실시했다. 측정결과는 69, 80, 89, 76과 77이었다.

6. 일본도 단면

1990년에 玉鋼[다마하가네]을 원료로 하여 제작된 일본도를 절단하여 단면을 연마한 후 Vicker's 경도측정(하중: 500g)을 실시하였다. 결과를 그림 3에 제시하였다. 일본도의 단면은 중심부에 탄소가 적고(0.1% 이하) 부드러우며, 인부[刃部]는 탄소가 많고(0.3~0.7%) 단단하다.

(田口 勇)

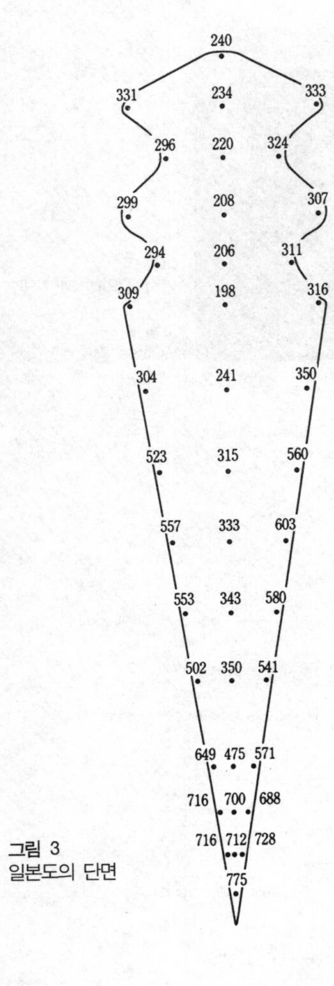

그림 3
일본도의 단면

〈참고문헌〉
1) 技能士の友編集部 1990, 『技能ブック(20)／金屬材料のマニュアル』, 大河出版.
2) 上ノ國町教育委員會 1992, 『史跡上ノ國町勝山館跡 Ⅷ』 44, p.52.

19. 주사전자현미경분석법

(走査電子顯微鏡分析法, Scanning Electron Microprobe Analysis: SEM)

1. 개요

이제까지의 광학현미경만으로는 고배율의 관찰에 한계가 있었으며, 분석 대상이 되는 원소를 구체적으로 알 수 없었다. 전자현미경은 최근 급속히 진보하여 높은 배율(10~100,000배)로 선명한 관찰이 가능해졌고, X선 Micro Analyzer를 통해 대상에 대한 분석도 관찰과 동시에 실시할 수 있게 되었다. X선 Micro Analyzer를 장착한 전자현미경에서는 전자선을 스캐닝하여 Mapping분석이 가능하다. 그리고 최근에는 저진공형[低眞空型]이 생물계 시료용으로, 또 Field Emission형이 더욱 선명한 영상촬영을 위해 개발되었다.

2. 원리

진공 중에서 시료표면에 전자선을 조사하면 그림 1에 제시한 것과 같이 시료에서 2차전자, 반사전자, 특성X선 등이 발생한다. 주사전자현미경은 2차전자 혹은 반사전자의 양을 측정하여 이미지로 나타낸다. 최근에는 기술의 발달로 선명한 반사전자상을 용이하게 촬영할 수 있게 되었다.

3. 장치

에너지분산형 X선 Micro Analyzer와 대형 시료실(10×18×100 ㎝)이 있는 고고학 시료용 주사전자현미경을 그림 2에 제시하였다. 대형 시료실은 필요에 따라 설치한다. 칼 등의 분석에 적합하다.

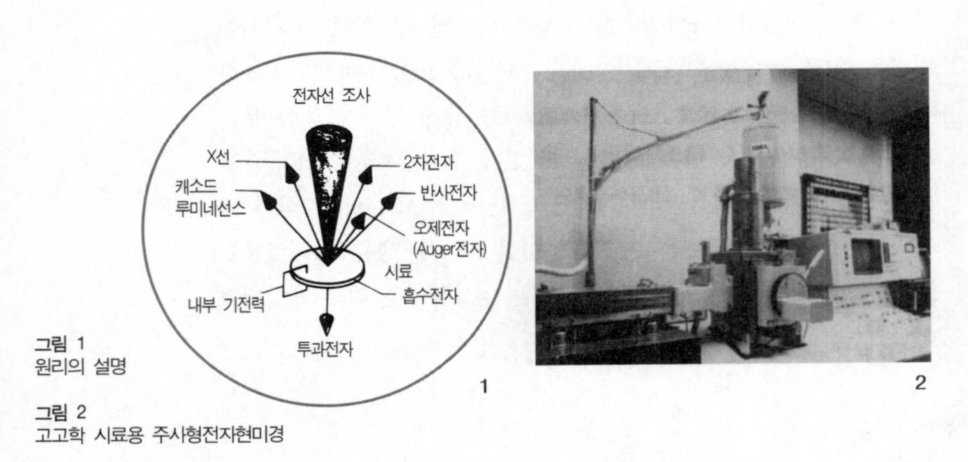

그림 1
원리의 설명

그림 2
고고학 시료용 주사형전자현미경

4. 일본도의 개재물[介在物] 관찰과 분석

그림 2의 현미경을 사용해서 일본도(加州家次작)의 산화물계 개재물을 관찰·분석하였다. 관찰 결과를 그림 3에 제시하였다.

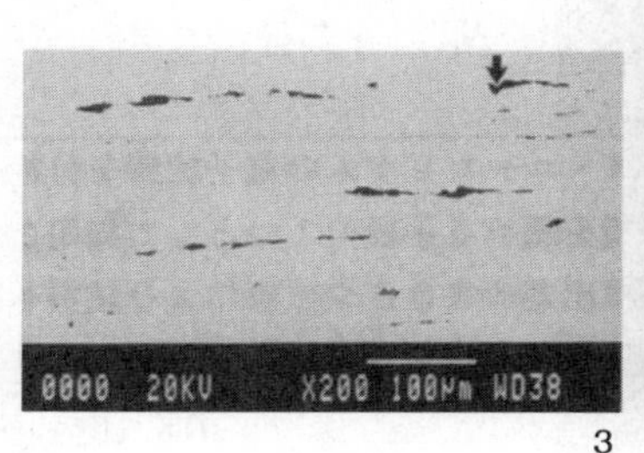

3

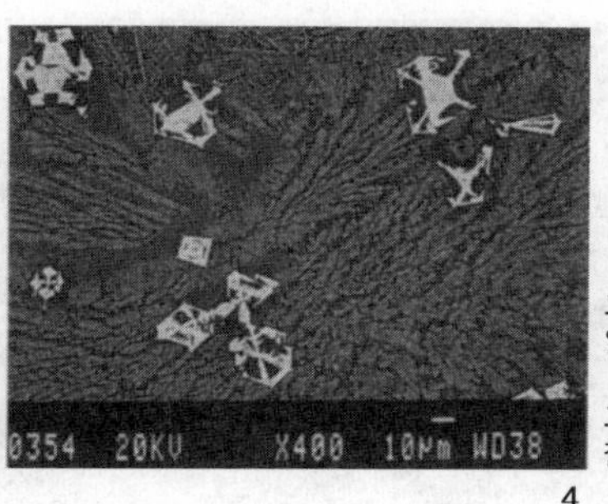

4

그림 3
일본도의 개재물 분석결과

그림 4
철재의 광물 분석결과

또한 화살표로 표시한 개재물의 주요한 X선 Micro Analyzer분석 결과는 SiO_2 43.81%, Al_2O_3 10.73%, TiO_2 15.03%였다. 원료는 사철이다.

5. 철재 광물의 관찰과 분석

철재(氣仙沼市 細尾月立八瀨) 광물을 관찰・분석한 결과를 그림 4에 제시하였다. 회색으로 보이는 감람석[橄欖石](Fe_2SiO_4)과 하얀색의 섬세한 결정인 Ulvospinel이 관찰되어 분석결과와 일치하였다. 사철을 원료로 한 답비[踏鞴]제철의 제동재[製錬滓]로 생각되었다.

6. 小刀의 금도금층의 Mapping 분석

千葉縣 松尾町 蕪木[가부라기] 5호분에서 출토된 소도(길이: 43.2 cm)의 금도금층 단면에 대한 Mapping 분석을 실시하였다. 그림 5

그림 5
도금층 단면분석결과

에서 노란색은 금을, 청색은 구리를, 녹색은 주석을, 빨간색은 은을 나타낸다. 색의 농도는 원소농도에 비례한다. 금은 구리에 아말감[Amalgam]법으로 얇게(최대 10㎛) 도금 되어져 있으며 매트릭스에 은이 포함되어 있다.

(田口 勇)

〈참고문헌〉
1) 田口 勇 1992, 『國立歷史民俗博物館硏究報告』38, p.1.

20. Mössbauer분광분석법

(Mössbauer分光分析法, Mössbauer Spectroscopy)

1. 개요

고체 중에 포함된 철·주석·유로피움(Eu)의 전자상태를 분석하는 방법으로 고대기법이나 매장환경 등을 확인하는 수단의 하나로서 이용된다. 화학적으로는 비파괴이지만, 검출기의 크기나 위치에 의해 시료를 성형할 필요가 있는 경우도 있다. 일반적으로 이용되는 투과흡수법에서는 시료 전체의 정보를, 공명산란법[共鳴散亂法]에서는 표면의 정보를 얻을 수 있다. 매장환경의 산화환원분위기나 토기의 소성온도 등 철의 산화상태를 이용한 연구사례가 많이 알려지고 있다. 시료의 양은 철이 약 4㎎/㎤의 농도를 필요로 하는 반면, 토기의 경우 1㎠×5㎜ 가량이 요구된다.

2. 원리

1957년에 R.L.Mössbauer가 발견한 Mössbauer 효과를 이용한다. 원자핵이 취할 수 있는 에너지준위에 따라 핵종 간에서 감마선의 공명흡수가 일어나는 것을 이용하고 있다. 핵을 둘러싼 전자의 배치가 바뀌면 핵의 에너지준위가 변화되기 때문에, 공명흡수선이 이동하여 원소의 산화상태를 알 수 있다.

3. 장치

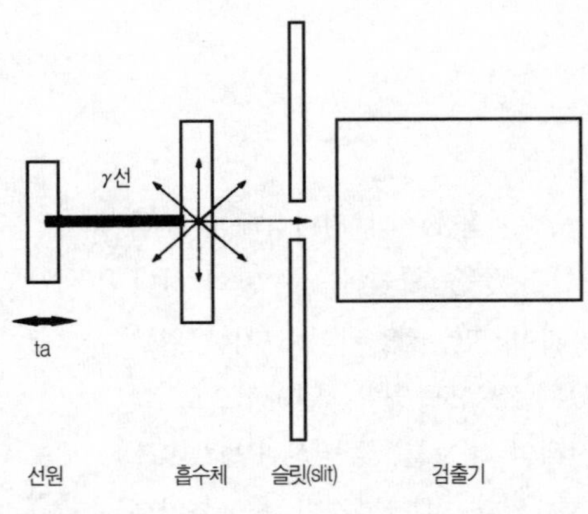

그림 1
Mössbauer분광장치의 구성

Mössbauer 감마선원으로서 밀봉선원(^{57}Co, ^{119m}Sn 등의 반감기는 각각 270일, 245일)과 구동장치 및 방사능측정장치(반도체검출기, 비례수관 등의 계측장치)를 필요로 한다(그림 1). 방사선원을 관리할 필요가 있기 때문에, 장치는 방사선 사용시설의 관리구역 내에 설치한다. 저온에서 측정하면 S/N비가 좋아져 적은 시료로도 분석이 가능하다.

4. 응용예

4-1. 출토 청동시료의 주석 상태

청동 중에서 주석은 통상 금속 주석과 같은 상태인 원자가가 0이지만, 부식이 진행됨에 따라 원자가가 +4로 변화한다. 또한 주조기법과 관련된 것으로 판단되는데, 합금 중에서도 +4의 주석이 되는 경우가 있다. 출토된 청동시료(彌生[야요이]時代) 표면을 반사

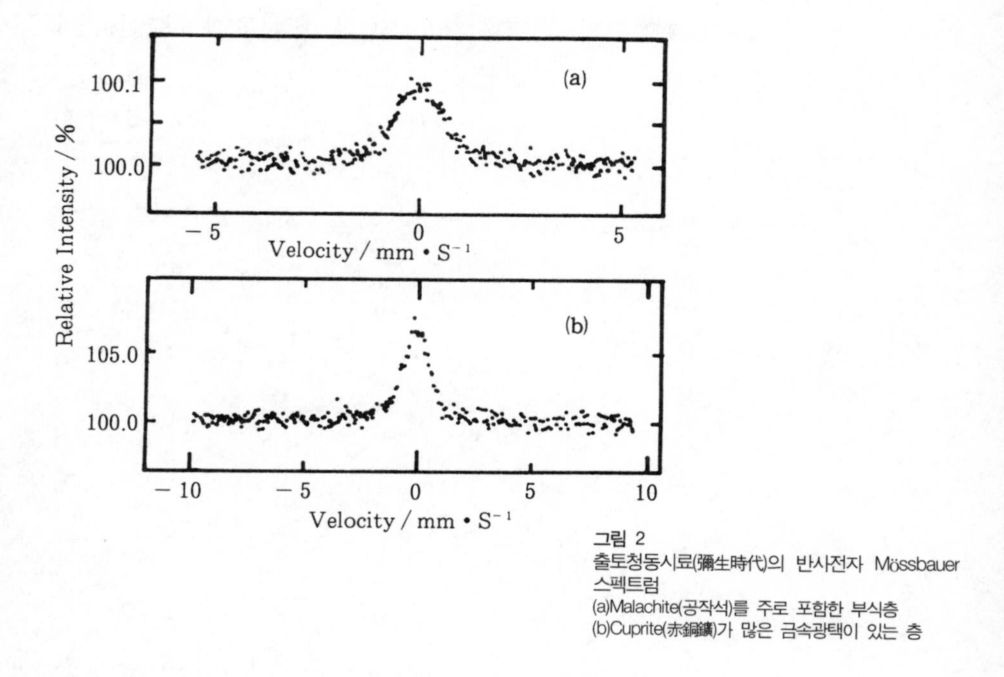

그림 2
출토청동시료(彌生時代)의 반사전자 Mössbauer 스펙트럼
(a)Malachite(공작석)를 주로 포함한 부식층
(b)Cuprite(赤銅鑛)가 많은 금속광택이 있는 층

전자 Mössbauer분광법으로 분석하였다(그림 2). 공작석(Malachite)을 주로 포함한 부식층, 적동광(Cuprite)이 많은 금속광택이 있는 층에서도 주석의 원자가는 +4였다. 한편 시료내부에서는 원자가 0의 주석이 잔존한다[3)].

4-2. 고대 기와의 소성온도 추정

기와 중 Fe^{2+} 성분의 사극분열치는 환원분위기에서 소성온도와 관련이 있다. 宮城縣 多賀城 日の出山[히노데야마] 출토 고대 기와

에서 원료로 생각되는 日の出山 점토의 소성실험과 비교한 결과 800~1,000℃로 추정되었다[4].

(佐野千繪)

〈참고문헌〉

1) 馬淵久夫・富永 健 編 1981,『考古學のための化學10章』, 東京大學出版會.
2) 佐野千繪 1991,「出土青銅試料の反射電子^{119m}Snメスバウアー分光法による研究」,『文部省科學研究費國際學術研究・共同研究 東アジア地域の古文化財(菁銅器および土器・陶磁器)の保存科學的研究』(平成 3 年度研究成果報告書), 代表研究者 馬淵久夫.
3) 富永 健・竹田滿州雄 1979,「古代瓦・金屬器及び黑曜石のメスバウアー分光法による研究」,『文部省科學研究費特定研究 自然科學の手法による遺跡・古文化財等の研究』(昭和54年度總括報告書), 研究代表者 江上波夫.
4) 竹田滿州雄・馬淵久夫・江本義理・富永 健 1977,『分析科學』26, p.525.

21. 전자Spin공명분석법

(電子Spin共鳴分析法, Electron Spin Resonance Spectroscopy: ESR)

1. 개요

자유라디칼(Free radical, 천이금속원소[遷移金屬元素]의 일부 등)을 가진 화학종을 검출・동정・정량하는 방법으로, 대상은 유기물에서 무기의 철・망간이온(Mangan Ion)까지 폭 넓다. 비단이나 합성수지 등 유기물의 손상 등을 알 수 있다. 또 1㎎ 정도의 뼈 화석이나 광물시료 등에서 얻은 탄산염을 이용하면 제4기에 해당되는 수백만년 정도의 연대를 측정할 수 있다. 석영에서는 수천만년 이상의 연대까지도 측정할 수 있다. 화학적으로는 비파괴이지만 시료를 성형할 필요가 있는 경우도 많다. 고체 시료로 측정이 가능한 ESR면분석용장치[ESR面分析用裝置]도 개발되어 실용화되고 있다.

2. 원리

자유라디칼이 있는 화학종은 막대자석과 같이 작용하며, 외부자기장이 존재할 경우 자기장의 방향에 대해 순방향 또는 역방향을 갖는다. 이들의 에너지준위 간 천이가 일어나는 공명흡수위치를 검출한다. 분자종이 다르면 주변의 자장 분포가 달라지기 때문에, 에너지준위의 분열폭이 변화하여 공명위치가 변하므로 분자종의 동정이 가능하다.

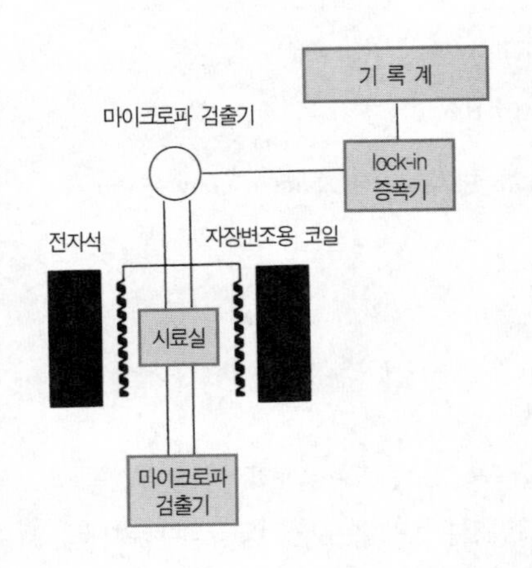

그림 1
ESR장치의 구성

3. 장치

장치는 그림 1과 같이 구성된다. 사용하는 주파수대역에 의해 X밴드(파장 3㎝), L밴드(파장 30㎝), K밴드(파장 1㎝), Q밴드(파장 0.8㎝)로 분류되지만, X밴드의 장치가 일반적이다. ESR면분석용장치에는 L밴드를 사용한다. 전자석의 중량이 무겁고 최소 크기의 X밴드용 장치에서도 총중량은 약 1t에 달한다. 액체질소를 냉매로 사용하는 온도가변장치가 유용하다.

4. 응용예

4-1. 비단의 열화도 정량[1)]

비단은 오랫동안의 열화로 황색화되며 강도도 감소한다. 이때 비단의 단백질이 분해되어 유기 라디칼(Radical)이 생성된다. 이 라디칼의 양으로 열화도를 계산할 수 있다. 표준시료와 비교하여 岩手縣 中尊寺[츄손지] 金色堂[콘지키도]에 안치되어 있던 藤原三代

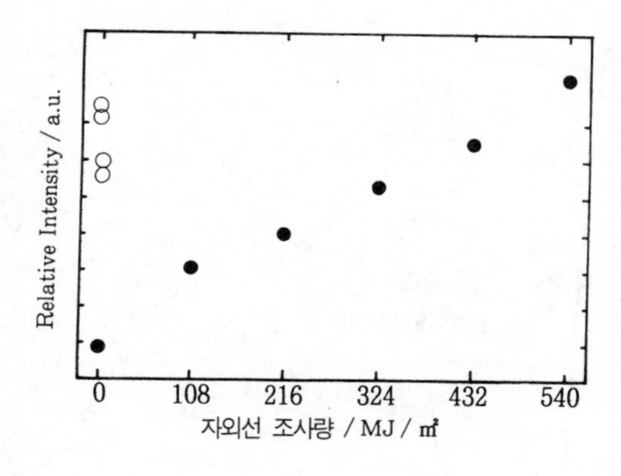

그림 2
자외선 열화촉진처리 후의 화견[畵絹]의 Radical량의 변화와 藤原三代의 생견의 Radical량
●: 자외선 열화촉진처리 후의 화견
○: 藤原三代의 생견

생견[生絹](생사로 짠 명주)의 열화도를 산출할 수 있었다(그림 2).

4-2. 화석뼈의 연대측정[2)]

자연방사선의 피폭으로 뼈에 생긴 하이드록시아파타이트(Hydroxyapatite)의 CO_3^{3-} 라디칼 신호량에서 자연방사선의 피폭량을 추산해서 연대를 구할 수 있다. 周口店 北京原人 동굴에서 발굴된 말 어금니[馬臼齒]와 상아 등에서 실제로 응용되고 있다(그림 3).

4-3. 토기 소성온도의 측정

토기 안에 미량으로 포함된 Fe^{3+} 등 천이금속 이온의 상태를 해석해서 제작기법과의 관련을 규명하는 연구가 진행되고 있다.

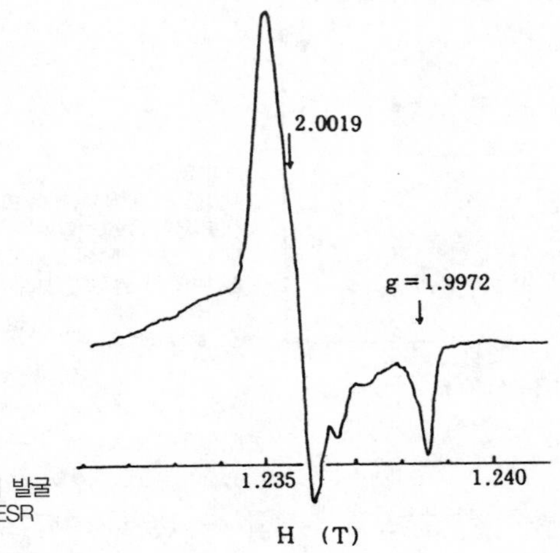

그림 3
周口店 北京原人 동굴에서 발굴된 말 어금니의 K-band ESR

현재는 토기편 등을 비파괴로 측정하는 것이 가능해졌다.

(佐野千繪)

〈참고문헌〉

1) 佐野千繪 1994, 「文化財保存における分光學的手法」, 『第18回文化財の保存と修復に關する國際硏究集會』pre-print, p.133.
2) 池谷元伺 1987, 『ESR(電子スピン共鳴)年代測定法』, アイオニクス.
3) 池谷元伺 1986, 『續考古學のための化學10章』(馬淵久夫・富永 健 編), 東京大學出版會, p.173.

22. ESCA

(X線光電子分析法, Electron Spectroscopy for Chemical Analysis)

1. 개요

원자의 화학결합상태를 관찰하는데 사용된다. 금속 녹의 피막(산화물, 수산화물, 유화물 등)이나 도자기의 유약을 발색시키는 금속원자의 원자가 화합물의 해석 등에 유용하다. 고체시료를 블록 또는 분말상태로 시료대에 고정시킨다(시료의 크기는 지름 6㎜ φ, 두께 3㎜ 이하). 저에너지 X선을 시료표면에 조사하여 최대 1㎛ 정도 크기로 sputtering 해서 발생하는 광전자의 에너지 값을 측정한다. 고진공(10^{-7} Torr 이하)에서 측정하기 때문에, 수분 등의 휘발성물질은 미리 충분히 제거해 둘 필요가 있다. 절연물의 분석에서는 측정 중 시료에서 광전자가 방출되어 플러스(+)로 대전[帶電]되기 때문에, 이 영향으로 피크 위치가 어긋난다. 이를 제거하기 위해 시료에 증착된 금과 카본의 피크를 기준으로 한 보정을 실시한다. 측정 및 데이터의 해석에는 전문적인 지식이 필요하다.

2. 원리

고체시료에 X선을 조사하면 원자의 내각[內殼]전자가 광전자로

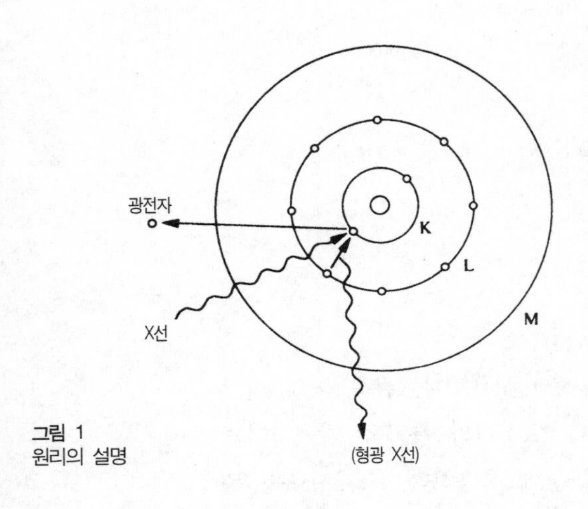

그림 1
원리의 설명

방출된다(그림 1). 이 광전자의 운동에너지에서 원자내의 전자 결합에너지를 구할 수 있다. 원자가와 화학결합상태가 다르면(금속, 산화물, 연화물 등), 전자의 결합에너지는 그것에 의해 변화되기 때문에, 그 변화의 정도를 통해 원자가와 화학결합상태를 알 수 있다.

3. 장치

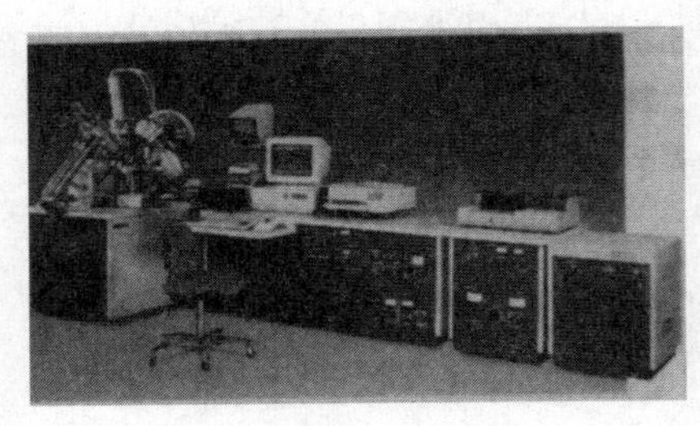

그림 2
ESCA의 장치

그림 2에 사진을 제시하였다. 왼쪽부터 장치본체, 데이터 해석부, Sputtering 제어부, 전원부이다.

4. 도자기의 유약 중 철의 가수[價數][1)]

가마터에서 출토된 唐津燒의 도자기편 중 철을 발색원소로 하는 유약에 대해 분석을 하였다. 예로써 黃唐津(그림 3: 飯洞甕窯, 16세기, 철 1.8%)의 ESCA 스펙트럼을 그림 4에 제시하였다. 측정결과 이 유약 중 철이 산화물 형태로 존재하는 가수는 3가인 것을

그림 3
唐津燒(黃唐津)

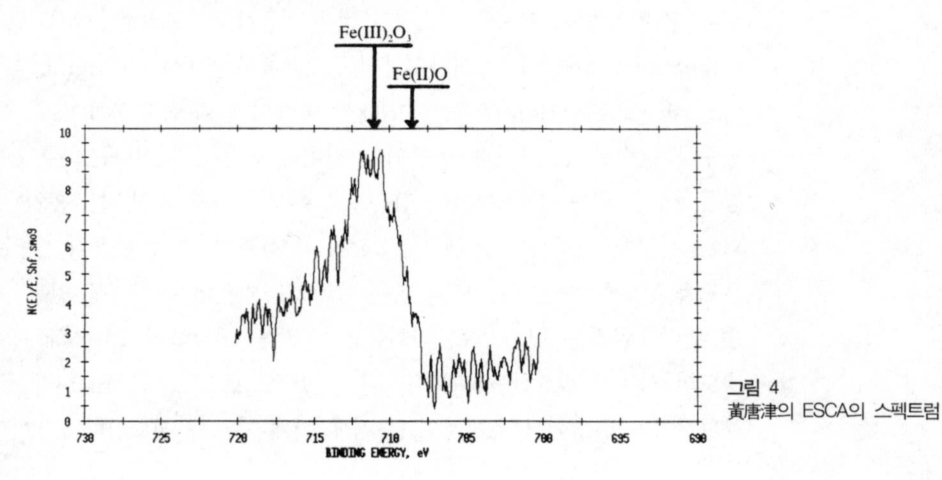

그림 4
黃唐津의 ESCA의 스펙트럼

알 수 있었다.

(齋藤 努)

〈참고문헌〉

1) 齋藤 努 1994,『第18回文化財の保存と修復に關する國際研究集會』pre-print, p.18.

23. 열분석법

(熱分析法, Thermal Analysis)

1. 개요

시료의 융점, 열분해반응의 과정 등 열적데이터의 해석에 사용된다. 많은 방법이 있지만 대표적인 것은 열중량분석[熱重量分析](TG : thermogravimetry)과 시차열분석[示差熱分析](DTA: differential thermal analysis)이다. TG는 가열해서 중량의 변화를 관찰하여 결정수나 탈수량 등 열분해 반응의 과정이나 반응이 일어나는 온도 등을 알 수 있다. DTA에서는 정속으로 온도를 높이고 발열·흡열의 움직임을 기록하여 융해, 결정전이, 산화환원 등의 반응과 그 온도를 관찰할 수 있다. 보통 실온~1,500℃ 범위의 데이터를 얻을 수 있다. 금속은 단편으로, 산화물은 분말을 제작하여 20~100㎎ 정도의 시료가 필요한 파괴분석이다. 일반적으로 질소나 Argon 등 불활성가스 환경에서 측정하며, 목적에 맞게 가스를 선택한다.

2. 원리

TG는 시료를 저울 위에 놓고 가열하면서 중량변화를 연속적으로 관찰한다. DTA는 시료를 기준물질과 함께 정속으로 온도를 높여 발생하는 온도의 차이를 시간 또는 온도에 대해 기록한다. 흡열반응이 일어나면 온도의 상승이 기준물질보다도 늦어져 마이너스 방향의 피크가 나타난다. 발열반응에서는 반대로 일찍 온도가 상승하여 플러스 방향의 피크가 나타난다.

그림 1
열분석장치(TG-DTA)

3. 장치

그림 1에 TG-DTA 동시분석장치를 제시하였다. 오른쪽부터 장치본체, 장치제어 및 데이터해석용의 컴퓨터, 프린터 순이다.

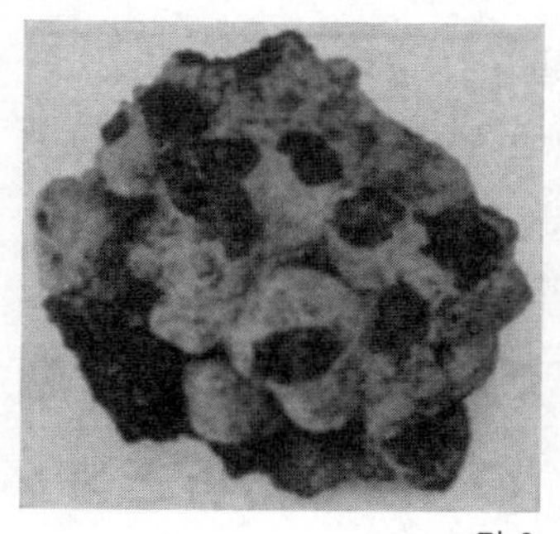

그림 2
鬼板

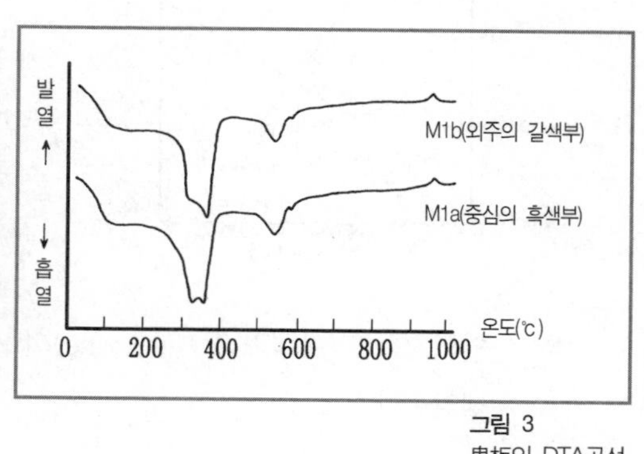

그림 3
鬼板의 DTA곡선

4. 「鬼板」의 분석[1)]

長野縣 下伊那郡 下條村 「鬼板」(褐鐵鑛: 그림 2)에 대한 Argon 환경에서 DTA 측정 예를 그림 3에 제시하였다. 각 피크는 다음과 같은 반응에 대응된다고 생각된다.

100℃(흡열)	시료의 탈수
310-355℃(흡열)	침철석[針鐵石]의 탈수
530℃(흡열)	Kaolinite의 탈수
570℃(흡열)	석영의 상전이(α→β)
940℃(발열)	Kaolinite의 재결정

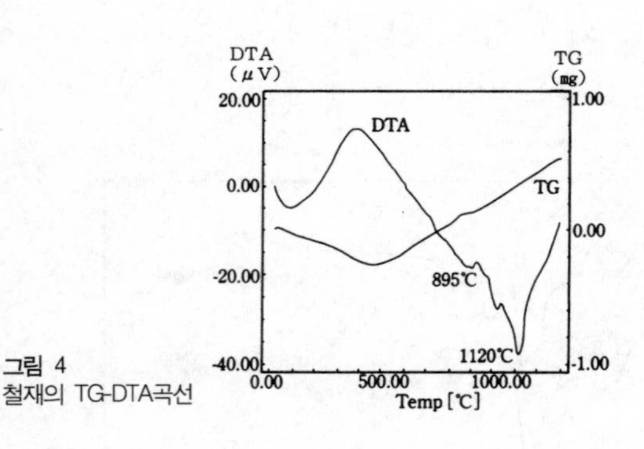

그림 4
철재의 TG-DTA곡선

5. 철재의 분석

滋賀縣 北マキノ[키타마키노] 제철유적 출토 제철재에 대한 Argon 환경에서 DTA, TG 측정 예를 그림 4에 제시하였다. DTA 곡선에서 895℃의 흡열피크는 Matrix (유리)부분, 1,120℃의 흡열피크는 감람석[橄欖石](Olivine)의 융해온도를 나타내는 것이라고 생각된다.

(齋藤 努)

〈참고문헌〉
1) 金澤重敏 外 1994, 『下篠村産鐵總合調査中間報告・Ⅰ』, p.35.

24. 원소Mapping분석법

(元素Mapping分析法, Element Mapping Analysis)

1. 개요

비교적 넓은 시료면(50×50cm까지)의 원소분포상태를 분석한다. 그림 등을 그대로 분석할 수 있다. 최근 마이크로분석과 컴퓨터의 진보에 의해 실현된 분석법으로 종래의 점분석 등과 비교해서 분석정보가 많아지는 것이 특징이다. 다만 Mapping분석이기 때문에 소요시간은 비교적 길다. 무거운 원소[重元素]가 주된 분석대상이다. 면적이 작은 시료에 대해서는 X선 Micro Analyzer가 있는 주사전자현미경[走査電子顯微鏡]이나 EPMA 등을 이용해서 원소의 Mapping분석을 할 수 있다.

2. 원리

대기환경(경원소분석에는 헬륨(He)으로)에서 시료면에 Micro focusing X선을 조사하여 발생된 2차적인 X선을 에너지 분석으로 원소분석치를 얻는다. 그림 1과

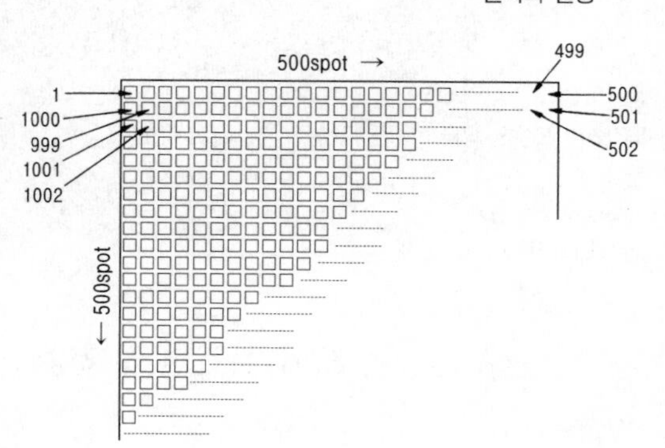

그림 1
원리의 설명

그림 2
원소분포분석장치

같이 시료면의 다수점에 대해 반복적으로 얻어진 분석치를 컴퓨터로 처리하여 원소분포 분석결과를 얻는다.

3. 장치

원소분포 분석장치를 그림 2에 제시하였다. 왼쪽이 X선 조사실, 오른쪽이 컴퓨터와 콘솔이다. 이 장치에서는 최고 200kV까지의 관전압 X선을 0.1㎜까지 포커싱하여 시료에 조사한다. 조사실은 2×2×2m이고, 50×50㎝의 시료까지 분석할 수 있다.

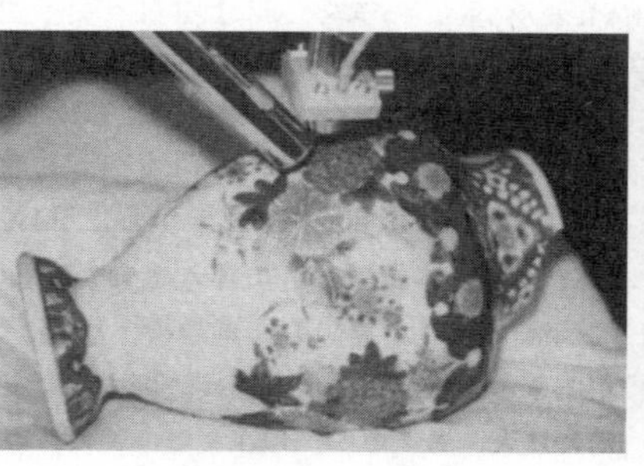

3

4

그림 3
도기면의 분석중 모습

그림 4
그림 3의 분석결과
(원사진은 칼라)

4. 도자기 표면 꽃모양의 Mapping분석

明治[메이지]時代 중기 도자기(도 3, 높이 22㎝)의 표면 꽃모양을 Mapping분석하였다(분석면: 5×5㎝). 그림 3에서 위쪽의 관은 Micro focusing X선의 조사관이고, 왼쪽의 관은 에너지분산형 X선 검출기의 도관[導管]이다. 이 결과를 그림 4에 제시하였다. 여기서는 청색으로 코발트(Co), 녹색으로 납(Pb), 빨간색으로 철(Fe)을 각각 표시하였으며, 색의 진함은 원소농도가 높음을 의미한다. 소요시간은 약 1시간이었다.

5. 회화의 Mapping분석

나무 숲을 그린 회화의 8원소(Mn, Cr, Zn, Ba, Cu, Ti, Pb, Fe)를 Mapping분석하였다(분석면: 49×38㎝). 아연(Zn)에 대한 결과를 그림 5에 제시하였다. 소요시간은 약 7시간이었다.

그림 5
회화의 아연Mapping 분석결과(원사진은 칼라)

(田口 勇)

〈참고문헌〉
1) 田口 勇 1992, 『國立歷史民俗博物館研究報告』38, p.249.

25. Auger전자분광분석법

(Auger電子分光分析法, Auger Electron Spectroscopy)

1. 개요

Auger전자분광분석법은 1970년대 후반부터 IMA(SIMS), ESCA 등의 분석법과 함께 고체표면분석에 이용된 분석법이다. 현재는 매우 작은 영역(지름 0.02㎛ 정도까지)의 원소분석, 탄소, 산소 등 경원소 분석 등을 할 수 있는 중요 분석법으로 활용된다. 고고학 시료에 대한 활용성은 크다고 생각되지만 현재까지의 경우 적용 사례는 적은 편이다. 이 분석장치는 주사전자현미경 관찰이 동시에 가능하고, Sputtering법을 병용하여 Depth Profile을 할 수 있다. 표준시료는 지름 10㎜, 두께 5㎜이다. 최근에는 Chemical Shift(원소 특유의 스펙트럼이 결합상태에서 약간 변화한다)를 측정하여 원소의 상태분석도 가능하게 되었다.

2. 원리

1972년 프랑스의 Auger교수가 발견한 여기된 원자가 전자(Auger전자)를 방출한 후 보다 안정한 상태가 되는 현상을 이용한다. 초고진공[超高眞空] 상태에서 전자를 충돌시켜 여기된 원자에서 발생한 Auger전자를 특수한 동심원통경형분광기[同心圓筒鏡型分光器](CMA: cylindrical sector analyzer)로 검출하여 분석한다.

3 장치

장치의 예를 그림 1에 제시하였다. 전자총, CMA, Sputtering장치, 진공장치(도달진공도 7×10^{-8}Pa), 컴퓨터 등으로 구성된다.

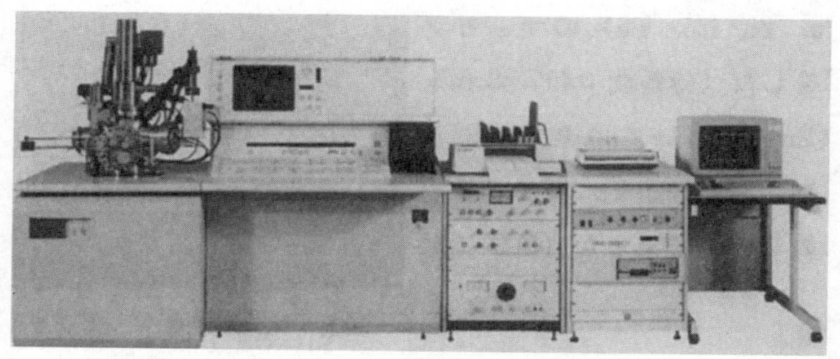

그림 1
Auger전자분광분석장치

4. 江戸期 小判의 표면분석[1)]

江戸[에도]期 小判 10종(慶長에서 万延까지)에 대해 Auger전자분광분석장치를 사용하여 표면 정성분석(소요시간: 7분간) 및 Depth Profile(소요시간: 240분간)을 실시하였다. 小判을 그대로 그림 1의 장치 시료실에 넣은 후 초고진공상태에서 전자선을 조사하여 분석하였다. 분석결과로 그림 2는 天保小判의 표면 중앙부에 대한 정성분석결과를, 그림 3은 같은 부분의 두께에 대한 Depth Profile

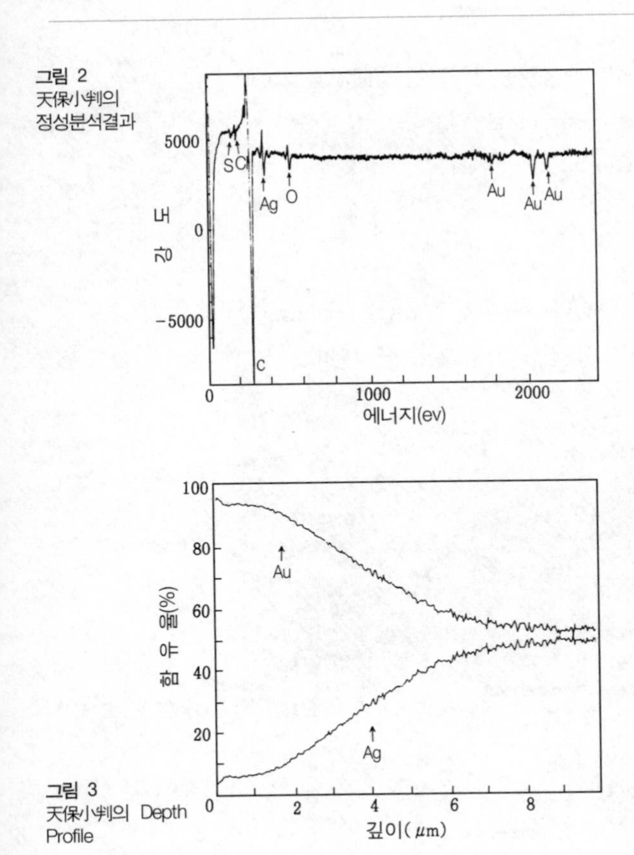

그림 2
天保小判의 정성분석결과

그림 3
天保小判의 Depth Profile

(가로축은 Sputtering Time을 깊이로 변환)을 나타낸 것이다. 정성분석결과에 의하면 은, 황, 염소, 산소, 탄소 등이 검출되었지만, 은을 제외하고는 시료의 오염이 아닌가 생각된다. Depth Profile 결과는 이 小判의 표면에서 순금에 가까운 금이 관찰되었으나, 내부로 갈수록 은이 증가하여 약 7㎛에서는 거의 일정하게 된 것을 알 수 있었다. 이 小判의 표면만이 금이었다는 것은 다소 차이가 있더라도 10종의 小判 모두에서 확인할 수 있었던 새로운 발견이었다.

(田口 勇)

〈참고문헌〉

1) 田口 勇・齋藤 努・上田道男 1993,『日本文化財科學會 第10回大會講演要旨集』, p.56

26. 고체질량분석법

(固體質量分析法, Solid Mass Spectrometry)

1. 개요

청동기, 유약, 토기, 도자기, 석기 등에 함유된 납(Pb), 스트론튬(Sr) 등의 동위원소비를 측정하여 산지동정을 실시한다. 시료를 채취한 후 산 등으로 용해해서 관심원소 50~300mg 정도를 화학적으로 추출한다. 표면전리형질량분석장치[表面電離型質量分析裝置]를 사용하면 측정시간은 시료당 1시간가량 소요되며 연속적인 측정이 가능하다. 측정 데이터는 0.002% 오차수준의 정밀도를 갖는다. 시료채취량은 청동기 중 납 동위원소비를 측정할 경우 수 mg 정도, 토기·도자기·석기 중 스트론튬 동위원소비를 측정하는 경우에는 100mg 정도이다.

2. 원리

^{206}Pb, ^{207}Pb, ^{208}Pb, ^{87}Sr는 각각 방사성핵종 ^{238}U, ^{235}U, ^{232}Th, ^{87}Rb의 붕괴에 의해 생성된다. 따라서 시료의 원료가 생성된 지질 중 U/Pb, Th/Pb, Rb/Sr 비와 그 지질연대에 맞춰진 암석·광물·점토 등의 납·스트론튬 동위원소비는 산지의 고유 값을 취한

다.

3. 장치

표면전리형질량분석장치[表面電離型質量分析裝置]를 그림 1에 제시하였다. 장치는 본체, 일렉트로닉스의 콘트롤부, 장치제어와 데이터해석을 위한 컴퓨터로 구성된다. 본체는 이온원, 전자석, 검출기가 있다. 최근에는 측정시간의 단축과 측정정도 향상을 목적으로 복수의 검출기로 동위원소를 동시에 측정하는 장치가 주류를 이루고 있다.

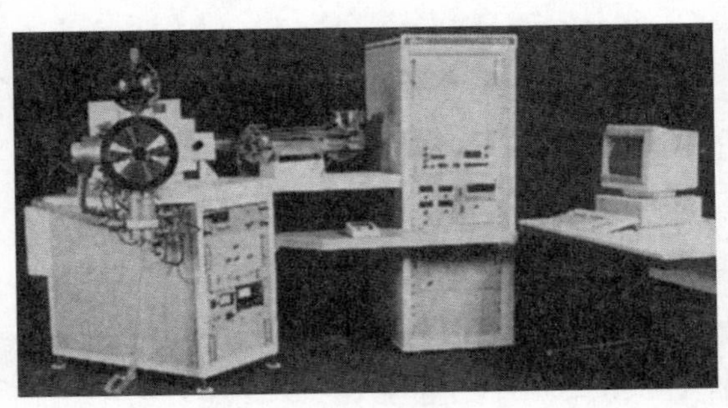

그림 1
표면전리형 질량분석장치

4. 지중해지역 흑요석의 스트론튬 동위원소비 측정결과[1)]

지중해의 13곳에서 주요 흑요석 산지를 분석했다. 스트론튬 동위원소비에 루비듐(Rb)과 스트론튬의 농도를 조합・해석해서 그룹핑한 결과(그림 2), 17개 흑요석 제품의 산지는 여섯지역으로 구분되어졌다.

5. 일본 고대 청동기의 납 동위원소비 측정결과[2)3)]

彌生[야요이]時代~奈良[나라], 平安[헤이안]時代에 걸쳐 일본에서 제작된 청동기를 분석하였다. 그 결과 그림 3과 같이 크게 4개의 그룹으로 구분되며, 시대와 함께 납 원료의 산지가 한반도(K), 중국 화북(W), 화중-화남(E)으로 변화되고, 일본산 청동원료(J)는 늦어도 8세기초에 사용되기 시작했다는 것을 알 수 있었다.

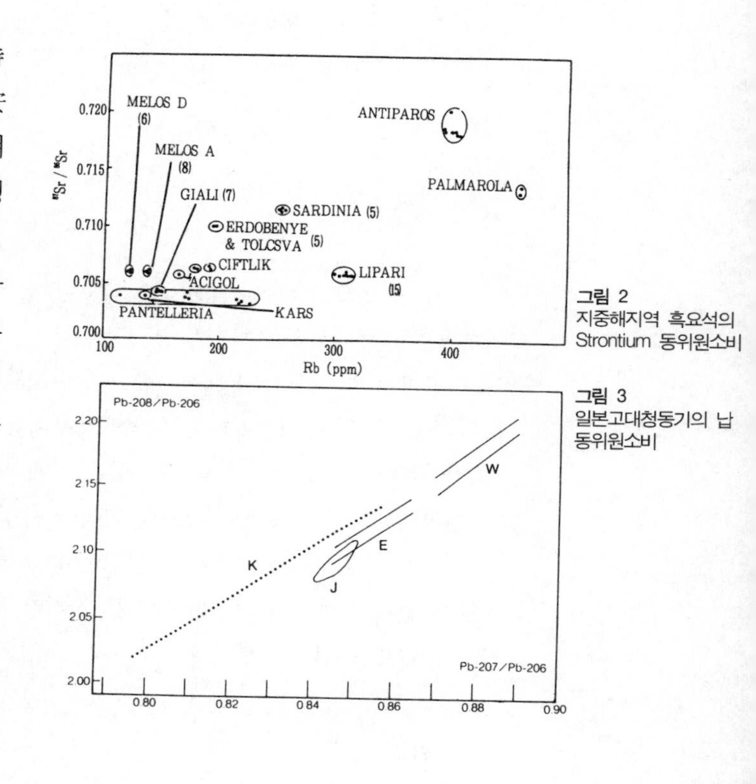

그림 2
지중해지역 흑요석의 Strontium 동위원소비

그림 3
일본고대청동기의 납 동위원소비

(齋藤 努)

〈참고문헌〉

1) N.H.Gale : Archaeometry, 23, p.41, 1981.
2) 馬淵久夫 1986,『續考古學のための化學10章』(馬淵久夫, 富永 健 編), 東京大學出版會, p.129.
3) 齋藤 努・馬淵久夫 1993,『科學の目でみる文化財』(國立歷史民俗博物館 編), アグネ技術センター, p.207.

27. 감마선분석법

(감마線分析法, γ-ray Spectroscopy)

1. 개요

시료가 운석 혹은 운철인지를 알고자 할 때, 감마선분석법은 비파괴분석법 중 가장 확실한 판정법이다. 시료에서 방출되는 미약한 감마선(방사선의 일종)을 게르마늄반도체검출기 등으로 측정하여 우주선생성핵종[宇宙線生成核種] 알루미늄-26(^{26}Al)의 존재유무를 알아본다. 시료 중 ^{26}Al의 존재량을 정확하게 측정하기 위해서는 이미 알고 있는 양의 동핵종을 넣어서 측정시료와 같은 모양으로 성형한 표준시료를 측정하여 비교한다. 측정은 보통 수일~한달 정도가 걸리기 때문에 안정한 상태를 장시간 동안 유지할 수 있는 장치가 필요한 경우도 있다.

2. 원리

운석과 운철이 우주공간을 표류하는 동안 우주선에 조사되어 ^{26}Al이 생성된다. 이 핵종은 반감기가 72만년인 방사성핵종이며, 베타 붕괴를 하지만 이때에 감마선도 방출된다. 지구생성 초기에 존재하고 있던 ^{26}Al은 이미 소멸했고, 우주선은 대기에 흡수되어

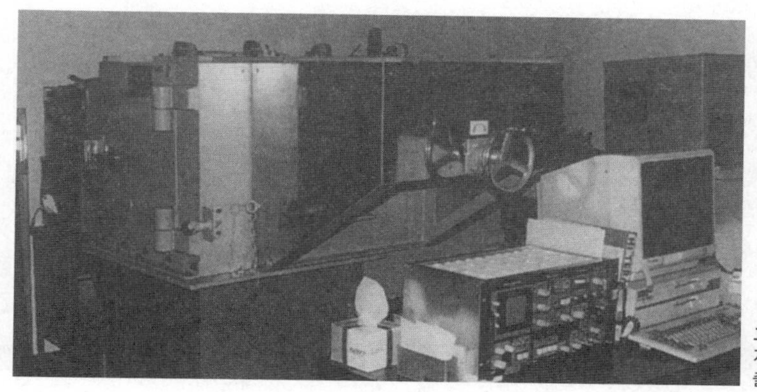

그림 1
저레벨 · 게르마늄 반도체검출기

지상까지 거의 도달하지 않기 때문에, 현재 지구상의 암석에 포함된 ^{26}Al은 방사선검출기로는 검출불가능한 정도의 극미량이다. 따라서 시료에서 방출되는 미약한 방사선을 측정하여 ^{26}Al과 관계된 감마선(에너지치: 1.809MeV)이 검출되면 이것이 운석이나 운철이라고 판정할 수 있다.

3. 장치

그림 1은 미약한 감마선을 측정하기 위해 특별한 사양으로 제작된 저레벨・게르마늄반도체검출기이다. 한달 이상 장기간에 걸친 연속측정에서도 안정된 데이터를 얻을 수 있다.

4. 長圓寺[쵸엔지] 소유 암석편의 분석[1)]

岩手縣 陸前高田市의 長圓寺[쵸엔지]가 소유하고 있는 암석편

그림 2
長圓寺 소유의 암석편

그림 3
감마선측정결과

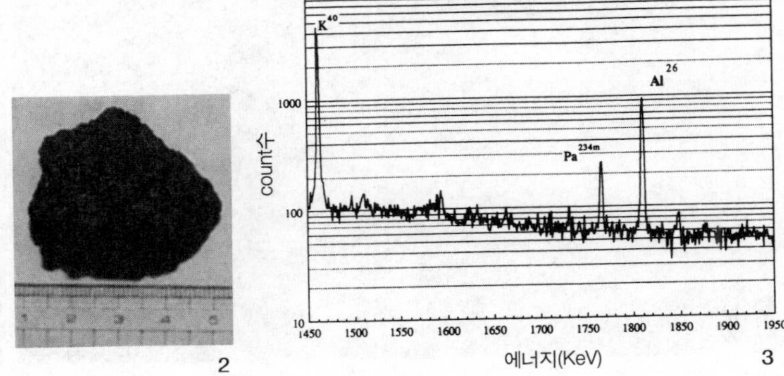

(그림 2: 지름 약 4㎝, 두께 약 1㎝, 중량 25g)에 대해 저레벨·게르마늄반도체검출기[2]를 사용하여 한 달간 연속측정을 실시한 결과 ^{26}Al에서 유래된 감마선의 피크가 검출되었다(그림 3). 표준시료와의 강도 비교 등을 통해 종합적으로 판단한 결과, 이 시료는 일본 최대의 운석인 氣仙운석(1850년 長圓寺 부지내에 낙하, 현재 국립과학박물관 소유, 중량 106㎏)의 일부로 판단되었다.

(齋藤 努)

〈참고문헌〉
1) 齋藤 努 1994,『東京大學アイソトープ總合センターニュース』24(4), p.4.
2) 高橋春男 外 1989,『Radioisotopes』38, p.29.

28. SIMS

(二次이온質量分析法: Secondary Ion Mass Spectroscopy)

1. 개요

2차이온질량분석법은 IMA(Ion Micro Analysis) 또는 IMMA(Ion Microprobe Mass Analysis)라고도 불리며, 1970년대 후반부터 Auger전자분석법, ESCA 등의 분석법과 함께 고체표면분석법으로 도입되었다. 매우 작은 영역(지름 0.3㎛ 정도)에 존재하는 원소에 대해서 정성분석과 Sputtering법을 병용하여 Depth Profile을 실시하고, 주사[走査]하여 원소분포(이온상, 이차원, 삼차원)분석도 할 수 있다. 수소를 비롯하여 모든 원소를 고감도로 동시에 분석하는 것이 가능하며 동위원소분석도 할 수 있다. 공업분야 등에서 많이 활용되는 중요 분석법 중 하나이다. 표준시료형상은 지름 5㎜, 두께 1㎜이다. 고고학 시료에 대한 활용성은 크다고 생각되지만, 장치가 고가이고 조작이 복잡하여 적용사례는 많지 않다. 이온충격에 의해 시료표면이 변색되는 등의 문제점이 있었지만, 최신의 정적[靜的]2차이온질량분석법(Static SIMS)에 의해 해결될 수 있다.

2. 원리

초고진공 중에서 3KeV~25KeV의 고에너지 이온을 조사하여

그림 1
2차이온질량분석장치

Sputtering시킨 후 발생하는 2차이온을 질량분석장치를 사용하여 원소의 종류, 양 등을 질량분석하는 방법이다. 조사하는 1차이온으로는 산소(O), 아르곤(Ar), 세슘(Cs), 질소(N) 등이 사용된다.

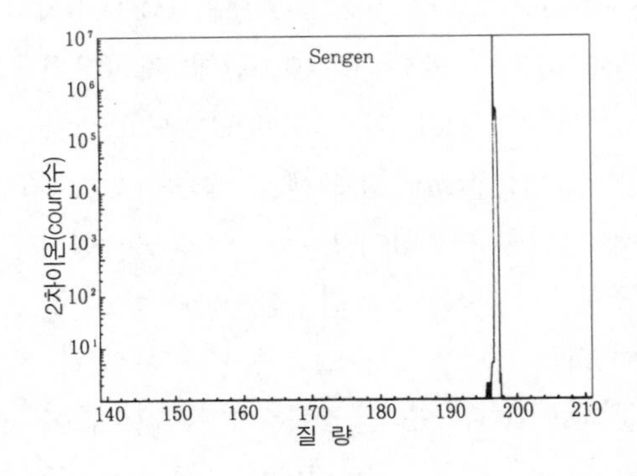

그림 2
사금의 정성분석결과의 일부

3. 장치

장치의 예를 그림 1에 제시하였다. 1차이온조사계(이온원, 집속렌즈계, 빔주사계 등), 2차이온질량분석계, 원소분포분석(이온상 관찰)계 등으로 구성되어 있다.

4. 사금의 질량분석

北海道 千軒岳麓에서 채취된 사금(직경 6㎜)의 표면을 연마한 후 중앙부에 세슘이온을 1차이온으로 하여 그림 1의 장치로 분석하였다(pre-sputter: Cs, 1㎛, 1차이온에너지: 14.5KeV, 1차이온전

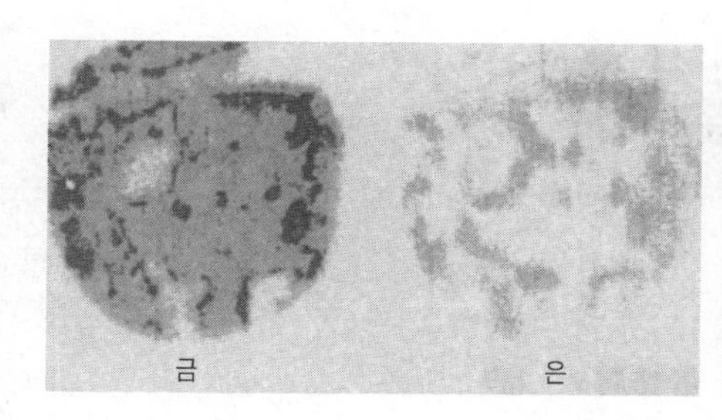

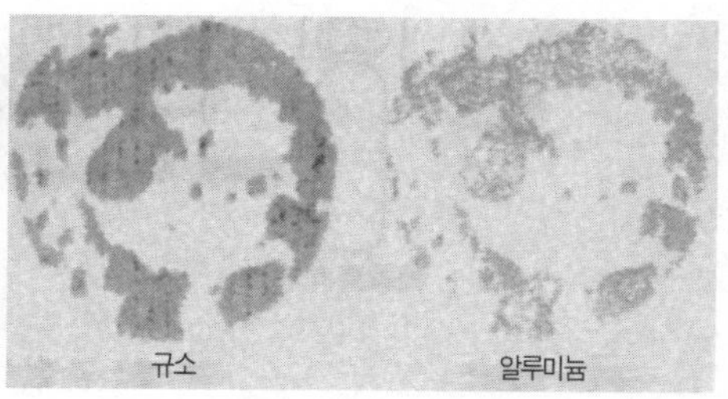

그림 3
사금의 원소분포분석결과의 일부(원그림은 칼라)

류: 0.05μA). 정성분석한 결과의 일부를 그림 2에 제시하였다. 중앙부에 지름 150μm 영역에 주사하여 분석한 결과 금, 은, 규소, 알루미늄, 철, 요오드, 산소, 탄소 등 8개원소가 분포하였다. 이외에 구리의 존재가 확인되었다(1원소측정시간: 50~60초간). 결과의 일부를 그림 3에 제시하였다.

(田口 勇)

〈참고문헌〉

1) 分析化學ハンドブック編集委員會 1992,『分析化學ハンドブック』, 朝倉書店.

29. 유기원소분석법

(有機元素分析法, Organic Elemental Analysis)

1. 개요

시료 중 탄소(C), 수소(H), 질소(N), 황(S), 산소(O)의 함유량을 측정할 수 있다. 고체 및 액체 시료(유기물 1~3㎎)를 4~8분 안에 분석할 수 있다. 시료를 완전 연소시켜 분석을 하기 때문에 비파괴법은 아니지만, 거의 모든 종류의 유기물을 특별한 처리 없이 분석할 수 있다.

2. 원리

유기물을 구성하는 C, H, N, S는 연소하면 CO_2, H_2O, N_2, SO_2 가스로 된다. 시료를 완전연소시키면 CO_2, H_2O, N_2, SO_2 가스가 생성되며, 이 가스를 Frontal chromatography로 분리하여 열전도도검출기[熱傳導度檢出器]로 C, H, N, S를 정량분석한다(그림 1). 시료 중 O는 열분해되어 생성되며 이 산소를 CO로 변환하여 같은 방법으로 정량분석한다.

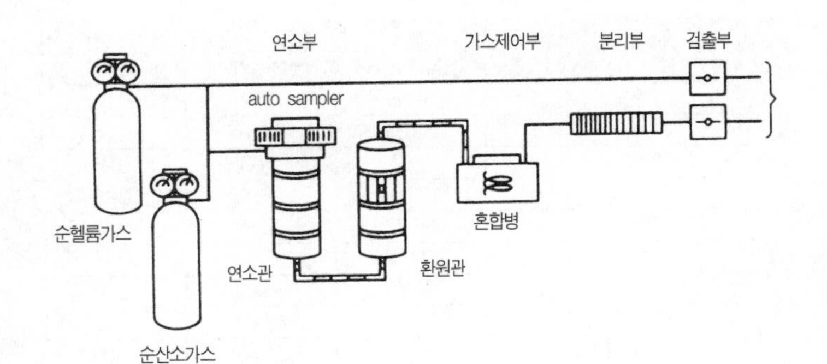

그림 1
원소분석장치의 구성

3. 장치

유기원소분석장치를 그림 2에 제시하였다. 왼쪽부터 천칭유니트, 천칭콘트롤유니트, 오토샘플러, 본체, 프린터이다.

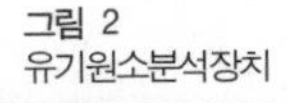

그림 2
유기원소분석장치

4. 측정사례

토양, 산성비에 의한 토양의 오염, 암석이나 광물, 식물, 해양 침전물의 분석 등에 사용된다. 측정 사례를 표 1에 제시하였다.

표 1
측정예

	탄 소 (%)		
	이론치	분석치	S.D.
토양	6.78	6.72	0.05
식물(솔잎)	52.35	52.34	0.06
해양 침전물	2.02	2.03	0.04
탄소 섬유	100.00	99.95	0.18
무연탄	85.92	85.88	0.12
역청탄	59.71	59.71	0.13
나프타	85.70	85.69	0.08
FUEL OIL No2	87.00	87.02	0.09
oil shale	21.40	21.45	0.09
	수 소 (%)		
	이론치	분석치	S.D.
토양	1.01	1.04	0.02
식물(솔잎)	6.87	6.71	0.04
해양 침전물	0.51	0.52	0.02
탄소 섬유	-	-	-
무연탄	4.27	4.30	0.05
역청탄	4.18	4.22	0.04
나프타	14.10	14.12	0.05
FUEL OIL No2	12.10	12.15	0.06
oil shale	2.24	2.21	0.03
	질 소 (%)		
	이론치	분석치	S.D.
토양	0.62	0.67	0.03
식물(솔잎)	0.71	0.69	0.02
해양 침전물	0.02	0.01	0.01
탄소 섬유	-	-	-
무연탄	1.14	1.12	0.03
역청탄	1.13	1.15	0.02
나프타	-	-	-
FUEL OIL No2	-	-	-
oil shale	0.67	0.72	0.02

(齋藤昌子)

30. NMR핵자기공명기법

(核磁氣共鳴技法, Nuclear Magnetic Resonance Analysis)

1. 개요

시료를 구성하는 유기화합물의 종류에 따라 주어지는 스펙트럼의 피크 위치나 형상이 다른 것을 이용해서 호박 등 유기물의 산지추정에 응용된다. 분석화학적으로는 용매에 녹여서 Proton(수소원자핵: ^{1}H)의 스펙트럼을 얻어 구조결정 등에 이용하는 방법이 일반적이지만, 고고학 시료에서는 분말로 고체측정용장치를 사용해서 탄소-13(^{13}C)의 스펙트럼을 얻는 적용 사례가 보고되고 있다.

2. 원리

^{13}C, ^{1}H 등의 핵종은 외부 자장 가운데에서 에너지준위가 다른 2개의 배향[配向](orientation)만을 향하게 된다. 이 에너지준위 차에 해당하는 에너지(주파수로 결정된다)의 전자파를 조사하면, 흡수가 일어나 저에너지준위의 핵이 고에너지준위로 전이[轉移]된다. 유기화합물분자 중 핵종의 에너지준위 차이는 그 핵종의 주위에 어떤 종류의 화학결합이 존재하는가에 의해서 결정된다. 따라서 유기화합물의 종류에 따라 흡수가 일어나는 주파수, 흡수 피크의

높이나 미세한 형상이 달라진다. 고체의 NMR측정에서는 피크의 폭을 넓게 하는 몇 개의 요인이 존재하지만, CP/MAS/DD (Cross Polarization/Magic Angle Spinning/Dipolar Decoupling) 등의 측정법을 선택함으로써 보다 명확한 피크를 얻을 수 있다.

3. 장치

그림 1에 장치를 제시하였다. 왼쪽부터 컴퓨터, 분광계 콘솔, 앰프, 본체이다. ^{13}C를 측정할 수 있는 고체용 장치는 매우 고가이며, 시료의 취급이나 데이터의 해석에 전문적인 지식이 필요하다.

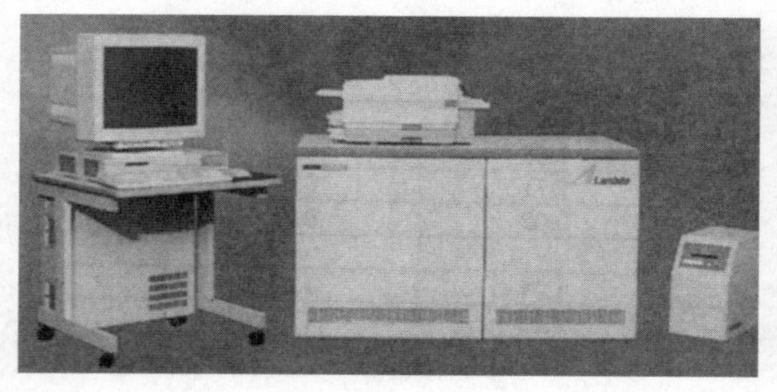

그림 1
핵자기공명흡수분석장치

4. 유럽산 호박의 분류[1)]

유럽에서 광범위하게 수집된 호박을 ^{13}C 고체고분해능[固體高分解能] NMR로 측정(시료량 100mg; 0.3mℓ 정도)한 결과 2개의 그

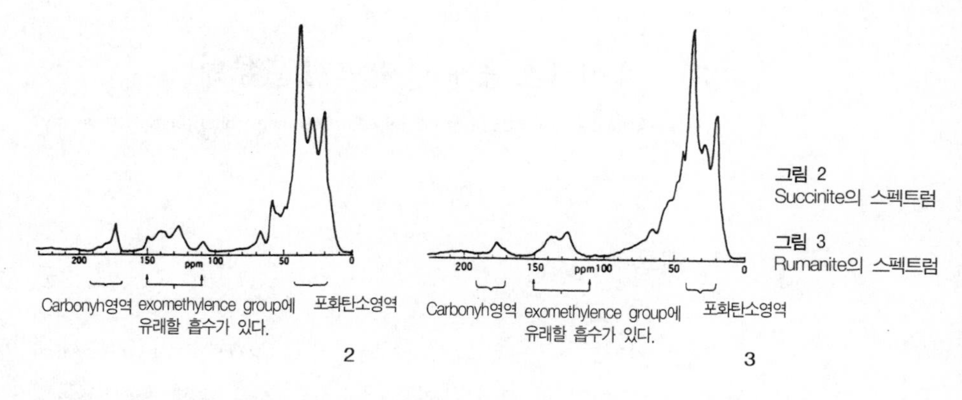

그림 2
Succinite의 스펙트럼

그림 3
Rumanite의 스펙트럼

룹으로 구분 가능한 것을 알 수 있었다. 즉 호박(Succinite)으로 대표되는 북부유럽(폴란드 북부, 독일 북부 등 발트해 연안지역 및 북해 연안지역)産(그림 2)과 Rumanite로 대표되는 중·남부유럽(이탈리아, 루마니아, 오스트리아 등)産(그림 3)이다. 양자 사이에는 이중결합군 exomethylene group(＞C＝CH_2)에 의한 흡수(δ 110, 150)의 유무를 비롯해 Carbonyl영역에서의 피크 수 등 여러 차이를 확인할 수 있었다. 스펙트럼의 특징이나 GC-MS 데이터에서 호박을 구성하는 화합물의 구조도 추정되었다. 산지에 의한 성분의 차이는 호박의 원료가 되는 수목의 종류가 지역적으로 차이가 있기 때문이라고 생각된다.

(齋藤 努)

〈참고문헌〉
1) J.B.Lambert 외 : Archaeometry, 30, p.248, 1988.

31. 가시광선흡수스펙트럼분석법

(可視光線吸收스펙트럼分析法, Visible Radiation Absorption Spectroscopy)

1. 개요

색을 가지고 있는 용액에 가시영역의 빛(380~780㎚)을 조사[照射]하여 용질이 특정 파장의 빛을 흡수하는 것을 통해 용질의 동정 및 정량분석이 가능하다. 물이나 유기용제에 녹는 색을 가지고 있는 물질에 적용되며, 고고학 시료에서는 염료, 색조를 밝히는데 사용되고 있다. 측정을 위해 고고학 시료에서 물이나 유기용제를 사용해서 색소를 추출해야 하기 때문에 비파괴법은 아니다. 용액이 2개 이상의 색소를 포함한 경우에는 명확한 결과를 얻지 못하는 경우도 있다.

2. 원리

단색광이 색을 가지고 있는 용액을 통과할 때 그 용액은 빛을 흡수한다. 입사광의 세기(I_0)에 대한 투과광 세기(I)의 비를 투과도(t)라고 하며, 이것을 백분율로 나타낸 값을 투과율(T)이라 한다. t의 역수에 대한 상용로그를 흡광도(A)라고 한다.

$t = I/I_0 \qquad T = 100(I/I_0) \qquad A = \log(I_0/I)$

색이 있는 화합물은 그 화학구조에 의해 특정 파장의 빛을 흡수한다. 가시광선을 용액에 조사한 후 파장과 흡광도와의 관계를 나타내는 흡수스펙트럼에 기록된 최대 흡수파장[吸收波長]으로 색조 및 염료의 동정이 가능하다. 또한 최대 흡수파장에 대한 흡광도(A)는 용액의 농도(c), 측정에 사용한 셀의 두께(l)에 비례하기 때문에 시료용액의 농도를 측정할 수도 있다.

3. 장치

광전분광광도계[光電分光光度計]가 사용된다. 장치는 싱글빔식과 더블빔식이 있고 측정파장간격은 5~0.5nm 사이이다. 그림 1은 더블빔식(파장간격 0.5nm), 컴퓨터연동방식의 장치이다. 자외선영역(190~380nm)도 측정할 수 있는 장치가 일반적이다.

그림 1
Double Beam식 광전분광광도계

4. 염색에 사용되는 잇꽃[홍화, 紅花]의 색소 측정

잇꽃(혹은 홍화)의 색소는 황색의 Safflower yellow와 빨간색의 Carthamin이 있다. 그림 2, 3은 이 2개의 색조에 대한 자외선 및 가시광선 흡수 스펙트럼이다. pH에 의해 두가지 색소의 가시광선

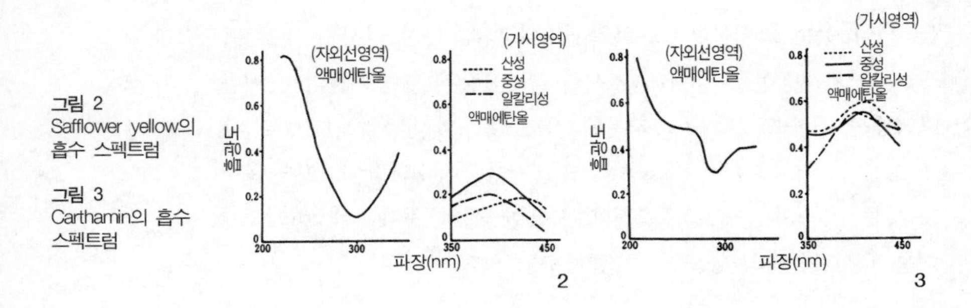

그림 2
Safflower yellow의 흡수 스펙트럼

그림 3
Carthamin의 흡수 스펙트럼

최대 흡수파장이 다른 것을 알 수 있다.

5. Anthraquinone계 색조의 빛에 의한 퇴색

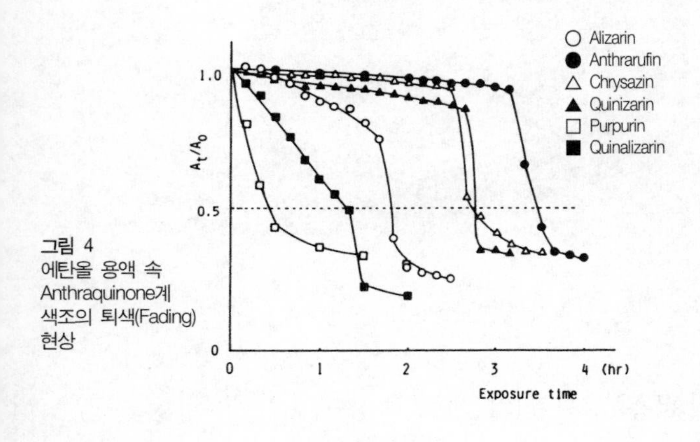

그림 4
에탄올 용액 속 Anthraquinone계 색조의 퇴색(Fading) 현상

꼭두서니(茜)는 색조계 염소로서 옛날부터 염색에 사용되어 왔다. 꼭두서니에는 알리자린(붉은 염료, Alizarin), purpurin 등의 Anthraquinone계 색조가 함유되어 색을 구성하고 있다. 그림 4는 Alizarin과 purpurin을 포함한 6개의 Anthraquinone계 색조의 빛에 의한 퇴색(fading)의 차이를 나타내고 있다. 각 색소의 에탄올 용액에 빛을 조사하여 일정 시간마다 흡광도(A)를 측정하였으며, 조사전의 흡광도(A_0)와 비교하여 색소가 파괴되어 가는 과정을

확인하였다.

(齋藤昌子)

〈참고문헌〉

1) 柏木希介 1988,『考古學・美術史の自然科學的研究』, 日本學術振興會, p.318.
2) M.Saito・C.Minemura・N.Nanashima・M.Kashiwagi : Textile Researc Journal, 58, p. 450, 1988.

32. 형광분광분석법

(螢光分光分析法, Fluorescence Spectroscopy)

1. 개요

시료에 자외선이나 가시광선을 조사하여 표면에서 발생하는 형광의 파장과 세기를 분광 측정함으로써 유기물이나 반도체, 광물시료 등의 정성 및 정량분석을 실시한다. 시료는 고체(최소 수 ㎜, 최대 5㎝ 정도)형태이며 비파괴측정이 가능하다. 최근에는 여기파장과 형광파장을 동시에 고속으로 스캔하여 형광 세기와의 관계를 나타내는 3차원 형광스펙트럼 측정이 가능해졌으며 측정시간은 수분 정도가 걸린다. 이렇게 해서 얻어진 형광의 등고선표시(형광맵)는 시료의 지문정보로써 동정에 활용될 수 있다.

2. 원리

어떤 종의 물질은 자외선이나 가시광선 등의 빛 에너지를 흡수하여 다시 빛을 방출한다. 이러한 광루미네선스(photoluminescence)는 물질이 빛을 흡수하여 구성 원자나 분자에서 발생하는 전자의 에너지준위 변화 등에 기인하는 현상으로 이해되며, 형광은 이러한 광루미네선스의 일종이다. 문화재 시료를 대상으로 했을 때 관측

데이터는 주로 시료의 형광스펙트럼과 상대형광 세기의 정보로 나타나며, 시료와 레퍼런스(reference)의 데이터 조합을 통해 시료를 구성하는 재질의 특성을 파악할 수 있다.

3. 장치

형광분광법은 분광형광광도계[分光螢光光度計](그림 1) 등의 장치를 필요로 한다. 분광형광광도계는 기본적으로는 광원, 여기광분광기[勵起光分光器], Beam Splitters, 시료실, 형광분광기, 증폭기, 데이터 처리부 및 기록계로 구성된다. 광원은 연속스펙트럼용으로 Xenon lamp가 사용된다. 또한 휘선[輝線] 광원으로서 수은램프나 질소레이저 등도 사용이 가능하지만, 이 경우 형광의 여기파장 특성을 관측할 수 없다. 현재 일본에서는 광분해 형광광도계를 여러 회사가 시판하고 있지만, 앞으로는 회화 등 대형 문화재 시료를 비파괴면분석할 수 있는 제품의 출시가 기대된다.

그림 1
분광형광광도계의 장치외관

4. 측정사례

여기서는 천연염료의 동정 사례에 대해 소개하도록 한다. 그림

그림 2
황벽의 형광map(가로축은은 형광파장(nm), 세로축은 여기파장(nm) 그림 5까지 같음)

그림 3
괴화의 형광map

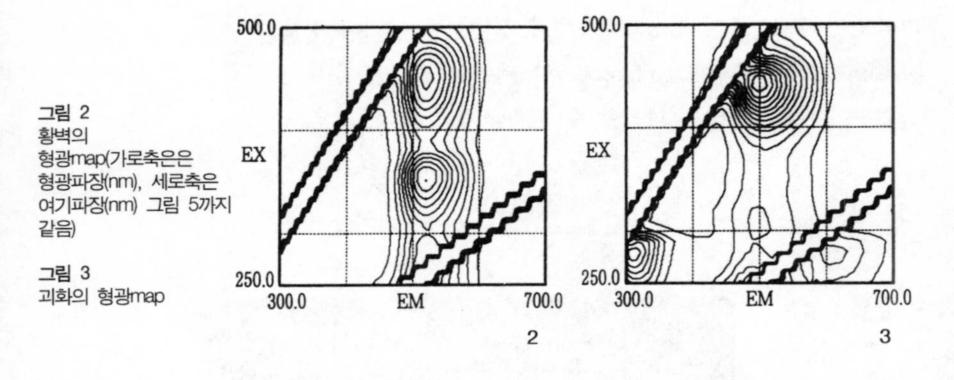

그림 4
울금의 형광map

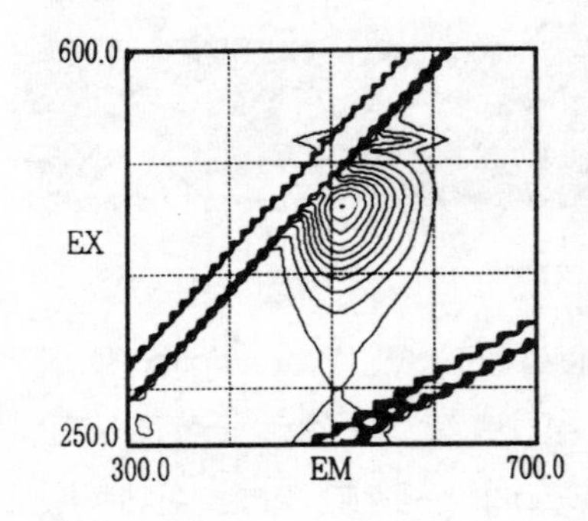

그림 5
고대염직 시료(황록색)의 형광map

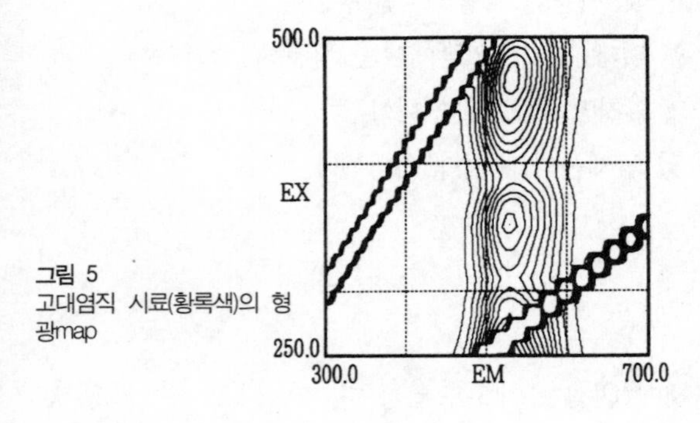

2~4는 황색천연염료인 황벽나무[黃蘗], 회화나무의 열매[괴화, 槐花], 강황[姜黃; 울금, 蔚金]으로 염색한 비단의 형광맵이다. 외면이 유사한 색조이므로 이 방법 이외의 비파괴법으로 염료의 판별을 실시하는 것은 거의 불가능하다. 측정된 형광맵(그림 2~4)을 통해 쉽게 서로를 식별할 수 있었다. 한편, 그림 5에 제시한 형광맵은 고대염직 시료(황록색)의 데이터이며, 이 결과는 정확하게 황벽나무와 유사하다. 이 방법에서는 같은 색소 Berberine을 함유한 황벽과 황

연[黃蓮]을 식별할 수는 없었지만, 해당 시료가 Berberine을 주색소로 하는 천연염료로 염색되었음이 판명되었고, 또한 황록색을 띠는 것은 청색계통의 다른 염료와 혼합하여 염색되었기 때문으로 추론되었다. 데이터베이스가 축적되면 다른 문화재 시료를 구성하는 재질에서도 이와 같은 동정이 가능할 것이다.

(松田泰典)

〈참고문헌〉

1) 西川泰治・平木敬三 1984,『螢光・りん光分析法』, 共立出版.
2) 下山進・野田裕子 1992,『分析化學』41, p.243.

33. Fourier변환 적외선분광분석법

(Fourier變換赤外線分光分析法, Fourier-transform Infrared Spectroscopy: FT-IR)

1. 개요

고분자를 함유한 유기물이나 무기화합물 시료의 적외선 영역에 대한 분광특성을 정성분석하는 방법으로 화재[畵材], 도료, 섬유, 종이 등의 재질 동정이나 변질상황을 밝히는데 사용된다. 일반적으로 극미량(수~수십 mg 정도)의 시료를 채취해서 미세한 분말로 만든 후 브롬화칼륨분말과 혼합한다. 다음으로 가압 성형한 후 정제하여 투과법으로 측정한다. Fourier변환에 의한 분광법은 종래의 회절격자에 의한 직접분광법에 비해 측정효율이 좋고, 반복측정에 의한 S/N비가 높기 때문에 고속(측정시간은 수십 초), 고감도, 고정밀도로 분석할 수 있다. 최근에는 컴퓨터의 개량 및 보급과 함께 장치가 저렴해졌다.

2. 원리

적외선분광법은 시료에 적외선을 투과(반사)시켜 분자의 쌍극자모멘트 변화에 기인하는 진동(적외선흡수) 스펙트럼을 측정, 분자 고유의 작용기(functional group)를 해석하여 물질의 특성을 동정하는 방법이다.

3. 장치

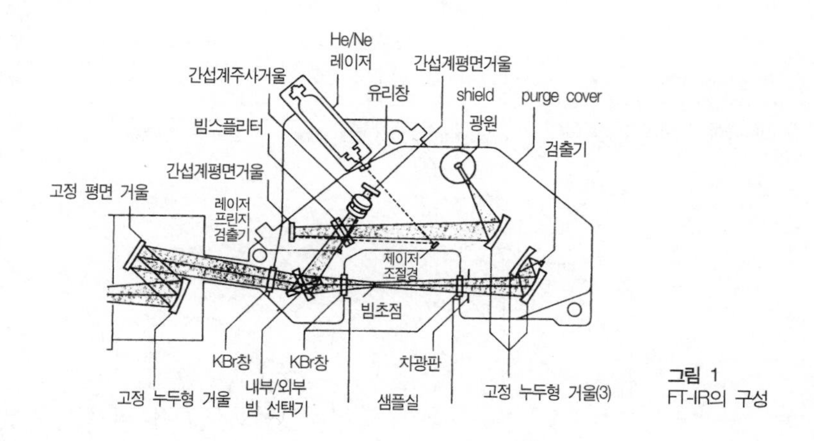

그림 1
FT-IR의 구성

그림 1에 제시된 FT-IR은 광원, 시료부, 간섭계(interferometer), 검출기로 구성되어져 있다. 광원은 일반적으로 적외선을 방출하는 Globar 광원이 사용된다. Michelson-Morly의 원리에 기초한 간섭계가 사용되며, 거울 위치 모니터링을 위해 He-Ne 레이저가 설치되어 있다. 광원에서 입사되는 빛은 간섭계 내의 광분리기(Beam splitter)에 의해 분할되어 50%는 고정거울로 향하고 나머지 50%는 이동거울로 반사된다. 이들 빛이 거울에 반사되어 다시 광분리기에서 만나면 파장차이에 의해 Interferogram이 생성된다. 시료를 투과하여 검출기에서 측정되는 이 신호를 Fourier 변환하면 스펙트럼을 얻을 수 있다.

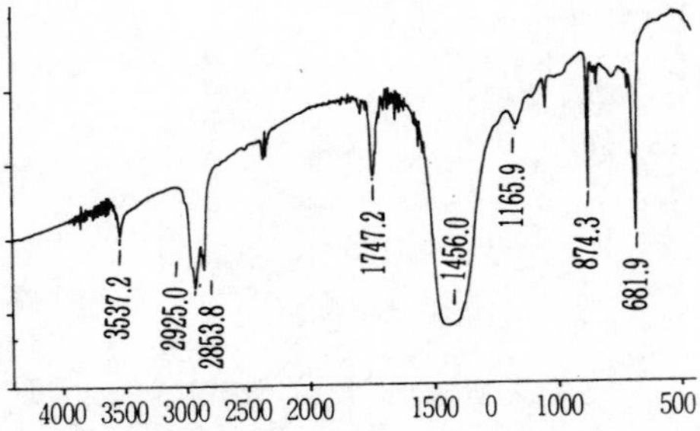

3537.2
2925.0
2853.8
1747.2
1456.0
1165.9
874.3
681.9
4000 3500 3000 2500 2000
1500 0 1000
500

그림 2
유채화 백색층의 FT-IR 스펙트럼(가로축은 파수(cm^{-1}), 종축은 상대투과율, 이하 그림 4까지 같음)

1738.0
1418.6
1045.7
838.1
779.8
681.7
4000 3500 3000 2500 2000
1500
1000
500

그림 3
염기성탄산연의 FT-IR의 스펙트럼

1420.4
876.0
712.1
4000 3500 3000 2500 2000
1500
1000
500

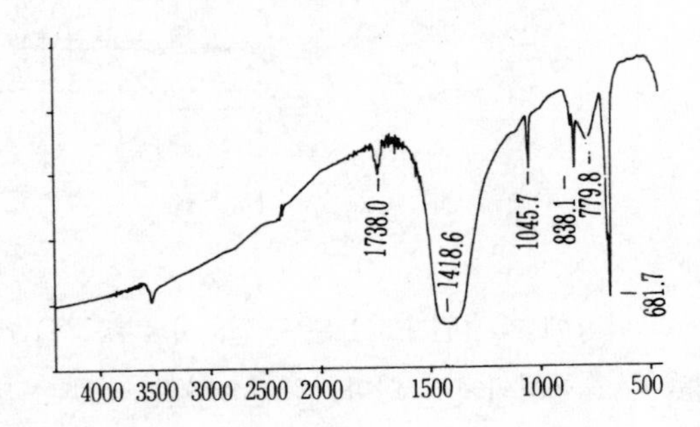

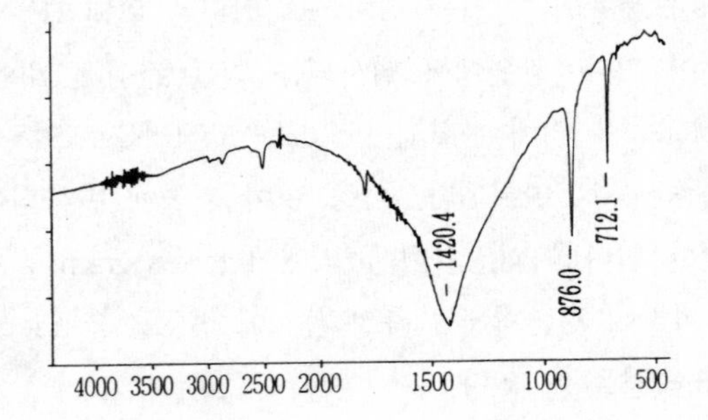

그림 4
탄산칼슘의 FT-IR 스펙트럼

4. 측정 사례

여기서는 유채화 그림물감의 측정 사례를 소개한다. 그림 2, 그림 3은 유채화에서 채취한 백색층의 FT-IR스펙트럼, 염기성탄산연[鹽基性炭酸鉛]의 FT-IR스펙트럼을 나타낸다. 양자를 비교하면 3537(OH), 1456(CO), 1045, 778, 682㎝$^{-1}$의 흡수에서 일치하여 이 백색층은 유화물감인 실버화이트(안료성분은 염기성탄산연)로 그려진 것을 알 수 있었다. 또한 2925, 2853㎝$^{-1}$(Alkyl), 1747㎝$^{-1}$(Ester)은 기름성분에서 유래한 것이다. 한편 874㎝$^{-1}$의 흡수는 그림 4에 나타난 것처럼 탄산칼슘의 존재에 기초를 둔 것이고, 원소분석결과 등과 종합하면 탄소칼슘이 유화구에 첨가되었다고 생각된다. FT-IR을 사용한 이와 같은 분석법은 그림물감의 조사나 회화기법사 뿐 아니라 진품의 구별에도 귀중한 정보를 제공할 것이다.

(松田泰典)

〈참고문헌〉
1) 田中雅之・寺前紀夫 1993,『赤外分光法』, 共立出版.
2) J.G.Grasselli : Analytical Chemistry, 55, p.874A, 1983.

34. Fourier변환 현미적외선분광분석법

(Fourier變換顯微赤外線分光分析法, Fourier-transform Infrared Microspectroscopy)

1. 개요

주로 유기물 및 무기화합물을 시료로 하여 현미경으로 10㎛ 정도의 관찰영역에 대한 화학분석을 실시하는 방법이며, 반도체나 도막[塗膜] 중 혼입된 이물질의 확인이나 불순물의 검출, 섬유나 모발 등 미세시료의 분석, 다중구조의 필름 조사 등에 이용된다. 표면 분석의 경우 사방 15㎝ 정도의 시료까지는 비파괴분석이 가능하고, 내부의 경우 보통 수㎜ 정도의 영역에서 시료를 채취한 후 단면상(Cross section)을 작성하여 분석에 이용한다. 화상정보와 적외선 데이터를 직접 결합하여 대기압 하에서 면 또는 선 분석을 수행할 수 있으며, 작용기의 분포를 3차원으로 표시하는 Mapping 처리도 가능하다. 측정에는 시료당 수십 분이 요구된다. 채색층이나 도막층이 있는 회화나 조각, 공예품의 단면상 등 구성이 복잡한 문화재 시료의 해석에 활용될 수 있다.

2. 원리

분광의 원리는 「Fourier변환 적외선분광분석법[變換赤外線分光分析法]」과 동일하다. 작은 영역을 측정하기 위해 FT-IR장치 외에

현미경 시료대에서도 적외선을 활용할 수 있는 특수한 장치가 고안되었다.

3. 장치

기본적인 구성은 적외선 현미경과 FT-IR장치(그림 1)이다. 간섭계에서 나온 빛은 현미경내 집광기[顯微鏡內集光機]의 카세그레인(Cassegrain)식 반사경을 통해 시료에 투과된다. 이 후 대물[對物] 카세그레인식 반사경을 통과한 빛을 조리개(Aperture)로 실효시야를 한정하고 액체질소에서 냉각중인 MCT 검출기로 측정한다. 광로변환에 의해 시료의 위치를 육안 등으로 확인하면서 측정할 수 있다. 현미경 측정법은 이제까지 투과형과 표면반사형이 주류를 이루고 있었지만, 최근에는 ATR법에 의해 깊이 0.1~1㎛ 정도의 표면층 내부 정보도 파악할 수 있다. 조작은 컴퓨터를 통해 제어되고, 자동측정, 화상표시 등 이용성이 높아졌다.

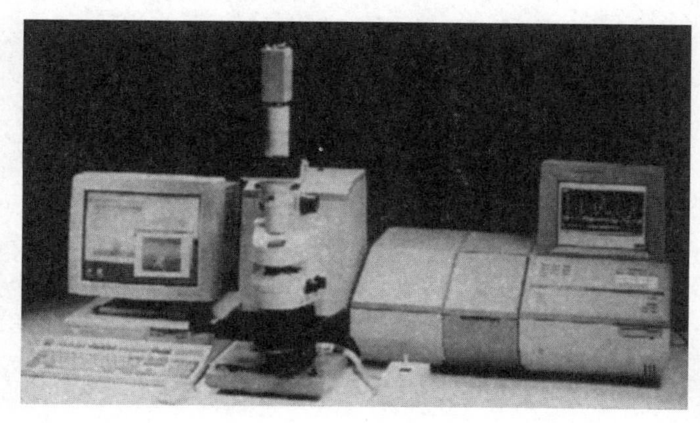

그림 1
Fourier변환
현미적외선분광분석장치

4. 측정사례

그림 2
도장면 시료의 단면상
(cross section)

橫浜市 지정문화재의 건조물 도장면 시료에 대한 단면상(그림 2) 분석결과를 소개한다. 이 건조물은 수리 때마다 도장을 거듭하여 시료는 목재기저부분(그림 2의 최하층)의 위에서 여러 층으로 확인되었다. FT-IR 측정결과 상부 층(그림 3)에서는 알키드(Alkyd)수지, 하부

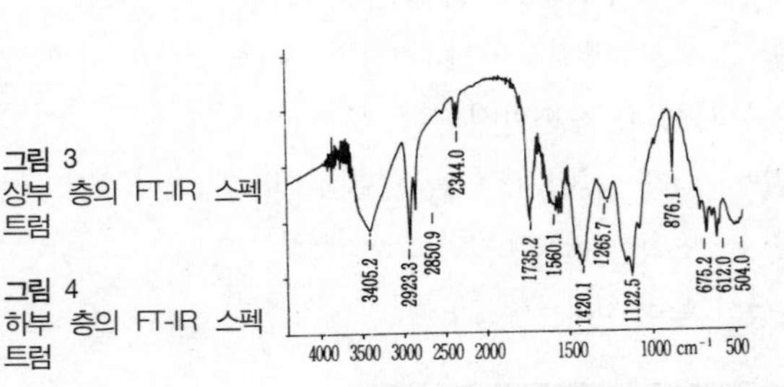

그림 3
상부 층의 FT-IR 스펙트럼

그림 4
하부 층의 FT-IR 스펙트럼

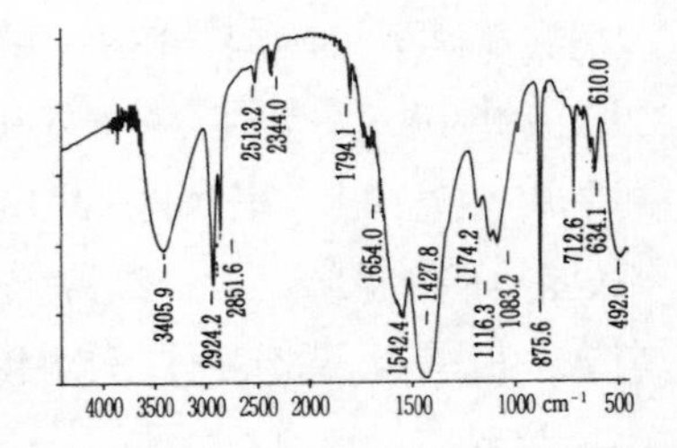

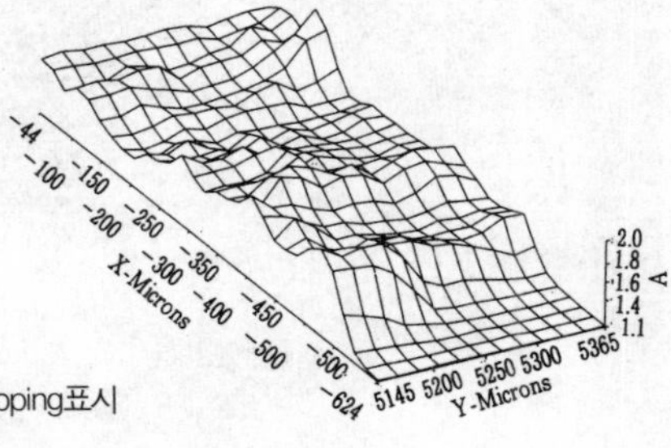

그림 5
시료의 1717cm^{-1}에 있어서 흡광도 Mapping표시

층(그림 4)에서는 Melamine수지 및 탄산칼슘이 검출되었다. 1717 cm^{-1}에 대한 시료 전체의 흡수세기분포를 관측한 것이 그림 5이다. 이 시료에서는 그다지 특징적인 것은 아니지만, 이와 같은 방법으로 특정물질의 존재여부에 대한 맵(map)을 작성할 수 있다.

(松田泰典)

〈참고문헌〉

1) 田隅三生 1994, 『FT-IRの基礎と實際(第 2 版)』, 東京化學同人.

35. 가스크로마토그래피

(Gas Chromatography)

1. 개요

가스크로마토그래피법은 미량 시료에 대한 분석법으로 정성 및 정량이 가능하다. 통상의 Column 온도(실온~400℃)에서 기체 또는 기화하는 화합물에 적용할 수 있다. 기화하기 어려운 화합물은 화학반응에 의해 기화하기 쉬운 유도체로 이끌어 측정한다. 검출기의 감도가 높기 때문에 미량의 시료로도 측정할 수 있다.

2. 원리

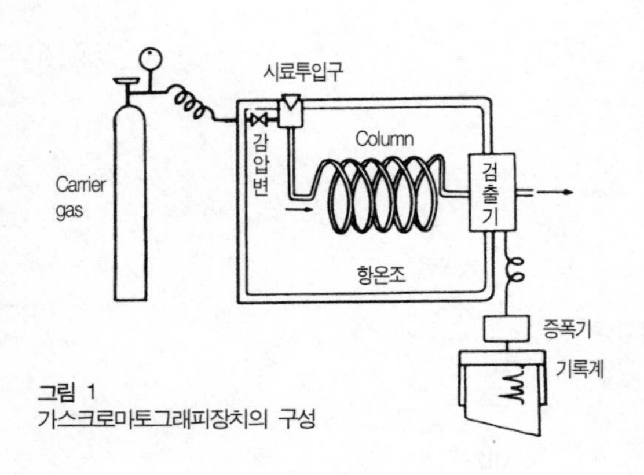

그림 1
가스크로마토그래피장치의 구성

적당한 고정상[固定相]을 사용하여 제작한 Column 속으로 운반기체(Carrier gas)를 사용하여 기화한 혼합물을 통과시켜 성분으로 분리한 후 열전도형검출기(TCD), 수소염[水素炎]이온화검출기(FID), 전자포획형[電子捕獲型]이온화

검출기(ECD), Flame광도형[光度型]검출기(FPD), 열이온형검출기(TID) 등의 검출기를 통해 정량한다(그림 1).

운반기체로는 시료와 반응하지 않는 질소, 헬륨, 아르곤 등의 불활성가스를 사용한다.

3. 장치

가스크로마토그래피장치를 그림 2에 제시하였다. 비교적 저렴한 가격에 비해 매우 효율적인 장치이다.

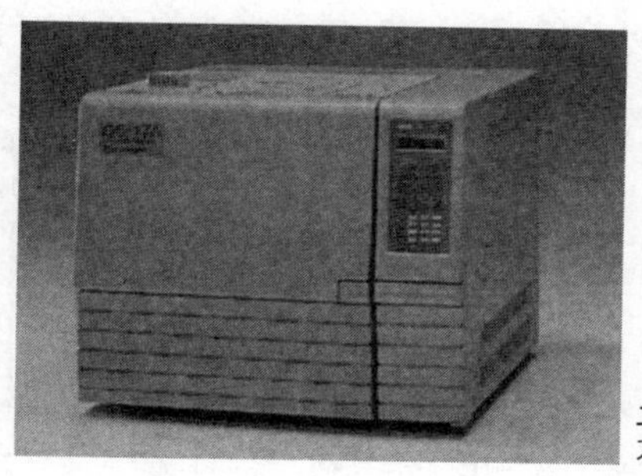

그림 2
가스크로마토그래피장치

4. 虎塚[토라즈카]고분의 석실 공기 중 유기물질의 측정

茨城縣 虎塚[토라즈카]고분의 석실 공기 중 유기물질의 가스크로마토그래피 분석결과를 그림 3에 제시하였다. 석실내부와 외부의 피크패턴은 유사하다(이 결과는

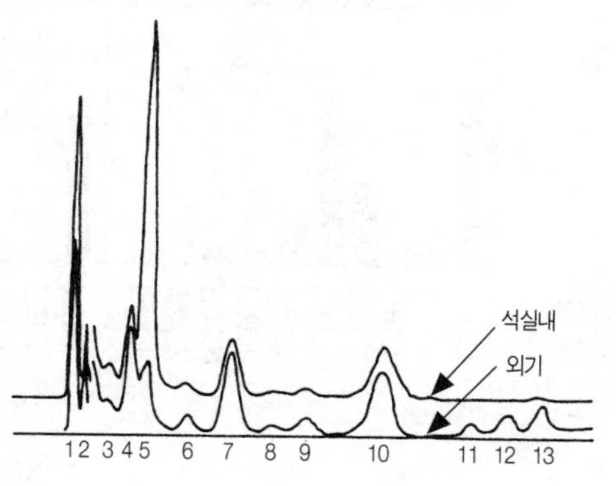

그림 3
虎塚고분석실의 내부 및 외부 공기 중 유기물질의 가스크로마토그래프

시료 채집시 외부 공기가 유입된 것으로 해석된다).

5. 화석뼈에 잔존하는 지방산[脂肪酸] 조성 측정

알래스카·쿠아리 유적의 화석뼈에 부착된 지방을 크로마토그래피로 측정한 결과 그 조성으로부터 동물종이 판정되었다(그림 4).

(齋藤昌子)

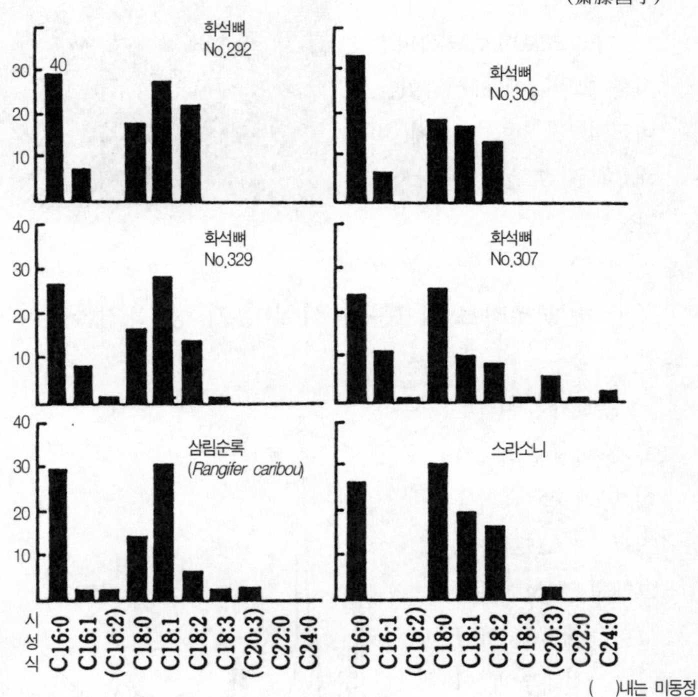

그림 4
알래스카 · 쿠아리 유적의 화석뼈에 잔존하는 지방의 지방산조성

〈참고문헌〉

1) 江本義理 1993,『文化財をまもる』, アグネ技術センター, p.98.
2) 中野益男 1994,『第四紀試料分析法2』, 東京大學出版會, p.399.

36. 박층크로마토그래피

(薄層크로마토그래피, Thin-layer Chromatography: TLC)

1. 개요

대규모의 장치를 필요로 하지 않고 조작이 매우 간단하며, 소량의 시료로 짧은 시간에 물질의 동정 및 확인이 가능하다. 시료는 물 또는 용제에 용해되는 것으로 제한된다. 시료를 추출해야 하기 때문에 비파괴법은 아니지만, 가시광선흡수스펙트럼법보다 소량의 시료로 분석이 가능하다. 여과지 크로마토그래피법에 비해 검출감도가 높고, 정색[呈色]시약으로서 황산 및 초산 등의 강한 시약도 사용 가능하며, 200℃ 이상의 고온으로 가열해서 정색시키는 것도 가능하다.

2. 원리

적당한 고정상으로 만들어진 시판의 박층판을 사용하여 혼합물을 전개시켜서 성분으로 분리하는 방법이다.

3. 장치

박층판의 밑에서 약 20㎜ 되는 위치에 시료용액 및 표준용액

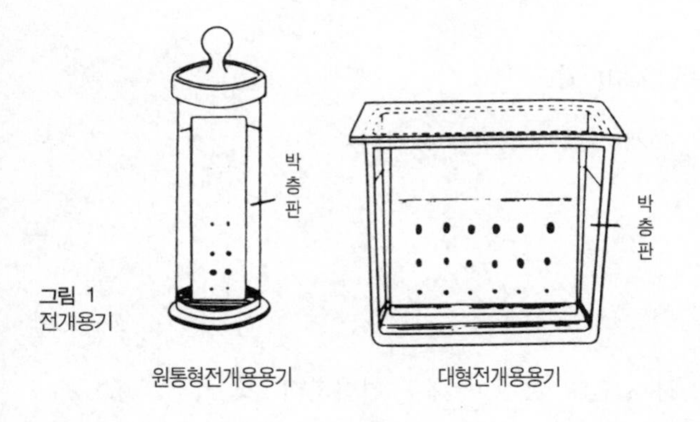

그림 1
전개용기

을 마이크로 피펫으로 점적(spotting)하여 건조시킨다. 적당한 전개용매로 포화된 밀폐형 전개 용기에 박층판을 넣어 전개를 실시한다. 전개 후 점적 위치와 색으로 물질에 대한 동정 및 확인을 실시한다. 이동도 R_f 값의 재현성이 뒤떨어지기 때문에, 확인하고 싶은 시료용액 및 표준용액을 동일한 판 위에 점적할 필요가 있다.

박층판은 실리카겔(Silica gel) 또는 형광제를 넣은 실리카겔을 사용하는 경우가 많지만, 알루미나(Alumina), 셀룰로오스(Cellulose), 규조토, 규산마그네슘, 폴리아미드(Polyamide), 세화데크스(Sephadex) 등도 사용된다. 판재로는 플라스틱, 알루미늄, 유리가 있다. 전개용매로는 극성이 높은 용매와 낮은 용매를 시료에 맞게 혼합해서 사용한다. 전개용기를 그림 1에 제시하였다.

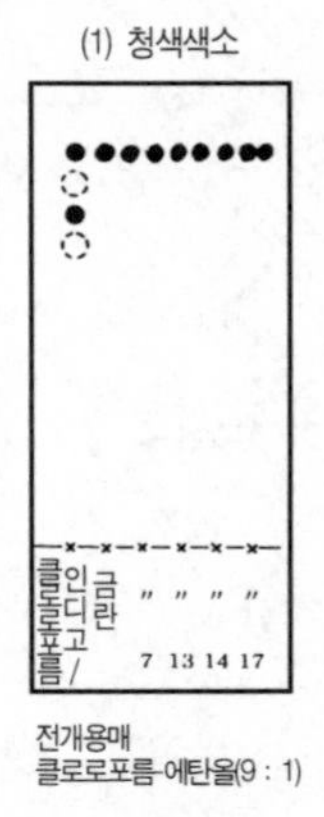

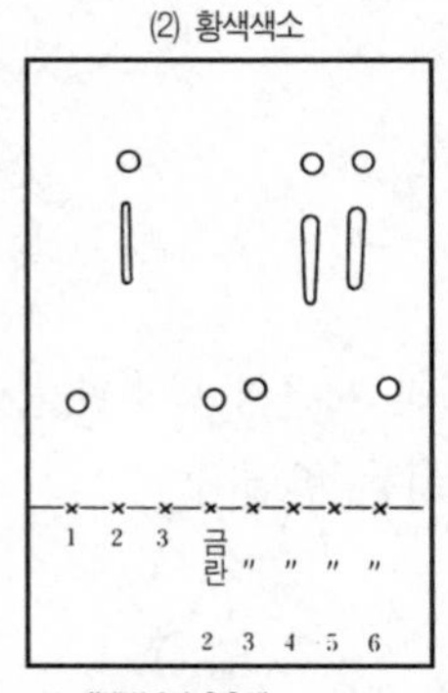

그림 2
박층크로마토그래프의 결과

4. 江戸時代의 금란[金襴], 은란[銀襴] 색소의 판정

녹색의 금란[金襴]과 은란[銀襴]에 사용된 색소에 대해 박층크로마토그래피를 사용하여 관찰하였다(그림 2). 포목에서 추출한 색소 용액을 실리카겔 박층판에 점적하여 전개용매로 전개했다. 청색 색소용액은 남색(藍), 녹색은 남색과 황색 색소의 혼염이고, 황색은 黃蘗 혹은 刈安(벼과의 多年草)인 것이 판명되었다.

5. 꼭두서니(茜) 색소의 TLC

그림 3은 여러 종류의 꼭두서니(Rubia tinctorum L,. 야생천, 인도천, 일본천 등)에 대해 색소성분인 알리자린(Alizarin), 푸르푸린(Purprin), 문지스친(munjistin)을 비교한 것이다.

(齋藤昌子)

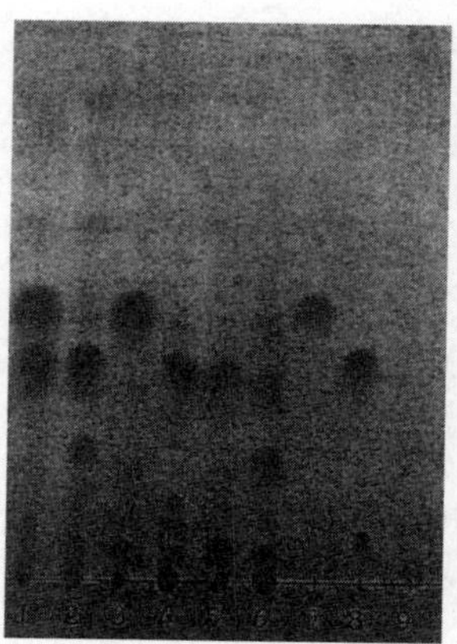

그림 3
여러 종류의 꼭두서니에 대한 색소의 TLC 결과.
1.madder(Rubia tincto-rum L.); 2.wild madder(R.peregrina L.); 3.Indian madder(R.cordifolia L.); 4.Japanese madder(R.akane); 5.relbun root(Relbunium hypocarpium (L.)HEMSL.); 6.lady's bedstraw(Galium verum L.); 7.alizarin; 8.purpurin+pseudopurpurin(lower spot); 9.munjistin.

〈참고문헌〉
1) 齋藤昌子・森岡文子・柏木希介 1988,『古文化財の科學』33, p.1.
2) Helmut Schweppe : "Historic Textile and Paper Materials Ⅱ", American Chemical Society Symposium Series 410, p.204, 1989.

37. 가스크로마토그래피질량분석법

(가스크로마토그래피質量分析法, Gas Chromatography-Mass Spectrometry: GC-MS)

1. 개요

가스크로마토그래피(GC)로 분리한 시료를 동정하고 고감도 분석이 가능하다. 정량분석을 위한 4중극형[四重極型] 질량분석기가 최근 연구실 단위로 설치되기 시작하였다.

2. 원리

GC에 의해 단일성분으로 분리된 시료를 이온화하여 분자 그 자체 및 프래그먼트(Fragment: 분자의 단편)의 중량과 생성비율을 측정한다(TIC 모드). 측정계로서는 값싼 4중극형과 고정밀도인 2중수속형[2重收束型](각 프라크멘트의 구성원소 종류와 수까지 알 수 있다) 등이 있다. 동일한 이온화 조건에서는 각 이온의 생성량은 일정하여 그 프래그먼트 패턴을 데이터베이스와의 비교를 통해 물질을 동정할 수 있다. 한편, 특정한 물질 특유의 프래그먼트 이온만을 측정(SIM모드)하면 감도가 비약적으로 높아진다.

3. 장치

GC-MS의 예를 그림 1에 제시하였다. 오른쪽부터 컴퓨터, GC, 4중극형 MS이다. 측정이 가능한 질량범위는 2~650μg이다. 측정시간은 시료당 30분 전후이지만, 통상의 정량분석 이외에는 데이터처리에 시간이 걸리는 경우가 많다.

그림 1
가스크로마토그래피 질량분석장치

4. 고대벽화의 착색제 분석

SIM 모드는 측정의 선택성과 감도가 높아지기 때문에, 미량시료의 분석에 자주 사용된다. 지방산 조성이나 스테롤(Sterol)의 분석에서 착색제 종류에 대한 검토가 프랑스 동굴벽화 사례에서 제시된 바 있다. 물이 아닌 식물이나 동물의 기름을 사용한 것도 발견되어 1만년 이전의 Magdalenian期에 이미 유화가 그려졌음을 명확히 확인할 수 있었다. 보통 유화의 분석은 (·)의 크기 정도로 충분하지만, 고고 유물의 경우 열화정도에 의해 필요량이 많아진다.

참고로 그림 2, 3은 그림 1의 장치로 분석한 표준지방산메틸(methyl)의 데이터이다.

5. 중동에서 사용된 비츄멘(Bitumen)의 산지동정

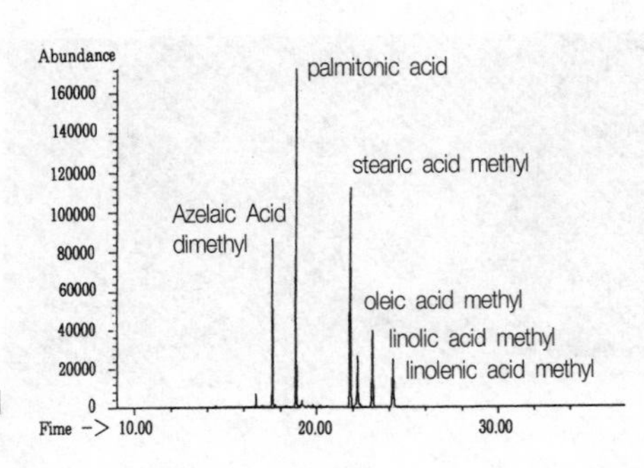

그림 2
표준지방산메틸의 전이온 크로마토그램(TIC)

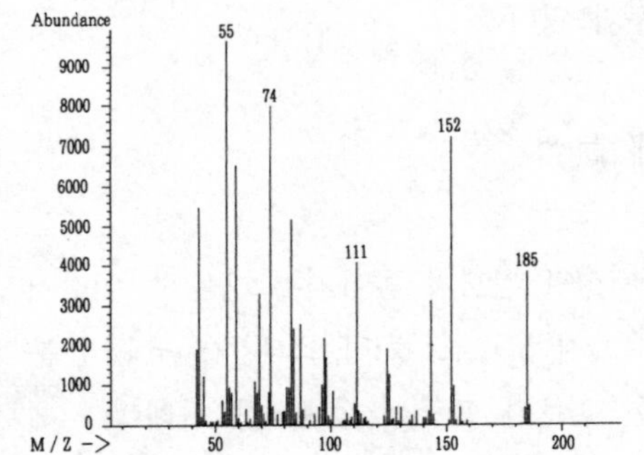

그림 3
위의 TIC 중의 Azelaic Acid Dimethyl의 질량(M/Z) 스펙트럼

비츄멘은 석유계의 물질이지만, 고대에는 접착제 등으로 사용되어 왔다. GC-MS에 의한 비츄멘의 탄화수소 조성분석 등을 통해 이라크의 바빌론에서 사용된 것의 산지를 명확하게 알 수 있었다.

(稻葉政滿)

〈참고문헌〉

1) Jean Clottes : Journal of Archaeological Science, 20, p.223, 1993.
2) Jacques Connan and Deschesne : Materials Issues in Art and Archeology Ⅲ MRS 267, p.683, 1992.

38. 액체크로마토그래피질량분석법

(液體크로마토그래피質量分析法, Liquid Chromatography-Mass Spectrometry: LC-MS)

1. 개요

GC 대신에 액체크로마토그래피(LC)를 사용해도 물질을 분리할 수 있기 때문에, 온도에 불안정한 화합물이나 기화하기 어려운 고분자량의 화합물 분석에 이용된다. 한편 MS 도입부에서 용매를 제거하거나 고분자화합물의 이온화에 어려움이 있기 때문에, GC-MS에 비하면 장치는 고가이다.

2. 원리

액체크로마토그래피(LC)는 분석대상물을 용매에 녹여서 칼럼(Column)으로 분리하는 장치이다. 칼럼 중의 고정층과 융합하기 쉬운 만큼 용출이 늦어지는 것을 통해 화합물을 분리할 수 있다. 용출액 중의 용매를 Thermospray법 등으로 탈용매화하고 이온화를 실시하여 고진공상태의 질량분석기 속으로 이동시킨다. 이후는 GC-MS의 경우와 같다.

3. 장치

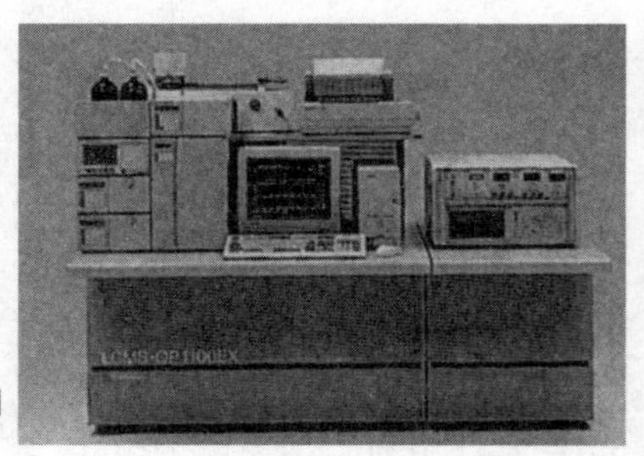
그림 1
액체크로마토그래피질량분석장치

LC-MS의 예를 그림 1에 제시하였다. 왼쪽에 LC, 정면에 컴퓨터, 안쪽에 MS, 오른쪽은 Thermospray · Interface의 제어부이다. 1회 측정시간은 1시간 이내이다. LC-MS에서는 Interface와 이온화의 방법이 GC-MS보다도 중요하며 대형의 장치가 필요한 경우가 많다.

4. Arikos 천으로 만든 제품의 색소 동정

벤가라(Bengala) 색의 양모제로 만든 제품(64㎎)에서 색소를 추출하여 분석하였다(그림 2). 상단의 435㎚ 광검출기로는 선택성이 부족하기 때문에 동정이 곤란하다. 그러나 MS의 SIM모드로 알리자린(m/z 241)과 푸르푸린(m/z 257)이 검출되었기 때문에, 양자를 주성분으로 한 서양 꼭두서니[茜]라고 추정된다. 한편 색소의 경년변화를 고려하면 인도 꼭두서니[茜]의 가능성도 있다.

5. 아미노산분석에 의한 敦煌벽화의 측정

단백질 중의 아미노산 조성비를 비교하여 벽화에 사용된 아교

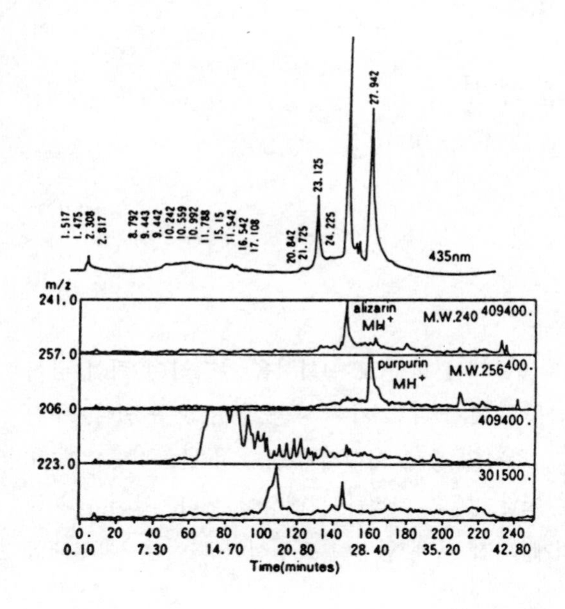

그림 2
Arikos 천으로 만든 제품의 색소 분석결과

의 종류를 관찰하였다. 불화자료에서 복숭아 나무의 진(도교[桃膠])이 사용되었다는 설이 있었지만, 이번 시료에서는 동물 기원의 아교만이 검출되었다. 이 측정에는 검출기로 MS가 아닌 자외선검출기를 이용했다. 벽화시료 3~5㎎이 분석에 사용되었다.

(稻葉政滿)

〈참고문헌〉

1) 山岡亮平・柴山伸子 1991,『島津科學計測ジャーナル』3(3), p.375.
2) 李實・眞貝哲夫・稻葉政滿・杉下龍一郎 1994,『古文化財の科學』39, p.19.

39. 화분분석법

(花粉分析法, Pollen Analysis)

1. 개요

유적을 덮은 퇴적물에서 화분(포자)화석을 추출하여 퇴적 당시의 고식생(재배 작물을 포함)과 고기후 등을 추정할 수 있다. 주변 지역에서의 데이터 축적을 통해 퇴적시기를 추정하는 것도 가능해졌다. 일반적으로 점토크기의 퇴적물이 대상이 된다. 그러나 시료의 분석량을 늘리게 되면 보다 입경이 조립질인 퇴적물 등도 대상이 된다.

2. 원리

식생은 기후나 토지조건 등의 변화 외에도 인류에 의해서(재배 등)도 변화된다. 또한 식생은 여러 단계를 거쳐 환경에 가장 잘 적응한 극상[極相]으로 천이해간다. 식생변화는 화분의 절대량에 반영되며 이러한 화분은 수권(hydrosphere)이나 대기권(atmosphere)을 경유해서 퇴적물 입자와 함께 퇴적된다. 최종적으로 퇴적물 속의 화분화석의 조성(종구성과 상대량) 변화로부터 고식생 혹은 고기후, 토지조건 등을 추정할 수 있다.

3. 분석방법

다양한 분석 처리방법이 있지만, 여기서는 진동[振動]체(sieve)를 사용하여 수십 g 이상의 시료를 대상으로 하는 처리법을 제시한다(그림 1). 진동체가 없는 경우 침강법[沈降法]을 사용한다). 현미경을 통한 화분화석의 검경에는 현생식물에서 채취한 표본과의 형태학적인 비교가 필요하다. 검경한 결과를 통계처리하여 화분다이아그램(그림 2)에 나타낸 후 해석을 실시한다.

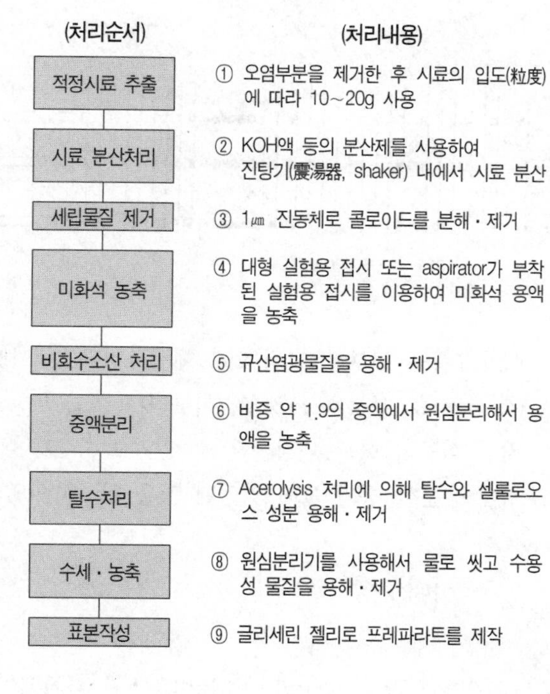

그림 1
화분분석용 시료처리 Flow chart

4. 식생의 복원[1)]

大阪府 八尾市 志紀[시키]유적의 大溝5-1지점에서 얻은 화분다

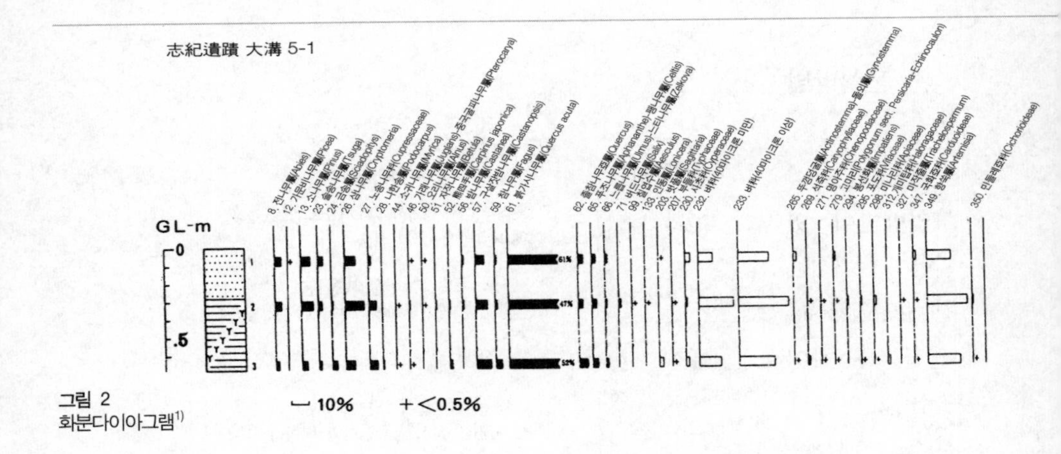

그림 2
화분다이아그램[1]

이아그램의 일부를 그림 2에 제시하였다. 택사屬(*Alisma*), 보풀屬(*Sagittaria*), 부들屬(*Typha*), 미나리科(*Umbelliferae*) 등의 수생, 습지성 식물의 화분을 검출할 수 있었으며, 溝內에는 식물이 생육하기에 충분한 양의 물이 있었던 것을 알 수 있었다.

5. 시대추정

中海・宍道湖 주변지역(島根縣・鳥取縣)에서는 彌生[야요이]時代 중기 이후의 광역적인 화분화석 조성의 변화가 대부분 밝혀졌다. 이것을 이용하여 彌生時代 중기 이후의 퇴적물에서 화분화석 조성변화를 관찰하면 대략적인 퇴적연대를 추정할 수 있다.

(渡辺正巳)

〈참고문헌〉
1) 川崎地質(株) 1995,『志紀遺跡』, (財)大阪府埋藏文化財協會, p.67.
2) 大西郁夫 1993,『地質學論集』39, p.33.
3) 島倉巳三郎 1971,『奈良教育大學紀要』20(2), p.55.
4) 中村 純 1967,『花粉分析』, 古今書院, p.232.

40. 규조분석법

(珪藻分析法, Diatom Analysis)

1. 개요

유적을 덮은 퇴적물에서 규조화석을 추출하여 퇴적환경을 복원한다. 보통 점토크기의 퇴적물이 대상이 되지만, 시료 처리시 중량을 늘려서 보다 조립질 퇴적물도 분석할 수 있다. 그러나 퇴적물의 크기에 관계없이 규조화석이 추출되지 않는 경우도 많다.

2. 원리

규조는 주로 수역에 생장하는 단세포식물의 일종이고 염분농도(염수 · 기수 · 담수), 산성도 등의 환경요인에 따라 각각의 환경허용범위를 갖고 생육한다. 규조는 죽은 후 수권 등을 경유해서 퇴적물 입자와 함께 퇴적되며, 퇴적환경의 변화를 퇴적물 중의 규조화석 조성(종류구성과 상대량)변화로 알 수 있다. 따라서 검출된 규조화석의 조성변화나 상대량을 통해 당시의 수역 환경(퇴적환경)을 복원하는 것이 가능하다(단, 「검출된 화석은 퇴적물 생성 당시 그 수역에 생장하고 있었다」라는 가정이 필요하다)

3. 분석방법

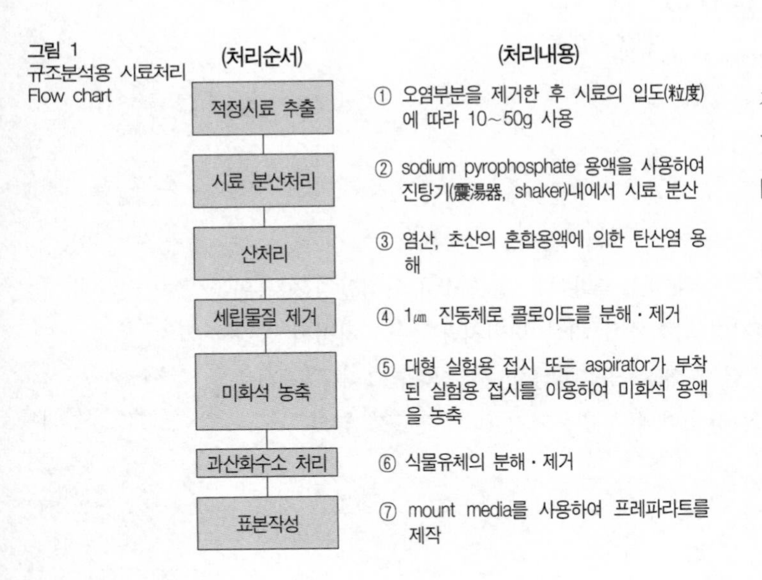

그림 1
규조분석용 시료처리
Flow chart

다양한 분석 처리방법이 있지만 여기서는 진동[振動]체(sieve)를 이용한 수십 g 이상의 시료를 대상으로 하는 처리법을 소개한다(그림 1). 진동체가 없는 경우 침강법을 이용한다). 현미경을 통한 규조화석의 검경은 뒤에 소개한 논문을 참고하여 실시할 필요가 있다. 검경 가능한 분류군이 대단히 많기 때문에 신중한 검경이 요구된다. 검경한 결과는 그림 2에 제시한 것처럼 규조다이아그램 및 규조총합다이아그램으로 표현하여 해석한다.

4. 환경추정[1)]

大阪府 八尾市 志紀[시키]유적의 大溝5-1지점에서 얻은 규조다이아그램의 일부 및 규조총합다이아그램을 그림 2와 그림 3에 제시하였다.

소택습지부착생군집[沼澤濕地付着生群集]의 Gomphonema acuminatum, Stauroneis phoenicenteron 등에 광포종[廣布種]의 Epicemia turgida 등을 수반하는 것으로 보아 소택지[沼澤地] 환경이였음을 추정할 수 있다.

(渡辺正巳)

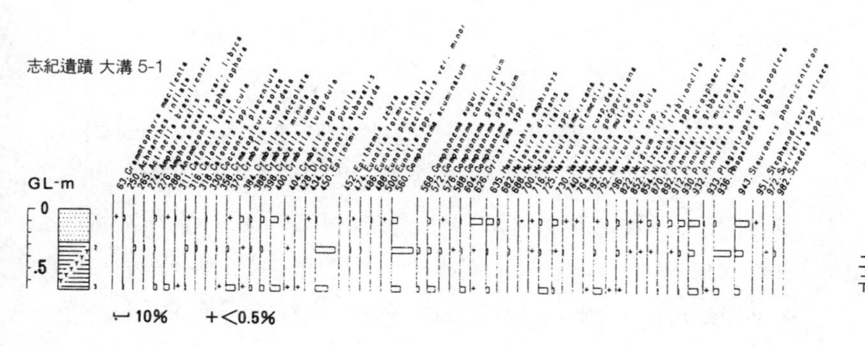

그림 2
규조다이아그램[2]

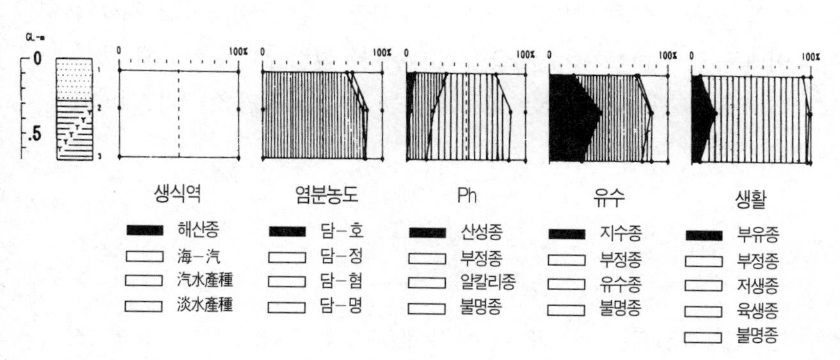

그림 3
규조총합다이아그램[3]

〈참고문헌〉
1) 川崎地質(株) 1995,『志紀遺跡』, (財)大阪府埋藏文化財協會, p.67.
2) 安藤一男 1990,『東北地理』42, p.73.
3) 小泉 格 1976,『微古生物學中卷』(淺野 清 編), 朝倉書店, p.138.
4) 小久保淸司 1960,『浮遊珪藻類』, 恒星社厚生閣, p.330.
5) 小杉正人 1988,『第四紀硏究』27, p.1.

41. 플랜트 · 오팔(식물규산체)분석법

(植物硅酸體分析法, Phytolith Analysis)

1. 개요

유적을 덮은 퇴적물에서 식물규산체(플랜트오팔; plant opal)화석을 추출하여 고식생(재배작물을 포함) 및 고기후를 추정한다. 벼의 식물규산체를 토기의 태토에서 추출하여 도작[稻作]에 대해 고찰한 예도 있다. 화분분석에 비해 국지적인 환경복원에 적합한 것 이외에도 화분분석에서는 세분하기 곤란한 벼科에 대한 種(경우에 따라 亞種) 수준까지의 동정이 가능하고, 화분화석에서는 검출이 어려운 녹나무(楠木)의 검출이 가능하다. 그러나 식물규산체 생성의 유무가 판명되지 않은 식물이 있는 등 기초적인 연구가 지연되고 있다.

2. 원리

식물규산체는 식물체 내의 화서[花序], 잎, 줄기, 뿌리 등의 조직세포로 형성된 입자($SiO_2 \cdot nH_2O$)이다. 식물규산체의 형태는 그 기원이 되는 조직세포의 형태에 의존하여 동일한 種에서도 기원된

조직세포에 의해 형태가 다르다. 그러나 기원이 된 조직세포마다 科 혹은 屬(경우에 따라 種, 亞種) 수준 차이가 명확하여 동정이 실시되고 있다.

(처리순서)	(처리내용)
시료의 건조	① 105℃, 24시간
적정시료 추출	② 약 1g을 칭량(1/10000g 정밀도로 칭량)
glass beads첨가	③ 약 0.02g(1/10000g 정밀도로 칭량)를 첨가
탈유기물 처리	④ 전기노회화법[電氣爐灰化法]에 의함
분산처리	⑤ 초음파 선정기[洗淨器](150w · 26KHz/15분)에 의해 분산
세립물질 제거	⑥ 침강법에 의함
표본작성	⑦ Eukitt 중에 분산시켜, 프레파라트를 제작

그림 1
식물규산체분석용 시료처리 Flow chart

3. 분석방법

다양한 분석처리방법이 있지만 여기서는 벼科의 기동세포에 대한 식물규산체의 처리로서 일반적으로 실시되고 있는 방법을 제시한다(그림 1). 현미경을 통한 식물규산체의 검경에는 현생식물에서 채취한 표본과의 형태학적인 비교가 필요하다. 검경한 결과는 그림 2에 제시한 것처럼 식물규산체 다이아그램에 절대량으로 표시되는 것이 많다(화분 · 규조화석과 같이 상대량으로 나타나는 것도 있다).

4. 경작토층(도작)의 확인[1)]

大阪府 八尾市 志紀[시키]유적의 제6차 조사－A구에서 얻어진

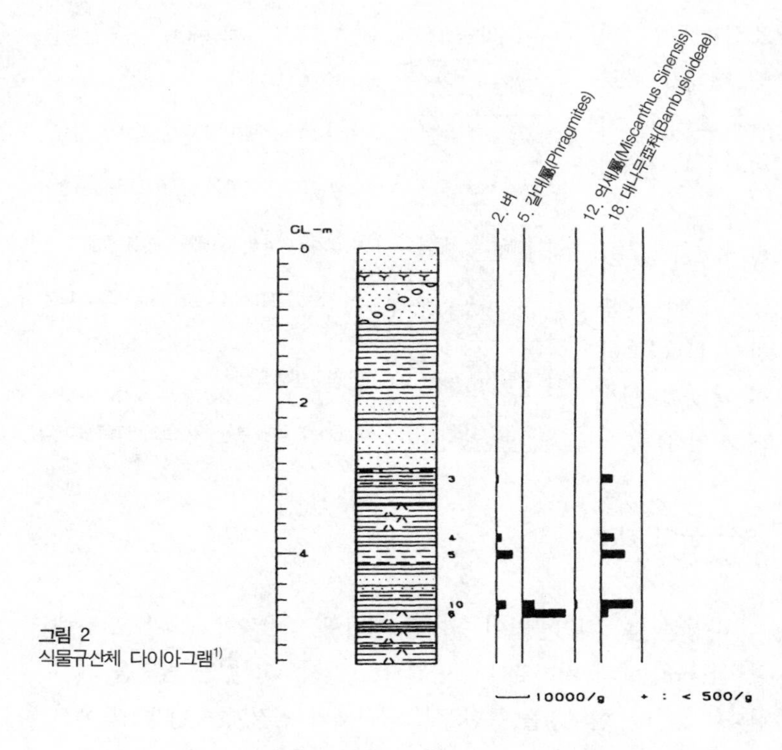

그림 2
식물규산체 다이아그램[1]

식물규산체 다이아그램을 그림 2에 제시하였다. 분석한 시료는 모두 수전유구를 포함한 유구면 아래의 시료이고, 벼의 기동세포에서 유래하는 식물규산체가 검출된 것과 모순되지 않는 결과였다. 상세하게 검토하면 수전유구면 아래의 시료에서는 다량의 식물규산체가 검출되었고, 수전유구에서 떨어져 있던 시료에서는 비교적 적은 양이 검출되었다.

5. 토기 태토에서의 검출

藤原(1982)은 熊本縣내의 繩文[죠몬]時代 초기~후기 전반에 이르는 여러 양식의 토기편 45점을 분쇄하여 태토분석을 실시하였다. 그 결과 39점에서 식물규산체를 추출하였다. 또한 繩文時代 말기 시작부분에 제작되었다고 생각되는 上ノ原式[우에노하라시키]토기(上南部유적 C지점 출토)에서 벼의 기동세포에서 유래하는 식물규산체가 추출되어 繩文時代 말기 시작부분에 上南部[카미나베]유적주변에서 도작[稻作]이 이루어졌음을 검증할 수 있었다.

(渡辺正巳)

〈참고문헌〉
1) 川崎地質(株) 1993, 『志紀遺跡發掘調査概要・Ⅱ』, 大阪府教育委員會, p.43.
2) 近藤錬三・佐藤 隆 1986, 『第四紀研究』25, p.31.
3) 近藤錬三 1988, 『ペドロジスト』32, p.189.
4) 藤原宏志 1976, 『考古學と自然科學』9, p.15.
5) 藤原宏志 1982, 『考古學と自然科學』14, p.55.

42. 출토인골DNA분석법

(出土人骨DNA分析法, DNA Amplification from Human Remains)

1. 개요

출토인골의 일부를 분쇄하여 DNA를 추출한 후 유전자증폭법에 의해 DNA염기배열의 일부를 해독한다. 해독의 표적이 되는 DNA의 영역은 미토콘드리아(Mitochondria) DNA의 D루프영역이다. 미토콘드리아 DNA는 세포 당 복사본이 많고, 고인골[古人骨]에서도 DNA의 증폭이 가능하다. D루프영역은 현대인에서는 염기배열에 현저한 개인차 및 민족차가 관찰되어 현대인과의 비교를 통해 출토 고인골의 유래를 해명할 수 있을 것으로 기대된다.

2. 원리

고인골의 일부를 분쇄하여 투석튜브에 넣고 염산으로 탈회[脫灰]시킨다. 단백질을 제거한 후 한외[限外]여과법으로 농축된 DNA 추출액을 얻는다. 유전자증폭법(PCR법)으로 미토콘드리아 DNA · D루프영역을 표적으로 한 증폭을 실시한다, 증폭에 성공한 시료는 ^{32}P를 사용한 직접염기배열결정법(Dideoxy법)에 의해 고인골의 DNA배열을 해독한다.

3. 장치

유전자증폭장치의 예를 그림 1에 제시하였다. 이 장치는 컴퓨터 제어를 통해 시료가 들어간 Microtube(0.2㎖)의 온도설정과 온도유지가 가능하다. DNA의 해리[解離](94℃), Annealing(50℃), DNA쇄[鎖]의 신장[伸長](72℃)을 1사이클로 하여, 사이클의 반복(보통 30사이클)을 통해 표적 DNA 영역을 증폭한다. 이 장치에서는 동시에 96개의 시료 처리가 가능하다.

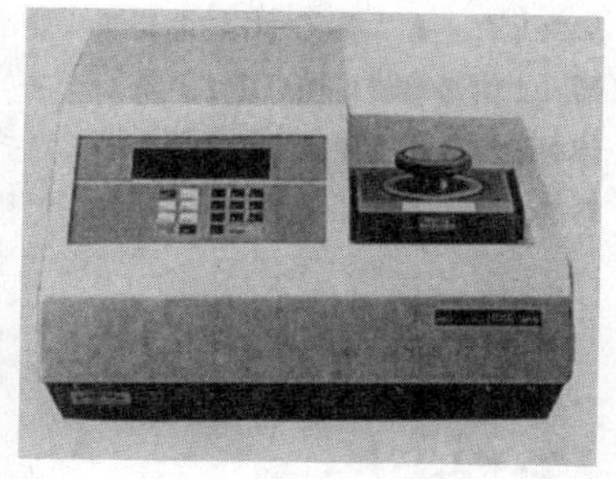

그림 1
유전자증폭장치

4. 繩文人骨 浦和 1 號

埼玉縣 浦和市에서 출토된 浦和[우라와]1호는 14C연대측정에 의해 5,790±120년 전인 전기 繩文[죠몬] 인골인 것으로 판명되었다. 미토콘드리아 DNA 증폭에 성공한 후 염기배열의 해독을 실시하였다(그림 2). 현대인 121명의 상동영역 배열비교에서 浦和 1호는 동남아시아인 2인과 완전히 일치했지만, 61명의 일본인 중 일치한 사람은 없었다.

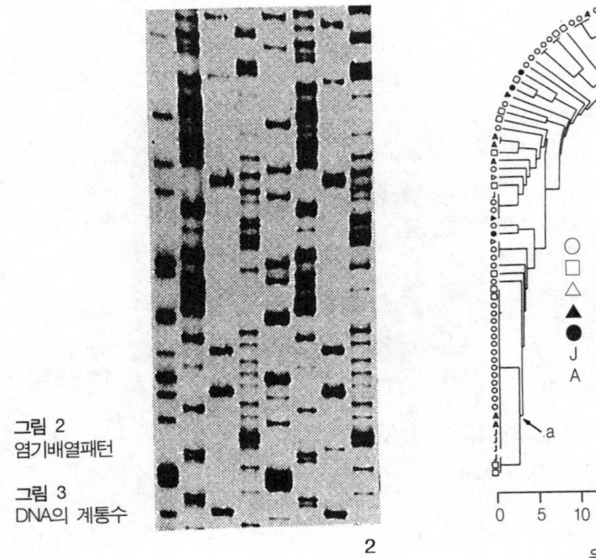

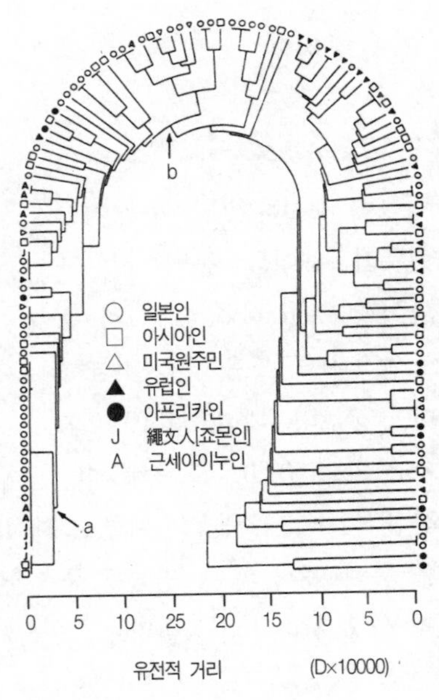

그림 2
염기배열패턴

그림 3
DNA의 계통수

5. DNA의 계통수[系統樹]

전기 조몬인골, 후기 조몬인골, 근대 아이누인골 등 총 11개체와 관련하여 염기배열의 해독에 성공하였다. 출토 인골의 유래를 찾기 위해 현대인 121명과 염기치환수를 기초로 하여 계통수를 작성하였다. 흥미로운 점은 그림 3의 a점에서 분기하는 최후의 클러스터에 조몬인 4명과 근대 아이누 2명이 포함되고, b점에서 분기하는 보다 큰 클러스터에는 모든 조몬인과 아이누가 포함되어 있다는 것이다.

(寶來 聰)

〈참고문헌〉
1) 寶來 聰 1990, 『遺傳』44(9), p.35.
2) 寶來 聰 1992, 『科學』62(2), p.250.

43. 경원소식성분석법

(輕元素食性分析法, Human Diet Analysis)

1. 개요

인간의 식생태를 해석하는 방법이다. 고인골(10g 정도)에서 콜라겐(10mg 정도 필요)을 추출한 후 탄소와 질소의 동위원소비를 측정하여 섭취했던 식물의 종류를 파악할 수 있다. 섭취했던 것이 C3식물(도토리, 밤, 호두, 쌀, 보리, 감자 등)인지 C4식물(피, 좁쌀, 수수, 옥수수, 강아지풀 등)인지는 탄소 동위원소비($^{13}C/^{12}C$)로 나타나고, 먹이연쇄에서 어느 단계의 생물인지(식물, 초식동물, 육식동물 등)는 질소 동위원소비($^{15}N/^{14}N$)로 나타난다. 지역적 차이 외에도 동일 유적에서의 남녀차이, 지위에 의한 차이 등을 해석하는 데에 사용된다. 분석에는 수일이 걸리며 고도의 기술을 필요로 한다.

2. 원리

C3식물과 C4식물에서는 탄소동화작용을 실시하는 구조가 다르고, 광합성 결과 C3식물의 쪽에 $^{13}C/^{12}C$비가 작은 생성물을 생기게 한다. 질소의 경우 식물의 단백질 소화흡수과정에서 ^{15}N의 농축이

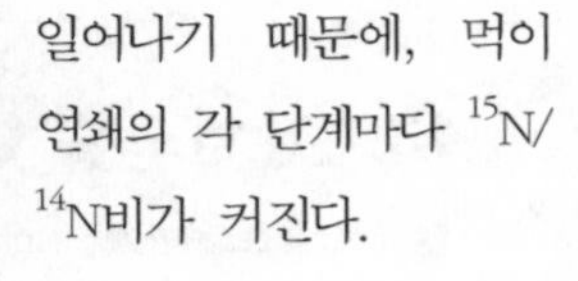
일어나기 때문에, 먹이 연쇄의 각 단계마다 $^{15}N/^{14}N$비가 커진다.

그림 1
탄소, 질소추출용 진공 라인

3. 장치

그림 1이 시료에서 탄소와 질소를 추출(각각 CO_2, N_2의 형태로 한다)하는 진공라인이며, 그림 2가 동위원소비 측정용의 질량분석장치이다.

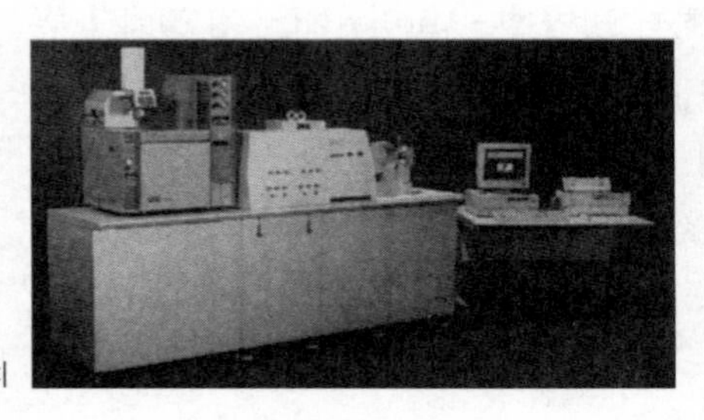
그림 2
경원소용질량분석장치

4. 古作 繩文人의 식생활해석[1)2)]

千葉縣 古作[고사쿠]패총 출토 인골 20개체에 대해 탄소와 질소 동위원소분석을 실시하였다. 그 결과를 세계 선사인의 동위원소분포와 비교한 것이 그림 3이다. 굵은 선 안이 古作 繩文人의 분포 범위를 나타낸다. 한편, 추정되는 죠몬인[繩文人]의 식량자원 동위원소분포는 그림 4와 같이 나타난다. 이 데이터를 Monte Carlo method을 이용해서 해석하면 복원된 古作 繩文人의 식물의존율 분포는 그림 5와 같이 산출된다. 이 결과 古作 繩文人의 식료섭취 경향은 매우 균형적이었으며 동식물 및 해상·육상의 각 자원을

폭넓게 이용하고 있었던 것을 알 수 있었다. 또한 패총을 형성하고 있지만 패류의 이용은 의외로 적었으며(고고학적인 연구결과와 일치한다) 수수, 좁쌀, 강아지풀, 쇠비름 등의 C4식물은 그다지 이용되지 않았던 것을 알 수 있었다.

(齋藤 努)

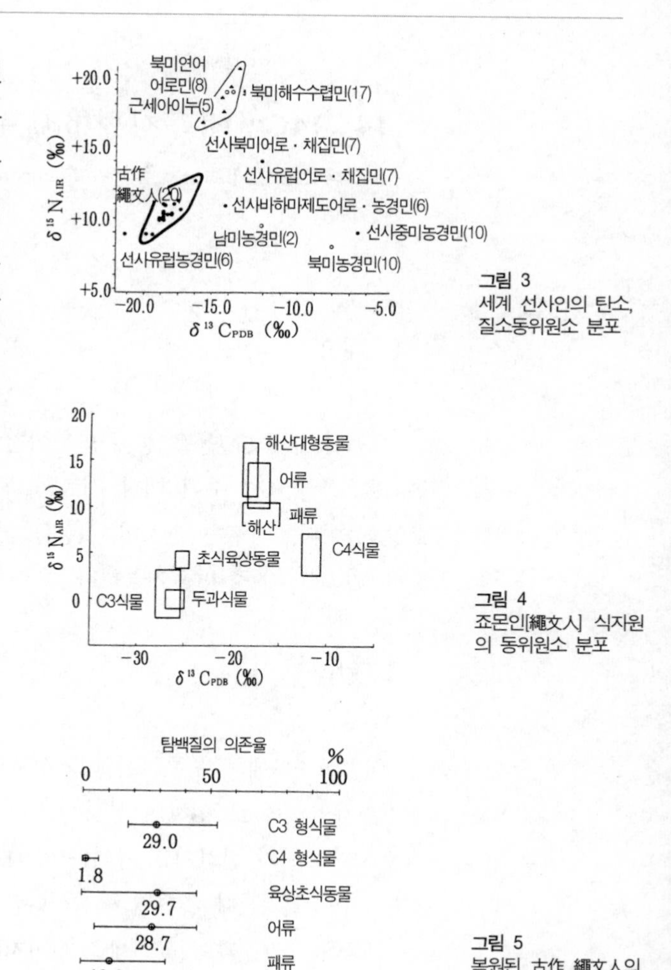

그림 3
세계 선사인의 탄소, 질소동위원소 분포

그림 4
죠몬인[繩文人] 식자원의 동위원소 분포

그림 5
복원된 古作 繩文人의 식물의존율 분포

〈참고문헌〉

1) 南川雅男 · 赤澤 威 1988, 『遺傳』42(10), p.15.

2) 南川雅男 1992, 『考古學ジャーナル』354, p.2.

44. 14C연대측정법(β선계수법)

(14C年代測定法[β線計數法], Radiocarbon Dating 〔β-counting Method〕)

1. 개요

동식물의 생명활동을 통해 만들어진 유기물을 이용해서 시료의 연대를 결정한다. 주된 대상 시료는 목편, 목탄, 뼈, 이빨, 패각, 토양 등이다. 시료는 탄소의 질량을 기준으로 약 1~10g이며, 약 3~4만년 전까지 측정이 가능하다.

2. 원리

대기상층부에는 우주선이 대기성분과 반응해서 생긴 중성자와 질소원자의 충돌로 인하여 방사성탄소 ^{14}C가 항상 생성되고 있다. ^{14}C는 5,730년의 반감기로 붕괴하며, 대기 중 이산화탄소의 ^{14}C 농도는 거의 일정하다. 그 결과 이산화탄소를 광합성에 의해 흡수하는 식물이나 그것과 식물연쇄로 이어지는 동물의 ^{14}C 농도, 그리고 대기와 접촉하여 평형상태에 있는 해수 및 담수 중 동식물의 ^{14}C 농도는 모두 일정하게 된다. 동식물이 생명활동을 정지하게 되면 ^{14}C의 새로운 흡수는 중단되고 생존시 흡수한 ^{14}C가 일정한 비율로 감소하여 5,730년이 지나면 농도가 반으로 줄어든다. ^{14}C 원자 1개가 붕괴할 때, 1개의 베타(β) 입자가 방출되며 이것은 β선의 형태로 측정가능하다.

$$^{14}_{6}C \rightarrow\ ^{14}_{7}N + \beta^{-}$$

1g의 현대 탄소는 1분간 13.8개의 β선을 방출하고, 1만년 전의 시료에서는 4.1개를 방출한다. 이 β선의 수를 측정하면 시료의 사망연대를 결정할 수 있다. 14C연대측정법은 ^{14}C의 반감기를 시계로 하고 있기 때문에, 가장 신뢰할 수 있는 절대연대측정법이라고 할 수 있다.

3. 장치

저레벨β선 측정장치를 사용한다. 시료를 화학적으로 처리하여 이산화탄소나 아세틸렌(Acetylene)의 형태로 전환하고, 1~3ℓ의 가스비례계수관을 사용하여 하루 이상 계속해서 측정한다. 보통 우주선이나 자연방사선의 간섭을 막는 차폐장치와 반동시계수장치[反同時計數裝置]를 이용하여 백그라운드를 감소시킬 필요가 있다. 또 아세틸렌에서 벤젠을 합성해서 액체신틸레이션 카운터(scintillation counter)로 β선을 측정하는 방법도 있다.

4. 繩文土器의 연대

1955년에 神奈川縣 横須賀市 夏島[나츠시마]패총에서 토기(夏島

式)와 함께 발굴된 목탄과 패각에 대해서 미국 미시간(Michigan)대학에서 연대측정한 결과, 각각 9,240±500, 9,450±400B.P.라는 값을 얻을 수 있었다. 그때까지 겨우 수천년 전으로 여겨왔던 토기의 연대가 크게 바뀌었으며 토기를 수반하는 문화로서 세계 최고인 약 1만년 전으로 거슬러 올라가는 것을 처음으로 알 수 있었다.

미국 시카고(Chicago)대학의 Libby박사가 자연계에 있는 ^{14}C를 발견하여 연대측정에 이용할 수 있는 가능성을 발표한 것이 1947년이다. 1950년에 千葉縣 姥山[우바야마]패총 출토의 목탄을 측정해서 4,546±220B.P.의 값을 얻는 등 繩文[죠몬]時代유적은 14C연대측정의 여명기부터 깊은 인연이 있다.

5. 화석인골의 연대

뼈나 이빨의 연대도 직접 측정할 수 있다. 뼈의 무기질 구조 중에는 탄산칼슘이 포함되어 있지만 토양 중 매몰되어 있는 동안 교환이 일어나기 때문에 이것을 측정에 사용하는 것은 불가능하다. 따라서 내부에 남아 있는 단백질의 일종인 콜라겐을 추출하고 다시 탄소를 추출하여 측정한다. 콜라겐은 미량으로 잔존하기 때문에 다량의 시료가 필요하다. 미국 UCLA에서는 아프리카 Saldanha의 인골에서 40,680±3,000B.P.라는 연대까지 측정하였다.

※ 14C연대의 표기법

현재 가장 신뢰할 수 있는 ^{14}C의 반감기는 5,730±40년이지만 국제적인 결정에 따른 반감기 5,570±30년을 이용해서 계산한 1950년에서의 역산연대를 B.P.(Before Present)로 표기한다.

※ 14C연대와 역년대

연대결정의 기초가 되는 ^{14}C 농도는 우주선의 강도가 변화하기 때문에 엄밀하게 보면 일정하지 않다. 나무나 담수 퇴적물의 연륜구조 등을 이용하여 약 2만년 전까지의 실제 ^{14}C 농도에 근거한 보정곡선이 만들어졌으며, 이를 이용하여 14C연대를 역[曆]연대로 보정한다. 이것에 따르면 9,000B.P.의 시료는 역년대 약 1만년 전이 된다.

(吉田邦夫)

〈참고문헌〉
1) H.R.Crain, J.B.Griffin : Radiocarbon, 2, p.45, 1960.
2) R.Berger, R.Protsch : Radiocarbon, 31, p.55, 1989.

45. 14C연대측정법(가속기질량분석〔AMS〕법)

(14C年代測定法(加速器質量分析〔AMS〕法, Radiocarbon Dating〔Accelarating Mass Spectrometry〕)

1. 개요

생물유존체의 사망연대 등 시료연대를 결정한다. 측정에 필요로 하는 시료는 극미량(탄소로서 약 1㎎)으로 측정시간은 수 분~수십 분으로 짧고, 약 6만년 전까지 측정가능하다. 목편・목탄・화산재・패각뿐만 아니라 탄소 함유량이 적은 뼈・치아・머리카락, 천(布)・종이나 물・얼음(암석・광물) 등의 시료도 측정가능하다.

2. 원리

연대측정의 원리는 β선 계수법과 같다. 시료 중 남아 있는 ^{14}C 농도를 구하는 것이지만, 원자의 방사성붕괴로 인한 β선을 측정하는 것에 비해, AMS법에서는 시료 중에 남아 있는 ^{14}C 원자의 수를 직접 측정한다. ^{14}C는 반감기가 길고 남아 있는 원자 중 붕괴하는 원자의 비율은 극히 적기 때문에 β선 계수법에 비해 AMS법이 유리하다. 예를 들면 4만년 전의 시료에서는 탄소 1g를 사용해도 100분간 1개 밖에 β선을 추출할 수 없지만, 그 중에는 ^{14}C 원자가 4,000만개나 남아 있다. 이 ^{14}C 원자를 1개씩 측정할 수 있는 방법이 AMS법이다.

3. 장치

가속기질량분석용 설비가 있는 Tandem형 이온가속기가 필요하며, 일본에서는 東京[도쿄]大學 原子力研究總合센터(그림 1)와 名古屋[나고야]大學 年代測定資料研究센터에 설치되어 있다(1995년 1월 현재). 각 시료에 대한 화학처리를 실시하여 얻어진 흑연(Graphite)을 이온원에 장착한다. 가속기를 이용해서 질량 및 에너지분석을 실시하여 ^{14}C 농도를 측정하고, 농도를 알고 있는 표준시료의 측정치와 비교해서 연대를 결정한다.

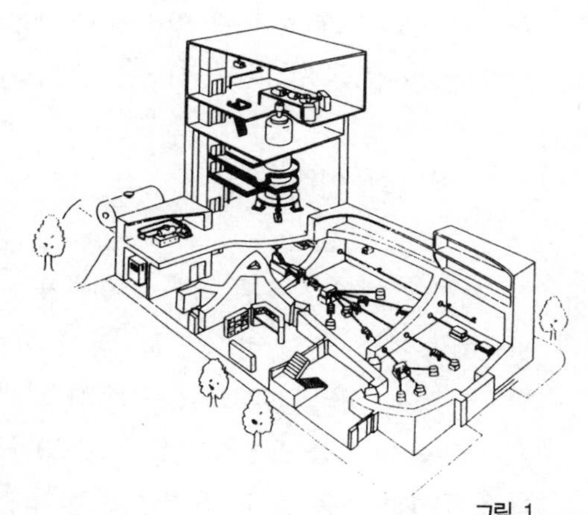

그림 1
東京大學 Tandem가속기동 전경

4. 繩文인골의 연대측정

1986년 10월에 東京大學 AMS그룹에 의해 일본에서 처음으로 AMS법에 의한 인골의 연대측정이 실시되었다. 繩文[죠몬]時代 후·만기의 千葉縣 古作[고사쿠]패총에서 출토된 인골로 연대는

4,100±100B.P.였다. 그 후 名古屋大學과 공동으로 선사몽골로이드 집단의 이동과 확산과정에 대한 정확한 시간축을 결정하기 위해 일본 국내외 인골화석의 14C연대를 측정하였다. 측정화석과 치아 내부에 잔존하고 있는 콜라겐 성분을 추출하였다. 보존상태에 따라 다르지만 1~수 g의 뼈 또는 0.1~0.5g의 치아가 있으면 충분히 측정가능하다.

5. 철기의 연대측정

제련한 때에 사용된 목탄의 일부가 철의 내부에 들어가 있기 때문에, 이 극미량의 탄소를 분리해서 철기의 제련(제작)연대를 구할 수 있다. 코크스(Cokes)를 이용한 근대 제철법에서는 화석연료의 사멸탄소(^{14}C를 포함하지 않은 탄소)가 들어가기 때문에 제련연대를 구하는 것은 불가능하지만, 유물의 진위여부를 판정하거나 일본 근대 체철의 시작 시점에 대해 골풀무제철 원료가 사용되고 있는지를 검토하는 것 등에 사용할 수 있다.

6. 袱紗의 연대측정

鎌倉[가마쿠라]시대의 불교자료인 絹製 복사[袱紗](약 2×1㎝, 11.2㎎)의 일부를 측정하여 연대를 보정한 결과 큰 오차가 발생하였지만 A.D.1,310±270년이라는 값을 얻었다. 측정시료는 1295~1304년의 연대가 기재되어 있는 시료 중 1점으로 연대측정치의 정확함을 확인할 수 있었다. 해외에서 같은 측정방법으로 이탈리아

토리노시 대성당에 있는 『聖骸布』(십자가에 걸려진 그리스도의 유해를 쌌다고 한다)를 3곳의 연구기관에서 측정하여 691±31B.P.의 값을 얻었으며, 보정을 통해 68.2%의 확률로 A.D.1,273~1,288년으로 판명되었다. 95.4%의 확률로는 1,262~1,312년, 1,353~1,384년이 된다(1989).

(吉田邦夫)

〈참고문헌〉

1) 吉田邦夫 1992,『第1回東京大學原子力研究總合センターシンポジウム講演要旨集』, p.386.

2) 吉田邦夫 : Isotope News 444, p.12, 1991.

3) 大橋英雄・小林紘一・吉田邦夫 外 1989,『東方』5, p.23.

46. 연륜연대분석법

(年輪年代分析法, Dendrochronology)

1. 개요

수목의 연륜을 사용한 연대측정법으로 20세기 초에 미국의 천문학자 A.E.Douglas(1867~1962)에 의해서 창시되었다. 이 분석법을 사용하면 수목 또는 각종 목제품을 재료로 하는 것이라면 그 시료가 가진 연륜의 형성년(曆年)을 오차없이 확정할 수 있다. 현재 10종류 이상에 달하는 자연과학적인 연대측정법 중 가장 정확한 연대치를 구할 수 있다.

2. 원리

연륜연대법에서는 첫째로 비교의 기준이 되는 긴 시간 동안의 역년표준패턴을 작성해 둔다. 다음으로 연대불명 목재(시료재)의 연륜변동패턴(시료패턴)을 작성하여 이것과 역년표준패턴을 조합한다. 쌍방의 연륜패턴이 합치되는 연대부분이 구해지면, 역년표준패턴의 역년을 시료패턴에 맞추어서 시료목재에 새겨져 있는 연륜의 역년이 확정된다(그림 1).

3. 장치

연륜폭의 계측에는 미국의 Fred C. Henson Co, 의 연륜독해기를 사용한다(그림 2). 이 장치에는 쌍안실체현미경이 부착되어 있어 0.01㎜까지 계측가능하다. 연대측정용 시료는 현미경을 통해 왼쪽에서 오른쪽 방향으로 스테이지를 이동시켜 1연륜씩 순서대로 연륜폭을 독해해 간다. 개량형 장치를 사용하면 컴퓨터와 접속, TV모니터를 보면서 순식간에 계측치 데이터를 수집할 수 있다.

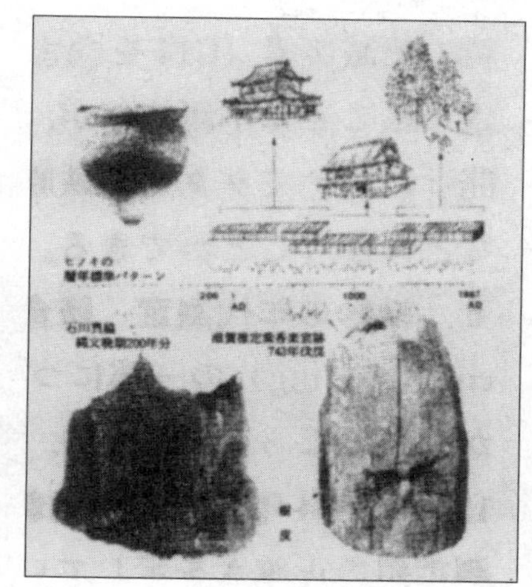

그림 1
연륜연대분석법의 원리

그림 2
연륜분석기

4. 宮町[미야마치]유적 출토 나무기둥의 연대측정

滋賀縣 甲賀郡 信樂町 宮町[미야마치]유적에서 출토된 굴립주

기둥 4개를 관찰한 결과 742년에서 744년초 무렵까지 벌채했던 것을 알 수 있었다(그림 3). 宮町유적은 紫香樂宮[시가라키노미야] 추정지 중 한 곳이다. 紫香樂宮은 聖武[쇼무]천황이 742년 8월에 건설을 개시, 745년 5월까지 도읍을 두었던 곳이다. 이 유적이 紫香樂宮址인지 아닌지 지금까지 명확하지 않았으나, 이 기둥의 연대측정 결과를 통해 紫香樂宮址일 가능성이 극히 높다.

그림 3
굴립주 주근

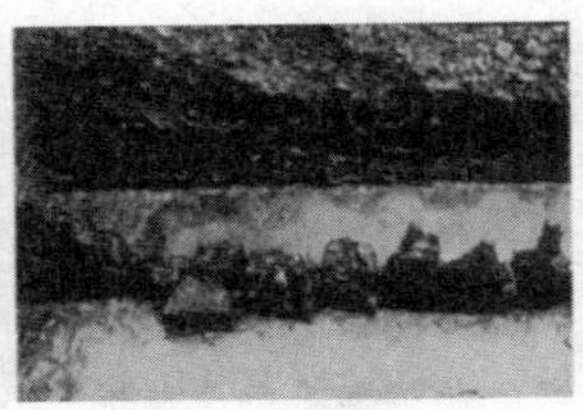
그림 4
拂田柵출토 목책

그림 5
但馬 國分寺址 출토 우물 枠木

5. 拂田柵[홋타노사쿠] 출토 목책의 연대측정

拂田柵[홋타노사쿠]은 秋田縣 南東部의 橫手분지의 북부, 仙北郡 仙北町에 위치한다. 이 유적은 삼나무의 각재를 세워 배열한 내곽선과 외곽선으로 되어 있다(그림 4). 1931년에 사적으로 지정되었다. 이 유적의 창건 연대는 발굴결과를 통해 8세기 후반에서 9세기 초로 제시된 바 있다. 한편 일부에서는 『續日本紀』가 전하는 759년에 건설된 雄勝城의 유적으로 보는 연구자도 있다. 목책의 연대측정 결과 내곽선, 외곽선의 각재 모두 801년, 802년에 걸쳐 벌채되었다는 것이 확인되었다. 따라서 雄勝城 설은 성립하기 어렵다.

6. 但馬 國分寺[고쿠분지]址 출토 우물 枠材의 연대측정

但馬 國分寺[고쿠분지]址는 兵庫縣 城崎郡 日高町 國分寺에 소재하고 있다. 1989년의 발굴조사에서는 최대급의 우물이 발견되었다(그림 5). 평면은 한 변이 1.7m 정도의 방형이며, 깊이는 2.7m도 있었다. 우물을 구성하는 부재 가운데에 수피[樹皮]가 남아 있는 것이 있었다. 그 부재의 연대측정 결과 763년 가을에서 764년에 걸쳐 생육정지 기간 중에 벌채된 것으로 판명되었다. 聖武천황이 國分寺 조영 명령을 내린 것이 741년 3월이므로 但馬 國分寺가 완성되고 승려의 생활이 시작된 것은 이때부터 4반세기가 지난 이후였음을 알 수 있다.

(光谷拓美)

47. 열잔류자기분석법
(熱殘留磁氣分析法, Thermoremanent Magnetization Method)

1. 개요

고고지자기법[考古地磁氣法](Archaeomagnetic Method)이라고도 한다. 발굴된 가마터나 노지처럼 불탄 이후 움직이지 않는 소토유구에서 소토를 수 ㎝로 깎아내어 석고로 굳혀 그 방위를 잰다. 이러한 정방위 시료를 한 유구당 12개 정도 채취하여 잔류자화[磁化]를 측정하고 과거 지자기의 영년변화와 조합해서 연대를 측정하는 방법이다. 잘 소성된 소토라면 유구의 종류에 관계없이 같은 기준으로 연대의 추정이 가능하다. 시료의 소성 상태와 방위측정의 정도가 측정연대의 오차 크기를 좌우하기 때문에, 샘플링은 전문가에 맡길 필요가 있다.

2. 원리

소토에 포함되어 있는 자성광물(자석이 되는 광물, 자철광・적철광 등)은 고온에서 냉각될 때 외부 지자기에 의해 자석이 된다. 이 자화를 열잔류자화라고 하며 소성시의 지자기 방향으로 향해 있다. 지자기는 지자기영년변화라고 불리는 느린 변화를 하고 있어 소성시점이 다른 소토는 열잔류자화의 방향도 다르게 된다. 과거 지자기영년변화의 양상을 알고 있다면, 측정한 잔류자화가 언제의 지자기 방향과 일치하는지를 보고 연대를 추정할 수 있다. 일본에서는 東海・北陸지방에서 九州에 이르는 西南일본 각지의 유적 측정 데이터에서 과거 2000년에 걸친 상당히 자세한 고고지자기 영년변화곡선이 작성되어서 彌生[야요이] 중기중엽 이후의 연대추정이 가능하다. 다만 시대에 따라서 지자기의 지역차가 큰 시기가 있어 문제가 되고 있다.

3. 장치

시료의 잔류자화가 만드는 자장은 지자기의 백분의 1에서 십만분의 1정도이기 때문에, 지자기의 영향을 제거할 수 있는 특수한 약자장측정용의 자력계가 필요하고, 링코아형 스피나(Ring-core Spinner) 자력계가 사용하기 쉽다. 감도는 10^{-6} Am^2/kg(emu/g)이다.

4. 須惠器[스에끼] 가마터의 측정 결과

그림 1은 兵庫縣 竹野町 鬼神谷[오진다니] 가마터의 1호요(6세기 1/4), 2호요(7세기 2/4), 3호요(7세기 3/4)의 잔류자화 측정 결과이다. 검은 원은 시료의 자화방향을, 이중 원은 평균자화방향을, 그것을 둘러싼 타원은 오차의 크기를 나타낸다. 곡선은 과거 2000년간의 고고지자기 영년변화를 표시하고 있다. Declination은 지자기 편각, Inclination은 지자기 복각이다. 이중 원에서 가장 가까운

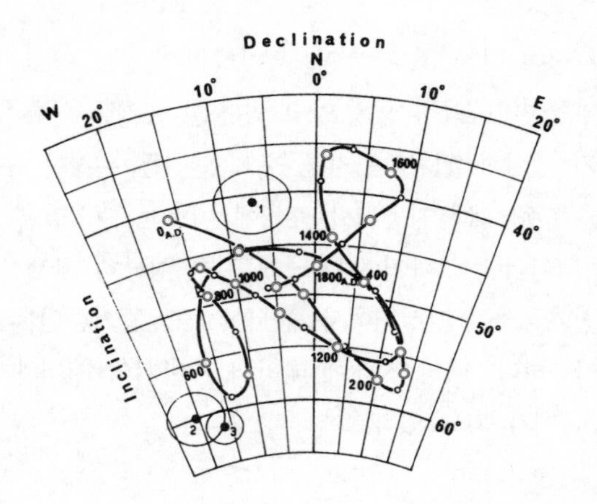

그림 1
鬼神谷가마터의 고고지자기
1: 1호요, 2: 2호요, 3: 3호요

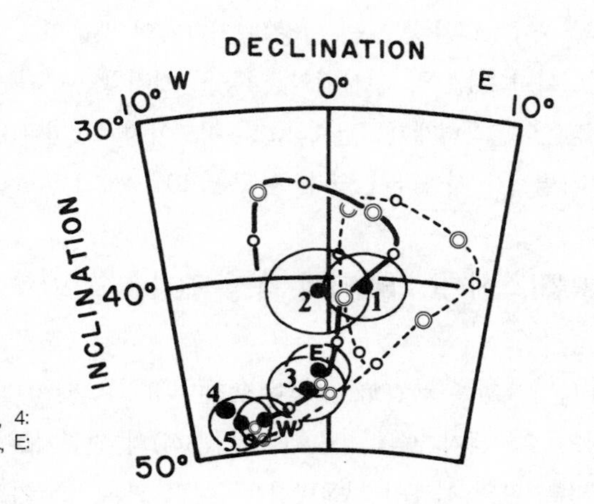

그림 2
長門深川가마터의 고고지자기
1: 1호요, 2: 2호요, 3: 3호요, 4: 4호요, 5: 5호요, W: 서쪽의 요, E: 동쪽의 새로운 요

영년변화곡선의 위치가 고고지자기 추정연대이며, 타원이 덮은 영년변화곡선의 선분 길이가 추정연대의 폭(오차의 크기)을 나타낸

다. 3개의 가마터 측정결과는 모두 영년변화의 곡선에서 조금 떨어져 있지만, 각 시대에서 특징적인 방향을 나타내고 있다.

5. 萩燒 長門深川古窯의 측정결과

그림 2는 長門深川[나가토후카와] 1, 2, 3, 4, 5호 요[窯] 및 서쪽의 요, 동쪽의 새로운 요의 측정결과를 제시한 것이다. 점선은 서남일본의 영년변화, 실선은 서일본용으로 편각을 약 5° 보정한 영년변화곡선을 표현한 것이다.

(廣岡公夫)

〈참고문헌〉
1) 廣岡公夫 1977, 『第四紀研究』15, p.220.
2) 廣岡公夫 1993, 『季刊考古學』42, p.75.
3) 中島正志・夏原信義 1981, 『考古地磁氣年代推定法』(考古學ライブラリ―9), ニュ―・サイエンス社.

48. 열루미네센스분석법

(熱루미네센스分析法, Thermoluminescence Dating)

1. 개요

토기 및 소토 등의 소성 연대를 직접 측정한다. 일반적으로 시료 중에 포함된 석영입자(125㎛ 정도)를 분리하여 표면을 불산(conc. HF)으로 에칭(Etching)한 후 측정장치의 시료대 위에서 500℃ 정도까지 가열하여 석영입자에서 발생하는 미약한 형광의 세기를 측정한다. 시료의 연대가 오래될수록 강하게 발광한다. 이 발광량과 시료에 인위적으로 조사한 방사선의 발광량을 비교해서 연대를 구한다. 약 100만년 전까지의 시료에 대한 측정이 가능하다고 알려져 있다. 한 번의 측정에 필요한 석영입자의 양은 약 50㎎이며, 토기의 경우는 3~5㎝×0.5㎝ 정도이다. 측정시료는 소성시에 500℃ 이상의 열을 받았던 것이어야 한다. 또 시료 주위의 토양 상황이 시료 매몰시부터 현재까지 변동되었거나 물이 유입된 경우, 또한 방사능이 불균일했던 상황 등은 오차의 원인이 된다.

2. 원리

매장되어 있는 토기 등에 포함된 석영 등의 광물은 태토나 주위의 토양으로부터 미약한 방사선을 받으면 그 양에 비례해서 구성원자에서 방출된 전자가 석영 등의 격자결함에 포획된다. 이 광물을 가열하면 포획전자는 해방되어 형광을 방출한다. 이 형광의 세기를 이용해서 토기 등이 소성된 시점으로부터 경과된 연수를 구할 수 있다.

3. 장치

그림 1은 장치의 개념도이다. 히터 위의 시료용기를 가열할 때 방출되는 시료의 미약한 형광을 광전자증배관으로 증폭하여 측정한다. 그림 2에 장치 사진을 제시하였다. 왼쪽부터 프린터, 컴퓨터, 장치본체이다.

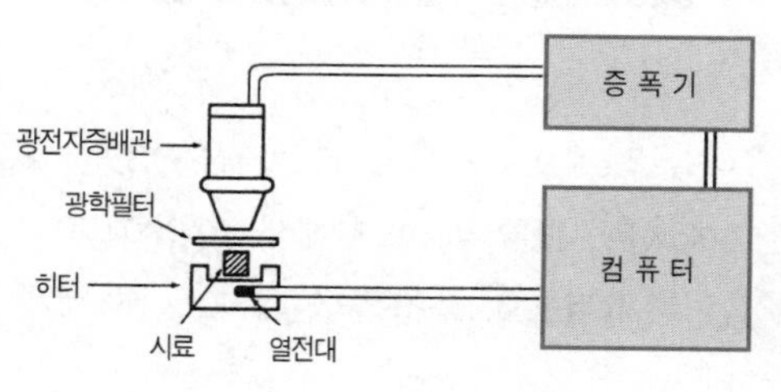

그림 1
열루미네센스분석장치 개념도

4. 隆線文[류센몬]土器의 연대측정[1)]

長崎縣 佐世保市 泉福寺[센푸쿠지]유적의 隆線文[류센몬]토기 포함층에 있던 노지에서 채취된 사암을 측정하여 11,840±740B.P.라는 연대를 얻었다. 이 시료에 대해서는 방사선탄소연대측정법 및 Fission-track법에서도 유사한 연대를 얻을 수 있었다. 또 神奈川縣 橫浜市 花見山[하나미야마]유적 출토 隆線文토기의 파편을 측정하

그림 2
열루미네센스분석장치

여 太隆線文토기에서 11,300±650B.P., 細隆線文토기에서 10,400±600B.P., 微隆線文토기에서 10,900±700B.P.의 연대를 얻었다. 이는 과학적으로 측정된 연대자료 중 세계 최고에 속하는 토기들이다.

5. 골풀무노지의 연대측정[2)]

廣島縣 豊平町 大矢 골풀무노지에서 채취한 소토를 측정하여 1,040±160B.P.(A.D.910±160년)라는 연대를 얻었다.

6. 주석冶金 유적의 도가니편 연대측정[3)]

터키 겔테페의 주석冶金 유적에서 출토된 기원전 3,200~2,000년경이라고 생각되는 도가니 조각을 분석하였다. 얻어진 연대치는

3,500±600B.P.이다. 연대의 산출을 위해 도가니 및 주변 토양의 우라늄(Uranium), 토륨(Thorium), 칼륨(Kalium)-40의 농도를 구하고, 각각의 기여도를 고려하여 연간 선량율을 계산하였다.

(齋藤 努)

〈참고문헌〉
1) 市川米太 1981,『考古學のための化學10章』(馬淵久夫・富永 健 編), 東京大學出版會, p.91.
2) 市川米太・荻原直樹 1978,『考古學と自然科學』11, p.1.
3) P.B.Vandiver 외 : Archaeometry, 35, p.295, 1993.

49. Fission-track분석법

(Fission-track Dating)

1. 개요

토기, 유리나 화산재를 대상으로 소성된 연대를 직접 측정한다. 일반적으로 토기나 화산재 등에서는 시료에 포함된 지르콘(Zircon: 100㎛ 정도 이상의 것이 수십 개 필요)을 분리해서 측정대상으로 한다. 유리(유약, 흑요석 등을 포함)는 그대로 측정에 이용된다. 오래된 시료 또는 우라늄(Uranium)의 농도가 높으면 그만큼 트랙(Track) 수가 많기 때문에 측정에 용이하다. 오차는 ±10~20%이다. 연대측정을 위해서는 광물 중의 우라늄이 핵분열해서 발생된 비적[飛跡]과 광물 중에 포함된 우라늄 함유량에 대한 데이터가 필요하다. 우라늄 함유량 측정을 위해 열중성자 조사가 가능한 원자로 등이 사용된다.

2. 원리

우라늄-238은 자발핵분열(Fisson)을 일으켜 원자량이 반 정도인 핵분열편을 방출한다. 이 분열편이 지르콘이나 유리 가운데를 지날 때 그 트랙을 따라 결정구조에 손상을 준다. 불산 등으로 이트랙의 주변을 용해하고 손상의 흔적을 광학현미경으로 측정한다. Fission의 흔적은 500~700℃ 정도의 가열을 통해 소실되며, 우라늄-238이 분열하는 속도는 일정하기 때문에, 다른 방법(열중성자 조사에 의한 우라늄-235의 유도 Fisson-track계수 등)으로 우라늄의 농도를 측정하여 그 시료가 마지막으로 열에 노출된 이후의 경과 시간을 산출할 수 있다.

3. 장치

우라늄-238의 자발 Fisson-track 계수에서는 시료에서 목적 광물을 추출하고, 테플론(Teflon)판이나 수지로 고정 및 연마한 후 불산 등으로 에칭하여 광학현미경으로 관찰하기 때문에 대규모 장치는 필요하지 않다. 다만 우라늄 농도의 측정에는 중성자 조사를 위한 원자로 등이 필요하다.

4. 토기, 기와, 소토 등의 연대[1]

彌生[야요이]時代~江戸[에도] 초기의 토기, 기와, 소토, 유리그릇, 유약 등에 대해 연대를 측정한 결과, 그림 1과 같이 고고학적으로 추정된 연대와 잘 일치되는 것을 알 수 있었다.

5. 가열된 흑요석의 연대[2]

山梨縣 横針前久保[요코하리마에쿠보] 유적에서 출토된 가열된 흑요

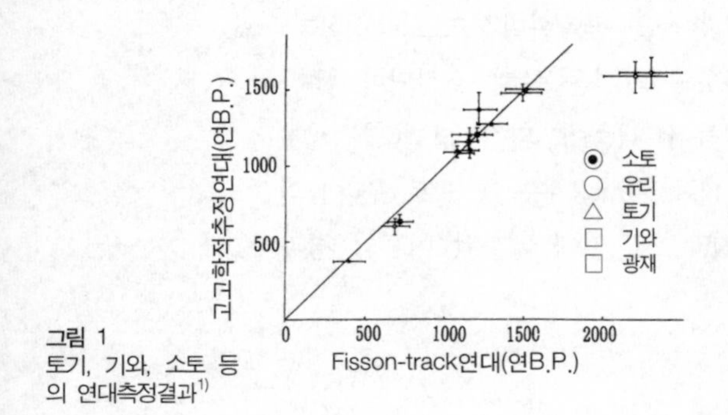

그림 1
토기, 기와, 소토 등의 연대측정결과[1]

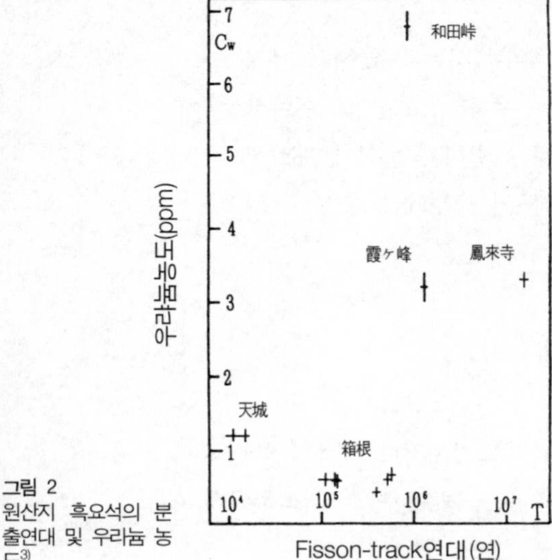

그림 2
원산지 흑요석의 분출연대 및 우라늄 농도[3]

석(불의 사용에 의한 것으로 상정)의 연대를 측정한 결과 28,900±2,300B.P.의 Fisson-track연대를 얻을 수 있었다. 이 유적은 층위학, 탄화물의 방사성탄소연대측정, 석기류의 편년으로 약 3만년 전으로 알려져 왔으며, Fisson-track 분석법의 연대가 이와 잘 일치함을 알 수 있다.

6. 흑요석의 분출연대에 의한 산지추정[3)4)]

원산지에서 채취한 흑요석에 대해 Fisson-track연대 및 우라늄 농도를 측정한 결과 和田峠: 85만년 · 6.8 ppm, 霞ヶ峰: 130만년 · 3.2 ppm, 箱根: 12~54만년 · 0.6 ppm, 鳳來寺: 1,590만년 · 3.3 ppm의 데이터를 얻을 수 있었고, 산지추정에 이용이 가능한 것을 알 수 있었다(그림 2). 千葉縣 三里塚[산리즈카] No.14유적(繩文早期) 출토 흑요석에 이 결과를 적용한 결과 箱根産이 37%, 信州産이 59%로 추정되었다.

(齋藤 努)

〈참고문헌〉

1) 西村 進 1970,『考古學と自然科學』3, p.16.
2) 輿水達司 2002,『山梨縣埋藏文化財センター研究紀要』18, 山梨縣立考古博物館, p.77.
3) 鈴木正男 1970,『第四紀研究』9, p.1.
4) 鈴木正男 1971,『三里塚』, (財)千葉縣北總公社, p.230.

참고자료

여기에서는 실제로 고고학 시료의 분석을 실시 할 때 도움이 된다고 생각되는 사항을 표로 정리하였다.

1. 원소표

고고학 시료의 분석을 실시할 때 익숙하지 않은 원소명이나 생소한 화학기호가 등장하는 경우가 많다. 여기에서는 원소의 정식 한국어명, 영어명, 화학기호 및 원자량을 원자번호 순으로 기재하였다. 또한 원자량은 IUPAC[國際純正應用化學聯合]의 원자량위원회(1985년)에 의해서 권고된 수치이다.

2. 동위원소표

동위원소는 각 원소 중에서 화학적인 성질이 완전히 같고 무게만 약간 다른 것을 의미한다. 통상의 화학분석법에 의해서는 구별할 수 없고, 「질량분석법」에 의해서만 식별이 가능하다. 동위원소 분석은 14C연대측정법, 탄소와 질소의 안정동위원소비 측정에 의한 동식물의 종류에 대한 해석, 납 및 스트론튬(Sr)의 동위원소비 측정에 의한 산지추정 등에 사용되고 있다.

3. 표준시료분석표

미지의 시료를 측정할 때에는 적당한 표준시료를 이용해서 검량선[檢量線] 등을 작성하고 이것과 시료의 데이터를 대비시켜 분석치를 구한다. 따라서 정확한 분석을 실시하기 위해서는 신뢰도가 높은 표준시료가 필수적이다. 여기서 제시한 표준시료는 쉽게 입수가 가능하고 복수의 연구기관에 의해 비교연구가 실시되어 신뢰성이 높은 분석치가 알려진 것이다.

4. 수탁분석기관일람표

이 책의 소개된 각각의 분석법으로 일본내에서 고고학 시료 분석 업무를 수행하는 기관을 일람표로 정리하였다. 분석이 가능한 항목은 ○로 표시하였다.

5. 용어설명

이 책을 접하는 독자들이 보다 쉽고 편리하게 내용을 이해할 수 있도록 옮긴이가 용어설명을 추가하였다.

1. 원 소 표

원자번호	원 소	영 어	기 호	원 자 량
1	수소	Hydrogen	H	1.00794
2	헬륨	Helium	He	4.002602
3	리튬	Lithium	Li	6.941
4	베릴륨	Beryllium	Be	9.012182
5	붕소	Boron	B	10.811
6	탄소	Carbon	C	12.011
7	질소	Nitrogen	N	14.00674
8	산소	Oxygen	O	15.9994
9	플루오르	Fluorine	F	18.9984032
10	네온	Neon	Ne	20.1797
11	나트륨	Sodium	Na	22.989768
12	마그네슘	Magnesium	Mg	24.3050
13	알루미늄	Aluminium	Al	26.981539
14	규소	Silicon	Si	28.0855
15	인	Phosphorus	P	30.973762
16	황	Sulfur	S	32.066
17	염소	Chlorine	Cl	35.4527
18	아르곤	Argon	Ar	39.948
19	칼륨	Potassium	K	39.0983
20	칼슘	Calcium	Ca	40.078
21	스칸듐	Scandium	Sc	44.955910
22	티타늄	Titanium	Ti	47.88
23	바나듐	Vanadium	V	50.9415
24	크롬	Chromium	Cr	51.9961
25	망간	Manganese	Mn	54.93805
26	철	Iron	Fe	55.847
27	코발트	Cobalt	Co	58.93320
28	니켈	Nickel	Ni	58.69
29	구리	Copper	Cu	63.546
30	아연	Zinc	Zn	65.39
31	칼슘	Gallium	Ga	69.723
32	게르마늄	Germanium	Ge	72.61
33	비소	Arsenic	As	74.92159
34	셀렌	Selenium	Se	78.96
35	브롬	Bromine	Br	79.904
36	크립톤	Krypton	Kr	83.80
37	루비듐	Rubidium	Rb	85.4678
38	스트론튬	Strontium	Sr	87.62
39	이트륨	Yttrium	Y	88.90585
40	지르코늄	Zirconium	Zr	91.224
41	니오브	Niobium	Nb	92.90638
42	몰리브덴	Molybdenum	Mo	95.94
43	테크네튬	Technetium	Tc	
44	루테늄	Ruthenium	Ru	101.07
45	로듐	Rhodium	Rh	102.90550
46	팔라듐	Palladium	Pd	106.42
47	은	Silver	Ag	107.8682
48	카드뮴	Cadmium	Cd	112.411
49	인듐	Indium	In	114.82
50	주석	Tin	Sn	118.710
51	안티몬	Antimony	Sb	121.75
52	텔루르	Tellurium	Te	127.60

원자번호	원 소	영 어	기 호	원 자 량
53	요오드	Iodine	I	126.90447
54	크세논	Xenon	Xe	131.29
55	세슘	Caesium	Cs	132.90543
56	바륨	Barium	Ba	137.327
57	란탄	Lanthanum	La	138.9055
58	세륨	Cerium	Ce	140.115
59	프라세오디뮴	Praseodymium	Pr	140.90765
60	네오디뮴	Neodymium	Nd	144.24
61	프로메튬	Promethium	Pm	
62	사마륨	Samarium	Sm	150.36
63	유로퓸	Europium	Eu	151.965
64	가돌리늄	Gadolinium	Gd	157.25
65	테르븀	Terbium	Tb	158.92534
66	디스프로슘	Dysprosium	Dy	162.50
67	홀뮴	Holmium	Ho	164.93032
68	에르븀	Erbium	Er	167.26
69	툴륨	Thulium	Tm	168.93421
70	이테르븀	Ytterbium	Yb	173.04
71	루테튬	Lutetium	Lu	174.967
72	하프늄	Hafnium	Hf	178.49
73	탄탈	Tantalum	Ta	180.9479
74	텅스텐	Tungsten	W	183.85
75	레늄	Rhenium	Re	186.207
76	오스뮴	Osmium	Os	190.2
77	이리듐	Iridium	Ir	192.22
78	백금	Platinum	Pt	195.08
79	금	Gold	Au	196.96654
80	수은	Mercury	Hg	200.59
81	탈륨	Thallium	Tl	204.3833
82	납	Lead	Pb	207.2
83	비스무트	Bismuth	Bi	208.98037
84	폴로늄	Polonium	Po	
85	아스타틴	Astatine	At	
86	라돈	Radon	Rn	
87	프랑슘	Francium	Fr	
88	라듐	Radium	Ra	
89	악티늄	Actinium	Ac	
90	토륨	Thorium	Th	232.0381
91	프로트악티늄	Protactinium	Pa	231.03588
92	우라늄	Uranium	U	238.0289
93	넵투늄	Neptunium	Np	
94	플루토늄	Plutonium	Pu	
95	아메리슘	Americium	Am	
96	퀴륨	Curium	Cm	
97	버클륨	Berkelium	Bk	
98	칼리포르늄	Californium	Cf	
99	아인시타이늄	Einsteinium	Es	
100	페르뮴	Fermium	Fm	
101	멘델레븀	Mendelevium	Md	
102	노벨륨	Nobelium	No	
103	로렌슘	Lawrencium	Lr	

日本化學會原子量小委員會 1988,『化學と工業』41, 日本化學會에서 발췌.
안정동위체가 없는 원소의 원자량은 적지 않았다.

2. 동 위 원 소 표

동위체	질 량	존재비 (%)
${}^{1}_{1}H$	1.0078250	99.985
${}^{2}_{1}H$ (${}^{2}_{1}D$)	2.0141018	0.015
${}^{3}_{2}He$	3.0160293	1.38×10^{-4}
${}^{4}_{2}He$	4.0026032	99.999862
${}^{6}_{3}Li$	6.015121	7.5
${}^{7}_{3}Li$	7.016003	92.5
${}^{9}_{4}Be$	9.012182	100
${}^{10}_{5}B$	10.012937	19.9
${}^{11}_{5}B$	11.009305	80.1
${}^{12}_{6}C$	12.0000000	98.90
${}^{13}_{6}C$	13.0033548	1.10
${}^{14}_{7}N$	14.0030740	99.634
${}^{15}_{7}N$	15.0001090	0.366
${}^{16}_{8}O$	15.9949146	99.762
${}^{17}_{8}O$	16.999131	0.038
${}^{18}_{8}O$	17.999160	0.200
${}^{19}_{9}F$	18.998403	100
${}^{20}_{10}Ne$	19.99244	90.51
${}^{21}_{10}Ne$	20.99384	0.27
${}^{22}_{10}Ne$	21.99138	9.22
${}^{23}_{11}Na$	22.989768	100
${}^{24}_{12}Mg$	23.985042	78.99
${}^{25}_{12}Mg$	24.985837	10.00
${}^{26}_{12}Mg$	25.982594	11.01
${}^{27}_{13}Al$	26.981539	100
${}^{28}_{14}Si$	27.976927	92.23
${}^{29}_{14}Si$	28.976495	4.67
${}^{30}_{14}Si$	29.973770	3.10
${}^{31}_{15}P$	30.973762	100

동위체	질 량	존재비 (%)
${}^{32}_{16}S$	31.972071	95.02
${}^{33}_{16}S$	32.971458	0.75
${}^{34}_{16}S$	33.967867	4.21
${}^{36}_{16}S$	35.967081	0.02
${}^{35}_{17}Cl$	34.9688527	75.77
${}^{37}_{17}Cl$	36.965903	24.23
${}^{36}_{18}Ar$	35.967546	0.337
${}^{38}_{18}Ar$	37.962733	0.063
${}^{40}_{18}Ar$	39.96238	99.600
${}^{39}_{19}K$	38.96371	93.2581
${}^{40}_{19}K^{*}$	39.96400	0.0117
${}^{41}_{19}K$	40.96183	6.7302
${}^{40}_{20}Ca$	39.96259	96.941
${}^{42}_{20}Ca$	41.95862	0.647
${}^{43}_{20}Ca$	42.95877	0.135
${}^{44}_{20}Ca$	43.95548	2.086
${}^{46}_{20}Ca$	45.95369	0.004
${}^{48}_{20}Ca$	47.95253	0.187
${}^{45}_{21}Sc$	44.95591	100
${}^{46}_{22}Ti$	45.95263	8.0
${}^{47}_{22}Ti$	46.95176	7.3
${}^{48}_{22}Ti$	47.94795	73.8
${}^{49}_{22}Ti$	48.94787	5.5
${}^{50}_{22}Ti$	49.94479	5.4
${}^{50}_{23}V^{*}$	49.94716	0.250
${}^{51}_{23}V$	50.94396	99.750
${}^{50}_{24}Cr$	49.94605	4.345
${}^{52}_{24}Cr$	51.94051	83.789
${}^{53}_{24}Cr$	52.94065	9.501
${}^{54}_{24}Cr$	53.93888	2.365
${}^{55}_{25}Mn$	54.93805	100

동위체	질 량	존재비 (%)
${}^{54}_{26}\mathrm{Fe}$	53.93961	5.8
${}^{56}_{26}\mathrm{Fe}$	55.93494	91.72
${}^{57}_{26}\mathrm{Fe}$	56.93540	2.2
${}^{58}_{26}\mathrm{Fe}$	57.93328	0.28
${}^{59}_{27}\mathrm{Co}$	58.93320	100
${}^{58}_{28}\mathrm{Ni}$	57.93535	68.27
${}^{60}_{28}\mathrm{Ni}$	59.93079	26.10
${}^{61}_{28}\mathrm{Ni}$	60.93106	1.13
${}^{62}_{28}\mathrm{Ni}$	61.92835	3.59
${}^{64}_{28}\mathrm{Ni}$	63.92797	0.91
${}^{63}_{29}\mathrm{Cu}$	62.92960	69.17
${}^{65}_{29}\mathrm{Cu}$	64.92779	30.83
${}^{64}_{30}\mathrm{Zn}$	63.92914	48.6
${}^{66}_{30}\mathrm{Zn}$	65.92603	27.9
${}^{67}_{30}\mathrm{Zn}$	66.92713	4.1
${}^{68}_{30}\mathrm{Zn}$	67.92485	18.8
${}^{70}_{30}\mathrm{Zn}$	69.92533	0.6
${}^{69}_{31}\mathrm{Ga}$	68.92558	60.1
${}^{71}_{31}\mathrm{Ga}$	70.92470	39.9
${}^{70}_{32}\mathrm{Ge}$	69.92425	20.5
${}^{72}_{32}\mathrm{Ge}$	71.92208	27.4
${}^{73}_{32}\mathrm{Ge}$	72.92346	7.8
${}^{74}_{32}\mathrm{Ge}$	73.92118	36.5
${}^{76}_{32}\mathrm{Ge}$	75.92140	7.8
${}^{75}_{33}\mathrm{As}$	74.92159	100
${}^{74}_{34}\mathrm{Se}$	73.92247	0.9
${}^{76}_{34}\mathrm{Se}$	75.91921	9.0
${}^{77}_{34}\mathrm{Se}$	76.91991	7.6
${}^{78}_{34}\mathrm{Se}$	77.91731	23.6
${}^{80}_{34}\mathrm{Se}$	79.91652	49.7
${}^{82}_{34}\mathrm{Se}^{*}$	81.91670	9.2
${}^{79}_{35}\mathrm{Br}$	78.91834	50.69
${}^{81}_{35}\mathrm{Br}$	80.91629	49.31

동위체	질 량	존재비 (%)
${}^{78}_{36}\mathrm{Kr}$	77.92040	0.35
${}^{80}_{36}\mathrm{Kr}$	79.91638	2.25
${}^{82}_{36}\mathrm{Kr}$	81.91348	11.6
${}^{83}_{36}\mathrm{Kr}$	82.91414	11.5
${}^{84}_{36}\mathrm{Kr}$	83.91151	57.0
${}^{86}_{36}\mathrm{Kr}$	85.91062	17.3
${}^{85}_{37}\mathrm{Rb}$	84.91179	72.165
${}^{87}_{37}\mathrm{Rb}^{*}$	86.90919	27.835
${}^{84}_{38}\mathrm{Sr}$	83.91343	0.56
${}^{86}_{38}\mathrm{Sr}$	85.90927	9.86
${}^{87}_{38}\mathrm{Sr}$	86.90888	7.00
${}^{88}_{38}\mathrm{Sr}$	87.90562	82.58
${}^{89}_{39}\mathrm{Y}$	88.90585	100
${}^{90}_{40}\mathrm{Zr}$	89.90470	51.45
${}^{91}_{40}\mathrm{Zr}$	90.90564	11.22
${}^{92}_{40}\mathrm{Zr}$	91.90504	17.15
${}^{94}_{40}\mathrm{Zr}$	93.90631	17.38
${}^{96}_{40}\mathrm{Zr}$	95.90828	2.80
${}^{93}_{41}\mathrm{Nb}$	92.90638	100
${}^{92}_{42}\mathrm{Mo}$	91.90681	14.84
${}^{94}_{42}\mathrm{Mo}$	93.90509	9.25
${}^{95}_{42}\mathrm{Mo}$	94.90584	15.92
${}^{96}_{42}\mathrm{Mo}$	95.90468	16.68
${}^{97}_{42}\mathrm{Mo}$	96.90602	9.55
${}^{98}_{42}\mathrm{Mo}$	97.90541	24.13
${}^{100}_{42}\mathrm{Mo}$	99.90748	9.63
${}^{96}_{44}\mathrm{Ru}$	95.90760	5.52
${}^{98}_{44}\mathrm{Ru}$	97.90529	1.88
${}^{99}_{44}\mathrm{Ru}$	98.90594	12.7
${}^{100}_{44}\mathrm{Ru}$	99.90422	12.6
${}^{101}_{44}\mathrm{Ru}$	100.90558	17.0
${}^{102}_{44}\mathrm{Ru}$	101.90435	31.6
${}^{104}_{44}\mathrm{Ru}$	103.90542	18.7

동위체	질 량	존재비 (%)
${}^{103}_{45}\mathrm{Rh}$	102.90550	100
${}^{102}_{46}\mathrm{Pd}$	101.90563	1.020
${}^{104}_{46}\mathrm{Pd}$	103.90403	11.14
${}^{105}_{46}\mathrm{Pd}$	104.90508	22.33
${}^{106}_{46}\mathrm{Pd}$	105.90348	27.33
${}^{108}_{46}\mathrm{Pd}$	107.90390	26.46
${}^{110}_{46}\mathrm{Pd}$	109.9052	11.72
${}^{107}_{47}\mathrm{Ag}$	106.90509	51.839
${}^{109}_{47}\mathrm{Ag}$	108.90476	48.161
${}^{106}_{48}\mathrm{Cd}$	105.90646	1.25
${}^{108}_{48}\mathrm{Cd}$	107.90418	0.89
${}^{110}_{48}\mathrm{Cd}$	109.90301	12.49
${}^{111}_{48}\mathrm{Cd}$	110.90418	12.80
${}^{112}_{48}\mathrm{Cd}$	111.90276	24.13
${}^{113}_{48}\mathrm{Cd}^{*}$	112.90440	12.22
${}^{114}_{48}\mathrm{Cd}$	113.90336	28.73
${}^{116}_{48}\mathrm{Cd}$	115.90476	7.49
${}^{113}_{49}\mathrm{In}$	112.90406	4.3
${}^{115}_{49}\mathrm{In}^{*}$	114.90388	95.7
${}^{112}_{50}\mathrm{Sn}$	111.90483	0.97
${}^{114}_{50}\mathrm{Sn}$	113.90278	0.65
${}^{115}_{50}\mathrm{Sn}$	114.90335	0.36
${}^{116}_{50}\mathrm{Sn}$	115.90175	14.53
${}^{117}_{50}\mathrm{Sn}$	116.90296	7.68
${}^{118}_{50}\mathrm{Sn}$	117.90161	24.22
${}^{119}_{50}\mathrm{Sn}$	118.90331	8.58
${}^{120}_{50}\mathrm{Sn}$	119.90220	32.59
${}^{122}_{50}\mathrm{Sn}$	121.90344	4.63
${}^{124}_{50}\mathrm{Sn}$	123.90527	5.79
${}^{121}_{51}\mathrm{Sb}$	120.90382	57.3
${}^{123}_{51}\mathrm{Sb}$	122.90422	42.7
${}^{120}_{52}\mathrm{Te}$	119.9040	0.096
${}^{122}_{52}\mathrm{Te}$	121.90305	2.60

동위체	질 량	존재비 (%)
${}^{123}_{52}\mathrm{Te}^{*}$	122.90427	0.908
${}^{124}_{52}\mathrm{Te}$	123.90282	4.816
${}^{125}_{52}\mathrm{Te}$	124.90443	7.14
${}^{126}_{52}\mathrm{Te}$	125.90331	18.95
${}^{128}_{52}\mathrm{Te}^{*}$	127.90446	31.69
${}^{130}_{52}\mathrm{Te}^{*}$	129.90623	33.80
${}^{127}_{53}\mathrm{I}$	126.90447	100
${}^{124}_{54}\mathrm{Xe}$	123.90589	0.10
${}^{126}_{54}\mathrm{Xe}$	125.90428	0.09
${}^{128}_{54}\mathrm{Xe}$	127.90353	1.91
${}^{129}_{54}\mathrm{Xe}$	128.90478	26.4
${}^{130}_{54}\mathrm{Xe}$	129.90351	4.1
${}^{131}_{54}\mathrm{Xe}$	130.90507	21.2
${}^{132}_{54}\mathrm{Xe}$	131.90414	26.9
${}^{134}_{54}\mathrm{Xe}$	133.90540	10.4
${}^{136}_{54}\mathrm{Xe}$	135.90721	8.9
${}^{133}_{55}\mathrm{Cs}$	132.90543	100
${}^{130}_{56}\mathrm{Ba}$	129.90628	0.106
${}^{132}_{56}\mathrm{Ba}$	131.90504	0.101
${}^{134}_{56}\mathrm{Ba}$	133.90449	2.417
${}^{135}_{56}\mathrm{Ba}$	134.90567	6.592
${}^{136}_{56}\mathrm{Ba}$	135.90455	7.854
${}^{137}_{56}\mathrm{Ba}$	136.90581	11.23
${}^{138}_{56}\mathrm{Ba}$	137.90523	71.70
${}^{138}_{57}\mathrm{La}^{*}$	137.90711	0.09
${}^{139}_{57}\mathrm{La}$	138.90635	99.91
${}^{136}_{58}\mathrm{Ce}$	135.9071	0.19
${}^{138}_{58}\mathrm{Ce}$	137.9060	0.25
${}^{140}_{58}\mathrm{Ce}$	139.90543	88.48
${}^{142}_{58}\mathrm{Ce}$	141.90924	11.08
${}^{141}_{59}\mathrm{Pr}$	140.90765	100
${}^{142}_{60}\mathrm{Nd}$	141.90772	27.13
${}^{143}_{60}\mathrm{Nd}$	142.90981	12.18

동위체	질 량	존재비 (%)
$^{144}_{60}\text{Nd}^{*}$	143.91008	23.80
$^{145}_{60}\text{Nd}$	144.91257	8.30
$^{146}_{60}\text{Nd}$	145.91311	17.19
$^{148}_{60}\text{Nd}$	147.91689	5.76
$^{150}_{60}\text{Nd}$	149.92089	5.64
$^{144}_{62}\text{Sm}$	143.91200	3.1
$^{147}_{62}\text{Sm}^{*}$	146.91489	15.0
$^{148}_{62}\text{Sm}^{*}$	147.91482	11.3
$^{149}_{62}\text{Sm}$	148.91718	13.8
$^{150}_{62}\text{Sm}$	149.91727	7.4
$^{152}_{62}\text{Sm}$	151.91973	26.7
$^{154}_{62}\text{Sm}$	153.92221	22.7
$^{151}_{63}\text{Eu}$	150.91985	47.8
$^{153}_{63}\text{Eu}$	152.92123	52.2
$^{152}_{64}\text{Gd}^{*}$	151.91979	0.20
$^{154}_{64}\text{Gd}$	153.92086	2.18
$^{155}_{64}\text{Gd}$	154.92262	14.80
$^{156}_{64}\text{Gd}$	155.92212	20.47
$^{157}_{64}\text{Gd}$	156.92396	15.65
$^{158}_{64}\text{Gd}$	157.92410	24.84
$^{160}_{64}\text{Gd}$	159.92705	21.86
$^{159}_{65}\text{Tb}$	158.92534	100
$^{156}_{66}\text{Dy}$	155.92428	0.06
$^{158}_{66}\text{Dy}$	157.92440	0.10
$^{160}_{66}\text{Dy}$	159.92519	2.34
$^{161}_{66}\text{Dy}$	160.92693	18.9
$^{162}_{66}\text{Dy}$	161.92680	25.5
$^{163}_{66}\text{Dy}$	162.92873	24.9
$^{164}_{66}\text{Dy}$	163.92917	28.2
$^{165}_{67}\text{Ho}$	164.93032	100
$^{162}_{68}\text{Er}$	161.92878	0.14
$^{164}_{68}\text{Er}$	163.92920	1.61
$^{166}_{68}\text{Er}$	165.93029	33.6
$^{167}_{68}\text{Er}$	166.93205	22.95
$^{168}_{68}\text{Er}$	167.93237	26.8
$^{170}_{68}\text{Er}$	169.93546	14.9
$^{169}_{69}\text{Tm}$	168.93421	100
$^{168}_{70}\text{Yb}$	167.93389	0.13
$^{170}_{70}\text{Yb}$	169.93476	3.05
$^{171}_{70}\text{Yb}$	170.93632	14.3
$^{172}_{70}\text{Yb}$	171.93638	21.9
$^{173}_{70}\text{Yb}$	172.93821	16.12
$^{174}_{70}\text{Yb}$	173.93886	31.8
$^{176}_{70}\text{Yb}$	175.94256	12.7
$^{175}_{71}\text{Lu}$	174.94077	97.41
$^{176}_{71}\text{Lu}^{*}$	175.94268	2.59
$^{174}_{72}\text{Hf}^{*}$	173.94004	0.162
$^{176}_{72}\text{Hf}$	175.94141	5.206
$^{177}_{72}\text{Hf}$	176.94322	18.606
$^{178}_{72}\text{Hf}$	177.94370	27.297
$^{179}_{72}\text{Hf}$	178.94581	13.629
$^{180}_{72}\text{Hf}$	179.94655	35.100
$^{180}_{73}\text{Ta}^{*}$	179.94746	0.012
$^{181}_{73}\text{Ta}$	180.94799	99.988
$^{180}_{74}\text{W}$	179.94670	0.13
$^{182}_{74}\text{W}$	181.94820	26.3
$^{183}_{74}\text{W}$	182.95022	14.3
$^{184}_{74}\text{W}$	183.95093	30.67
$^{186}_{74}\text{W}$	185.95436	28.6
$^{185}_{75}\text{Re}$	184.95295	37.40
$^{187}_{75}\text{Re}^{*}$	186.95574	62.60
$^{184}_{76}\text{Os}$	183.95249	0.02
$^{186}_{76}\text{Os}^{*}$	185.95383	1.58
$^{187}_{76}\text{Os}$	186.95574	1.6
$^{188}_{76}\text{Os}$	187.95583	13.3
$^{189}_{76}\text{Os}$	188.95814	16.1
$^{190}_{76}\text{Os}$	189.95844	26.4
$^{192}_{76}\text{Os}$	191.96147	41.0

동위체	질 량	존재비 (%)
$^{191}_{77}Ir$	190.96058	37.3
$^{193}_{77}Ir$	192.96292	62.7
$^{190}_{78}Pt^{*}$	189.95992	0.01
$^{192}_{78}Pt$	191.96102	0.79
$^{194}_{78}Pt$	193.96266	32.9
$^{195}_{78}Pt$	194.96477	33.8
$^{196}_{78}Pt$	195.96493	25.3
$^{198}_{78}Pt$	197.96787	7.2
$^{197}_{79}Au$	196.96654	100
$^{196}_{80}Hg$	195.96581	0.14
$^{198}_{80}Hg$	197.96674	10.02
$^{199}_{80}Hg$	198.96825	16.84
$^{200}_{80}Hg$	199.96830	23.13
$^{201}_{80}Hg$	200.97028	13.22

동위체	질 량	존재비 (%)
$^{202}_{80}Hg$	201.97062	29.80
$^{204}_{80}Hg$	203.97347	6.85
$^{203}_{81}Tl$	202.97232	29.524
$^{205}_{81}Tl$	204.97440	70.476
$^{204}_{82}Pb$	203.97302	1.4
$^{206}_{82}Pb$	205.97444	24.1
$^{207}_{82}Pb$	206.97587	22.1
$^{208}_{82}Pb$	207.97663	52.4
$^{209}_{83}Bi$	208.98037	100
$^{232}_{90}Th^{*}$	232.03805	100
$^{234}_{92}U^{*}$	234.04095	0.0055
$^{235}_{92}U^{*}$	235.04392	0.7200
$^{238}_{92}U^{*}$	238.05078	99.2745

동위체기호 $^{A}_{Z}X$에서 Z는 원자번호, A는 질량수, X는 원소기호이다. 오른쪽 상위에서 *의 표시가 되어 있는 것은 자연방사성원소이다. 질량은 A. H. Wapstra and G. Audi. 1985, Nuclear Physics A432(1), 동위체존재비는 IUPAC원자량 및 동위체존재도위원회 1984, Pure and Applied Chemistry 56(675)에 의함.

3. 표준시료분석표

a. 철강표준시료

이 표는 (社)日本鐵鋼聯盟이 발행하는 일본철강인증표준물질의 분석치이다.

1. 화학분석용 (CRMs for Chemical Analysis)

탄소광 시리즈 (Carbon steel series)

화학성분 (%m/m) JSS No.	C	Si	Mn	P	S	Cu	Al	N	정미질량 (g)
023-7 13 탄소광	0.122	0.24	0.56	0.021	0.0213	(0.009)	0.028	(0.0034)	150
030-6 20 탄소광	0.185	0.26	0.72	0.017	0.0146	0.016	0.029	0.0040	150
050-5 40 탄소광	0.38	0.23	0.70	0.018	0.0117	0.016	(0.002)	0.0027	150
057-4 55 탄소광	0.54	0.24	0.69	0.020	0.0132	0.013	0.030	0.0027	150
061-5 63 탄소광	0.64	0.26	0.49	0.0098	0.0118	0.011	0.034	0.0038	150
065-4 80 탄소광	0.80	0.22	0.77	0.014	0.0027	0.006	0.025	(0.0030)	150

( ) 참고치 (Non-certified value)
[ ] 산화물표시 (Oxide form)
※ 조정중 (In preparation)

미량원소 시리즈B (Minor elements determination series B)

화학성분 (%m/m) JSS No.	C	Si	Mn	Ni	Cr	Mo	V	Co	Ti	Al	As	Sn	B	Zr	Sb	Nb	Ca	정미질량 (g)
168-7 미량원소 1호	0.053	0.20	0.43	0.017	0.020	0.095	…	…	0.077	0.041	0.012	0.0065	…	…	…	…	0.0006	150
169-5 미량원소 2호	0.047	0.20	0.41	0.046	0.096	0.070	…	…	0.012	0.043	0.005	0.012	…	…	…	…	0.0012	150
170-7 미량원소 3호	0.052	0.18	0.43	0.081	0.049	0.011	…	…	0.105	0.045	0.032	0.056	…	…	…	…	0.0019	150
171-5 미량원소 4호	0.053	0.20	0.41	0.101	0.071	0.039	…	…	0.045	0.048	0.045	0.039	…	…	…	…	0.0028	150
172-7 미량원소 5호	0.051	0.20	0.43	…	…	…	0.010	0.052	…	0.012	…	…	0.0010	0.009	0.0022	0.050	…	150
173-5 미량원소 6호	0.051	0.21	0.40	…	…	…	0.030	0.039	…	0.029	…	…	0.0029	0.010	0.0050	0.031	…	150
174-5 미량원소 7호	0.033	0.20	0.40	…	…	…	0.069	0.021	…	0.038	…	…	0.0054	0.026	0.0097	0.020	…	150
※175-5 미량원소 8호	0.031	0.20	0.40	…	…	…	0.094	0.012	…	0.059	…	…	0.0090	0.046	0.019	0.011	…	150

철광석 시리즈 (iRON ORE SERIES)

JSS No. 화학성분 (%m/m)	CW	T. Fe	FeO [Fe^{++}]	SiO_2 [Si]	Mn	P	S	Cu	TiO_2 [Ti]	Al_2O_3 [Al]	CaO [Ca]
801-4 인도赤鐵鑛	1.49	66.18	(0.43)	1.52 [0.71]	0.074	0.066	(0.004)	(0.002)	0.084 [0.050]	1.84 [0.98]	0.113 [0.081]
※803-5 Hamersley赤鐵鑛	2.78	62.70	(0.15)	4.17 [1.95]	0.059	0.077	0.015	(0.001)	0.103 [0.062]	2.75 [1.45]	0.046 [0.033]
804-1 Iscol赤鐵鑛	0.34	66.26	0.26 [0.20]	3.42 [1.60]	0.018	0.034	0.008	…	0.044 [0.027]	1.04 [0.55]	0.039 [0.028]
812-3 茂山磁鐵鑛	0.26	59.95	24.23 [18.83]	14.47 [6.76]	0.032	0.043	0.021	0.001	0.061 [0.037]	0.42 [0.22]	0.64 [0.46]
820-2 Robe River 褐鐵鑛	8.14	57.00	…	5.75 [2.69]	0.077	0.036	0.033	(0.001)	0.25 [0.15]	2.78 [1.47]	0.12 [0.086]
850-4 마루코나 펠릿	(0.07)	65.67	(0.30)	4.12 [1.93]	0.019	0.013	0.006	0.008	0.056 [0.033]	0.40 [0.21]	0.41 [0.30]

JSS No. 화학성분 (%m/m)	MgO [Mg]	BaO	As	Ni	Cr	V	Pb	Zn	Na_2O [Na]	K_2O [K]	정미질량 (g)
801-4 인도赤鐵鑛	0.019 [0.011]	…	…	(0.003)	0.004	(0.005)	…	…	…	…	100
※803-5 Hamersley赤鐵鑛	0.051 [0.031]	…	…	…	(0.004)	0.003	…	(0.002)	0.010 [0.007]	0.010 [0.008]	100
804-1 Iscol赤鐵鑛	0.018 [0.011]	…	(0.002)	0.003	0.004	0.004	…	…	…	…	100
812-3 茂山磁鐵鑛	0.46 [0.28]	…	…	(0.002)	(0.004)	0.003	…	…	…	…	100
820-2 Robe River 褐鐵鑛	0.084 [0.051]	…	…	(0.003)	(0.002)	(0.005)	(0.001)	0.009	0.019 [0.014]	(0.009)	70
850-4 마루코나 펠릿	0.79 [0.48]	…	…	(0.006)	(0.003)	0.025	…	(0.007)	0.129 [0.095]	0.075 [0.062]	100

문의는 우260-0835 千葉縣 千葉市 中央區 川崎町 1番地
JFE TECHNO-rESEARCH cOPORATION 분석, 평가사업부
TEL 043-262-2313

b. 동합금표준시료

이 표는 Metals Analysis Corp.(P.O. Box580567, Houston, Texas 77258-0567)이 발행하는 동합금표준시료의 분석치이다.

BNRM	Cu	Pb	Sn	Zn	Mn	Al	Fe	Ni	P	As	Si	Sb	C	S
110W	99.9	<0.005	<0.005	<0.005	<0.005	<0.005	0.003	<0.005	0.004	<0.01	<0.01	<0.005	(0.0004)	(0.0013)
314W	89.5	1.62	0.019	8.60	<0.01	0.126	0.041	0.081	(0.005)	<0.005	(0.025)	<0.01	(0.002)	(0.004)
360W	61.7	3.01	0.19	34.85	<0.01	<0.005	0.13	0.08	(0.005)	<0.005	<0.005	0.022	(0.001)	(0.002)
482W	58.6	0.65	0.57	40.10	<0.005	<0.005	0.08	0.009	0.003	<0.005	<0.005	<0.01	(0.001)	(0.002)
485W	59.7	1.67	0.58	38.00	<0.01	<0.005	0.022	0.007	<0.005	<0.01	<0.005	<0.01	(0.002)	(0.0013)
510W	95.8	(0.004)	3.97	0.008	<0.005	<0.005	<0.005	<0.005	0.16	<0.005	<0.005	<0.005	(0.0005)	(0.0021)
544W	89.0	3.14	4.03	3.69	<0.005	<0.005	0.015	0.06	0.07	<0.005	<0.01	<0.005	(0.002)	0.004
655W	95.9	0.021	0.007	0.045	0.98	<0.005	0.032	<0.005	<0.005	<0.005	3.03	<0.005	(0.001)	(0.0016)
675W	58.5	<0.01	0.92	39.70	0.11	<0.01	0.73	<0.01	<0.01	<0.005	<0.02	<0.01	(0.0004)	(0.0013)
706W	87.3	<0.01	0.016	0.08	0.55	<0.005	1.61	10.49	0.005	<0.005	<0.01	<0.005	(0.003)	0.015
715W	69.1	<0.006	0.005	0.021	0.85	<0.005	0.52	29.5	<0.01	<0.005	<0.005	<0.005	(0.018)	0.007
836C	84.1	5.09	4.50	5.78	<0.005	<0.01	0.070	0.19	0.031	<0.005	0.024	0.11	0.008	0.04
857C	59.8	0.78	0.47	38.40	(0.002)	0.19	0.20	0.13	<0.01	<0.01	<0.005	0.010		
903C	87.2	0.14	8.0	4.03	<0.005	<0.005	0.015	0.55	0.024	<0.005	<0.005	<0.01	(<0.003)	0.014
922C	87.9	1.23	5.7	4.29	<0.005	<0.005	0.05	0.66	0.032	0.012	<0.005	0.07	(0.002)	0.035
932C1	82.3	7.70	6.50	2.46	<0.005	<0.005	0.26	0.40	0.011	0.023	<0.005	0.24	(0.002)	(0.062)
937C	79.6	9.7	9.66	0.26	<0.005	<0.005	<0.005	0.42	0.028	<0.01	<0.005	0.27	(0.002)	(0.05)

c. 표준암석

이 표는 通商省 工業技術院 지질연구소(현 獨立行政法人 産業技術總合硏究所 地質調査總合센터)가 발행하는 암석표준시료의 분석치이다
(Ando et al., 1989, Geochem. J. 23(143)에의함).

주성분 (%)

	JG-1	JG-1a	JR-1	JA-1	JB-1	JB-1a	JGb-1	JP-1
SiO_2	72.30	72.19	75.41	64.06	52.17	52.16	43.44	42.39
TiO_2	0.26	0.25	0.10	0.87	1.34	1.30	1.62	<0.01
Al_2O_3	14.20	14.22	12.89	14.98	14.53	14.51	17.66	0.62
Fe_2O_3	0.39	0.43	0.40	2.42	2.28	2.52	4.89	1.97
FeO	1.63	1.46	0.50	4.08	6.00	5.92	9.24	5.73
MnO	0.063	0.06	0.10	0.15	0.16	0.15	0.17	0.12
MgO	0.74	0.69	0.09	1.61	7.73	7.75	7.83	44.72
CaO	2.18	2.13	0.63	5.68	9.29	9.23	11.98	0.56
Na_2O	3.39	3.41	4.10	3.86	2.79	2.74	1.23	0.021
K_2O	3.97	4.01	4.41	0.78	1.42	1.42	0.24	0.0033
P_2O_5	0.097	0.08	0.02	0.16	0.26	0.26	0.05	0.00
H_2O^+	0.48	0.59	1.05	0.80	1.02	1.10	1.23	2.68
H_2O^-	0.072	0.09	0.13	0.26	0.95	0.86	0.04	0.40
Fe_2O_3T	2.14	2.05	0.96	6.95	8.97	9.10	15.16	8.34

미량성분 (ppm)

	화강암		류문암	안산암	현무암		반려암	강람암
	JG-1	JG-1a	JR-1	JA-1	JB-1	JB-1a	JGb-1	JP-1
Ag	0.026	–	–	–	0.041	–	–	–
As	0.36	0.39	15.9	2.92	2.48	2.34	1.11	0.34
Au	0.00013	0.00014	–	–	0.00807	0.0007	0.0011	–
B	6	2.6	133	16	12.4	–	2.4	1.0
Ba	462	458	40	307	490	497	63	17
Be	3.1	3.1	3.1	0.50	1.5	1.4	0.36	<0.1
Bi	0.52	–	0.51	0.009	0.031	–	0.014	–
Br	0.068	–	10	7	0.58	–	–	–
C (t)*	213	295	88	290	470	312	295	764
C (c)*	172	–	–	–	353	–	–	–
C (n)*	43	–	–	–	114	–	–	–
Cd	0.037	0.03	0.017	0.094	0.103	0.11	0.085	<0.03
Ce	46.6	47.1	49	13.2	67	67	8	–
Cl	60	–	920	35	172	170	–	50
Co	4.0	5.7	0.65	11.8	38.7	39.5	61.6	116
Cr	64.6	18.6	2.3	7.3	469	415	59.3	2970
Cs	10.2	11.4	20.2	0.64	1.19	1.2	0.27	<0.1
Cu	1.5	1.3	1.4	42.2	56.3	55.5	86.8	5.7
Dy	4.6	–	6.2	4.9	4.0	–	1.4	–
Er	1.69	–	3.9	3.2	2.2	–	0.91	–
Eu	0.76	0.72	0.31	1.2	1.52	1.5	0.61	–
F	496	450	942	180	393	385	150	10
Ga	17	17	17.6	17.3	18.1	18	18.9	0.5

	화강암		류문암	안산암	현무암		반려암	강람암
	JG-1	JG-1a	JR-1	JA-1	JB-1	JB-1a	JGb-1	JP-1
Gd	3.7	–	4.8	4.6	4.7	–	1.5	–
Ge	1.3	–	2.4	1.2	0.08	–	0.84	–
Hf	3.5	3.7	4.7	2.4	3.4	3.4	0.84	0.16
Hg	0.016	–	0.008	0.008	0.028	–	0.0021	–
Ho	0.95	–	1.1	0.89	0.70	–	0.32	–
I	0.0091	–	0.08	0.015	0.031	0.021	–	–
In	0.0398	–	0.0368	–	–	–	–	–
Ir	–	–	–	–	0.0523	0.0509	–	–
La	23	23	21	5.5	38	38	3.95	0.04
Li	85.9	82.1	62.3	10.5	11.5	11.5	4.3	1.8
Lu	0.46	0.53	0.68	0.46	0.31	0.33	0.16	–
Mo	1.46	0.67	3.2	2.0	34.5	1.4	0.45	–
Nb	12.6	12	15.5	1.7	34.5	27	2.8	1.2
Nd	20.0	19.7	25.5	11	27	–	5.7	–
Ni	6.0	6.4	0.66	1.8	139	140	25.4	2460
Os	0.0027	–	–	–	0.0019	–	–	–
Pb	26.2	27.0	19.1	5.8	7.1	7.2	1.9	0.114
Pd	–	–	–	–	–	–	–	–
Pr	4.5	8.7	6.1	1.5	7.5	–	1.1	<0.1
Pt	–	–	–	–	–	–	–	–
Ra (ppt)	1.24	–	–	–	0.72	–	–	–
Rb	181	180	257	11.8	41.2	41	4	<1
Re	0.000098	–	–	0.00054	0.0049	–	–	–
Rh	–	–	–	–	–	–	–	–
Ru	–	–	–	–	–	–	–	–
S	11.3	10	9	23	17.9	9	1950	30
Sb	0.08	0.06	1.48	0.26	0.35	0.28	0.11	<0.04
Sc	6.5	6.6	5.2	28.4	27.4	29	35	7.7
Se	0.0028	0.0027	0.0059	0.0086	0.026	0.0165	0.17	0.0063
Sm	5.1	4.5	6.2	3.6	5.0	5.2	1.5	–
Sn	4.1	4.2	2.7	0.78	1.8	2.0	0.36	0.05
Sr	184	185	30	266	435	443	321	<1
Ta	1.7	1.7	1.9	0.1	2.7	2.0	0.17	<1
Tb	0.84	0.87	1.1	0.77	0.76	0.70	0.30	–
Tl	–	–	–	–	–	–	–	–
Th	13.5	12.1	26.5	0.82	9.2	8.8	0.53	0.18
Tl	1.0	1.0	1.6	0.13	0.11	0.11	0.06	<0.05
Tm	0.5	0.49	0.73	0.51	0.35	0.34	0.17	–
U	3.3	4.7	9	0.34	1.7	1.6	0.15	0.05
V	25	23	<8	105	212	220	640	29
W	1.7	–	1.9	3.9	20	–	0.81	–
Y	30	32	46	31.4	24	25	11	1
Yb	2.7	3.0	4.6	2.9	2.1	2.0	1.0	–
Zn	41.5	38.8	30	90.6	83	82	111	29.5
Zr	108	115	102	87	143	144	33	6

• C(t) : 전탄소, C(c) : 탄산형탄소, C(n) : 비탄산형탄소

4. 수탁분석기관일람표

		1	2	3	4	5	6	7	8	9	10	11	12	13	14	15	16	17	18	19	20	21
		적외선관찰법	X선투과측정법	광전자촬영법	잔차화상예측법	중성자투과측정법	X선CT분석법	화학분석법	발광분광분석법	형광X선분석법	EPMA	방사화분석법	PIXE	EXAFS	ICP발광분석법	ICP질량분석법	Glow방전질량분석법	X선회절분석법	경도측정법	주사형전자현미경분석법	Mössbauer분광분석법	전자Spin공명분석법
1	(주)アイテス Ites Co., Ltd 우520-2392 滋賀縣 野洲市 市三宅 800 TEL:077-587-9001 FAX:077-587-9019 http://www.ites.co.jp/	○	○					○		○	○				○	○			○	○		
2	(주)アグネ技術センター Agne Gijutsu Center Co., Ltd 우107-0062 東京都 港區 南青山 5-1-25 北村ビル TEL:03-3409-5329 FAX:03-3409-8237 메일:infanaly@agne.co.jp http://www.agne.co.jp/							○	○	○	○							○*	○	○		
3	NTTアドバンステクノロジ(주) NTT Advanced Technology Corporation 선단기술사업본부 재료분석센터 우243-0124 神奈川縣 厚木市 森の里 若宮3-1 NTT研究開發센터 내 TEL:046-250-3678 FAX:046-250-1678 메일:analysis@ntt-at.co.jp http://keytech.ntt-at.co.jp/							○		○	○				○	○		○		○		
4	(주)太平洋コンサルタント Taiheiyo Consultant Co., Ltd. 연구센터 우285-8655 千葉縣 佐倉市 大作 2-4-2 분석사업부 TEL:043-498-3913 FAX:043-498-3919 메일:otc@grp.taiheiyo-cement.co.jp http://www.taiheiyo-cement.co.jp/thc/	○						○		○	○				○			○	○	○		
5	川崎地質(주) Kawasaki Geological Engineering Co., Ltd. 사업본부 우108-8337 東京都 港區 三田 2-11-15 TEL:03-5445-2077 FAX:03-5445-2093 메일:Webmaster@kge.co.jp http://www.kge.co.jp/																					
6	JFEテクノリサーチ (주) JFE Techno-Research Corporation 분석・평가사업부 우260-0835 千葉縣 千葉市 中央區 川崎町1番地 千葉사업소 TEL:043-262-2313 FAX:043-262-2199 메일:salesmarketing@jfe-tec.co.jp http://www.jfe-tec.co.jp/index.html		○				○	○	○	○	○				○	○		○	○	○*		

22	23	24	25	26	27	28	29	30	31	32	33	34	35	36	37	38	394	40	41	42	43	44	45	46	47	48	49
ESCA	열분석법	원소Mapping분석법	Auger전자분광분석법	고체질량분석법	감마선분석법	SIMS	유기원소분석법	NMR	가시광흡수스펙트럼분석법	형광분광분석법	Fourier변환 적외분광분석법	Fourier변환 현미경적외분광분석법	가스크로마토그리피	박층크로마토그리피	가스크로마토그래프질량분석법	액체크로마토그리피질량분석법	화분분석법	규조분석법	플랜트·오팔분석법	출토인골DNA분석법	경원소식성분석법	^{14}C연대측정법(β선계수법)	^{14}C연대측정법(가속기질량분석법)	연륜연대분석법	열잔류자기분석법	열루미네센스분석법	Fission-track분석법
○	○	○	○			○	○	○	○		○	○	○		○	○											
	○		○																								
○	○	○	○			○		○	○		○	○				○											
	○	○							○	○	○	○	○		○												
																	○	○	○			○			○		○
○	○	○	○			○	○	○		○	○	○	○	○	○	○											

		1	2	3	4	5	6	7	8	9	10	11	12	13	14	15	16	17	18	19	20	21
		적외선관찰법	X선투과측정법	광전자촬영법	잔차화상예측법	중성자투과측정법	X선CT분석법	화학분석법	발광분광분석법	형광X선분석법	EPMA	방사화분석법	PIXE	EXAFS	ICP발광분석법	ICP질량분석법	Glow방전질량분석법	X선회절분석법	경도측정법	주사형전자현미경분석법	Mössbauer분광분석법	전자Spin공명분석법
7	(주)京都フィッション・トラック Kyoto Fission-Track Co., Ltd 우603-8832 京都府 京都市 北區 大宮 南田尻町 44-4 TEL:075-493-0684 FAX:075-493-0741 메일:kyoto-ft@mb.neweb.ne.jp http://www.k3.dion.ne.jp/~kft-home/																					
8	(주)古環境硏究所 Paleoenviroment Research Co., Ltd 우331-0062 埼玉縣さいたま市西區土屋1795-24 Tel:048-622-0389 Fax:048-622-9187 메일:kokankyou@mub.biglobe.ne.jp http://www.kokankyo.jp/									○	○							○				
9	(주)三造試驗センター Mes Testing & Research Center Co., Ltd 우706-0012 岡山縣玉野市 3 - 1 - 1 三井造船（株）玉野事業所 構內 Tel:0863-23-2620 Fax:0863-23-2622 메일:trceigyo@mail.tamano.or.jp http://www.tamano.or.jp/usr/trcpost/							○		○	○				○			○	○	○		
10	(주)島津テクノリサーチ Shimadzu Techno-Research 본사 우604-8436 京都市中央區西ノ京下合町 1 番地 Tel:075-811-3181 Fax:075-821-7837 메일:info@shimadzu-techno.co.jp http://www.shimadzu-techno.co.jp/home.htm						○	○		○					○	○		○	○	○		
11	ジオクロノロジージャパン(주) Geochronology Japan Inc. 우542-0012 大阪府大阪市中央區谷町 6 丁目1 1-8 Tel:06-6764-1128 Fax:06-6764-1156 메일:info@geochro.co.jp http://www.geochro.co.jp/							○		○	○	○			○	○		○		○		○
12	(주)住化分析センター Sumika Chemical Analysis Service, Ltd 본사 우541-0043 大阪市中央區高麗橋4丁目6番17号 住化不動産橫堀ビル Tel:06-6202-1810 Fax:06-6202-0015 메일:marketing@scas.co.jp http://www.scas.co.jp/							○	○	○	○				○	○	○	○	○	○		○

22 ESCA	23 열분석법	24 원소Mapping분석법	25 Auger전자분광분석법	26 고체질량분석법	27 감마선분석법	28 SIMS	29 유기원소분석법	30 NMR	31 가시광흡수스펙트럼분석법	32 형광분광분석법	33 Fourier 변환적외분광분석법	34 Fourier 변환현미경적외분광분석법	35 가스크로마토그리피	36 박층크로마토그리피	37 가스크로마토그래프질량분석법	38 액체크로마토그리피질량분석법	394 화분분석법	40 규조분석법	41 플랜트·오팔분석법	42 출토인골DNA분석법	43 경원소식성분석법	44 ^{14}C연대측정법(β선계수법)	45 ^{14}C연대측정법(가속기질량분석법)	46 연륜연대분석법	47 열잔류자기분석법	48 열루미네센스분석법	49 Fission-track분석법
																											○*
																	○	○	○	○		○	○			○	
	○						○						○		○												
○	○						○		○		○	○	○	○	○	○											
																						○	○			○	○
○	○	○	○			○	○	○	○	○	○	○	○	○	○	○											

		1	2	3	4	5	6	7	8	9	10	11	12	13	14	15	16	17	18	19	20	21
		적외선관찰법	X선투과측정법	광전자촬영법	잔차화상예측법	중성자투과측정법	X선CT분석법	화학분석법	발광분광분석법	형광X선분석법	EPMA	방사화분석법	PIXE	EXAFS	ICP발광분석법	ICP질량분석법	Glow방전질량분석법	X선회절분석법	경도측정법	주사형전자현미경분석법	Mössbauer분광분석법	전자Spin공명분석법
13	住友金属テクノロジー(주) Sumitomo Metal Techology Inc 본사 〒660-0891 兵庫縣尼崎市扶桑1-8 Tel:06-6489-5779 Fax:06-6489-5778 메일:smt-kansai@sumitomometals.co.jp http://www.smt-inc.co.jp/								○ *	○	○	○ * *			○	○		○	○	○		
14	タカラバイオ(주) Takara Bio Inc 〒520-2134 滋賀縣大津市瀬田3丁目4-1 Tel:077-543-7200 Fax:077-543-2494 메일:bio-ir@takara-bio.co.jp http://www.takara-bio.co.jp/																					
15	(주)武田分析研究所 Takeda Analytical Research Laboratories, Ltd. 〒532-0042 大阪府大阪市淀川區十三本町2-17-85 Tel:06-6300-6015, 6371 Fax:06-6300-6412									○	○							○		○		
16	(주)ダイヤコンサルタント Dia Consultants Company Limited 개발기술센터 〒331-8636 埼玉縣さいたま市北區吉野町2-27 2-3 Tel:048-654-3011 Fax:048-654-3833 메일:overseas@diaconsult.co.jp http://www.diaconsult.co.jp/		○					○	○	○	○				○			○		○		○
17	(주)大和地質研究所 〒960-8043 福島縣福島市中町4-20 みんゆうビル404号 Tel:024-528-5735 Fax:024-528-5733 메일:info@daiwageolab.jp http://www.daiwageolab.jp/									○						○		○				○
18	東京都立產業技術研究所 기획조정과 〒115-8586 東京都北區西が丘3-13-10 Tel:03-3909-2151 Fax:03-3909-2592 메일:sodan@iri.metro.tokyo.jp http://www.iri.metro.tokyo.jp/		○									○	○			○						○
19	東レリサーチセンター Toray Research Center, Inc 동경영업부 〒103-0022 東京都中央區日本橋室町3-1-8 日本橋都ビル5階 Tel:03-3245-5665, 5666 Fax:03-3245-5804 http://www.toray-research.co.jp/							○	○	○	○	○	○	○	○	○	○	○	○	○	○	○

22	23	24	25	26	27	28	29	30	31	32	33	34	35	36	37	38	394	40	41	42	43	44	45	46	47	48	49
ESCA	열분석법	원소Mapping분석법	Auger전자분광분석법	고체질량분석법	감마선분석법	SIMS	유기원소분석법	NMR	가시광흡수스펙트럼분석법	형광분광분석법	Fourier 변환적외분광분석법	Fourier 변환현미경적외분광분석법	가스크로마토그리피	박층크로마토그리피	가스크로마토그래프질량분석법	액체크로마토그리피질량분석법	화분분석법	규조분석법	플랜트·오팔분석법	출토인골DNA분석법	경원소식성분석법	C14연대측정법(β선계수법)	14C연대측정법(가속기질량분석법)	연륜연대분석법	열잔류자기분석법	열루미네센스분석법	Fission-track분석법
○	○	○	○			○		○	○		○	○	○	○	○												
								○	○				○			○											
	○						○	○	○	○	○	○	○	○	○	○											
				○													○	○				○	○				○
																	○	○				○				○*	○
○													○		○											○	
○	○	○	○	○		○	○	○	○	○	○	○	○	○	○	○											

		1	2	3	4	5	6	7	8	9	10	11	12	13	14	15	16	17	18	19	20	21
		적외선관찰법	X선투과측정법	광전자활영법	잔차화상예측법	중성자투과측정법	X선CT분석법	화학분석법	발광분광분석법	형광X선분석법	EPMA	방사화분석법	PIXE	EXAFS	ICP발광분석법	ICP질량분석법	Glow방전질량분석법	X선회절분석법	경도측정법	주사형전자현미경분석법	Mössbauer분광분석법	전자Spin공명분석법
20	(주)夏原技研 〒532-0012 大阪府淀川木川東3-6-20 第五丸善ビル Tel:06-6390-8418 Fax:06-6390-8436																					
21	(주)ニチユ・テクノ Nichiyu Techno Co., Ltd. 大師분석센터 〒210-0865 神奈川縣川崎市川崎區千鳥町3番3号 Tel:044-280-0701 Fax:044-280-0704 메일:contact@nichiyu-tec.co.jp http://www.nichiyu-tec.co.jp/							○		○	○				○			○		○		
22	日鋼検査サービス(주) Nikiko Inspection Service Co., Ltd 〒051-5805 北海道室蘭市茶津町4-1 Tel:0143-22-8336(대표) Fax:0143-24-7841(대표) 메일:info@nikkoukensa.co.jp http://www.nikkoukensa.co.jp/index2.html							○	○	○	○				○			○	○	○		
23	(주)日鐵テクノリサーチ Nippon Steel Techno Research Co., Ltd 본사 영업부 〒231-0012 神奈川縣川崎市高津區坂戸3-2-1 KSP A101 Tel:044-814-3460 Fax:044-814-3461 메일:toiawase03@nstr.co.jp http://www.nstr.co.jp/		○				○	○	○	○	○				○	○	○	○	○	○		○
24	(주)日東分析センター Nitto Analytical Techno Center Co., Ltd 본사사업소 〒567-8680 大阪府茨木市下穂積1-1-2 Tel:072-623-3381 Fax:072-626-7056 http://www.natc.co.jp/									○	○				○	○		○		○		
25	ジャスコエンジニアリング(주) Jasco Engineering Co., Ltd 분석센터 〒192-0032 東京都八王子市石川町2097-2 Tel:0426-46-4121 Fax:0426-46-4120 메일:jasco-eng@jasco.co.jp http://www.jasco.co.jp/jasco-eng/Japanese/jasco-eng.html																					

22 ESCA	23 열분석법	24 원소Mapping분석법	25 Auger전자분광분석법	26 고체질량분석법	27 감마선분석법	28 SIMS	29 유기원소분석법	30 NMR	31 가시광흡수스펙트럼분석법	32 형광분광분석법	33 Fourier 변환적외분광분석법	34 Fourier 변환현미경적외분광분석법	35 가스크로마토그리피	36 박층크로마토그리피	37 가스크로마토그래프질량분석법	38 액체크로마토그리피질량분석법	394 화분분석법	40 규조분석법	41 플랜트·오팔분석법	42 출토인골DNA분석법	43 경원소식성분석법	44 14C연대측정법(β선계수법)	45 14C연대측정법(가속기질량분석법)	46 연륜연대분석법	47 열잔류자기분석법	48 열루미네센스분석법	49 Fission track분석법
																									○		
							○	○	○				○		○												
													○		○												
○	○	○	○			○	○	○	○		○	○	○		○												○
○	○	○	○	○		○	○	○	○		○	○	○	○	○	○											
										○	○	○				○											

		1	2	3	4	5	6	7	8	9	10	11	12	13	14	15	16	17	18	19	20	21
		적외선관찰법	X선투과측정법	광전자촬영법	잔차화상예측법	중성자투과측정법	X선CT분석법	화학분석법	발광분광분석법	형광X선분석법	EPMA	방사화분석법	PIXE	EXAFS	ICP발광분석법	ICP질량분석법	Glow방전질량분석법	X선회절분석법	경도측정법	주사형전자현미경분석법	Mösbauer분광분석법	전자Spin공명분석법
26	(재)日本分析센터 Japan Analysis Center 총무부 업무과 우263-0002 千葉縣千葉市稻毛區山王町295-3 Tel:043-423-5325 Fax:043-423-5372 메일:webman@jcac.or.jp http://www.jcac.or.jp/											○			○	○						
27	春川鐵工(주) Harukawa Tekkou Co,. Ltd 우292-0067 千葉縣木更津市中央1-5-23 Tel:0438-23-6611 Fax:0438-23-6693 메일:honsya@harukawa.co.jp http://www.harukawa.co.jp/																					
28	パリノ・サーヴェイ(주) Palyno Survey Co., Ltd 우103-0023 東京都中央區日本橋本町1丁目10-5 日産江戸橋ビル 2階 Tel:03-3241-4566 Fax:03-3241-4597 메일:office@palyno.co,jp http://www.palyno.co.jp/							○		○	○							○		○		
29	パレオ・ラボ(주) Paleo Labo Co., Ltd 우335-0016 埼玉縣戸田市下前1-13-22 ビコーズ戸田Ⅲ 1F Tel:048-446-3245 Fax:048-444-7756 메일:info@paleolabo.jp http://www.paleolabo.jp/									○			○					○		○		
30	(주)分析センター Analysis Center Co., Ltd 第一技術研究所 환경과학부・재료해석부 우131-0032 東京都墨田區東向島１丁目12番２号 Tel:03-3616-1612 Fax:03-3265-1706 메일:info@analysis.co.jp http://www.analysis.co.jp/japanese/index.html	○						○	○	○	○				○			○	○	○		○
31	三菱マテリアル(주) Mitsubishi Materials Co., Ltd 總合研究所 大宮研究센터 우330-8508 埼玉縣さいたま市大宮區北袋町1-297 Tel.03-3616-1612 http://www.mmc.co.jp/japanese/index.html		○					○	○	○	○				○	○	○	○	○	○		○

22	23	24	25	26	27	28	29	30	31	32	33	34	35	36	37	38	394	40	41	42	43	44	45	46	47	48	49
ESCA	열분석법	원소Mapping분석법	Auger전자분광분석법	고체질량분석법	감마선분석법	SIMS	유기원소분석법	NMR	가시광흡수스펙트럼분석법	형광분광분석법	Fourier 변환적외분광분석법	Fourier 변환현미경적외분광분석법	가스크로마토그리피	박층크로마토그리피	가스크로마토그래프질량분석법	액체크로마토그리피질량분석법	화분분석법	규조분석법	플랜트·오팔분석법	출토인골DNA분석법	경원소식성분석법	^{14}C연대측정법(β선계수법)	^{14}C연대측정법(가속기질량분석법)	연륜연대분석법	열잔류자기분석법	열루미네센스분석법	Fission-track분석법
																						○*					
							○					○	○				○	○	○			○	○				
		○										○					○	○	○		○		○		○		
○	○	○	○			○	○	○	○	○	○	○	○	○	○	○											
○	○	○	○	○		○	○	○	○	○	○	○	○		○	○					○						

* 상기의 회사들에 대한 정보는 2005년 10월~2006년 1월에 수집한 정보들이다.

일본어 원문에는 36곳의 분석기관이 소개되어 있었으나, 현재 연락이 닿지 않거나, 내부사정으로 명기되는 것을 거부한 기관들은 제외하였음을 밝혀둔다.

【비고】

2. (주)アグネ技術センター "Agne Gijutsu Center Co., Ltd"

* : 미소, 박막도 가능. 각종 열측정(비열・열전도・팽창)

7. (주)京都フィッション・トラック "Kyoto Fission-Track co., Ltd"

* : 지르콘(zircon)・인회석(apatite)・설석(sphene)만.

①화산재분석에서는 암석기재학적인 분석을 실시한다. ②화산유리・광물의 굴절율 측정을 통해 화산재의 동정을 실시한다. ③토양 중 화산재 추출분석에서는 화산재에 대한 강회층준[降灰層準]을 실시한다. ④비열에 대한 분석은 역시료[礫試料]뿐만 아니라 그 외의 물질에 대해서도 실시하고 있다. ⑤태토분석이나 역종[礫種]의 감정. ⑥FT 연대측정법에 의한 연대측정 외에 화산재의 동정에 의한 연대측정도 실시한다. FT 연대측정법의 대상 시료는 암석뿐만 아니라 화산재도 포함된다.

8. (주)古環境研究所 "Paleoenviroment Research Co., Ltd"

화산재분석(화산유리比分析・중광물분석 등), 굴절율측정, 기생충분석, 씨앗동정, 수종동정, 식물유체DNA분석, 토양이화학분석, 화장실유구분석, 광루미네선스 연대측정법.

9. (주)三造試驗센터 "Mes Testing & Research Center Co., Ltd"

금속조직분석법, Suzuki's Universal Micro-Printing Method, 조직관계의 화상해석, 손상조사, 진동계측, 응력계측, FEM해석.

10. (주)島津テクノリサーチ "Shimadzu Techno-Research"

전시・수장환경의 대기측정, 비파괴CT측정, 고분해능 가스크로마토크래피질량분석장치, ICP-MS법, FT-IR법.

서울에 한국대리점인 동일島津(주)이 있어서 여기를 경유해 상담・계

약・정산을 실시하는 것이 일반적이다.

11. ジオクロノロジージャパン(주) "Geochronology Japan Inc."

TIMS(열이온화질량분석계) 등의 분석도 실시하고 있다.

16. (주)ダイヤコンサルタント "Dia Consultants Company Limited"

화산재연대측정법, 광범위한 화산재가 없거나 탄소계물질이 남아 있지 않은 경우 시대추정이 대단히 어렵다. 이럴 경우 3~7만년 정도의 구석기시대라면 고토양편년법이라는 방법도 있다. 아직 연구 단계이지만 어느 정도의 시대를 추정할 수 있다.

23. (주)日鐵テクノリサーチ "Nippon Steel Techno Research co., Ltd"

철재〔鐵滓〕・금속조직관찰, 녹으로부터의 금속조직의 추정, 열중량질량분석, Gel크로마토그래피, 금속재료의 기계적 특성, 이온크로마토그래피, 액체크로마토그래피, 광학현미경관찰.

28. パリノ・サーヴェイ(주) "Palyno Survey Co. Ltd"

층서편년, 고환경조사, 유구・유물조사 (중광물조성, 화산재분석, 화산유리비, 화분분석, 규조분석, 식물규산체분석, 토양이화학분석, 수종동정, 씨앗동정, 암석감정, 태토분석, 뼈・패류동정 등), 목질・금속유물의 보존처리

29. パレオ・ラボ(주) "Paleo Labo Co. Ltd"

층서편년, 고환경조사, 화산재분석, 굴절율측정, 기생충분석, 씨앗동정, 수종동정, 태토분석(박편법・형광X선분석법), 토양이화학분석, 석기의 암질동정, 뼈・패류동정, 유공충〔有孔蟲〕분석, 탄소・질소동위원소분석. 한국인 스태프가 있기 때문에 한국어 대화 가능.

30. (주)分析센터 "Analysis Center Co., Ltd"

PT-GC/MS법.

5. 용어설명

가시광선 [可視光線, visible rays]

전자기파 중에서 사람의 눈에 보이는 파장의 범위를 의미한다. 파장의 범위는 사람에 따라 다소 차이가 있으나 대체로 380~770nm이다. 가시광선 내에서는 파장에 따른 성질의 변화가 각각의 색깔로 나타나며 빨강색으로부터 보라색으로 갈수록 파장이 짧아진다. 단색광인 경우 700~610nm는 빨강, 610~590nm는 주황, 590~570nm는 노랑, 570~500nm는 초록, 500~450nm는 파랑, 450~400nm는 보라로 보인다. 빨강보다 파장이 긴 빛을 적외선, 보라보다 파장이 짧은 빛을 자외선이라고 한다. 대기를 통해서 지상에 도달하는 태양복사의 광량은 가시광선 영역이 가장 많다. 사람의 눈의 감도〔感度〕가 이 부분에서 가장 높은 것은 그 때문이라고 한다. 일곱가지 색으로 나타나는 광을 모두 합치면 흰색으로 보이는데, 이러한 이유 때문에 태양이 희게〔白光〕 보이는 것이다. 태양광선 아래에서 하얀 색깔의 종이가 하얗게 보이는 이유는 일곱가지 색을 모두 반사하기 때문이고 파란색의 종이가 파란 것은 가시광선 중에서 파란색만을 반사하여 그 색깔만 눈에 감지되기 때문이다.

간섭 [干涉, interference]

둘 또는 그 이상의 파동이 서로 만났을 때 중첩(superposition)의 원리에 의해 서로 더해져서 나타나는 현상을 간섭이라 하며, 파장과 진폭이 일정할수록 간섭이 잘 일어나 뚜렷한 간섭무늬를 관찰할 수 있다. 파장과 진폭이 같은 두 파동이 서로 만나서 마루와 마루 또는 골과 골이 일치하면 파동의 진폭은 원래 파동의 2배가 되고, 세기는 4배가 된다. 이 같은 경우를 보강간섭〔補强干涉〕이라 한다. 이에 비해 마루와 골이 일치하여 파동의 진폭이 0이 되는 경우를 소멸간섭〔消滅干涉〕이라 한다. 보강간섭과

소멸간섭으로 일정한 무늬가 보이는 것이 간섭무늬이다.

감마선 [γ 線, γ ray]

감마선은 파장이 매우 짧은 전자기파, 즉 빛이다. 파장이 10pm(10^{-9}m) 보다 작은 전자기파는 대부분 감마선이라고 한다. X선과 파장 영역이 겹치며 가지는 성질도 비슷하여 X선과 감마선은 보통 파장 길이로 구분하지 않고 어떤 원인에 의해 발생한 것인지를 놓고 구별한다. 감마선은 한 원자의 원자핵이 붕괴하여 다른 원자로 바뀔 때 생성되는 에너지가 방출되는 전자기파를 가리키며, 원자핵이 아닌 원자 내의 전자가 에너지를 방출하면서 나오는 전자기파를 X선이라고 한다. 원자 내부의 핵이 붕괴하여 알파선이나 베타선이 방출될 때 아주 약간의 질량이 줄어드는데 이 질량은 아인슈타인의 공식 $E=mc^2$에 따라 커다란 에너지로 전환된다. 이 에너지는 원자핵을 불안정하게 만들며, 불안정해진 원자핵은 안정한 상태로 돌아가기 위해 에너지 차에 해당하는 전자기파를 내놓는다. 전자기파는 에너지가 클수록 파장이 짧아지기 때문에 원자핵의 붕괴시에는 감마선이 방출되는 것이다. 감마선은 그 자체로는 이온화 능력을 가지고 있지 않지만, 에너지가 매우 크기 때문에 물질의 원자나 분자를 건드려서 에너지를 주어 이온화를 일으킨다. 이것은 광전효과(photoelectric effect)나 컴프턴 효과(compton effect)와 같은 현상으로 나타난다. 또한 소멸하면서 전자와 양전자를 생성하기도 한다(쌍생성). 반대로 전자와 양전자가 만나면 감마선이 나타난다(쌍소멸). 이온화 능력 자체는 알파선이나 베타선에 비해 약한 편이지만 투과력이 매우 강력해서 일반적인 방사선 피폭은 감마선에 의한 것이다. 콘크리트나 철, 납처럼 밀도가 높은 물질을 통해서 차단할 수 있지만 가장 잘 차단할 수 있는 납을 사용하더라도 10cm 정도의 두께가 필요하다.

강도 [强度, strength]

강도는 물체의 단단하고 강한 정도를 의미한다. 재료에 하중이 걸린 경우 재료가 파괴되기까지의 변형저항을 그 재료의 강도라고 한다. 인장강도・압축강도・굽힘강도・비틀림강도 등이 있다. 인장강도는 시험편을 서서히 잡아당기는 인장시험으로 측정하며, 압축강도는 짧은 기둥모양의 시료에 축방향으로 압축하중을 가하여 측정한다. 비틀림강도는 둥근 기둥모양의 시료가 비틀림에 의해 파괴되었을 때 가해진 비틀림 모멘트로부터 계산에 의해 구한다.

경도 [硬度, hardness]

경도는 일반적으로 물질의 단단하고 무른 정도를 나타내는 굳기를 뜻한다. 그래서 광물의 굳기를 상대적으로 비교하는 모스 경도계의 경우 광물이 단단하고 무른 정도를 1~10까지 구분하였고, 높은 숫자 일수록 그 경도(굳기)는 단단하다. 손톱과 유리의 경우를 예로 들면 손톱은 굳기가 약 2.5 이며 유리는 5.5 정도가 된다. 유리로 손톱을 긁으면 흠집이 나게 된다. 그렇지만 손톱으로 유리를 긁으면 흠집이 나는 경우는 없다. 이것은 손톱이 유리에 비해 상대적으로 무르기 때문이다. 다시 말해 유리가 손톱보다 경도(굳기)가 더 강하다는 것을 뜻한다.

경원소 [輕元素, light element]

경원소란 보통 원자번호 10번 이하의 원소 (H, He, Li, Be, B, C, N, O, F, Ne)를 지칭한다. 이들은 유기체의 주요 구성 성분(H, C, O)을 이루고 있으며, 자연광물 중에서 가장 풍부한 성분인 산소(oxygen)가 이에 속한다. 뿐만 아니라, 최근 소재의 경량화 추세에 따라 신소재로써 각광받고 있는 SiC, Si_3N_4, BN 등의 주성분을 이루기도 한다.

광전자 [光電子, photoelectron]

광전 효과에 의하여 금속 표면으로부터 방출되는 전자이다. 기체 또는 고체에 파장이 짧은 광을 조사〔照射〕하면, 기체 원자・분자는 광전리 과정에 의해 이온화되고 고체 표면에서는 외부 광전 효과로 자유 전자가 방출된다. 반면, 고체 내부에서는 내부 광전 효과에 의해서 자유전자가 생성되며, 도전율 변화 또는 기전력의 발생에 기여하는 이 전자도 넓은 의미의 광전자이다.

구면파 [球面波, spherical wave]

공간의 어떤 점의 상태변화가 파동으로서 주위에 차차 전파될 때 위상이 같은 점을 이으면 하나의 파면을 이루는데, 이 파면이 구면〔球面〕을 이루었을 때의 파동이 구면파이다. 작은 파원〔波源〕으로부터 모든 방향으로 한결같이 파동이 퍼져나갈 때 공간의 각 점에서의 상태를 나타내는 양은 파원으로부터의 거리와 시간의 함수가 되며, 그 파면은 구면을 이룬다. 구면파의 파면은 파원으로부터 무한히 먼 곳에서는 거의 평면으로 볼 수 있다. 파면이 평면인 파동을 평면파라고 한다. 구면파가 전달될 때의 에너지는 구의 반지름의 제곱에 반비례하고, 진폭은 반지름에 반비례한다.

규조류 [硅藻類, diatom]

조류〔藻類〕 갈색식물문의 한 강〔綱〕으로 현생종은 6,000~1만 종으로 알려져 있다. 흔히 돌말이라고 부르는 종류이며 황조식물〔黃藻植物〕의 1강으로 분류하기도 하고, 규조식물문으로 독립시키기도 한다. 민물과 바닷물에 널리 분포하는 플랑크톤이며 수중생태계의 생산자로서 어패류의 먹이로도 중요하다. 모두 단세포이고 규산질로 된 단단한 껍질이 있다. 껍질은 위껍질과 아래껍질로 구별되며 위껍질이 아래껍질을 반쯤 덮고 있어서 마치 벼루상자의 뚜껑과 몸집처럼 서로 가까이 붙어 있다. 따라서 위에서 본 모양과 옆에서 본 모양이 다르다. 껍질에는 기하학적인 여러 가지 무늬와 돌기가 있어서 아름다운 무늬를 나타낸다. 전세계에 분포하며 남쪽의 난해〔暖海〕보다 북쪽의 한해에서 많이 번식한다. 특히 봄부터 초여름에 걸쳐 크게 늘어나며 여름에는 줄어들고 가을에 또다시 늘어났다가 겨울에 줄어드는 연주기현상〔年週期現象〕을 보인다.

대기권 [大氣圈, atmosphere]

대기권은 지상 약 1,000km까지의 높이에서 지구를 둘러싸고 있는 대기의 층을 말한다. 대기는 그 조성뿐만 아니라 온도나 그 밖의 물리적인 성질이 높이에 따라 다르므로 몇 개의 층으로 나눌 수 있다. 일반적으로 기온 분포에 따라 대류권, 성층권, 중간권, 열권으로 나누고, 이들 사이의 경계면을 대류권계면, 성층권계면, 중간권계면이라고 한다. 이 밖에도 성층권에 있는 오존층, 열권에 있는 전리층 등이 있다. 대기권은 지구에 생명체가 사는 데 여러 가지 역할을 한다. 태양이나 외계에서 지구로 들어오는 해로운 빛을 흡수하고, 운석이 충돌하는 것을 막아 주는 보호막 역할을 한다. 그리고 지표가 내는 열의 일부를 흡수하여 품고 있어서 지구를 보온해 주며, 대류현상으로 열을 고르게 퍼뜨려서 지구 전체의 온도차이를 줄인다. 또 동식물이 호흡하는 데 필요한 산소를 가지고 있다.

동위원소 [同位元素, isotope]

동위원소는 동위체〔同位體〕라고도 불리운다. 화학원소는 서로 같아 화학적으로 거의 구별할 수가 없으나 그것을 구성하고 있는 원자의 질량이 서로 다른 것을 동위원소라고 한다. 영어의 isotope는 그리스어인 isos(같은)와 topos(장소)의 합성어인데, 질량은 서로 달라도 원소의 주기율표에서 같은 장소에 배열되는 데서 1901년 영국의 화학자 F.소디가 그 개념을 확립시킴과 동시에 이 명칭을 붙였다고 한다. 일반적으로 어떤 원소의 화학적 성질은 그 원소를 구성하고 있는 원자의 원자핵 내에 있는 양성자의 수, 즉 원자번호에 의해 결정된다. 한편 원자의 질량은 양성자와 중성자의 수의 합인 질량수에 거의 비례하므로 동위원소란 같은 수의 양성자를 가지고 중성자의 수만이 다른 원자핵으로 이루어지는 원소들이라고 할 수 있다. 원자핵의 바깥궤도를 도는 전자〔電子〕의 수는 원자번호와 같으므로 동위원소는 모두 같은 수의 궤도전자를 가진다. 천연으로 존재하는 화학원소의 종류는 약 90종이며, 이에 대하여 천연의 동위원소는 약 300종이나 된다. 따라서 이것을 평균해 보면, 한 원소당 3종의 동위원소를 갖는 것이 되지만, 실제로는 주석(10개), 카드뮴(8개)과 같이 많은 동위원소를 갖는 것도 있고, 또 베릴륨 · 플루오르 · 나트륨 · 비스무트와 같이 천연으로는 동위원소가 없고 단 1종의 원자로 이루어져 있는 것도 있다. 일반적으로 어떤 천연원소가 얼마나 많은 동위원소를 가지고 있는가에 대해서는 뚜렷한 법칙성은 없지만 원자번호가 홀수인 원소는 대부분 2종 이상의 동위원소를 갖지 않으며 원자번호가 짝수인 원소는 비교적 많은 동위원소를 갖는 것이 많다는 사실이 인정된다. 자연계에 존재하는 원소는 이와 같은 동위원소의 혼합물인데 그 혼합비는 지구상의 어느 곳에서 채취한 시료에 대해서도 거의 일정하다.

DNA [deoxyribonucleic acid]

자연에 존재하는 2종류의 핵산 중에서 디옥시리보오스를 가지고 있는 핵산을 말한다. 유전자의 본체를 이루며 디옥시리보핵산이라고도 하며, 네 종류의 뉴클레오티드인 아데닌(adenine: A), 구아닌(guanine: G), 시토신(cytosine: C), 티민(Thymine: T)으로 이루어져 있다. 형태는 이중나선구로를 이루며 단조로우나 모든 기관의 수많은 특성을 담는다. 19세기에는 염색체의 단백질 안에 유전정보가 들어 있을 것으로 믿어졌으나 20세기 들어서 DNA가 유전물질이라는 것이 밝혀졌다.

루미네선스 [luminescence]

루미네선스는 냉광〔冷光〕이라고도 하며 형광〔螢光〕이나 인광〔燐光〕처럼 열을 동반하지 않는 발광현상을 말한다. 일반적으로 물질이 빛 · X선 · 복사선 및 화학적 자극을 받아 그 에너지를 흡수해서 빛을 방출하는 현상 중에서 열복사 · 체렌코프복사 · 레일리산란 · 라만산란 등 특수한 것을 제외한 발광현상을 말한다. 여기 에너지의 종류에 따라서 광루미네선스 · X선루미네선스 · 마찰루미네선스 · 음극선루미네선스 · 전기루미네선스 · 화학루미네선스 등이 있다. 반딧불이나 야광충 등의 생물이 스스로 빛을 발하는 생물발광도 결국 산화환원반응을 일으키는 화학루미네선스라고 할 수 있다.

마이켈슨 간섭계 [Michelson interferometer]

하나의 광원에서 나온 빛을 두 갈래로 나누고, 이 빛들이 직각을 이루도록 진행시킨 뒤 다시 만나게 하여 간섭무늬를 만드는 장치이다. 이 간섭무늬를 이용하면 두 갈래로 나뉜 빛의 광행로차를 알 수 있다. 빛의 매질인 에테르를 확인하기 위해 고안(마이켈슨-몰리의 실험)되었으나 에테르가 없다는 실험 결과가 나와 아인슈타인의 상대성원리의 토대를 마련하였다. 그 후 이 기계는 얇은 막의 두께나 스펙트럼선형의 측정, 고분해능 분광계 등에 널리 응용되고 있다.

발열반응 [發熱反應, exothermic reaction]

모든 물질들은 어느 정도의 에너지를 가지고 있다. 물질에 따라 큰 에너지를 가지고 있는 것도 있고 작은 에너지를 가지고 있는 것도 있다. 그런데 이러한 물질들은 영원히 그대로 머물러 있는 것이 아니라 주변 환경의 변화에 의해 반응을 일으켜 다른 물질을 만들어내기도 한다. 역시 반응물질과 생성물질 간에도 서로가 가지고 있는 에너지에 차이가 있으므로 그 차이만큼 에너지가 방출되기도 하고 흡수되기도 한다. 발열반응은 반응한 물질들의 에너지가 생성된 물질들의 에너지보다 더 커 그 차이만큼에 해당하는 에너지가 외부로 방출되는 반응이다. 철가루의 산화반응을 예로 들면, 철과 산소가 반응물질이며 산화철이 생성물질이다. 철과 산소가 가지고 있는 에너지의 합이 산화철이 가지고 있는 에너지보다 크기 때문에 그 차이만큼의 에너지가 방출되는 것이다. 이때 방출되는 에너지의 대부분이 열에너지의 형태를 띠기 때문에 주변의 온도가 올라가며, 따라서 이를 발열반응이라고 부른다. 어떤 반응이 발열반응이라면 그 반응의 역반응은 반대로 흡열반응이 되고, 어떤 반응이 흡열반응이라면 그 반응의 역반응은 발열반응이 된다.

방사선 [放射線, radioactive rays]

우라늄, 플루토늄과 같은 원자량이 매우 큰 원소들은 핵이 너무 무겁기 때문에 상태가 불안정해서 스스로 붕괴를 일으킨다. 이러한 원소들이 붕괴하여 다른 원소로 바뀌게 될 때 몇 가지 입자나 전자기파를 방출하는데 이것이 바로 방사선이다. 방사선을 내놓는 원소를 방사성 원소라고 하며 이렇게 방사선을 내놓는 능력을 방사능(radioactivity)이라고 한다. 이러한 원소가 붕괴할 때 나오는 방사선은 α선, β선, γ선 세 가지다. 하지만 일반적으로 방사선이라고 할 때는 이 세 가지뿐만 아니라 X선, 중성자선 같은 다른 입자나 전자기파를 합쳐서 언급하는 경우가 많다. 방사선은 α선, β선, 중성자선과 같이 운동하는 입자인 입자선〔粒子線〕과 X선, γ선과 같은 전자기파로 크게 구분된다.

방사화 [放射化, radioactivation]

시료를 원자로 속에 넣고 중성자나 하전입자 또는 γ선으로 충격하여 시료 중의 목적원소를 방사성 원소로 바꾸는 과정을 말한다. 방사화분석은 방사화된 원소를 화학적으로 분리한 후 그 방사성의 크기를 측정함으로써 목적원소를 정량검출하거나 또는 화학적 분리를 하지 않고 선스펙트럼에 의해 직접 목적 핵종을 비파괴로 동정〔同定〕 및 정량하는 분석법을 말한다.

베르베린 [berberine]

화학식은 $C_{20}H_{19}NO_5 \cdot 5H_2O$이고 황색 침상 결정이며 녹는점 145 ℃이다. 황련(Coptis japonica) 뿌리, 황벽나무(Phellodendron amurense) 수피, 매발톱나무의 일종(Berberis vulgaris)의 뿌리 등에서 얻는다. 예전에는 양모 · 명주 · 피혁 등의 염료로서 사용되었다. 쓴맛이 나므로 황련과 황벽나무는 고미건위약〔苦味健胃藥〕 · 강장제로 쓰인다.

베타선 [β線, β ray]

베타선은 베타 입자가 움직이는 입자 방사선이다. 베타 입자는 베타 붕괴를 통해 원자 바깥으로 나온 전자를 말한다. 전자의 반물질인 양전자(positron)가 움직이는 경우도 베타선으로 칭하지만 이러한 경우는 자연에서는 드물다. 핵 안에 들어있는 중성자가 양성자로 바뀌면서 전자가 튀어나오는 현상을 베타 붕괴라고 하며 이때 베타선과 중성미자(neutrino)가 나오게 된다. 베타 붕괴가 아닌 다른 방식으로 운동하는 전자는 일반적으로 베타선이라고 하지 않는다. 베타 붕괴가 일어난 원소는 전하량이 1만큼 증가하여 다른 원소로 바뀌게 되지만 전자의 질량이 매우 작기 때문에 원자량은 그대로다. 전자의 움직임이기 때문에 전하는 -1가이며 에너지 분포는 알파선과 달리 연속적으로 정확히 알기 어렵다. 물질을 투과하는 능력은 알파선보다는 큰 것으로 알려져 있지만 에너지 분포가 연속적인 관계로 일정하지는 않다. 일반적으로는 얇은 알루미늄 호일이나 플라스틱판 정도로도 베타선을 막을 수 있다. 전하를 띠고 있어서 전기장, 자기장에서 휘지만 질량이 알파선에 비해 매우 가볍기 때문에 이온화 능력은 그렇게 크지 않다. 원자핵 옆을 지나가면 핵 주위에 있는 전기장에 의해 방향이 바뀌며 속도가 떨어져서 에너지 일부가 X선의 형태로 방출되는데, 이러한 현상을 제동복사(制動輻射, bremsstrahlung)이라고 한다.

사이클로트론 [cyclotron]

사이클로트론은 1932년 E.O. 로렌스에 의하여 고안된 것으로서, 균질한 자기장〔磁氣場〕 내에서 하전입자〔荷電粒子〕의 원운동주기는 입자의 질량에 비례하고, 전하량과 질량에 반비례한다는 원리를 이용한 입자가속기이다. 고속중성자선 · 양자선 · α선 등의 방사선이 발생된다. 고속중성자선은 수소원자핵을 사이클로트론으로 가속하여 베릴륨 등의 금속에 조사〔照射〕하면 발생한다. 양자선은 수소원자핵을 사이클로트론으로 가속하여 꺼낸 것이고 α선은 헬륨 원자핵을 사이클로트론으로 가속하여 꺼낸 것이다. 사이클로트론은 주로 의료용으로 사용되며, 발생되는 방사선을 각종

종양〔腫瘍〕에 조사하여 종양을 치유한다.

사철 [砂鐵, iron sand]

화성암 속의 자철석 등이 분해, 파쇄되어 모래 모양으로 된 것이다. 바닷가·호숫가·하상〔河床〕 등에 퇴적한 사철과, 오래된 사철이 제3기층 속에 층을 이룬 산사철〔山砂鐵〕이 있다. 사철은 주로 자철석으로 이루어져 있으며 그 밖에 적철석·갈철석·티탄철석·휘석·석영 등으로 이루어져 있다. 성분은 Fe 20～40 %, TiO_2 3～11%인데, 특히 TiO_2가 많은 것도 있다. 철광석으로 이용되기도 하지만, 최근에는 오히려 그 속의 티탄이나 바나듐을 추출하기 위하여 이용된다.

쌍극자 모멘트 [雙極子 moment, dipole moment]

크기가 같은 양〔陽〕과 음〔陰〕 두 극이 아주 가까운 거리를 두고 마주하고 있을 때 이 두 극을 쌍극자라고 하는데, 이때 두 극의 세기와 거리를 곱한 것을 쌍극자모멘트라고 한다. 전기쌍극지모멘트의 방향은 음전하로부터 양전하로 향하는 벡터로 나타내며, 자기쌍극자모멘트의 방향은 자기쌍극자를 전류 환선으로 생각할 경우 오른손 법칙을 적용하여 찾을 수 있다. 전류 환선을 작은 자석으로 생각하면 S극에서 N극으로 향한다. 전하〔電荷〕로 구성되는 쌍극자에 의한 전기쌍극자모멘트와, 자기쌍극자에 의한 자기쌍극자모멘트가 있다. 한 분자의 음전하 무게중심과 양전하의 무게중심이 정확히 일치되지 않으면 쌍극자모멘트를 갖게 된다. 전기장 하에서 모든 분자들은 일그러진 편극(distortion polarization)이 발생하기 때문에 유도된 쌍극자모멘트(전기장 방향과 거의 평행하도록 정렬된다)를 갖는다. 원자에 외부전기장을 작용시키면 전기쌍극자는 그 전자의 분포가 편재〔偏在〕하게 된다. 물·암모니아·염화수소와 같은 종류의 분자는 외부전기장의 작용 없이도 전기쌍극자를 가지기도 하는데, 이들을 유극분자〔有極分子〕라고 한다. 자기쌍극자는 작은 자석이나 작은 환상전류〔環狀電流〕를 비롯하여 전자·양성자·중성자〔中性子〕 등 소립자〔素粒子〕나 원자핵・원자・분자 등으로 알려져 있으며, 큰 자석 또는 보통 자성체〔磁性體〕는 자기쌍극자의 집합으로 간주하고 있다.

수권 [水圈, hydrosphere]

지구를 구성하는 요소는 크게 수권, 대기권(atmosphere), 암석권(lithosphere)의 3가지 나누어진다. 이중 수권은 지구 표면의 해양・호소・하천・얼음 등과 같이 다양한 형태로 분포되어 있는 물의 범위를 말한다. 수권의 넓이는 지구 표면의 약 2/3를 차지한다. 해양이 그 대부분이며, 지구상의 물의 총량은 13～14억 km^3에 이르는데, 이 중에서 해수의 비율이 97%를 넘고, 얼음(빙하)이 2.4%를 차지한다. 지구상의 물은 대기권〔大氣圈〕 중에는 수증기의 형태로 암석권에는 지하수나 암석 중의 공극수〔空隙水〕로 존재하며, 기권・수권・암석권의 3권에 걸쳐 순환하는데, 그 과정에서 여러 가지 존재 형태를 취한다.

스테롤 [sterol]

스테린(sterin)이라고도 하며 스테로이드 분류의 일군인 스테로이드알코올이다. 물에 녹지않는 무색의 결정인데 대표적으로 동물체에서 콜레스테린・코프로스탄올, 식물체로부터 시토스테린, 균류로부터 에르고스테린 등이 있다.

식물규산체 [植物硅酸體, phytolith]

식물규산체(phytolith)의 어원은 그리스어로 phyto(식물 plant)+lithos(돌 stone)의 합성어이다. 이는 식물체 내에 형성된 여러 가지 무기염류 특히, 규소에 의해 형성된 구조물을 통칭하며, 식물규산체, 식물규소체, phytolith, plant opal, plant stone, silica phytolith 등 다양하게 불리워진다. 식물규산체의 크기는 2-200㎛로 다양하며, 부채꼴형(fan-shape), 아령형(dumbelle), 십자형(cross), 안장형(saddle) 등 화본科(Poaceae) 식물 및 외떡잎식물(monocots)에서 주로 발견되며, 매우 다양하고 특징적인 형태를 하고 있어 종〔種〕단위 까지 동정이 가능하다. 잎, 줄기에 형성되는 식물규산체는 식물의 직립을 돕고, 곰팡이류, 초식동물, 곤충에 대한 보호기능을 한다. 식물규산체는 토양상태나 식물의 생장시 기후조건, 토양내 수분 함유량 정도 등에 따라서 그 형태가 다르게 집적되지만 식물의 성숙정도나 유전적 영향이 더 크기 때문에 식물 종을 구분하는데 있어서 매우 유용하다.

C3식물 [C3植物]

광합성에서 캘빈회로만으로 이산화탄소가 동화되어 당〔糖〕을 합성하는 식물이다. 캘빈회로에서 이산화탄소가 5탄당인 리불로오스2인산(RuBP)과 반응하여 2분자의 인글리세르산(PGA)이 되는데, PGA는 탄소수가 3개인 화합물(C3)이므로 이러한 광합성을 C4디카르복실산회로에 의한 이산화탄소 고정(C4광합성)과 구별하여 C3광합성이라 한다. 그리고 이러한 형태의 광합성대사를 가진 식물을 C3식물이라고 한다. C3식물에는 대개의 조류〔藻類〕와 고등식물이 속하여 특히 옥수수와 사탕수수 등 일부를 제외한 모든 작물식물이 C3광합성을 한다.

C4식물 [C4植物]

보통의 식물은 잎에서 단백질이 합성될 때 광호흡을 해야 하므로 CO_2를 50% 정도만 광합성에 이용하고 나머지 50%의 CO_2는 실제로 광합성에 이용하지 못한다. 광호흡이란 리불로오스이인산(RuBP)이 산화될 때 생기는 인글리콜산으로부터 유래되는 글리콜산을 산화시키는 과정을 말한다. 그러나 옥수수나 사탕수수는 글리콜산이 만들어지지 않아 광호흡이 없으므로 많은 CO_2를 광합성에 이용할 수 있어서 생장이 매우 빠르다. 그 이유는 대기 중에서 흡수한 CO_2가 C3물질인 PEP(phosphoenolpyruvate)와 결합하여 4탄당인 옥살아세트산으로 된 뒤에 말산을 거쳐 캘빈회로로 공급되기 때문이다. 이러한 경우를 C4경로라 하며, 그러한 식물을 C4식물이라고 한다. 1965년 H.P.코르차크가 밝혀냈다. C4식물은 조류〔藻類〕나 수목에는 없고, 사탕수수 · 옥수수 등과 비름과 · 국화과 · 남가새과 등의 일부 식물을 포함한 200여 종에 있으며 외떡잎식물과 쌍떡잎식물에서 볼 수 있으므로 계통적인 관계는 없는 것으로 알려져 있다. C4식물의 잎에서는 엽육세포는 물론 관다발을 둘러싸고 있는 유관속초세포〔維管束鞘細胞〕에도 엽록체가 있고 두 세포는 원형질 연락사로 서로 연결되어 있다. 그 결과, 엽육세포에서 합성된 말산 또는 아스파트산은 유관속초세포로 쉽게 이동하고 거기에서 타르타르산반응을 거쳐 이산화탄소를 생성한다. 이 이산화탄소는 캘빈회로에서 다시 고정되고, 당으로 환원된다. C4식물과 C3식물을 비교하면, C3식물에는 유관속초세포가 발달하지 못하였고, 흔히 엽록체가 없다. 그러나 C4식물에서는 유관속초세포가 크고 그라나(grana) 구조가 발달하지 못한 엽록체가 있으며, 그 안에 녹말이 들어 있다. 광포화점이 C4식물에서는 80～100Klx이며, C3식물에서는 25～50Klx로 낮다. 광합성 속도는 광선의 강도와 관계없이 C4식물이 높고, 광합성의 최적온도는 C3식물에서 15～25 ℃이고 C4식물에서 30～40℃이다. 공기 중의 산소농도를 높이면 C3식물에서는 광합성의 저해가 일어나지만, C4식물은 아무런 영향을 받지 않는다. C4식물은 열대지방처럼 기온이 높고 광선의 강도가 강한 조건에서 체내수분 유지를 위하여 기공〔氣孔〕이 어느 정도 닫혀 있는 상황에서 생육하려고 이산화탄소의 고정계를 효율적으로 변화시킨 식물이라 하겠으나, 언제 어떻게 C3식물에서 분화되었는지 알 수 없다.

알리자린 [alizarin]

화학식은 $C_{14}H_8O_4$이며, 이집트 · 페르시아 · 인도 등에서 알려진 가장 오래된 식물성 염료로서, 꼭두서니의 뿌리 속에 배당체〔配糖體〕로서 들어 있다. 녹는점은 289~290℃, 황갈색 분말로 시판되고 있으나, 순수한 것은 오렌지색의 결정이다. 승화성〔昇華性〕이 있고, 알코올 · 에테르 등의 유기용매에 잘 녹는다. 현재는 안트라퀴논을 술폰화한 다음, 알칼리 융해시키고 황산으로 중화하는 방법을 써서 공업생산하고 있다.

RNA [ribonucleic acid]

리보핵산이라고도 한다. 핵산의 단위물질인 뉴클레오티드(nucleotide)가 매우 길게 연결된 고분자 유기물인데, 이 뉴클레오티드는 염기와 탄수화물의 일종인 펜토오스(오탄당), 그리고 인산이 각각 1분자씩 결합한 물질이다. 이 구성성분에서 펜토오스의 당이 리보오스(ribose)일 때 RNA라 하고, 디옥시리보오스(deoxyribose)이면 DNA(deoxyribonucleic acid)라 한다. RNA를 구성하는 뉴클레오티드의 4가지 염기는 아데닌(adenine: A)・구아닌(guanine: G)・시토신(cytosine: C)・우라실(uracil: U)이다. 따라서 RNA의 뉴클레오티드에도 A, G, C 또는 U를 가진 네 가지가 있게 된다. 이 뉴클레오티드의 배열순서가 다르면 RNA의 종류도 달라진다. 즉, RNA의 종류라는 것은 뉴클레오티드의 배열순서인 것이다. 따라서 RNA에는 무수히 많은 종류가 있다. 보통 RNA는 뉴클레오티드가 수십에서 수백 개 연결되어 있다. 거의 모든 생물의 유전자는 DNA이지만, 식물에 기생하는 바이러스와 약간의 동물성 바이러스, 그리고 세균성 바이러스는 RNA가 유전자 구실을 한다. 세포 내에서는 주로 리보솜에 들어 있고 일부는 핵 속에, 그리고 인에도 들어 있다.

알파입자 [α 粒子, α particle]

α선을 구성하는 입자로 헬륨(He) 원자핵과 같다. 알파 입자는 양성자 2개와 중성자 2개로 구성되어 있으며, 원자량이 큰 원소가 알파 붕괴할 때 주로 생성된다. 알파 붕괴가 일어나면 양성자 2개만큼 원소의 전하량이 떨어지게 된다. 알파선은 +2가의 전하를 띠고 있기 때문에 전기장에나 자기장에서 휘어진다. 또한 전리작용〔電離作用〕이 매우 강해서 다른 물질을 매우 쉽게 이온화시킨다. 하지만 질량과 전하량이 크기 때문에 운동에너지가 매우 쉽게 감소해서, 종이 정도의 두께를 가진 물질에도 흡수되어 차단되며 공기 중에서도 순식간에 멈추어 몇 cm 정도밖에 움직이지 못한다. 단 그런 만큼 근거리에서 미치는 영향은 크기 때문에 알파선을 방출하는 물질을 다룰 때는 내부 피폭에 특히 주의해야 한다. 알파선은

이온화 작용이 강하기 때문에 이것을 이용하여 분석화학 등에 사용하는 경우가 많다.

양성자 [陽性子, proton]

영국의 화학자 돌턴은 1803년에 원자설을 제안하였다. 그후 많은 과학자들이 원자의 구조에 대해 연구를 하였으며, 그런 과정에서 원자는 전자와 원자핵로 구성되어 있고, 원자핵은 다시 양전하를 띠고 있는 양성자와 전하를 갖고 있지 않은 중성자로 구성되었음을 알게 되었다. 양성자는 원자핵을 구성하는 입자의 하나로 질량은 1.673×10^{-24}g이며 1.60×10^{-19}C의 전하량을 가진다. 양성자는 1886년 독일의 골트슈타인에 의해서 발견되었다. 골트슈타인은 기체 방전 실험을 통해 양극에서 음극으로 입자가 흘러가는 현상을 알게 되었고, 이렇게 양극에서 음극으로 흘러가는 입자를 양성자라고 하였다. 또 양성자들의 흐름을 양극선이라 하였다. 그 후 여러 실험을 통해 양성자의 전하량은 전자의 전하량과 비교했을 때 그 크기는 같으며 부호는 반대이고, 전자의 질량의 약 1836배에 해당하는 질량을 지닌 입자임을 알게 되었다.

엑스선 [X線, X ray]

파장 0.01~100옹스트롬(Å)으로 감마선과 자외선의 중간 파장에 해당하는 전자기파로 눈에 직접 보이지는 않으나 굴절, 반사, 편광, 간섭, 회절 등의 현상을 나타내며 강한 형광 작용, 전리 작용, 사진 작용, 투과 작용 등을 한다. 학문적으로 중요할 뿐만 아니라 실제 사용 면에서도 질병의 진단 및 치료, 금속 재료의 내부 검사, 미술품의 감정〔鑑定〕 등 그 용도가 매우 넓다. 1895년에 독일의 뢴트겐이 발견할 당시에는 알 수 없는 선이라는 뜻에서 X선이라고 불렀다. X선은 일반적으로 경〔硬〕 X선과 연〔軟〕 X선으로 구분된다. 경 X선은 물질에 대한 투과력이 강하고 파장이 짧은 X선이며 연 X선은 물질에 쉽게 흡수되어 투과력이 약하고 파장이 긴 X선으로 공기 중에도 흡수되므로 사용할 때에 진공 장치가 필요하다.

오제 전자 [Auger 電子, Auger electron]

원자의 X선 흡수, 원자핵에서의 전자포획(K-electron capture), 또는 내부변환(internal conversion)에 따른 전자방출이 있은 후 원자는 원자핵에 가까운 궤도에 있던 전자를 잃고 빈자리가 생기게 된다. 여기에 다른 궤도에 있던 전자가 채워지는 과정에서 대부분 특성X선이 방출되는데, 이 특성X선 대신 원자내 전자가 방출되는 현상이 오제효과(Auger effect)이며, 방출되는 전자를 오제전자라 한다. 1925년 P.오제가 발견했다. Auger 효과는 고립된 원자나 분자의 경우뿐 아니라 고체 표면에 빛이나 입자선을 조사〔照射〕할 때 나오는 광전자〔光電子〕나 2차전자의 방출메커니즘으로서도 중요하다.

운철 [隕鐵, iron meteorite]

운철은 철질운석이라고도 하며 지표에 떨어진 운석 중 무게로 약 5%가 운철에 해당된다고 한다. 절단면 모양에 따라 팔면체정운철, 육면체정운철, 괴상운철의 3종류로 분류된다. 운철의 성분은 평균하여 철-니켈 합금 98.34%, 황화광물인 트로일라이트 FeS 0.12%, 인화물〔燐化物〕인 슈라이버사이트 $(Fe,Co,Ni)_3P$ 1.12%, 탄화물인 코에나이트 Fe_3C 0.42%, 흑연(黑鉛, 드물게는 다이아몬드) 등을 함유하고 있다.

원자로 [原子爐, nuclear reactor]

핵분열성 물질의 연쇄핵분열반응시 순간적으로 방출되는 다량의 에너지를 인공적으로 제어하여 열을 발생시키거나 방사성 동위원소 및 플루토늄의 생산, 또는 방사선장 형성 등의 여러 목적에 사용할 수 있도록 만들어진 장치이다. 원자로는 크게 핵분열반응에 의한 핵분열로와 핵융합반응에 의한 핵융합로로 구별되는데 일반적으로 상용화되고 통념화된 원자력발전 방식은 핵분열로를 가리키고, 핵융합로는 아직은 기초 연구개발 단계이다. 핵분열로는 핵분열반응에 사용되는 중성자의 에너지에 따라 고속중식로 또는 열중성자로로 나눌 수 있다. 열중성자로 중 중성자의 에너지

감속을 위한 감속재 종류에 따라 경수로 · 중수로 · 흑연로로 나눌 수 있으며, 핵분열반응 결과 방출되는 에너지를 냉각시키기 위한 냉각재의 비등 여부에 따라 가압형원자로 혹은 비등형원자로 등으로 나눌 수 있다.

유전자증폭기술 [遺傳子增幅法, PCR(polymerase chain reaction)법]

유전자를 90℃의 고온에서 이중나선으로 푼 다음 70~50℃의 낮은 온도에서 단계적으로 중합 과정이 일어나도록 하여, 이 과정이 한 번 반복될 때마다 복제가 일어나 두 배의 유전자가 만들어지게 하는 방법이다. 이 기술을 이용하면 과거에는 감지할 수 없었던 유전자의 미세한 변화나 미량의 유전자를 쉽게 인식할 수 있다. 암세포의 돌연변이와 유전병의 진단, 법의학 분야의 범인확인이나 친자확인 검사, 인류의 진화 · 이동 연구, 유전자를 이용한 유전공학제품 생산 등에 다양하게 이용할 수 있다.

자유라디칼 [自由 radical, free radical]

보통 유리기〔遊離基〕 또는 라디칼(radical)이라고도 한다. 보통의 분자에서는 스핀의 방향이 반대인 2개의 전자쌍을 만들어 안정된 상태로 존재하나, 자유라디칼은 짝을 짓지 않은 활성 전자를 가지고 있기 때문에 일반적으로 불안정하고, 매우 큰 반응성을 가지며 수명이 짧다. 또한 본래는 공유결합의 생성에 관여했어야 하지만 결합을 이루지 않은 전자가 있기 때문에 중심원자는 원자가의 수만큼의 화학결합을 이루지 못하고 있다. 최초로 발견된 자유라디칼은 트리페닐메틸 자유라디칼이며, 1900년에 M.곰버그에 의해 발견되었다. 일반적으로 비닐 단위체의 중합은 자유라디칼에 의해서 진행하는 것이 많고, 열분해 · 크래킹 등도 대부분 자유라디칼의 반응에 의해서 이루어진다.

작용기 [作用基, functional group]

공통된 화학적 특성을 지니는 한 무리의 유기화합물에서 그 특성의 원인이 되는 공통된 원자단 결합양식을 작용기라 하며 기능원자단, 기능기 또는 관능기라고도 한다. 예를 들면, 알코올류 및 페놀류에 속하는 유기화합물은 모두 히드록시기 $-OH$를 가지고 있는데 이것이 이들 화합물에 특성을 부여하는 원인의 하나이다. 히드록시기 외에도 알데히드의 포르밀기 $-CHO$(알데히드기라고도 한다), 케톤의 카르보닐기 $-CO$, 카르복시산의 카르복시기 $-COOH$, 1차아민화합물의 아미노기 $-NH_2$, 니트로화합물의 니트로기 $-NO_2$ 등 많은 작용기가 알려져 있다. 또한, 넓은 뜻에서는 탄소-탄소의 이중결합 $C=C$나 삼중결합 $C\equiv C$도 일련의 화합물에 특성을 부여하는 원자단이므로 이것도 작용기로 볼 수 있다.

적외선 [赤外線, infrared ray]

파장이 가시광선보다 길며 극초단파보다 짧은 750μm~1mm의 전자파로 눈으로는 볼 수 없고 일반적으로 공기 중에서 거의 산란되지 않으며, 가시광선보다 투과력이 강하다. 사진 적외선 · 근적외선 · 원적외선 등으로 나눌 수 있는데, 단파장 부분에는 사진 작용 · 형광 작용 · 광전〔光電〕 작용이 있어, 적외선 사진이나 적외선 통신 · 물질 감정 · 의료 등에 이용한다. 1800년에 허셀이 발견하였다.

전자 [電子, electron]

전자는 음전하를 가지는 질량이 아주 작은 입자로 모든 물질의 구성요소이다. 전자는 소립자 중에서 가장 오래 전부터 알려졌으며, 19세기 말 음극선〔陰極線〕 입자로서 발견되었다. 정지질량은 9.107×10^{-28}g이고, 전하는 $-1.602\times10^{-19}C=-4.8023\times10^{-10}$esu이다. 또한 1/2의 스핀 양자수〔量子數〕를 가진다. 이 밖에 반입자〔反粒子〕로서 양전하를 가진 전자가 존재하는데, 이것은 음전자(negatron)에 대하여 양전자(positron)라고 한다.

중성자 [中性子, neutron]

영국의 과학자인 채드윅에 의해 발견된 중성자는 원자핵 내에 존재하는 전하를 띠지 않는 입자이며, 그 질량이 1.675×10^{-24}g으로 양성자보다 약간 무겁다. 또 전자의 질량에 대해 1839배 무겁다. 중성자와 양성자는 전자의 질량에 비해 1800배 이상 무겁고, 양성자와 중성자 사이의 질량 차이는 그리 크지 않기 때문에 양성자의 질량을 1이라고 하면 중성자의 질량도 1, 전자의 질량은 1/1800 정도로 생각한다. 전자의 질량은 무시할 정도로 작기 때문에 원자의 질량은 해당 원자 속에 들어있는 중성자들과 양성자들의 질량을 합한 것이 된다.

중양자 [重陽子, deuteron]

중양성자라고도 한다. 중수소의 원자핵으로 한 개의 양성자와 한 개의 중성자로 이루어져 있다. 기호는 2H 또는 D로 표시한다.

중원소 [重元素, heavy element]

일반적으로 원소주기율표 상에서 구리(Cu)에서 비스무스(Bi) 사이에 존재하는 비중 4.0 이상의 원소를 말한다. 또는 희토류원소(rare earth elements)보다 무거운 금속원소들을 의미하기도 한다. 천문학의 경우 헬륨보다 더 무거운 원소들을 중원소 또는 금속(metal)이라고 한다.

지방산 [脂肪酸, fatty acid]

카르복시기(COOH)를 1개 가지는 사슬모양 모노카르복시산을 말하며 지방을 가수분해하면 생기기 때문에 이러한 이름이 붙었다. 보통 생체 내에서는 글리세롤이나 고급 알코올과 에스테르를 만들며 유리한 지방산으로서 존재하는 양은 극히 적다. 글리세롤과의 에스테르를 지방, 고급 알코올과의 에스테르를 납〔蠟〕이라고 한다. 생물에서 발견되는 지방산은 대부분 탄소수가 짝수이고 노르말사슬 모양이며, 카르복시기는 끝에 달려 있다. 생체 내에서 지방산은 지방산회로에 의해서 분해되거나 합성되거나 한다. 이 회로는 탄소 2개씩의 단위로 지방산을 합성하거나 분해하므로 자연계에 존재하는 지방산은 거의 대부분이 짝수인 탄소수로 되어 있다. 지방산은 에너지원으로서 중요하며 소화흡수되면 일단 지방의 형태로 피하에 침착했다가 필요에 따라 간에서 분해된다. 영양소로서는 높은 칼로리를 지니며 또 직접 장〔腸〕에서 흡수되므로 이용가치가 크다. 지방산은 세포막이나 신경섬유 등의 기본적인 구성성분의 하나이지만 각각 미량밖에 함유되어 있지 않으므로 이들 조직 내에서의 역할에 대해서는 거의 알려진 바가 없다.

태토 [胎土]

도자기를 만드는 흙 입자로서, 질이라고도 한다. 대체로 점토에 고령토・장석・규석・납석 등을 혼합한 뒤 곱게 빻거나 물에 걸러내어 만든다. 수분의 함량은 보통 15～20% 정도이다. 청자토는 철분이 약간 함유되어 있으며 1250℃ 이상에서 소성할 수 있는 점토이고, 백자토는 백색도가 좋아서 소성한 뒤에도 흰색을 내며 1300℃ 가까이에서 소성할 수 있는 고온용 점토이다. 분청토는 백토로 무늬나 그림을 그려 유약을 바를 경우 태토와 백토의 색상이 대비될 수 있는 점토를 말한다. 옹기토는 1200～1230℃에 소성할 수 있는 태토로서 점력은 좋으나 불순물이 많이 섞여 있어 색상이 좋지 않은 단점이 있다.

특성X선 [特性X線, characteristic X ray]

X선에는 여러 파장의 X선을 연속적으로 함유하는 연속 X선과 어떤 파장의 X선만이 특유한 세기로 나타나는 특성X선(고유 X선)이 있다. 특성X선은 연속 X선과는 달리 대상 물질의 원자 내에 있는 전자가 가속전자의 충격으로 교란되어 발생하는 것이다. 일반적으로 특성X선의 각 선은 K계열, L계열, M계열,…로 명명된 몇 가지 무리로 나누어지고, 각각의 무리에 속하는 선을 α, β, γ,…라고 하는 기호로 구별한다. 이들 각 선의 파장과 물질원소의 원자번호는 각각의 계열마다 파장의 제곱근이 원자번호에 반비례하는 관계가 존재한다. 이 법칙을 모즐리의 법칙(Moseley's Law)이라고 하며, 이것을 사용하면 어떤 물질이 원소인지 아닌지를 확인할 수 있고, 또한 아직 발견되지 않은 원소의 존재도 확인할 수 있다. 이

와는 별도로 X선이 고체, 특히 금속에 부딪치면 투과X선 이외에 물질에서 새로운 X선이 발생한다. 이것을 2차X선이라 하며, 이 속에는 물질원자에 의하여 산란된 X선 외에, 그 원소에 특유한 특성X선이 포함되어 있다. 이러한 종류의 2차적으로 방출되는 특성X선을 일반적으로 형광X선이라 한다.

파수 [波數, wave number]

파동에서 단위 길이 안에 포함되는 파동의 수로 파장의 역수와 같다. 원자・분자・핵 분광학에서는 빛의 진동수를 빛의 속도로 나누어서 단위 거리에 있는 파동의 수를 나타내는 진동수의 단위로 사용된다.

포자 [胞子, spore]

포자는 고사리 같은 양치류 식물, 이끼류 식물, 조류〔藻類〕 또는 버섯이나 곰팡이 같은 균류가 만들어 내는 생식세포를 말한다. 또한 이러한 포자를 이용하여 생식하는 경우는 무성생식으로 간주하며 포자법으로 생식한다고 간주하기도 한다. 과학적으로 포자는 배우자(配偶子: gamete)에 대비되는 개념으로, 대응되는 짝을 만나 접합자(接合子: zygote)를 형성하지 않고 홀로 성체로 성장할 수 있는 생식세포를 말한다. 특히 두터운 껍질에 싸여서 환경 변화에 대한 내성이 있는 경우 포자로 보는 경우가 많다. 일반적으로 포자를 형성하여 번식하는 식물을 포자식물이라 하고 씨앗을 이용해 번식하는 식물을 종자식물이라 한다.

푸르푸린 [PurPurin]

푸르푸린은 꼭두서니(Rubia cordifolia L.)의 뿌리 속에 존재하는 배당체〔配糖體〕의 한 종류로 식물성 염료로 사용된다. 꼭두서니는 다년생 초본〔草本〕으로 뿌리에서 붉은 색 색소를 얻는다. 잇꽃〔紅化〕이 전래하기 이전에는 유일한 붉은색 염료였다. 색소의 주성분은 서양 꼭두서니(Rubia tinctorium, L.)에서는 알리자린(alizarin)인데, 중국, 한국, 일본의 꼭두서니의 성분은 푸르푸린(purpurine), 유사-푸르푸린, 문지스틴(munjistin)이다. 염색한 그대로는 노란 색이지만, 회즙〔灰汁〕으로 매염〔媒染〕하면 붉은색이 된다. 서양의 꼭두서니는 명반으로 매염하면 붉은 색이 되고, 회즙으로 매연하면 자색이 된다.

푸리에 변환 [푸리에 變換, Fourier transform]

푸리에 변환은 푸리에 급수의 확장된 개념이다. 푸리에 급수(Fourier series)란 주기함수를 주기의 역수인 기본 주파수 T의 정수배를 갖는 정현파들의 합으로 나타낸 것이다. 만약 주기 T를 무한대로 확장한다면 비주기 함수를 포함한 임의의 함수도 푸리에 급수로 나타낼 수 있으므로, 모든 함수를 주파수 성분별로 나타낼 수 있다. 어떤 함수를 푸리에 급수로 나타내기 위해서는 디리클레 조건(Dirichlet condition), 즉 유한 불연속을 제외하고는 연속이어야 하며 유한개의 최대, 최소를 가져야 하는 조건을 만족하여야 한다. 푸리에 변환은 시간영역의 함수를 주파수영역의 함수로 변환하는 것으로 그 역은 역푸리에 변환이라고 한다. 푸리에 분석 및 푸리에 합성의 종합적인 형태이며, 라플라스 변환의 일반화로 볼 수 있다. 일반적으로 푸리에 변환된 주파수 영역에서의 함수는 복소수로 표현된다. 푸리에 변환된 함수의 진폭 스펙트럼 및 위상 스펙트럼은 파형의 분석이나 필터 특성 분석 등에 중요하게 이용된다. 푸리에 변환은 다차원 함수에 대해서도 성립하므로, 격자망으로 획득된 자료의 처리나 편미분방정식의 해를 구하는데 유용하다. 푸리에 변환 및 역변환 관계에 있는 함수를 푸리에 변환 쌍이라 한다.

화분 [花粉, pollen]

화분이란 속씨식물 혹은 겉씨식물의 수술에서 만들어지는 작은 알갱이로 흔히 꽃가루라고 한다. 화분의 크기는 일반적으로 10-100㎛로 다양하며(옥수수 화분의 경우 크기가 160㎛나 된다), 구형, 난형, 타원형 등 종〔種〕에 따라 그 형태가 매우 특징적이다. 또한 빛깔도 투명, 황색 등을 비롯해서 적색, 등색, 녹색, 자색, 남색 등으로 매우 다양하다. 화분은 스스로를 보호하기 위한 바깥쪽의 막과 내부를 구분하기 위한 안쪽의 막이 있다. 바깥쪽의 막은 세포벽에 해당하는 것으로 펙틴이나 셀룰로오스로 구성되며 여러 무늬가 있다. 또한 여기에는 나중에 발아할 때 화분관을 뻗기 위한 다양한 구멍이 있다. 화분은 1회 산포량이 많고, 주변지역으로 퍼져나가 국지적인 주변 식생환경을 반영하며, 약염기, 중성 조건이 잘 유지되는 유기질 퇴적물이나 호소퇴적물, 토탄층에서 보존이 비교적 용이하다는 장점을 갖고 있다.

회절 [回折, diffraction]

입자의 진행경로에 틈이 있는 장애물이 있으면 입자는 그 틈을 지나 직선으로 진행한다. 이와 달리 파동은 틈을 지나는 직선 경로뿐 아니라 그 주변의 일정 범위까지 휘어져 돌아 들어간다. 이처럼 파동이 입자로서는 도저히 갈 수 없는 영역에 도달하는 현상이 회절이다. 물결파를 좁은 틈으로 통과시켜 보면 회절을 쉽게 관찰할 수 있다. 회절의 정도는 틈의 크기와 파장에 영향을 받는다. 틈의 크기에 비해 파장이 길수록 회절이 더 많이 일어난다. 즉, 파장이 일정할 때 틈의 크기가 작을수록 회절이 잘 일어나므로 직선의 파면을 가졌던 물결이 좁은 틈을 지나면 반원에 가까운 모양으로 퍼진다. 이와 같은 회절현상은 호이겐스의 원리(Huygens' principle)로도 설명되어진다.

흑요석 [黑曜石, obsidian]

옵시디안 또는 흑요암이라고도 한다. 로마의 저술가 G.플리니우스가 그의 저서 《자연지〔自然誌〕》 속에서 옛날 로마사람 오브시디우스가 에티오피아에서 발견한 유리질 화산암이 아마 이런 암석이었을 것이라고 생각한 것에서 유래한다. 일반적으로 치밀하고 유리질광택을 가지며 흑색 · 회색 · 적색 · 갈색을 띤다. 패각상으로 쉽게 쪼개지고 비중은 2.30～2.58이다. 유리 속에 미세한 석영이나 장석의 결정이 흐르는 모양으로 배열하고,

때로는 구과〔球果〕를 함유한다. 화학조성상 화강암이나 유문암〔流紋岩〕에 해당하며, 물의 함유량은 1 % 이하이고, 다량의 물을 함유하는 진주암〔眞珠岩〕이나 피치스톤(역청암)과 구별된다. 대부분은 용암으로서 지표에서 급속히 고결하여 생성된다. 산지로는 미국 옐로스톤국립공원의 흑요석 절벽이 유명하다. 가벼운 타격에 의하여 예리한 날을 만들 수 있으므로 석기시대〔石器時代〕에는 칼 · 화살촉 · 도끼로 사용되었다. 가열하면 팽창하는 성질이 뚜렷하므로 내화원료 등 공업용 원료로 이용된다. 또한, 연마하여 장신구로도 이용된다.

흡열반응 [吸熱反應, endothermic reaction]

모든 물질은 에너지를 가지고 있는데, 그 양은 서로 다르다. 만약 반응물질의 에너지가 상대적으로 작고, 생성하고자 하는 물질의 에너지가 크다면 그 차이만큼의 에너지를 주위로부터 얻어야 반응이 진행될 것이다. 흡열반응은 이와 같이 반응물이 가진 내부에너지보다 생성물이 가진 내부에너지가 커 주위로부터 열에너지를 흡수하면서 진행되는 반응이다. 반대로 반응물질의 에너지가 생성물의 에너지보다 커 열을 주위로 방출하면서 진행되는 반응은 발열반응이라 한다. 흡열반응의 역반응은 발열반응이며, 발열반응의 역반응은 흡열반응이다.

** 이 용어설명은 두산세계대백과 EnCyber(Copyright © 두산세계대백과 EnCyber & EnCyber.com)의 내용을 기초로 하여 첨삭 · 정리한 것이다. 편의를 위하여 인용문헌에 대한 자세한 언급은 생략하였다.*

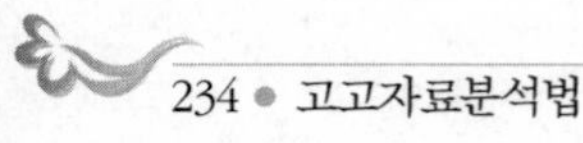

ㄴ

ㄷ

ㄹ

ㅁ

ㅇ

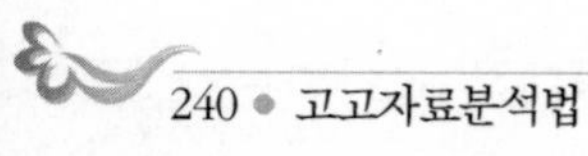

ㅈ

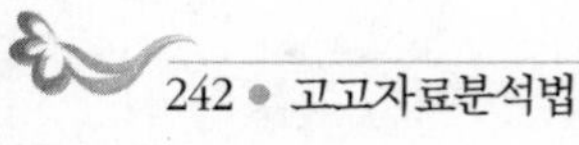

ㅎ

엮은이

타구치 이사무 田口 勇
당시 國立歷史民俗博物館 情報資料研究系
사이토 츠토무 齋藤 努
國立歷史民俗博物館 情報資料研究系

글쓴이(가나다순)

廣岡公夫 HIROOKA Kimio
당시 富山大學 理學部, 현재 大阪大谷大學 文化財學部
光谷拓實 MITSUYA Takumi
獨立行政行政法人 文化財研究所 奈良文化財研究所 埋藏文化財센터
吉田邦夫 YOSHIDA Kunio
東京大學 總合研究博物館
渡邊正巳 WATANABE Masami
당시 川崎地質(株) 微化石分析所, 현재 文化財調査Consultant(株)
稻葉政滿 INABA Masamitsu
東京藝術大學 美術學部
寶來 聰 HORAI Satoshi
당시 總合研究大學院大學
三浦定俊 MIURA Sadatoshi
獨立行政法人 文化財研究所 東京文化財研究所 企劃情報部
松田泰典 MATSUDA Yasunori
東北藝術工科大學 藝術學部
齋藤 努 SAITO Tsutomu
國立歷史民俗博物館 情報資料研究系
齋藤昌子 SAITO Masako
共立女子大學 家政學部
田口 勇 TAGUCHI Isamu
당시 國立歷史民俗博物館 情報資料研究系
佐野千繪 SANO Chie
獨立行政法人 文化財研究所 東京文化財研究所 保存科學部
中井 泉 NAKAI Izumi
東京理科大學 理學部

주요 자료제공기관(가나다순)

共立女子大學 家政學部
國立歷史民俗博物館 情報資料研究系
國立遺伝學研究所 人類遺傳研究部門
東京大學 原子力研究總合센터 Tandem加速器研究部門
東京大學 總合研究博物館
東京藝術大學 美術學部
東京理科大學 理學部
東北藝術工科大學 藝術學部
獨立行政法人 文化財研究所 奈良文化財研究所 埋藏文化財센터
獨立行政法人 文化財研究所 東京文化財研究所 保存科學部
富山大學 理學部
川崎地質(株) 微化石分析所

옮긴이

츠치다 준코 土田純子 / junkochan@hanmail.net
일본에서 쿄토다치바나여자대학〔京都橘女子大學〕 문화재학과 고고학전공을 졸업했고, 한국 충남대학교 고고학과 대학원에서 석사와 박사과정을 수료하였다. 현재 충남대학교 백제연구소 연구원.
이 성 준 / trowel@dreamwiz.com
충남대학교 고고학과를 졸업했고, 충남대학교 대학원에서 석사와 박사과정을 수료하였다. 현재 국립창원문화재연구소 학예연구사.
김 명 진 / nwdang@ccpri.or.kr
충남대학교 물리학과를 졸업했고, 강원대학교 물리학과 대학원에서 박사과정을 수료하였다. 현재 (재)충청문화재연구원부설 한국고환경연구소 팀장.